新文京開發出版股份有限公司

NEW WCDP

新世紀・新視野・新文京 — 精選教科書・考試用書・專業參考書

New Wun Ching Developmental Publishing Co., Ltd.

New Age · New Choice · The Best Selected Educational Publications—NEW WCDP

最新 第5版

工業配線
[丙級術科]
—使命必達

張益華博士 編著

NDUSTRIAL
WIRING

光碟特色
CD-ROM

- 投影片
  生動活潑、豐富有趣的投影片
- 附錄B
  勞動部最新公布之考試簡章與筆試題目

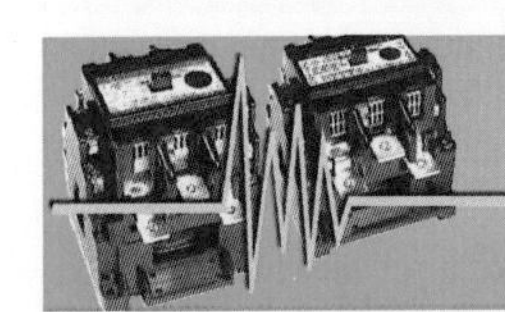

編輯大意

工業配線丙級術科－使命必達

使命必達

通過工業配線丙級術科檢定是應檢人與指導老師一致的目標！為了達到這個目標，本書在體裁呈現方面，採鮮明的圖形傳達難懂的觀念，再輔之以生動活潑的投影片(動畫)，讓教學更得心應手。即便如此，真正的辛苦才開始！

預見精彩

在此之前，市面上已充斥技能檢定術科測驗的書籍！大多只是轉載主辦單位所提供的「**簡章與參考資料**」，再附上解答而已。即使厚厚的一本，也難引起興趣。筆者是一個從基層幹起的人，幾乎參加過所有電機相關的檢定，也順利通過檢定。深深體會應檢人的辛苦，更了解應檢人需要什麼？現在，擔任指導學生參加檢定的老師，幾年來的經驗累積，充分了解如何讓教師教得輕鬆、學生學得愉快的高效率教學技巧，並將這些教學技巧融入本書。

在本書裡，將兼具應檢人與指導老師的觀點，加上多年來的技術教學與訓練選手經驗，經過分析、討論與重複演練，而歸納出讓應檢者快速通過檢定的技巧與方法，再透過清晰寫實的圖與動畫，有效傳達意念，即使是基礎較差的人，也能建立根深蒂固的技能，並通過檢定。各單元簡述如下：

- 單元0屬於基本能力的建構，其中可分為四方面，如下：
  - 應檢人在整個檢定過程中，所必備的行動綱領與心理建設。
  - 工欲善其事，必先利其器！雖然主辦單位建議一大堆工具，但並不實用。在本書裡，將介紹一些必備的工具，及其操作技巧，讓應檢人不再為工具與使用工具而煩惱。

- 在此介紹工業配線的檢定裡，必要的操作技巧。必須是先練習，在檢定時，方能得心應手，輕鬆通過檢定。
- 知己知彼，百戰百勝！在此將從檢定時的評分表上著手，讓應檢人知道哪些是不可以的、哪些要注意、哪些可以忽略。檢定時，才能不假思索地做該做的事。

- 單元 1~單元 7 針對裝置配線的第 1 題～第 7 題，配合動畫說明電路工作原理，再利用顯明的器具配置圖，循序進行控制線、接地線與主線路之配線，讓應檢人迅速有效率地完成裝置配線。
- 單元 8~單元 14 針對故障檢修第 1 題～第 7 題，配合線路圖，按部就班循序漸進，解析每個故障點的檢修技巧。
- 附錄 A 提供各題目之大型線路圖，可剪下來，以方便實務操作。

滿是感激

無疑地，「使命必達」系列已成為新一代「檢定書」的代名詞！由於我們的執著與用心，看過本書樣張與投影片的老師們，莫不禁驚讚連連，這就是我們最大的欣慰！而獲得新文京開發出版公司的大力支持，成為本書背後重要推手，在此一併致謝。當然，所要感謝的人很多，筆者將盡可能一一親自面謝。本書內容豐富且精彩，難免顧此失彼，期待先進前輩們不吝指正，讓本書在下一個版次裡，更臻完美。

張益華 謹誌 2022/03/01

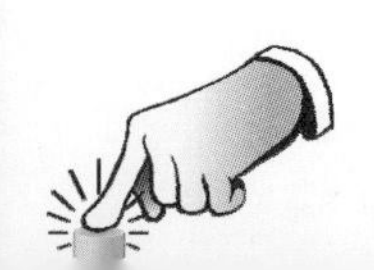

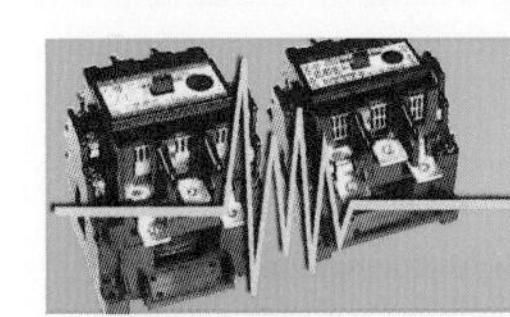

目錄

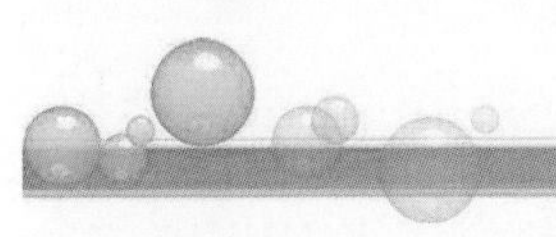

單元 3 電動空壓機控制電路

單元 4 兩台輸送帶電動機順序運轉控制

單元 5 二台抽水機交替運轉控制

單元 6 三相感應電動機 Y-△降壓起動控制

單元 7 三相感應電動機正反轉控制

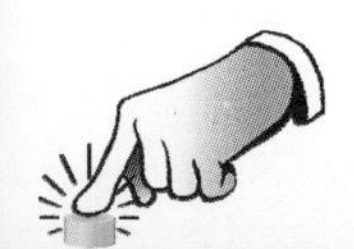

Part III 故障檢修題解

單元 8 故障檢修第一題

單元 9 故障檢修第二題

單元 10 故障檢修第三題

單元 11 故障檢修第四題

單元 12 故障檢修第五題

單元 13 故障檢修第六題

單元 14 故障檢修第七題

使命必達

Part IV 附錄

附錄 A 工作圖

使命必達

為節省篇幅，以下參考單元將只放置在光碟片中。

附錄 B 筆試歷屆試題

使命必達

在隨書光碟片裡包括兩個資料夾，簡要說明如下：

- 投影片資料夾內含全書之 PowerPoint 教學投影片檔，每個檔案即一個單元，老師指定所要使用的章節，透過教學廣播系統或投影機進行教學；若沒教學廣播系統，則可列印為投影片，以輔助教學。
- 附錄資料夾內含附錄 B(筆試歷屆試題)之 PDF 檔。

工業配線丙級術科－使命必達

Industrial Wiring
Skills Certification Express

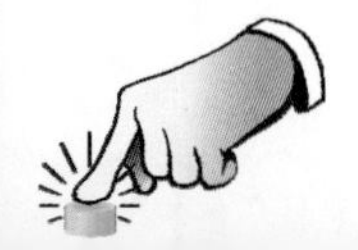

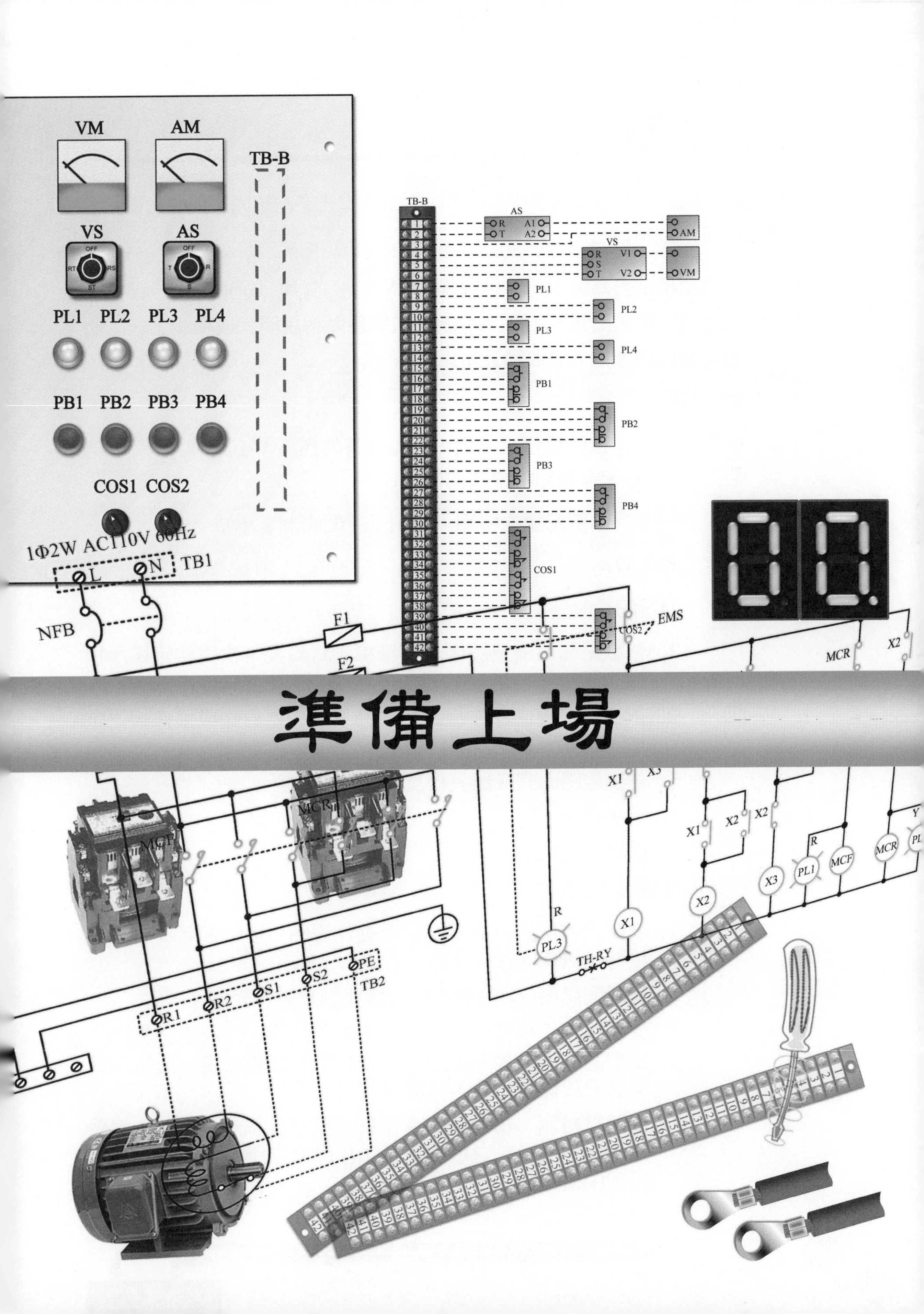
準備上場
VM
AM
TB-B
VS
AS
PL1 PL2 PL3 PL4
PB1 PB2 PB3 PB4
COS1 COS2
1Φ2W AC110V 60Hz
TB1
NFB
F1
F2
EMS
MCR
MCF
X1
X2
X3
TH-RY
TB2
R1 R2 S1 S2 PE

0-0 應檢人須知

依據勞動部勞動力發展署技能檢定中心公告之工業配線丙級技術士術科測試應檢人須知如下：

一、 本術科檢定分為裝置配線(共七題)及故障檢修(共七題)兩階段。應檢人須就兩項檢測試題中，各抽一題，依試題內容說明完成檢測工作，必須兩階段均合格，才算通過本術科檢定。

二、 檢定時間：

(一) 階段 A：故障檢修之檢測，其測試時間約為 1 小時。
(詳細時程請參閱檢定執行步驟)

(二) 階段 B：裝置配線之檢測，其測試時間約為 3 小時。

三、 檢定工作內容：

(一) 裝置配線部分：

1. 依線路圖、機具設備表及應檢人材料表，檢視檢定場所提供的器材。
2. 依據器具板或操作板的配置圖，完成器具板或操作板之定位、鑽孔、攻牙及器具固定。
3. 依據線路圖完成器具板及操作板的配線。
4. 自主檢查。
5. 通電測試功能。

(二) 故障檢修部分：

1. 依檢定場所提供的線路圖及動作說明，自行通電操作故障檢修測試盤(箱)。
2. 確認測試盤(箱)的動作符合線路圖及動作說明。
3. 盤體檢測：檢測出檢測箱為主線路故障、控制線路故障、主線路故障及控制線路故障或檢測箱盤體正常，將檢測結果註記於盤體檢測答案欄之欄位。
4. 故障點檢測：檢測被設定故障狀況的測試盤(箱)，在線路圖中註記故障點之序號及標示故障點之所在，並說明故障原因(短路或斷路)。

四、　應檢人於應檢日前一個月收到承辦單位寄送之試題及相關資料，請詳細閱讀。

五、　應檢人應於承辦單位排定之時間，到達指定之地點報到，報到結束逾 15 分鐘以上者，不得進場測試。另遲到之應檢人對於抽題結果不得有異議。

六、　自備工具表內所列之工具種類及數量，為完成本檢定工作所需之最低要求，應檢人可視個人工作習慣攜帶其他工具。但不得要求檢定場提供任何工具，或向同場次應檢人商借或共用。

七、　檢定進行中，應檢人因故須暫時離場時，須經監場人員同意，且檢定時間繼續計算。

八、　應檢人需維護場地之整潔，注意材料之經濟使用與工作之安全。

九、　注意事項：

(一)　實作時，應按照試題上之規定、中華民國國家標準(CNS)及經濟部頒佈之「屋內線路裝置規則」及相關法規施工。

(二)　配線時，應依規定選擇適當容量與色別之導線。

(三)　器具之裝配，參考器具板相關位置配置圖，並須鑽孔及攻牙固定之。

(四)　裝置配線部分之檢定開始後 10 分鐘內，應檢人應自行檢查所需器材及表計是否良好，如有問題，應依檢定場地規定處理，否則一律視為應檢人之疏忽，按評審表所列項目評審。若自備工具及儀表無法測試，經評審人員認定者，不在此限。

(五)　絞線線端應使用端子，接於指示燈、按鈕開關、切換開關、輔助電驛及限時電驛等各項器具之線端及主線路一律使用端子。

(六)　有下列行為者視為作弊，以不合格論：

1. 私自夾帶任何圖說及器材入場。
2. 將檢定場內所發器材攜出場外。
3. 相互討論，協助他人裝配或由他人代做。

(七)　考生應檢查檢定承辦單位是否提供下列圖說：

1. 裝置配線部分：
   (1) 抽中試題之線路圖及動作說明。
   (2) 機具設備表、應檢人材料表及配置圖。
   (3) 無法使用三用電表測試之器具，應提供其內部接線圖。
2. 故障檢修部分：
   (1) 抽中試題之線路圖及動作說明。
   (2) 相關電驛及表計之內部接線圖。

(八) 中途離場未能完成全部檢定考程者，依棄權處理，並不得要求退費。

(九) 其他檢定場相關事項於現場說明。

0-1 行動綱領

當我們知道術科檢定的規定後，緊接著來看看如何因應。

檢定內容

術科檢定分為兩階段，如下說明：

階段 A

「故障檢修」包含七題，現場抽籤決定所要檢定的題目。在此階段裡，應檢者必須發揮腦力，集中精神完成下列操作：

- 按現場提供之線路圖與動作說明，自行通電檢測待測之故障檢修測試盤(箱)。
- 確認故障檢修測試盤(箱)之動作符合線路圖與動作說明。
- 檢測被設定故障狀況的測試盤(箱)，然後在於線路圖中盤體檢測答案欄之欄位內勾選盤體檢測狀況。

上述動作僅做一次，而檢測箱設定有主線路故障、控制線路故障、主線路故障及控制線路故障或檢測箱盤體正常等 4 種狀況之一，需標示故障狀況，其檢定時間為 10 分鐘。盤體檢測測驗結束後，再繼續進行以下

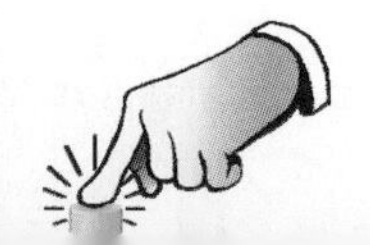

故障點檢測。

- 按現場提供之線路圖與動作說明，自行通電檢測待測之故障檢修測試盤(箱)。
- 確認故障檢修測試盤(箱)之動作符合線路圖與動作說明。
- 檢測被設定故障狀況的測試盤(箱)，然後在線路圖裡註記故障點之序號、標示故障點位置，並說明故障原因(斷路或短路)。

上述動作重複做三次(同一題的三個故障點檢修)，而每個故障點的檢定時間為 10 分鐘，總計盤體檢測與故障點檢測共 1 小時。只要事先有用心研究過這七道題，再應用本書所提供之技巧，不管抽到哪一題，都可順利完成故障檢修。

階段 B

「裝置配線」包含七道題，現場抽籤決定所要檢定的題目。在此階段裡，應檢者必須花費體力與清楚的頭腦，冷靜有效率地執行下列操作：

- 按線路圖、機具設備表及應檢人材料表，檢視現場提供的器材是否符合，若有不符或故障，應於開始後 10 分鐘內提出更換或補發。
- 按器具板或操作板配置圖，進行器具板或操作板的定位、鑽孔、攻牙與固定。
- 按線路圖進行器具板或操作板的配線。
- 自主檢查，採目視與靜態檢驗(不通電)。
- 通電測試功能。

檢定時間為 3 小時，這階段的操作，必須具有純熟的技巧與冷靜的頭腦；若事先已練習這七道題的配線操作，再應用本書所介紹之技巧，不管抽到哪一題，應能順利在 2.5 小時之內完成。

檢定日之前

應檢人將會在檢定日前一個月，即收到試題與相關資料，即可研究試題，進行練習與操作，並研讀其中規定與注意事項。當然，只要詳閱本書，並依本書之指導練習，即可養成工業配線丙級的能力，以達到順利過關的目的。

依規定，檢定場應於檢定日前一週內開放，讓應檢人參觀場地與機具設備。若不熟悉場地者，最好能前往參觀，以了解交通狀況，計算要提早多少時間出門、搭甚麼交通工具等。同時還能了解場地狀況、空間配置等，以減緩檢定日的緊張情緒。而檢定日前一晚，應正常飲食、休息與睡眠，隔天才能發揮實力。

檢定日

千萬不要遲到，遲到除會造成自己的緊張外，依規定遲到超過 15 分鐘不得進場，視同棄權！所以檢定日當天最好能提早出門(最好能報到前 10 分鐘就到場)，出門前也要再次確認所要攜帶的相關證件，並檢查自備工具。到場後可先行上廁所(開始檢定後，再要上廁所，可是浪費自己的檢定時間)，盡量放鬆自己，不要太大壓力。

進場後

進場後，將先在預備區集合，由監評老師宣讀相關規定與注意事項，然後抽籤，以分配工作崗位(階段 A 與階段 B 分別抽籤)。

階段 A

若先階段 A(故障檢修)，則抽籤後，就自己的工作崗位，然後進行下列動作：

- 檢查工作崗位上是否有抽中試題之線路圖與動作說明，並核對是否與故障檢修測試盤(箱)之相符。
- 若該試題裡有相關電驛或表計，則是否有附其內部接線圖。
- 不得打開開關設定盒、配線槽及變更任何配線下，檢查故障檢修測試盤(箱)內之器具(如電磁接觸器、端子台等)，有無破損、斷裂等缺失。

若有不符或缺漏，則立即要求補換。在開始檢定的 5 分鐘之內，檢定場有責任補換，而不扣分。若超過 5 分鐘，則屬於應檢者的責任(補換將會扣分)。若確認無誤，即進行按下列步驟進行故障檢測，而此階段只會使用到三用電表、紙筆，其他工具、圖說不要拿出來。

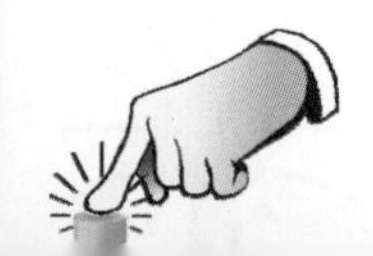

- 三用電表在測試盤(箱)通電或不通電的情況下，首先進行盤體故障狀況檢測。完畢後，再檢測出故障點。
- 按編號 "1" 之故障點檢測，完成後立即由監評委員驗證故障點所在，並於故障檢測線路圖上標示故障點，註記故障序號，並說明故障狀態（短路或斷路）。
- 依序上述步驟接續完成編號 "2"、"3" 之故障點檢測。

當完成檢測後，即可舉手要求監評老師檢驗。而監評老師檢驗完成後，記得輕聲說謝，整理環境，才可離開或繼續進行下一階段。

階段 B

若進行階段 B(裝置配線)，則抽籤後，就自己的工作崗位，然後進行下列動作：

- 檢查工作崗位上是否有抽中試題之線路圖與動作說明。
- 檢查工作崗位上是否有抽中試題之機具設備表、應檢人材料表與配置圖。
- 若抽中試題之中，含有無法以三用電表測試判別之器具，則看看是否有附其內部接線圖。
- 按材料表檢查材料是否有短缺或損壞。
- 檢查器具板與操作板上內之器具(如按鈕開關、指示燈、儀表等)，有無破損、斷裂等缺失。

若有不符或缺漏，則立即要求補換。在開始檢定的 10 分鐘之內，檢定場有責任補換，而不扣分。若超過 10 分鐘，則屬於應檢者的責任(補換將會扣分)。若確認無誤，即進行按下列步驟進行：

- 僅第 7 題，須按盤箱裝置圖及監評人員所選取之工作範圍，進行鑽孔與攻牙，再依序將滑軌、器具等固定。
- 僅第 6 題，進行控制線之配線時，須額外完成線號編製及號碼管施作。控制線使用之絞線線端須壓接端子，接於指示燈、按鈕開關、切換開關、輔助電驛及限時電驛等各器具之線端。
- 進行主線路之配線且線端一律壓接端子。

- 若有使用線槽，完成後，必須將所有線槽蓋蓋好。若完全沒有蓋好線槽蓋，將視同未完成，不予評分。

當完成檢測後，即可舉手要求監評老師檢驗。而監評老師檢驗完成後，記得輕聲說謝，收拾工具並確實整理環境，才可離開或繼續進行另一階段。

工作中

在工作中，應注意下列事項：

- 隨時保持工作崗位之整潔，以及工作安全。
- 須按中華民國國家標準(CNS)、經濟部頒佈之屋內線路裝置規則及相關法規等有關規定施工。
- 檢定中，應檢人之間，不得交頭接耳，也不可相互借用或公用工具。
- 檢定中，非經監評老師同意，應檢人不得暫時離場。若有內急(上廁所)，也須先經監評老師同意，方能離場。
- 若器具之螺絲滑牙，應屬檢定場責任，可提出更換或修護。
- 配線時應按規定選用適當顏色與容量之導線。
- 若有器具之裝配(第 **7** 題)，必須按照配置圖指示之位置，進行定位、鑽孔與攻牙固定之。
- 主線路與端子台上之連接線，必須使用壓接端子或號碼管施作(第 **6** 題)。
- 不得夾帶任何圖說、書籍(含本書)及器材入場，若被查獲將以不合格論處。
- 不可將場內器材帶出場外，若被查獲將以不合格論處。
- 不可相互討論，協助其他應檢者，或由他人代做，若被查獲將以不合格論處。

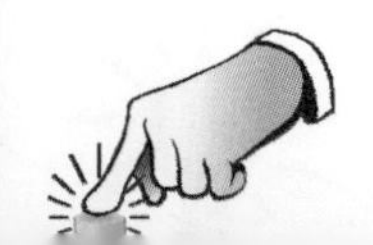

0-2 自備工具

應檢者自行準備的工具，以需要、順手為原則，並沒有特別的要求與限制，而主辦單位提供一個自備工具的參考表，如表 1 所示：

表 1　官方建議之自備工具表

項目	名　稱	規　格	單位	數量	備註
1	剝線鉗	8 mm^2 以下	支	1	
2	壓接鉗	8 mm^2 以下	支	1	
3	螺絲起子	十字型	組	1	
4	螺絲起子	一字型	組	1	
5	尖嘴鉗	6”	支	1	
6	斜口鉗	6”	支	1	
7	電工刀		支	1	
8	鋼尺	30cm 以下	支	1	
9	捲尺	3m	只	1	
10	三用電表		只	1	
11	標籤紙		張	3	
12	鉛筆		支	3	
13	驗電筆	接觸型	支	1	非感應型
14	鑽頭	3.3 mm ϕ	支	3	
15	螺絲攻	M4	支	3	

如表 1 所示，並非全部都會用到，也不是最佳選擇，不需要完全比照辦理，如下說明：

- 第 8、9、11、12、14 及 15 項提供第 7 題裡，進行鑽孔與攻牙時所需的工具，說明如下：
  - 第 8、9 項為鋼尺與捲尺，只攜帶其中一項即可。
  - 檢定場地提供手電鑽，但事先要熟練其操作方式，千萬不可在現場才研究如何攻牙。

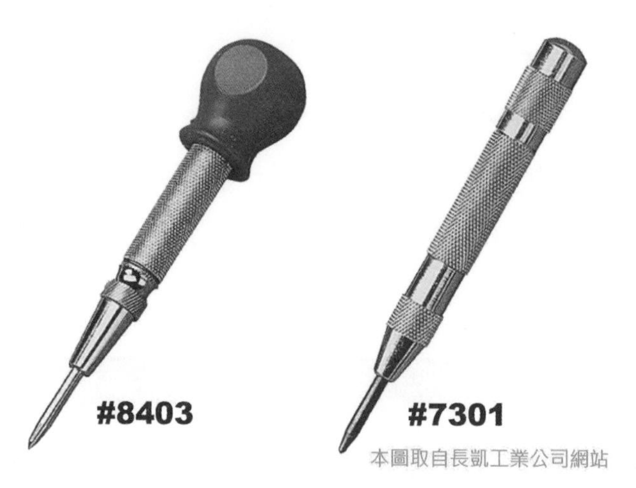

圖1 自動中心沖

- 檢定場地提供中心沖與鐵鎚，主要是做為鑽孔前的定位，而「鐵鎚」相當笨重，可以自動中心沖代替這兩項，如圖 1 所示為長凱工業有限公司的#8403(較省力)與#7301 兩款自動中心沖。同樣地，事先就要熟悉自動中心沖的用法(稍後介紹)，千萬不要到現場才摸索。

- 第 7 項電工刀比較大，可以美工刀代替，較為輕便。
- 第 1、2、5 及 6 項分別為剝線鉗、壓接鉗、尖嘴鉗與斜口鉗，主要用於切線、剝線與壓接，可改用多功能鉗，如寶工(Proskit)的 8PK-CT009、8PK-371(圖 2)等。不但可方便攜帶，操作時更可減少時間，增加效率。不過，事前也要熟悉多功能鉗的使用方法，稍後說明。

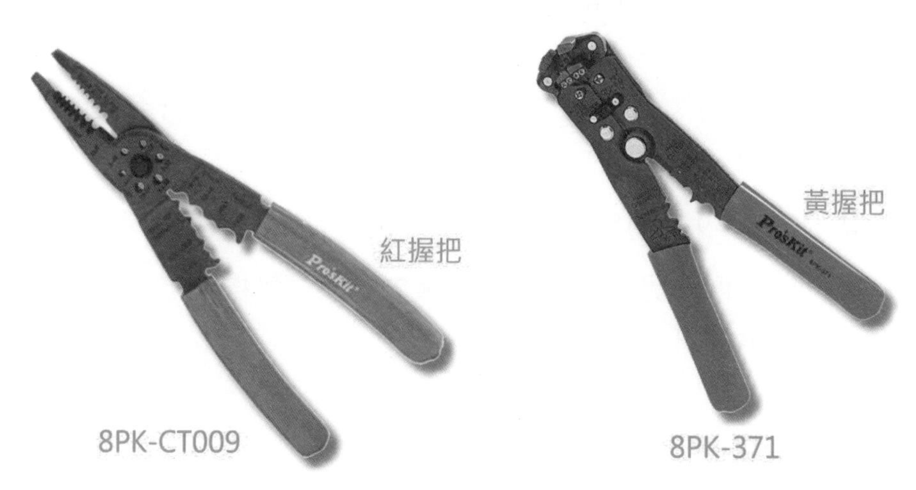

圖2 多功能鉗

- 第 3、4 項為螺絲起子，分別為十字型與一字型，雖然螺絲起子是很

平常的手工具，但在工業配線上，仍須謹慎選用，不適切的規格，施工時容易造成器具的損害！在此建議採用長度為 100mm、直徑為 6.0mm 之螺絲起子，如寶工的 SD-5107A、SD-5107B(圖 3)。

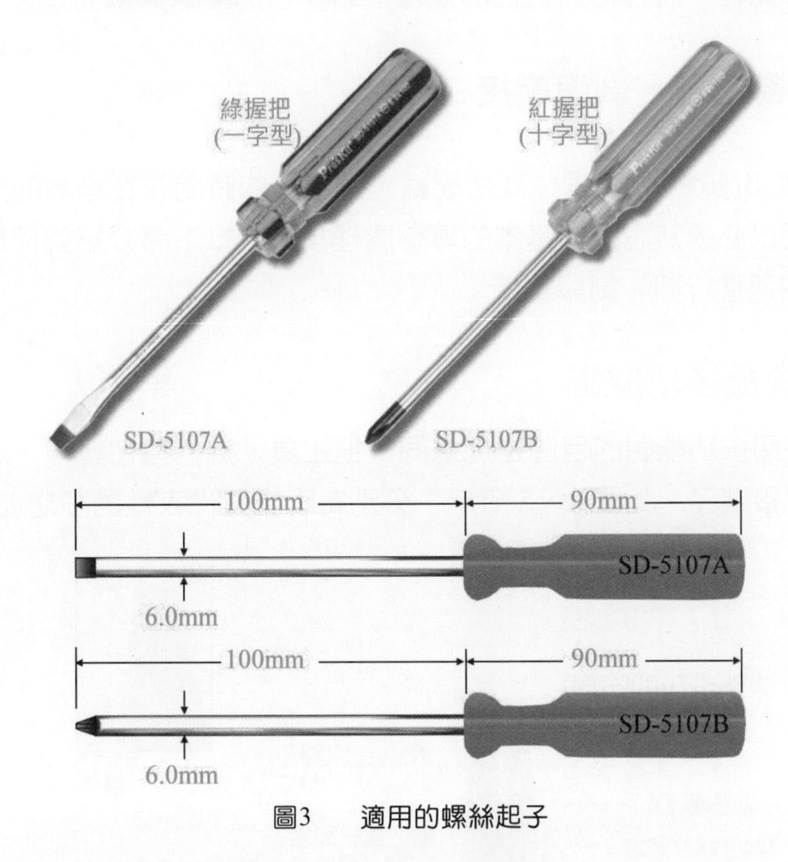

圖3　適用的螺絲起子

除上表所述為必要工具外，最好能準備一支乾淨的油漆刷子，以作為工作盤面與桌面之清潔工具。

0-3 基本操作技巧

使命必達

在本單元裡，將介紹共通性的操作技巧，包括配線與鑽孔攻牙：

導線之剪、剝與壓接

在階段 B(裝置配線)裡，就是配線，大部分的時間花在導線的剪、剝與壓接上，所以必須熟悉這些基本的導線處理技巧，以下將介紹如何應用多功能鉗，以快速進行剪、剝與壓接：

認識多功能鉗

在此使用多功能鉗的目的是能以同一把工具，進行剪切導線、剝除絕緣皮與壓接端子，如圖 4、5 所示，分別為兩款具代表性的多功能鉗。

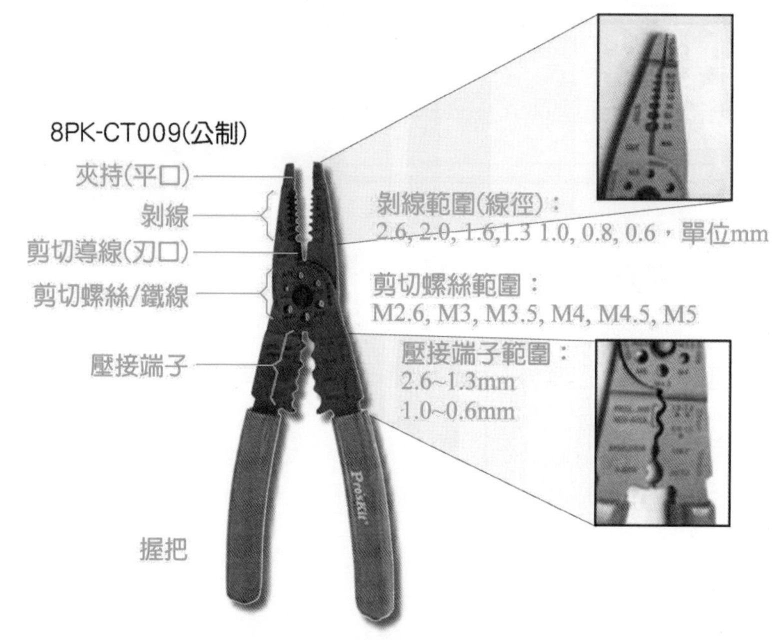

圖4　8PK-CT009 多功能鉗各部分之功能

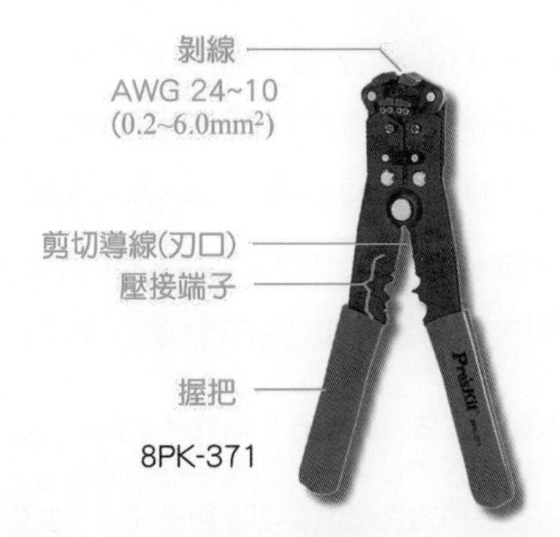

圖5　8PK-371 多功能鉗各部分之功能

這兩款多功能鉗都可以剪切導線、剝線與壓接，而操作的位置與方法有些許不同，8PK-CT009(圖 4)的剝線區在最前端、剪線區在剝線區下面、壓接區則在握把前端。8PK-371(圖 5)的剝線區在最前端、剪線區在中間、壓接區則在握把前端。

剪切導線

若要剪切導線時，只要把導線置入剪線區，在握壓握把，即可剪斷導線，以 8PK-371 為例，如圖 6 所示。

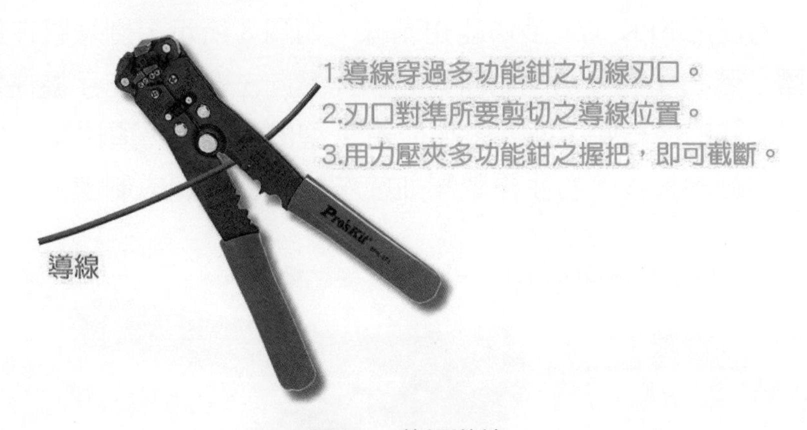

圖6　剪切導線

剝線

剝線的操作，使用 8PK-CT009 與 8PK-371 多功能鉗並不相同，若是採用 8PK-CT009 多功能鉗，其步驟如下：

1. 將所要剝除絕緣皮的導線置入 8PK-CT009 剝線區中，合適線徑的剝

線格裡。若導線在剝線格左邊，而要剝除絕緣皮的部分在剝線格右邊，則左手握住導線(盡量靠近 8PK-CT009)，右手壓下 8PK-CT009 的握把，以夾住剝線區中的導線，並切入其絕緣皮。

2. 左手四指握緊導線，大拇指用力往右邊的 8PK-CT009 推，即可將絕緣皮，由剝線格往右分離，以完成剝線。如圖 7 所示：

圖7 使用 8PK-CT009 剝線

由於 8PK-CT009 多功能鉗的剝線區離手握把較遠，所以剝線時比較不好拿捏。若使用 8PK-371 多功能鉗剝線，如圖 8 所示，剝線區在最頂端呈現 T 型，若右手握多功能鉗時，右手需彎向左邊，而左手握住導線，並將所要剝除的導線端，插入多功能鉗 T 型的剝線區，頂住 T 型的底部即為適合的剝線長度，右手再緊壓並往左拉，即可完成剝線。

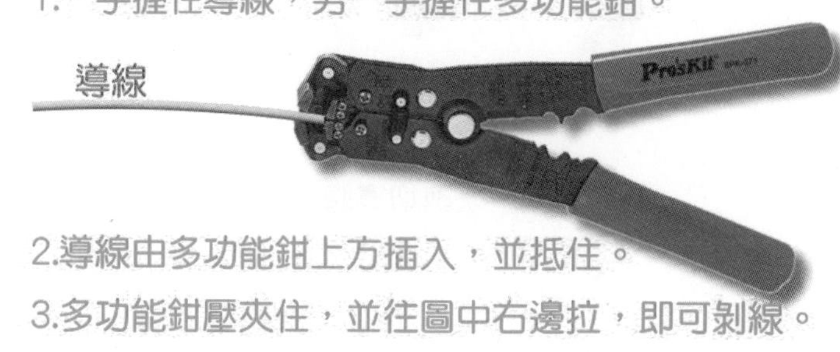

圖8 使用 8PK-371 剝線

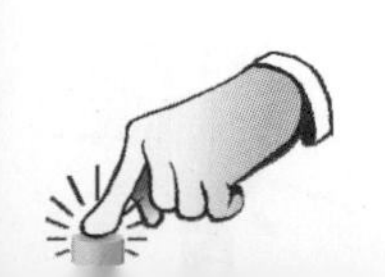

壓接

當我們要進行壓接端子之前，先要剝除導線之絕緣皮，以控制線(1.25mm^2)為例，應剝除約 6mm 絕緣皮。再將剝除絕緣皮之導線(銅線端)，扭轉後插入端子，如圖 9 所示，導線超出端子部分約 0.5~1mm，而絕緣皮與端子之間，保持約 0.5~2mm。若是 3.5 mm^2 之控制線，則剝除絕緣皮之長度約 8mm。

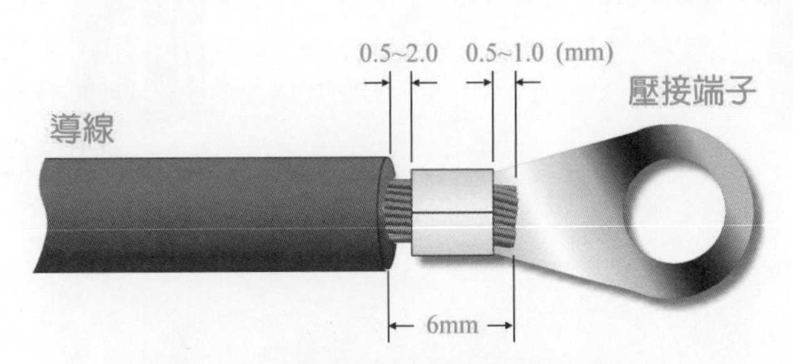

圖9　壓接前的剝除絕緣皮尺寸

緊接著，放入多功能鉗壓接區裡，合適的孔位，再緊壓握把到底，即可完成壓接，其結果如圖 10 所示：

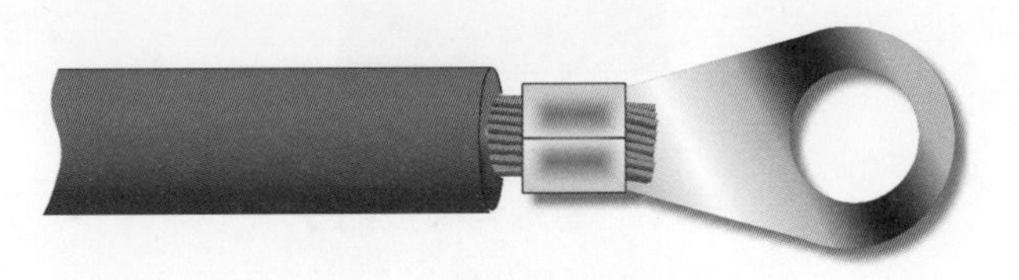

圖10　完成壓接端子

鎖螺絲之技巧與注意事項

在階段 B(裝置配線)裡，鎖螺絲所花的時間不少！基本上，配線時，鎖螺絲(上緊螺絲)的目的是要固定器具或導線，而以固定導線為多。當然，鎖螺絲也有技巧與注意事項，如下說明：

置入導線

不管導線有沒有壓接端子，在每個器具的導線連接端，最多只能兩條導線。若導線沒有壓接端子，只有單條導線時，則導線置入方向須與螺絲鎖緊方向相同；而兩條導線時，則導線置入分別置入螺絲的兩邊，如圖 11 所示。另外，鎖螺絲的方向，順時針轉為鎖緊，逆時針轉為鬆開。

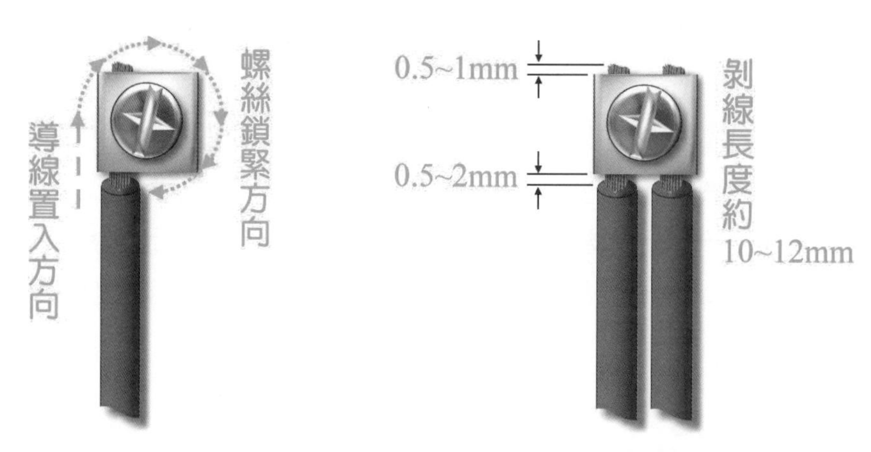

圖11 導線沒有壓接端子

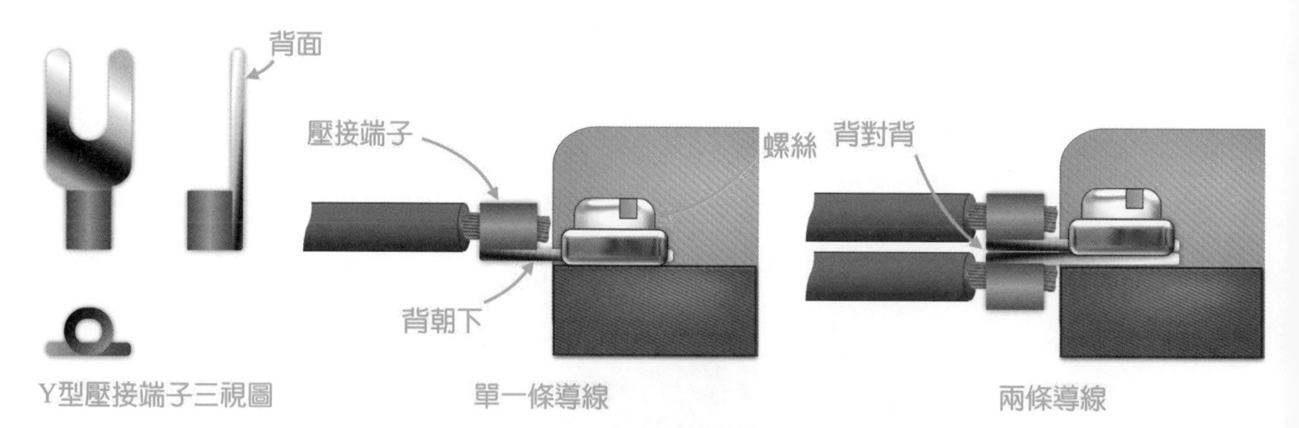

圖12 導線有壓接端子

若導線有壓接端子，只有單條導線時，則以壓接端子之突出部分朝上置入。若是兩條導線時，則兩導線之壓接端子平的部分相疊置入，如圖 12 所示；如果是主線路(較粗)與控制線(較細)，壓接後同時接入線格，則主線路在下面、控制線在上面。

上緊螺絲

在上緊螺絲時，另一手須握緊導線，確實置入線格，不要讓導線滑出。還要注意，必須根據螺絲的種類與大小，選用螺絲起子。當然，在工業配線檢定裡，器具上的螺絲幾乎都是一樣的，也就是十字與一字同時存在。換言之，可使用十字型或一字型螺絲起子，在這種情況下，強烈建議採用十字型螺絲起子(紅握把)，以免不慎破壞器具。破壞器具情節輕微者，記缺點(扣分)，嚴重者不合格論處，注意事項如下：

- 鎖螺絲時，應確實將螺絲起子插入螺絲頭的溝槽(緊密接觸)，且螺絲起子的頭與螺絲頭呈現垂直接觸，不可若即若離，再旋轉螺絲起

子，以避免螺絲頭的溝槽損壞(滑牙)。

- 除非是螺絲頭的十字溝槽有滑牙現象，才以一字型螺絲起子(綠握把)操作。若非不得已，必須使用一字型螺絲起子鎖螺絲時，也應將一字型螺絲起子的中心點，置入一字溝槽的中心點，以避免破壞器具，如圖 13 所示：

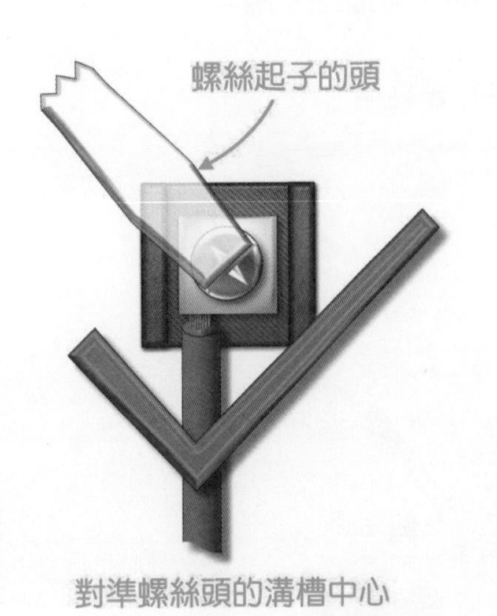

圖13　使用一字型螺絲起子

- 旋緊螺絲時，只要緊就好，千萬不要太用力，或使蠻力，一方面可節省力氣(保留實力，後頭還有很多螺絲要鎖)，另一方面也可避免螺絲滑牙。
- 旋緊螺絲時，一隻手操作螺絲起子，另一隻手要握住導線，不要讓導線溜出接線格，造成缺失(扣分)。
- 雖然沒有規定不可使用電動螺絲起子，但建議不要帶/使用電動螺絲起子，因為電動螺絲起子比較笨重，且容易造成螺絲滑牙(扭力較大)，或破壞器具。
- 檢定場裡的電磁接觸器、端子台等，可能都歷經百戰，難免螺絲頭、螺紋滑牙虛脫。當然，若判定非應檢人者所造成的，可以要求更換，不要放棄權利。

束線之操作技巧

束線有一邊為溝槽，當我們要進行束綁導線時，則先將束線圍繞所要束綁的導線，其中有溝槽的邊圍內側，直接接觸導線。再將束線尾穿入束線頭的孔內。一手壓住束線頭，另一手將束線尾拉起，並可左右搖放，以束緊。當束緊後，再剪斷過長之束線，而束線僅留約 1~2mm，如圖 14 所示：

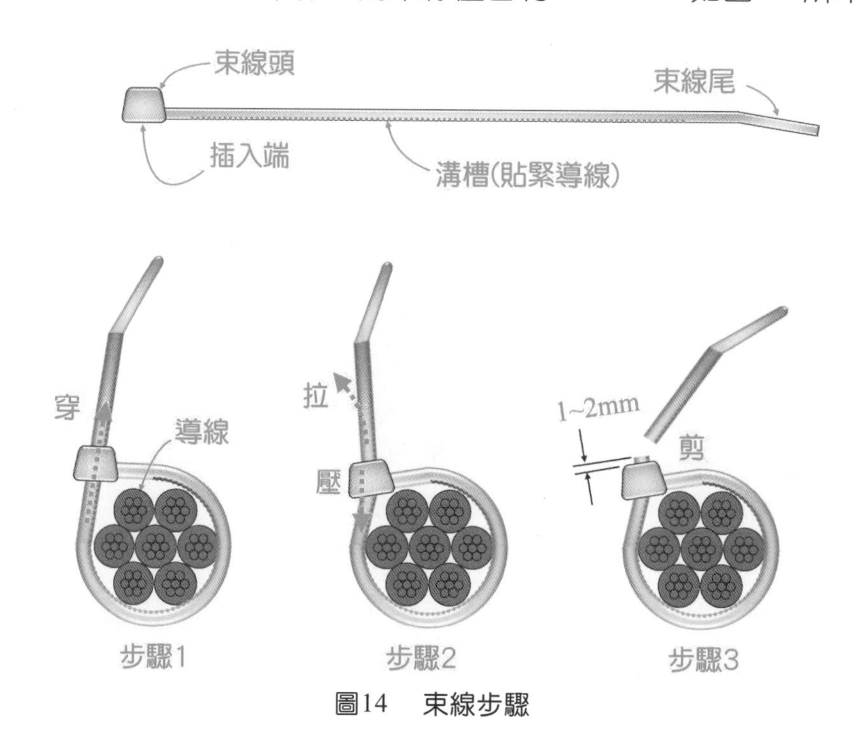

圖14　束線步驟

自動中心沖之操作技巧

若是階段 B(裝置配線)裡的第 7 題，則需要鑽孔、攻牙，以固定器具。而鑽孔之前必須按現場所給的盤箱裝置圖及監評人員所指定選取之工作範圍，在器具板上以鉛筆與鋼尺標示(小十字線)所要鑽孔的位置，然後利用自動中心沖，在所標示的小十字線上，敲一個小孔，讓鑽孔時的中心點位置不滑動。

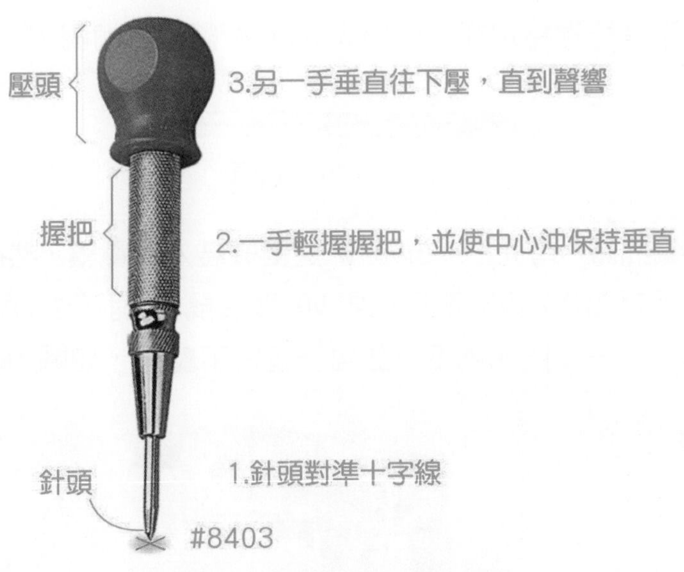

圖15　自動中心中操作步驟

鑽孔與攻牙之操作技巧

工業配線檢定時，可能要鑽的孔並不多，且是 3.3mm ϕ 的小孔，因此，只要攜帶的 10mm 鑽頭的手電鑽即可。依鑽頭夾具的不同，手電鑽可分為以 T 型板手裝鎖鑽頭(傳統夾具)，以及只要用手旋轉，即可裝鎖鑽頭的快速夾具，如圖 16 所示分別為國產力山電動工具的 D10A(傳統夾具)及 D10B2(快速夾具)，都是相當適合用於工業配線檢定的優良產品。

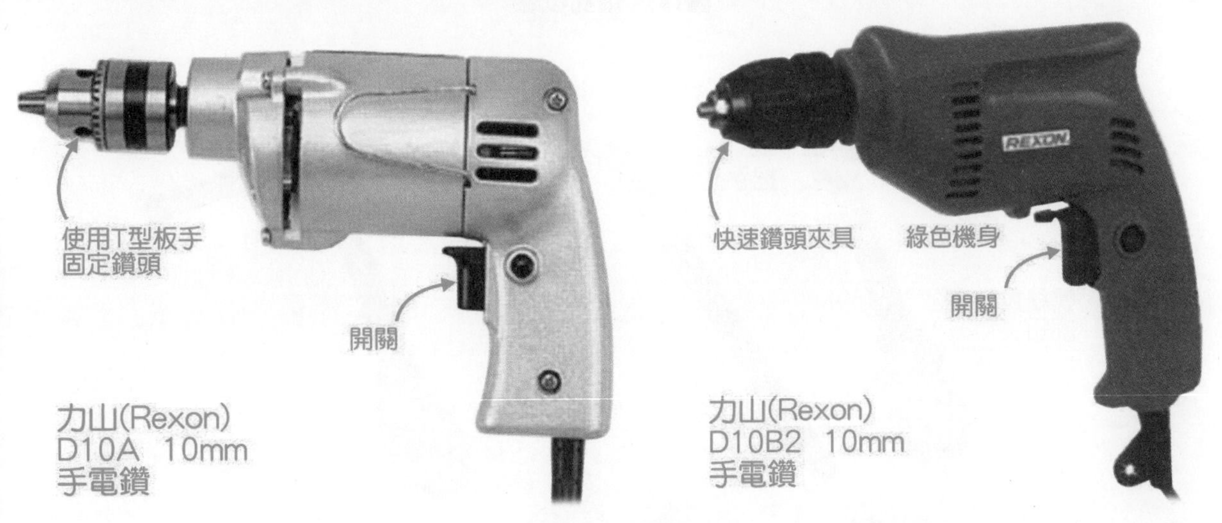

圖16　手電鑽

另外，在工業配線檢定裡，使用 3.3mm ϕ 鑽頭，如圖 17 所示：

圖17 3.3mm 鑽頭

當我們要鑽孔時，首先把 3.3mm ϕ 之鑽頭裝入手電鑽，然後將它**確實鎖緊**。一手扶正手電鑽(鑽頭與鐵板呈現 90 度接觸)，對準中心沖所打出的小孔，不可歪斜；另一手按手電鑽，並再垂直往下壓鑽，如圖 18 所示：

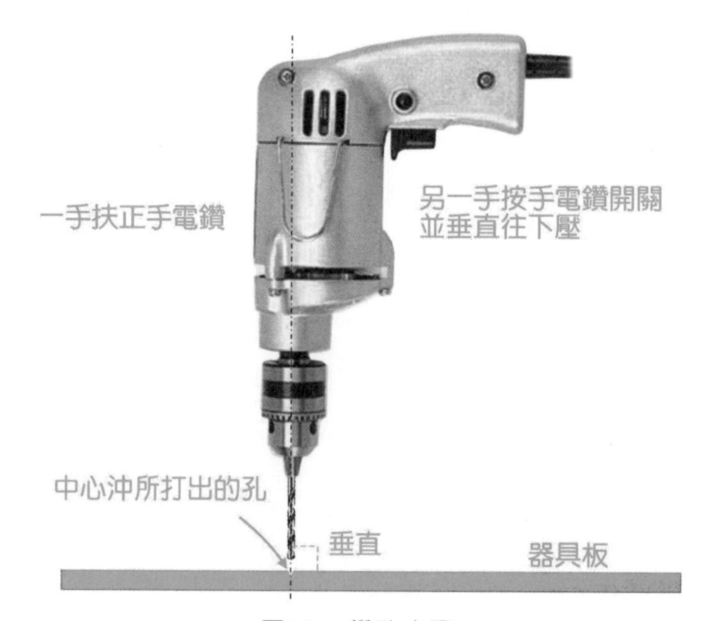

圖18 鑽孔步驟

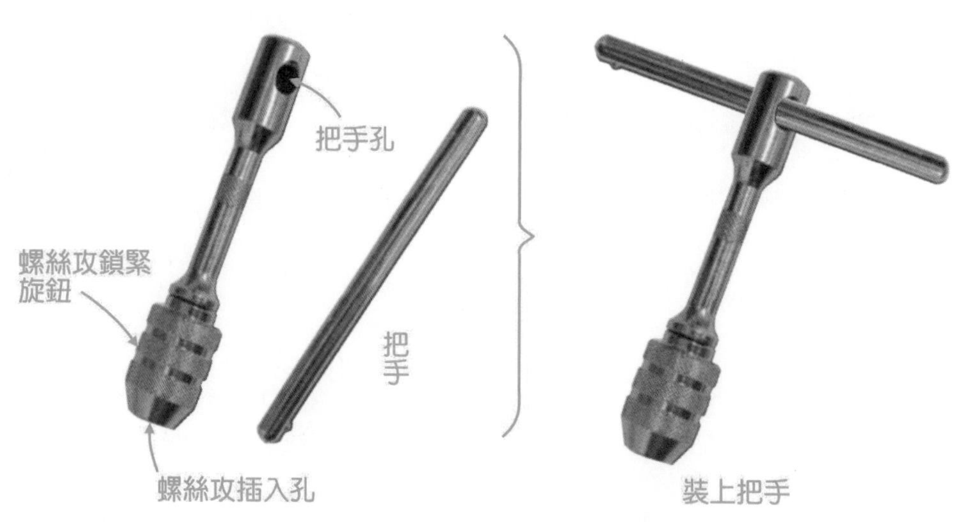

圖19 裝上 T 型攻牙器(組)的把手

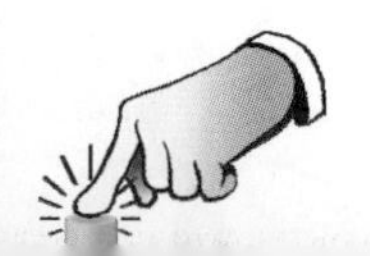

若全部孔都鑽好後，緊接著進行攻牙。我們可以採用簡單又便宜的 T 型攻牙器(組)，如圖 19 所示，先將其把手裝上去。緊接著，將 M4 螺絲攻由 T 型攻牙器下方插入，然後鎖緊，如圖 20 所示：

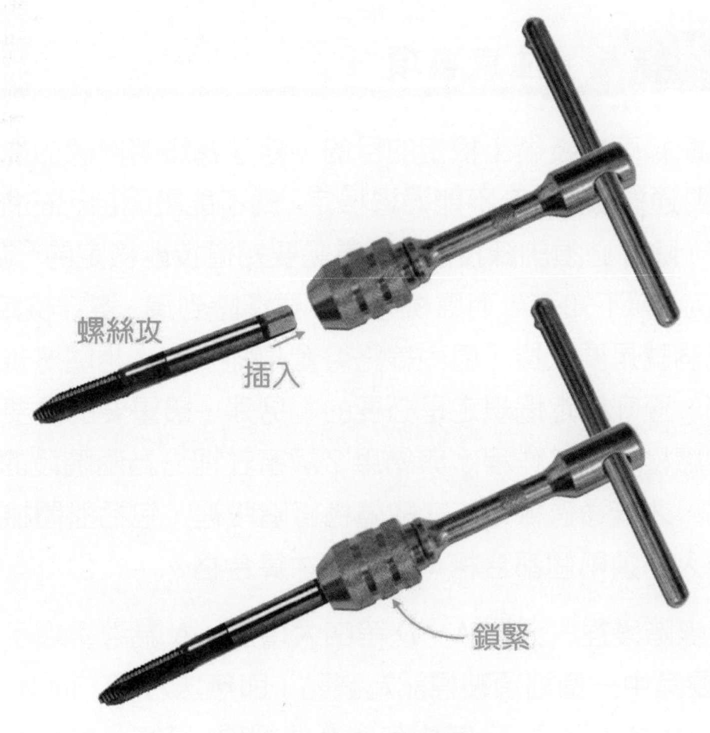

圖20　裝上 M4 螺絲攻

當 M4 螺絲攻裝好且鎖緊後，即可將螺絲攻插入所要攻牙的孔，注意，螺絲攻要與鐵板垂直，如圖 21 所示：

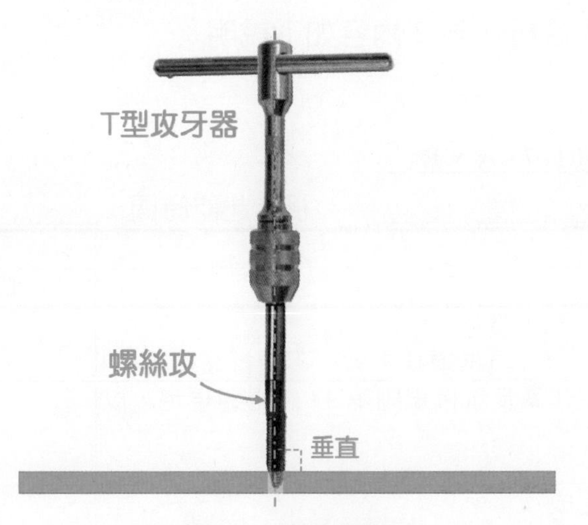

圖21　攻牙步驟

然後按「順時針轉約 45 度」、「逆時針轉約 10 度」的步驟，一步步攻牙。當螺絲攻深入約 10mm 後，順時針轉、逆時針轉都變得較省力後，表示已完成攻牙，即可逆時針轉直到螺絲攻完全退出。

0-4 注意事項

參加工業配線丙級技術士檢定的目的，除了為證明自己的能力外，最重要的，當然是要通過檢定，若不能通過檢定，就不能證明自己的能力！因此，為了通過檢定，除了必須訓練技能外，還需要知道技能檢定的「遊戲規則」，否則「怎麼死的」都不知道！而應檢者除了要準時到場、遵守檢定場規定外，冠冕堂皇的說詞就是要依據「屋內線路裝置規則」及「相關法規」施工。當然，準時到場、遵守檢定場規定是必要的，另外，最重要的是要知道監評老師如何來評定應檢者的工作程序與結果？評審表裡分為兩階段的評分，兩個階段都要合格，才能通過檢定。在故障檢修階段裡，包括盤體檢測及故障檢測項目，應檢人必須兩個都合格，此階段才算合格。

在裝置配線階段裡，分為 A～D 等四大項目，A 為嚴重項目，其中包含 6 個細項，只要其中一個細項被標記為缺點，即無法合格，而 B 、C 與 D 項就不必評分了。B 為主要項目，其中包含 9 個細項，若扣分總計超過 40 分(不含)，即無法合格。C 為次要項目，其中包含 11 個細項，若扣分總計超過 40 分(不含)，即無法合格。D 為盤箱裝置項目適用第 7 題，其中包含 9 個細項，若有第 1、2、3 項其中之一，即無法合格。B、C 與 D 項之扣分總和超過 40 分(不含)評定為不合格，表 2 內容如下說明：

表 2　評審表

試題編號：01300~104301~7 <A、B>

檢定日期：＿＿＿＿＿＿＿＿　檢定起訖時間：＿＿＿＿＿＿＿＿

姓　　名		評審結果
術科測驗編號		□ 及格　□ 不及格
一、凡下列情事之一者，為不及格 (凡具本項缺失者，不進行後續評分)		請註明其具體事實
(一) 違反技術士技能檢定作業及試場規則第 48 條相關規定，以不及格論者。		
(二) 未能於規定時間內完成 □ 中途放棄　□ 未完成		

(三) 其他(如：重大缺失…) □＿＿＿＿＿＿ □＿＿＿＿＿＿	

二、評審項目及標準

●階段 A 故障檢修：故障設定（請於協調會時完成註記）	工作崗位	
	題號	

盤體檢測設定	評審結果
□(A)主線路故障　□(B)控制線路故障 □(C)主線路故障及控制線路故障　□(D)盤體正常	□ 正確 /□ 錯誤
本項評審結果正確，即為本項合格。	

故障檢測設定			評審結果
序 號	開 關	故障位置設定	
1		□ 短路 /□ 斷路	□ 正確 /□ 錯誤
2		□ 短路 /□ 斷路	□ 正確 /□ 錯誤
3		□ 短路 /□ 斷路	□ 正確 /□ 錯誤
本階段評審結果，兩個(含)以上正確為合格。			
階段 A 總評結果(兩分項均合格為合格;檢測時違反檢定執行步驟第二項第(三)及(八)點所列情事者，即評定為本項不合格)。			□ 合格 /□ 不合格

●階段 B 裝置配線：	工作崗位		
	試題編號		
A. 嚴重項目：有下列一項缺點評為不合格，主要項目及次要項目即不必評分	缺點以×為之		缺點內容簡述
1.未接地、破壞器材(如切開號碼管裝置)或使用非檢定場地準備之電動工具			
2.短路或功能錯誤			
3.主電路或控制電路全部未壓接			
4.未按線路圖配線			
5.自行通電檢測發生短路 2 次(含)			
6.由監評小組列舉事實認定為嚴重缺點			
B. 主要項目：依下列每一項缺點扣分	扣分		缺點內容簡述
1.控制線(全部或部份)未經過門端子台	40 分		
2.控制線(全部或部份)應入線槽而未應入線槽	40 分		
3.未經線槽之導線(全部或部份)未成線束	40 分		
4.控制線同一水平或垂直路徑之線束超過一束	40 分		
5.配線超出板面	40 分		
6.主電路 5 只(含)以上未使用壓接端子	20 分		
7.控制電路 10 只(含)以上未使用壓接端子	20 分		
8.導線選色錯誤	20 分		
9.成品中遺留導體	20 分		
小　計			
C. 次要項目：依下列每一項缺點扣分	扣分		備註
1.未經監評人員簽名即自行送電	20 分		
2.主電路 4 只(含)以下未使用壓接端子	10 分		
3.控制電路 9 只(含)以下未使用壓接端子	10 分		
4.號碼管配置或裝置方向不當	10 分		

5.導線絕緣皮損傷 5 處(含)以上	5 分		
6.導線絕緣皮剝離不當 5 處(含)以上	5 分		
7.壓接不當 10 只(含)以上	5 分		
8.端子固定不當 5 處(含)以上	5 分		
9.導線分歧不當 3 處(含)以上	5 分		
10.接有兩條導線之同一接點上，僅套一號碼管	5 分		
11.工作完畢板面或工作周圍未做清潔處理	5 分		
小　計			
D. 盤箱裝置項目：依下列每一項缺點扣分(第 7 題適用)	扣分		備註
1.未施作或未劃器具中心線	50 分		有左列三項之一扣分即評為不合格
2.鑽孔、攻牙、剪(鋸)切時，未戴護目鏡或耳塞	50 分		
3.器具超出或少於選取部份	50 分		
4.器具固定尺寸超過誤差值±5 mm(含)以上	每處 10 分		
5.線槽尺寸超過誤差值±5 mm(含)以上	每處 10 分		
6.器具固定方向錯誤	每處 5 分		
7.組合式端子台組合不當(或未使用端板)	每處 5 分		
8.器具固定鬆動	每處 2 分		
9.孔洞多餘	每孔 2 分		
小　計			
B、C、D 項扣分總計			
階段 B 總評結果(扣分總計超過 40 分(不含)評定為不合格)	☐ 合格 /☐ 不合格		

備註：階段 A 及階段 B 均「合格」者，即評定為術科測試「及格」

監評長簽名：________________　　　　監評委員簽名：________________

監評委員簽名：________________

監評委員簽名：________________

嚴重項目

本項目包括 6 個評分項目，應檢者只要違反其中一項，將判定不及格，而不能通過檢定。

1. 未接地、破壞器材(如切開號碼管裝置)或使用非檢定場地準備之電動工具：此項目非常明確，未完成接地，當然不能及格！破壞器材及使用非檢定場提供之電動工具手電鑽，也列為重大缺失。

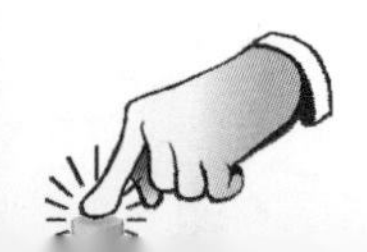

2. 短路或功能錯誤：此項目也很明確，可說是一翻兩瞪眼的項目，只能在應檢前多加練習。
3. 主電路或控制電路全部未壓接：此項目雖為「過半未壓接」，但即使未過半，只要不壓接超過 15 個，一樣無法通過檢定！壓接是基本動作，必須養成壓接的習慣動作，就不必管有多少未壓接了。
4. 未按線路圖配線：此項目很難看出來，只要功能正確，大概不會有監評老師會一條一條配線檢查！當然，大概也不會有應檢者會刻意修改線路。
5. 自行通電檢測發生短路 **2** 次(含)：此項目為明確的評分項目，所以，在通電檢測之前，一定要再次檢查是否有短路的情況。
6. 由評審小組列舉事實認定為嚴重缺點：此項目為主觀項目，全憑個人喜好。基本上，監評老師學養都很好，並不會刻意找麻煩。除非應檢者找麻煩在先！所以，為了順利通過檢定，應檢者最好要謙遜一點、態度好一點、有禮貌一點，則本項目被引用的機會就少一點。

主要項目

本項目包括 9 個評分項目，應檢者只要扣分總計超過 40 分(不含)，將判定不及格，而不能通過檢定。

1. 控制線(全部或部份)未經過門端子台：此項目針對控制線路未經端子台直接連接輸入輸出單元裝置所造成的缺失，控制線應於壓接後，經由過門端子台連接各項控制及輸出器具。
2. 控制線(全部或部份)應入線槽而未應入線槽：此項目也可一眼看出，所有線路必須放在線槽，不可直接直接由線槽外配線。
3. 未經線槽之導線(全部或部份)未成線束：此項目也可一眼看出，若是沒有配置線槽，則配線必須整線與束線綁線，若沒有整線與綁線，或隨便整線與綁線，將被扣分。
4. 控制線同一水平或垂直路徑之線束超過一束：此項目針對導線固定不當，如束線未綁或未綁緊等，在應檢之前，應熟練各項操作技巧(0-3 節)，即可避免導線固定不當。
5. 配線超出板面：此項目針對配線超出盤面的狀況，配線當然不可超過

盤面，目視即可看出。若有，則在評分之前，稍微整理，並往內推。

6. 主電路 5 只(含)以上未使用壓接端子：此項目針對主線路的壓接問題，只要超過 5 處未壓接端子即扣分。
7. 控制電路 10 只(含)以上未使用壓接端子：此項目針對控制線的壓接問題，只要超過 10 處未壓接端子即扣分。
8. 導線選色錯誤：此項目針對導線選用的問題，基本上控制線為黃色絕緣皮導線、主線路為黑色絕緣皮導線，而接地線為綠色絕緣皮導線，千萬不要弄錯。
9. 成品中遺留導體：此項目針對配線盤中，仍殘留剪下之導線或銅線。在完成配線後，評分前，最好能以油漆刷，將盤面清理乾淨，並目視檢查是否仍有導線或銅線。

次要項目

本項目包括 11 個評分項目，應檢者只要扣分總計超過 40 分(不含)，將判定不及格，而不能通過檢定。

1. 未經監評人員簽名即自行送電：此項目針對完成裝置配線後，進行動態測試送電前，須經由監評人員簽名，確認送電端未短路，方可自行送電測試。
2. 主電路 4 只(含)以下未使用壓接端子：此項目針對主線路的壓接問題，只要不要超過 4 處未壓接端子，扣分則比主要項目少。
3. 控制電路 9 只(含)以下未使用壓接端子：此項目針對控制線的壓接問題，只要不要超過 9 處未壓接端子，扣分則比主要項目少。
4. 號碼管配置或裝置方向不當：此項目針對第 6 題控制線路號碼管施作，只要標示之文字方向統一即可，扣分則比主要項目少。
5. 導線絕緣皮損傷 5 處(含)以上：此項目針對導線上的絕緣皮，配線時，導線轉彎應以手指頭操作，而不要以尖嘴鉗之類的工具夾，以避免絕緣皮的損傷，特別是比較粗的主線路。
6. 導線絕緣皮剝離不當 5 處(含)以上：此項目針對導線上的剝線，包括剝線長度、絕緣皮切割是否平整等。
7. 壓接不當 10 只(含)以上：此項目針對導線壓接，包括壓接端子的

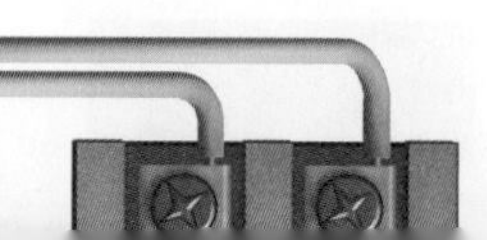

選用、壓接時壓接孔的選擇、剝線長度等。只要按照 0-3 節關於導線壓接的介紹，勤加練習，就不會有問題。

8. 端子固定不當 **5** 處(含)以上：此項目針對端子台之連接端最多能兩條導線，且壓接端子之突出部分朝上。若兩條導線時，則壓接端子平的部分相疊置入。

9. 導線分歧不當 **3** 處(含)以上：此項目針對將線格裡，最多只能有兩條導線，若超過，則屬缺點。

10. 接有兩條導線之同一接點上，僅套一號碼管：此項目針對第 6 題控制線路號碼管施作，只要是控制線路頭尾皆須套相同編號號碼管，同一接點上之兩條導線皆須有號碼管，不可以一代二。

11. 工作完畢板面或工作周圍未做清潔處理：此項目針對配線後的清理，仍殘留剪下之導線或銅線，或鑽孔攻牙的殘渣等。在完成配線後，評分前，最好能以油漆刷，將盤面清理乾淨，並目視檢查是否仍有殘留物。此項目為工作精神的評分，應檢者在完成作業後，不只要將盤面與桌面上的髒污清除完畢，還要將工作崗位附近整理乾淨。

盤箱加工項目

本項目包括 9 個評分項目，針對第 7 題，應檢者只要第 1、2、3 項其中之一，被扣分將判定不及格，上述其他項目若扣分總和超過 40 分(不含)，也視為不合格，不能通過檢定。

1. 未施作或未劃器具中心線：此項目非常明確，未開始施工，當然不能及格！即便沒在時間內做完，也因扣分逾 40 分而不合格！在固定器具之前，須按盤箱裝置圖尺寸，在盤面上以鉛筆劃十字線標示器具中心點，而不要使用中心沖或其他尖銳物，直接在盤面上刻畫。

2. 鑽孔、攻牙、剪(鋸)切時，未戴護目鏡或耳塞：操作手電鑽及鋸切線槽、軌道時，須配戴護目鏡及耳塞，避免發生工安事件，一旦受傷，將判定不合格。

3. 器具超出或少於選取部分：按盤箱裝製圖 A~E 五部分，監評人員會就五選取三部分指定工作範圍施作，如未按圖施工，將判定不合格。

4. 器具固定尺寸超過誤差值±5 mm(含)以上：所有器具固定須按盤箱裝置圖之尺寸位置安裝，施工前請確實描繪器具中心線，以確保器具位置誤差不超過±5 mm(含)以上。
5. 線槽尺寸超過誤差值±5 mm(含)以上：線槽固定須按盤箱裝置圖之尺寸位置安裝，施工前請確實描繪器具中心線，以確保線朝位置誤差不超過±5 mm(含)以上。
6. 器具固定方向錯誤：此項目針對開關固定方向須為上端為電源側，下端為負載側。電驛方向則以器具接腳接線座之線號正體為原則。
7. 組合式端子台組合不當(或未使用端板)：此項目針對組合式端子台應使用端板固定鎖緊，若手搖即鬆動，即組合不確實。監評老師可能會任意隨手碰觸，以查驗固定是否確實？
8. 器具固定鬆動：此項目器具固定的問題，器具應鎖緊，若手搖即鬆動，即器具固定不確實。監評老師可能會任意隨手碰觸器具，以查驗器具固定是否確實？
9. 孔洞多餘：必須鑽孔、攻牙時，鑽錯孔導致鑽太多孔了，或鑽了孔又沒用到。

另外，若 B 主要項目、C 次主要項目與 D 盤箱加工項目之扣分，合計超過 40 分(不含)將評定不合格，也不能通過檢定。

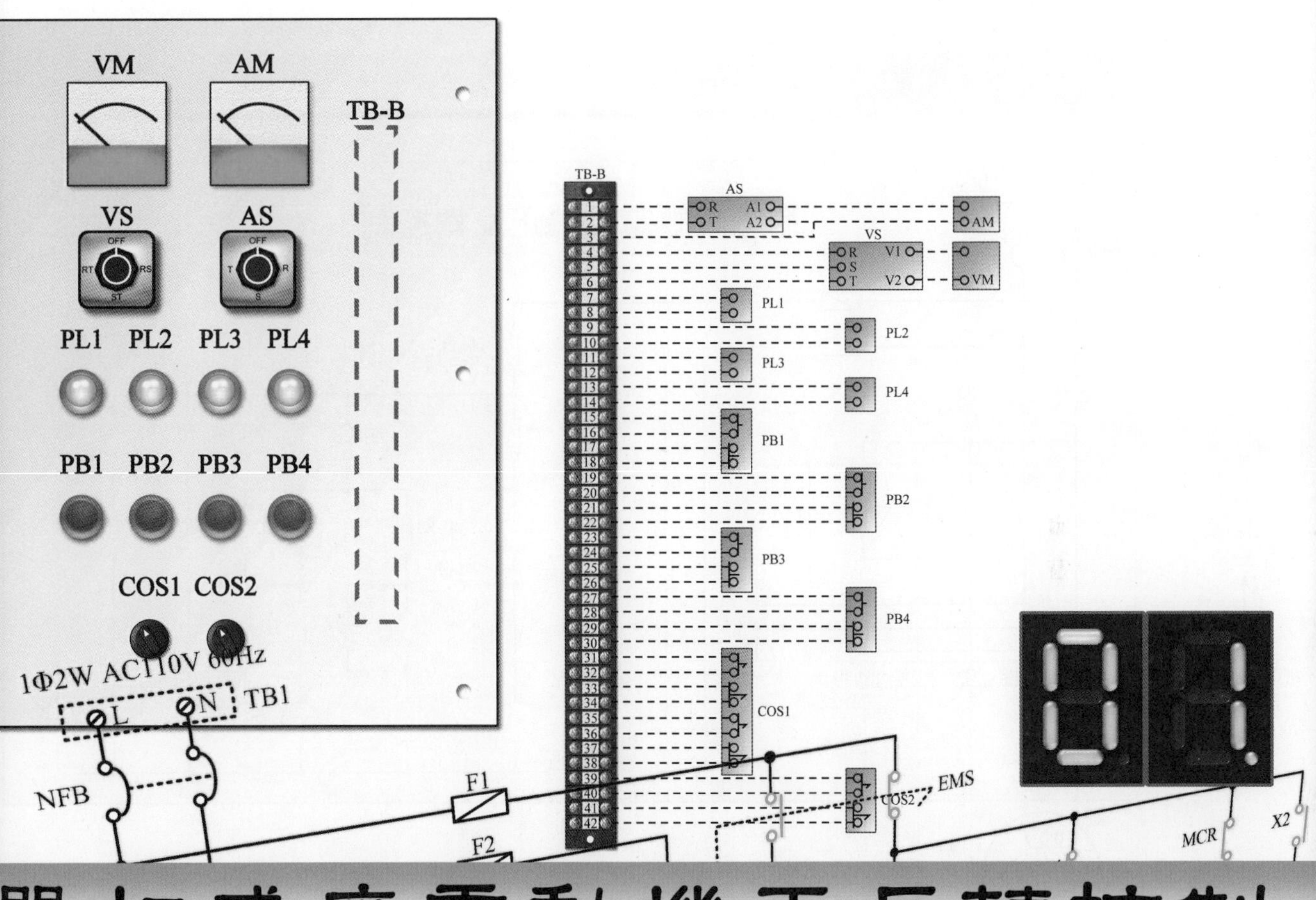

單相感應電動機正反轉控制

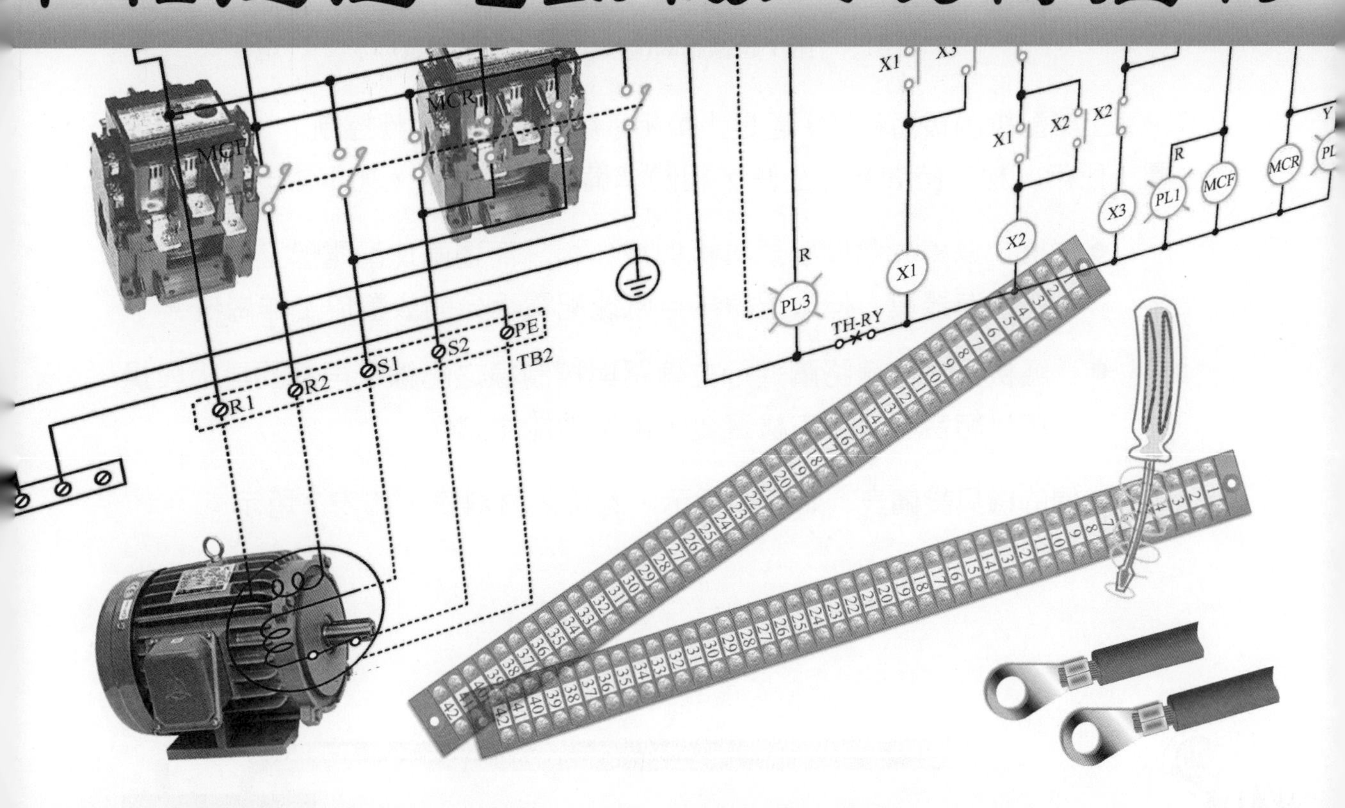

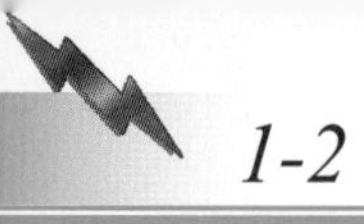

1-1 認識題目

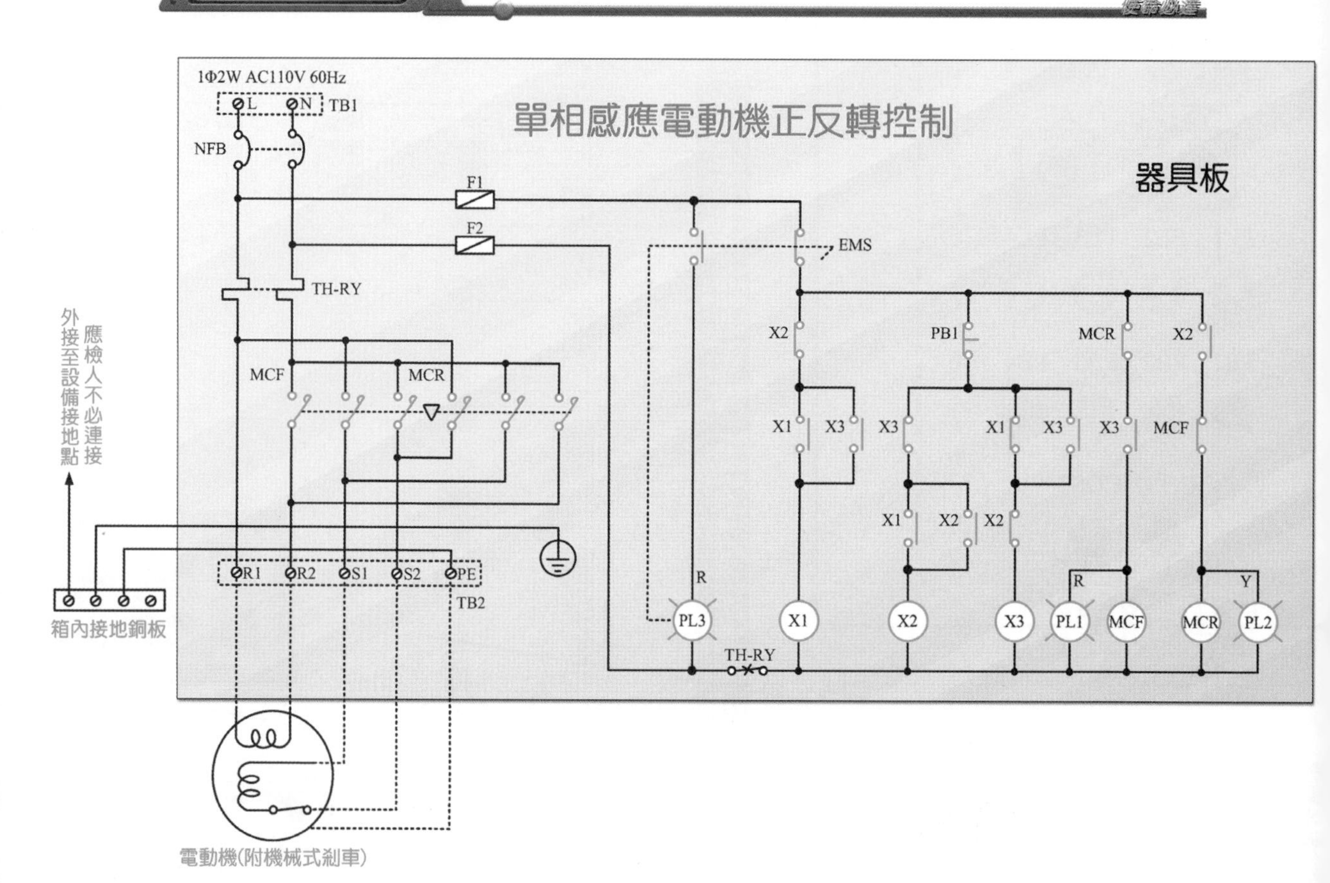

圖1　第 1 題線路圖(附錄中附大型工作圖)

工業配線丙級術科第 1 題是「單相感應電動機正反轉控制」，其線路如圖 1 所示，檢定時間為 3 小時，相關準備與操作項目，如下說明：

- 檢定場事先應備妥器具板與操作板，而這兩塊配電盤上，已固定好所有器具，但未配線，且兩塊配電板分開放置於工作崗位。
- 應檢人須依線路圖進行主線路與控制線之配線，再將器具板與操作板結合。經自主檢查後，再做功能測試。

本題的機具設備表，如表 1 所示，應檢人材料表，如表 2 所示：

表 1　第 1 題機具設備表

項目	名　稱	規　格	單位	數量	備註
1	無熔線斷路器	2P 110VAC 10KA 50AF 15AT	只	1	NFB
2	電磁接觸器	110VAC 1HP 用具機械互鎖	只	2	MCF、MCR
3	積熱電驛	110VAC 1HP 用	只	1	TH-RY
4	輔助電驛	110VAC	只	3	X1、X2、X3
5	栓型保險絲	2A 附座	只	2	F1、F2
6	照光式按鈕開關	110VAC 殘留式 30mm ϕ	只	1	EMS、PL3
7	按鈕開關	紅色 30mm ϕ 1b	只	1	PB1
8	指示燈	紅色 110VAC 30mm ϕ	只	1	PL1
9	指示燈	黃色 110VAC 30mm ϕ	只	1	PL2
10	端子台	2P 20A(連接電源)	只	1	TB1
11	端子台	5P 20A(連接電動機)	只	1	TB2
12	端子台	7P 10A(連接操作板)	只	6	TB
13	接地銅板	附雙支架，4P	只	1	在器具板上
14	操作板	長 350，寬 270，厚 2.0	塊	1	圖 7
15	器具板	長 350，寬 480，厚 2.0 四邊內摺 25mm	塊	1	圖 8

表 2　第 1 題應檢人材料表

項目	名　稱	規　格	單位	數量	備註
1	PVC 電線	3.5 mm^2, 黑色	公尺	3	主線路用
2	PVC 電線	3.5 mm^2, 綠色	公分	60	接地用
3	PVC 電線	1.25 mm^2, 黃色	公尺	30	控制線用
4	壓接端子	3.5 mm^2－4Y 型	只	若干	主線路用
5	壓接端子	1.25 mm^2－3Y 型	只	若干	控制線用
6	壓接端子	3.5 mm^2－4O 型	只	若干	接地用
7	束帶	寬 2.5，長 100 mm	條	30	
8	捲型保護帶	寬 10 mm	公分	60	

如表 1 及表 2 所示，除了已固定在器具板與操作板上的材料外，所剩不多了。如下說明：

2P 無熔絲開關

無熔絲開關(No-Fuse Breaker，簡稱 **NFB**)為電源開關，以提供電源之過電流保護，如圖 2 所示為無熔絲開關之照片、配線簡圖與符號：

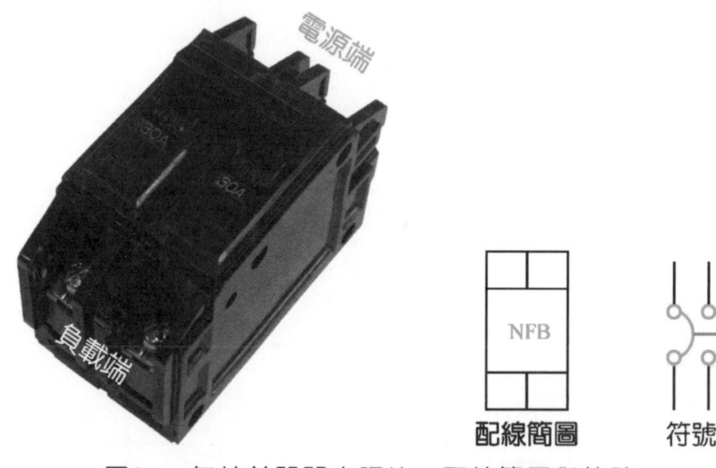

圖2　無熔絲開關之照片、配線簡圖與符號

積熱電驛

積熱電驛(Thermal Relay 簡稱 **TH-RY**)提供主線路的過載(Over Load，簡稱 74)保護，因此主線路的電流必須通過積熱電驛。所以在積熱電驛上，有主線路的流入端與流出端，以及過載保護開關的接點，如圖 2 所示為常用之積熱電驛，其編號為 TH-P20：

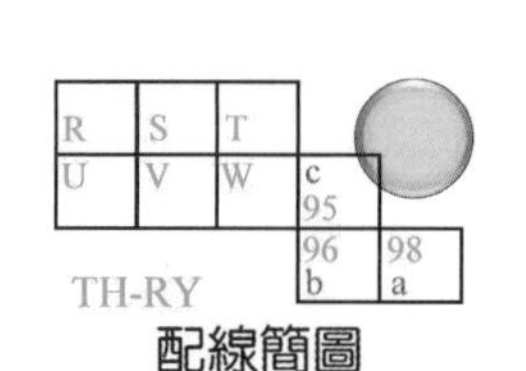

圖3　積熱電驛之照片、配線簡圖與符號

電磁接觸器

本題所採用的電磁接觸器為歐規的 S-P21，如圖 4 所示，其中包括 3 組主接點、輔助 a 接點與 b 接點各 1 組。

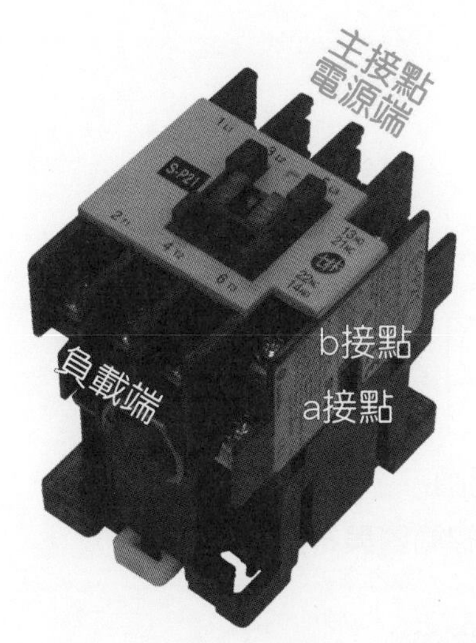

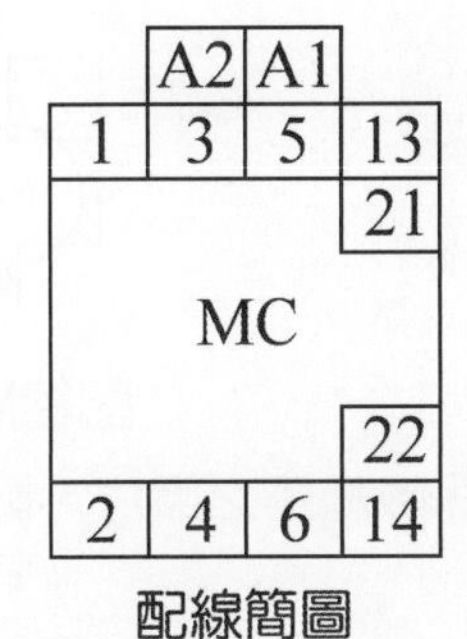

配線簡圖

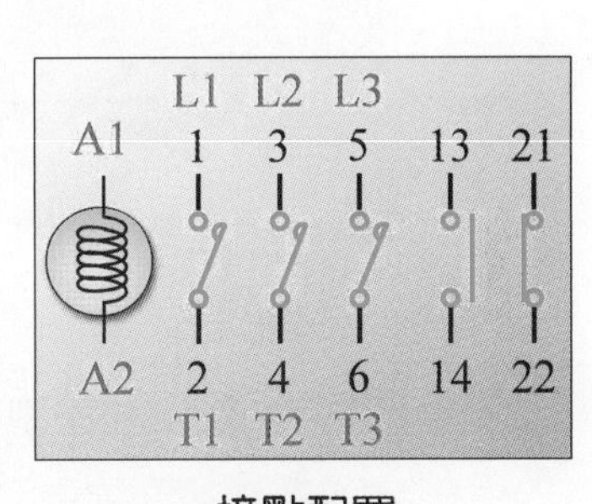

接點配置

圖4　電磁接觸器之照片、配線簡圖與符號

輔助電驛(3P)

常用的輔助電驛(Power Relay)有 2P(兩組 c 接點)與 3P(三組 c 接點)，而本題採用的是 3P 輔助電驛，如圖 5 所示為輔助電驛 MK-3P、腳座之照片，以及配線簡圖與接腳圖。

腳座

輔助電驛

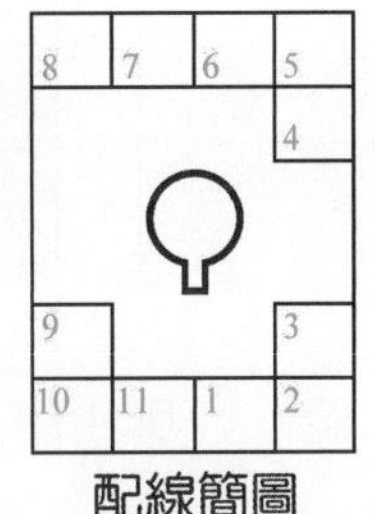

配線簡圖

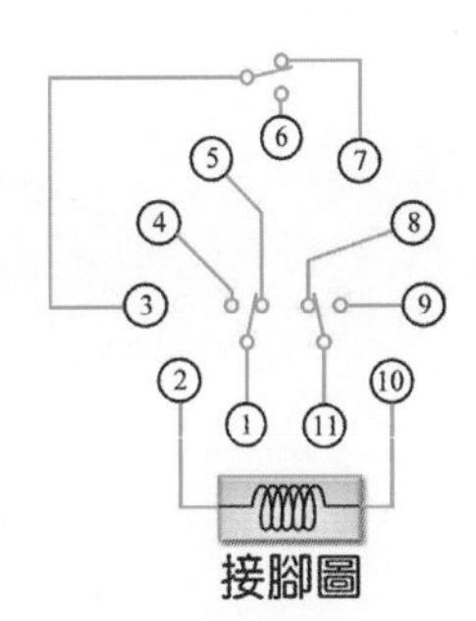

接腳圖

圖5　3P 輔助電驛之照片、配線簡圖與接腳圖

栓型保險絲座

常用的栓型保險絲座，如圖 6 所示：

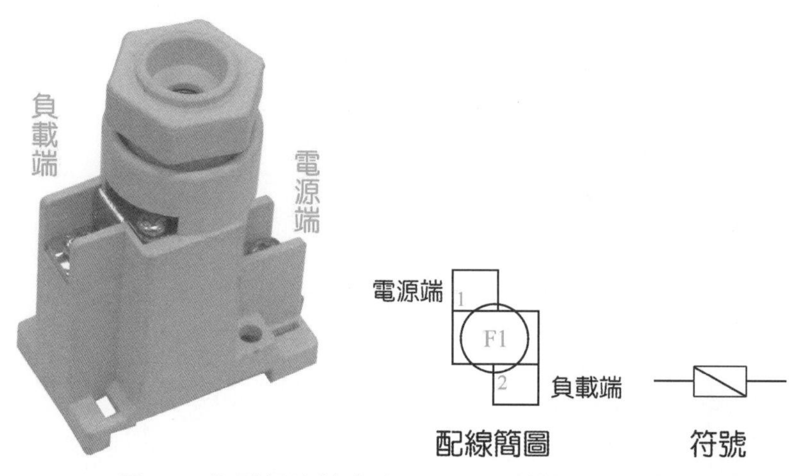

圖6　栓型保險絲座之照片、配線簡圖與符號

操作板配置圖

操作板提供操作此電路與受控負載，而本題的操作板裡，只有兩個指示燈與兩個按鈕開關(其中一個為殘留式按鈕開關，用於緊急狀態)，如圖 7 所示：

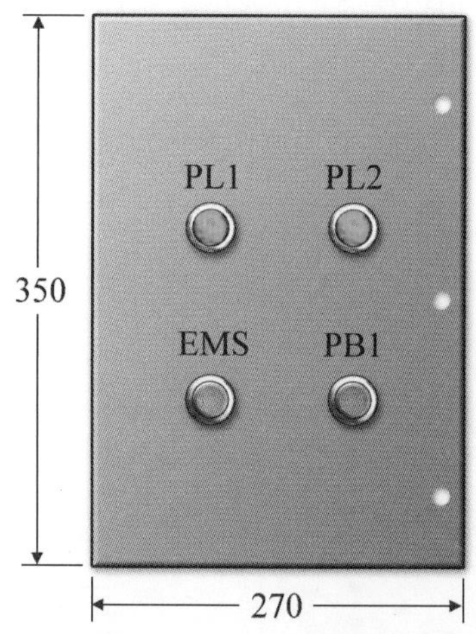

圖7　第 1 題之操作板配置圖(單位為 mm)

器具板配置圖

器具板就是應檢者所要進行配線的配電盤，如圖 8 所示，其中各器具之間距，並沒有嚴格限制，而由檢定場自訂。當然，對於應檢者影響不大。

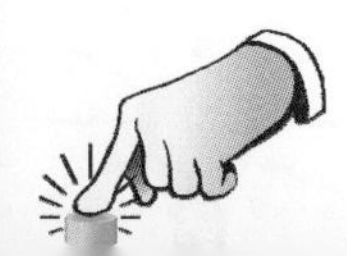

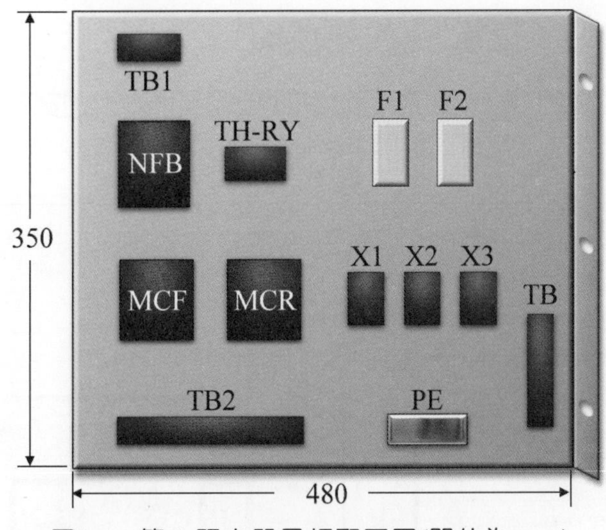

圖8　第 1 題之器具板配置圖(單位為 mm)

1-2 電路解析

第 1 題「單相感應電動機正反轉控制」之動作說明如下：

1. 在 TH-RY 正常狀況下：

其動作情形如下：

(1) 送電後 PL1 亮，MCF 動作(正轉)且自保持。

(2) 按住 PB1，PL1 熄 MCF 斷電。放開 PB1，則 PL2 亮，MCR 動作(逆轉)且自保持。

(3) 再按住 PB1，PL2 熄 MCR 斷電。放開 PB1，則 PL1 亮，MCF 動作(正轉)且自保持。

(4) 重複(2)(3)步驟之動作。

2. 按 EMS 時，PL3 亮，動作中之 MC 斷電；再按一次 EMS，PL3 熄，線路回復起始狀態。

3. TH-RY 動作時，動作中之 MCF 或 MCR 斷電，動作指示燈 PL1 或 PL2 熄。

依據上述動作說明，進行電路解析，如圖 1 所示(1-2 頁)，第 1 題電路之動作分為三個狀態，如下：

當 TH-RY 正常時(起始狀態)

當 TH-RY 正常時(未過載)，且 EMS 緊急開關未被按下，則依下列順序動作：

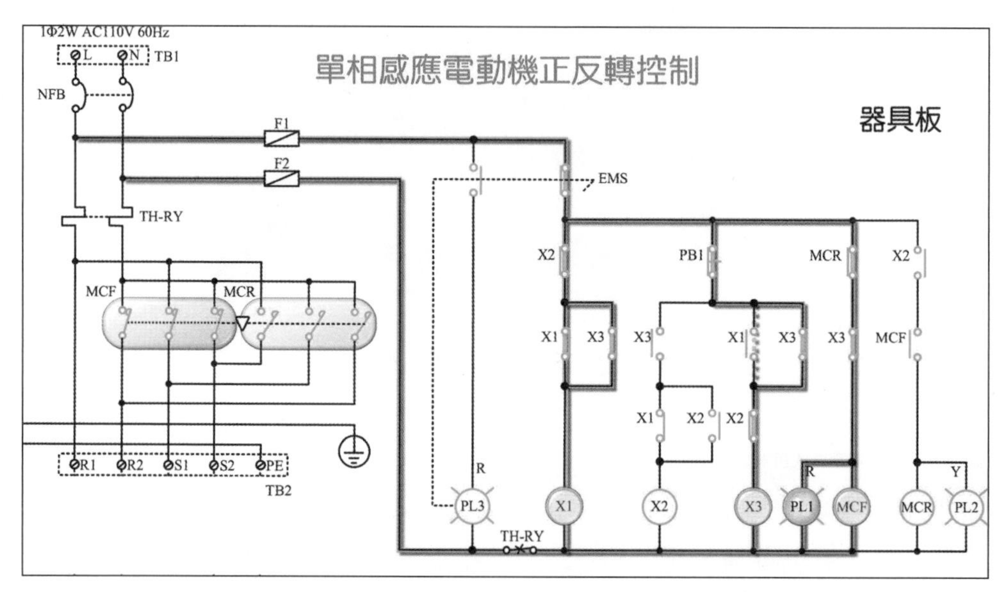

圖9 起始狀態(隨書光碟中的投影片附動畫動作展示)

1. 送電後，X3 激磁(自保持)、X1 激磁(自保持)、MCF 電磁接觸器(**M**agnetic **C**ontactor，簡稱 MC)激磁(正轉)，且自保持，PL1 指示燈亮，此時為起始狀態，如圖 9 所示。
2. 當按住 PB1 按鈕時，X3、MCF 電磁接觸器斷電，PL1 指示燈熄，如圖 10 所示。放開 PB1 按鈕後，X2、MCR 電磁接觸器激磁(反轉)，且自保持，PL2 指示燈亮，如圖 11 所示。

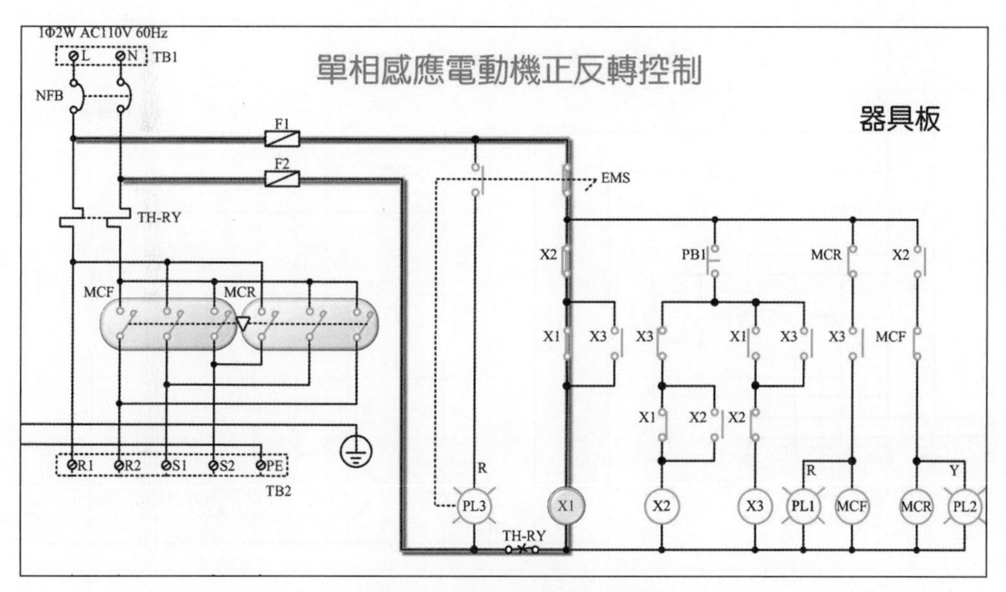

圖10　第一次按住 PB1

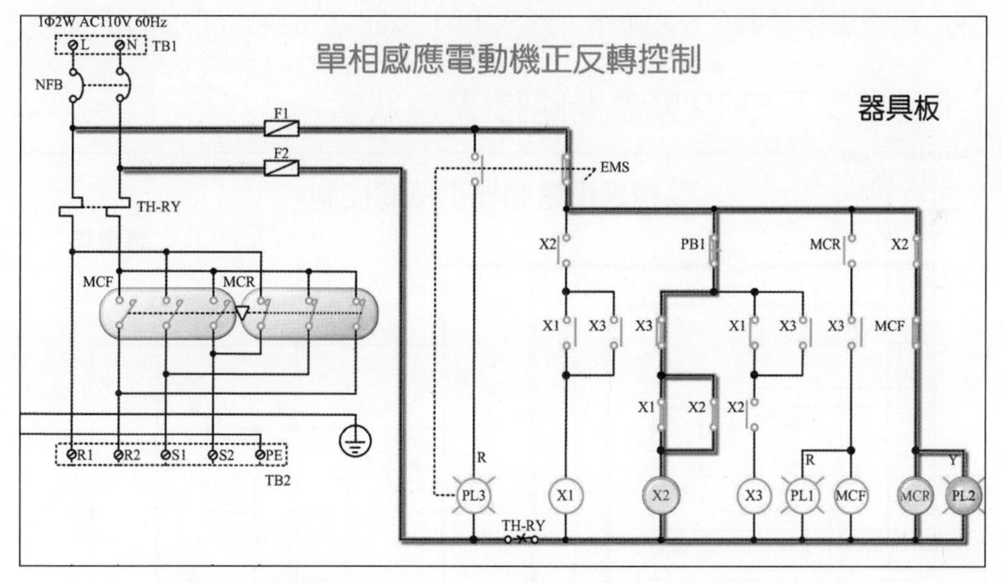

圖11　放開 PB1(隨書光碟中的投影片附動畫動作展示)

3. 當再按住 PB1 按鈕時，X2、MCR 斷電，PL2 指示燈熄，如圖 12 所示。放開 PB1 按鈕後，X3 激磁(自保持)➔X1 激磁(自保持)、MCF 激磁(正轉)，且自保持，PL1 指示燈亮，與起始狀態一樣(如圖 9 所示)。

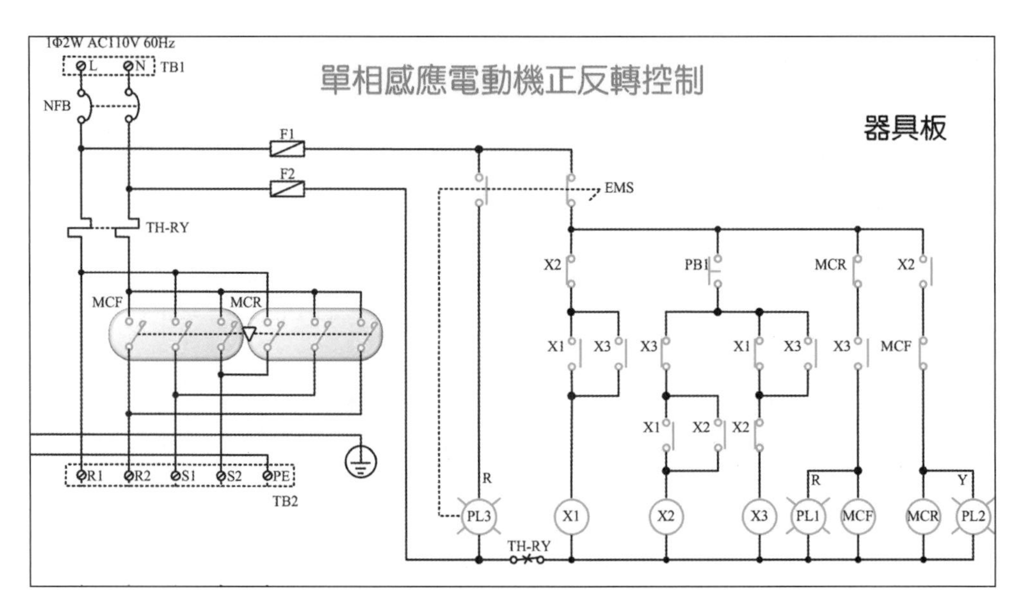

圖12　第二次按住 PB1(隨書光碟中的投影片附動畫動作展示)

4. 依序重複步驟 2、3 動作，形成 PB1 按鈕之切換式(Toggle)控制。

當按下 EMS 緊急開關時(緊急狀態)

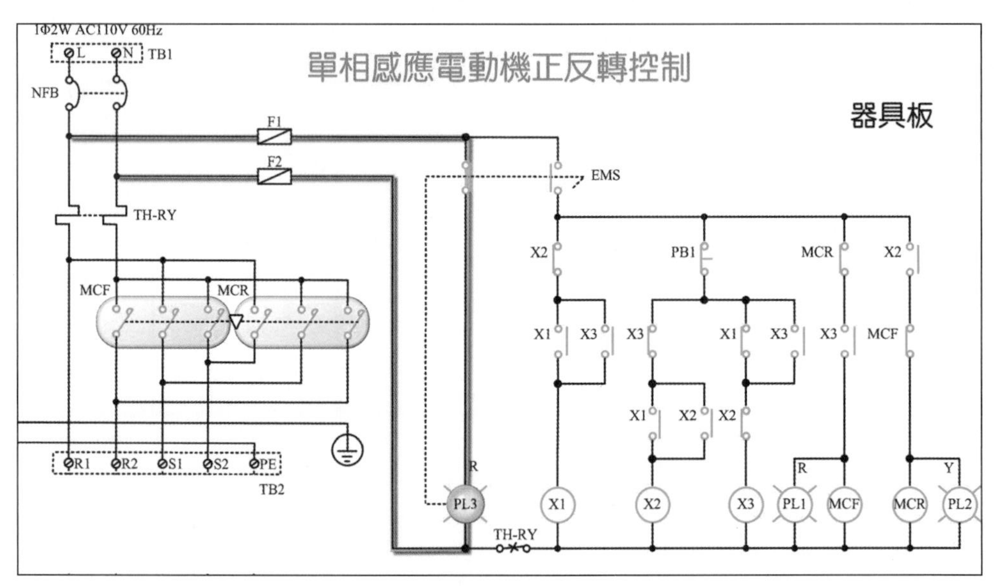

圖13　緊急狀態(隨書光碟中的投影片附動畫動作展示)

當 TH-RY 正常，而按下 EMS 緊急開關時，進入緊急狀態。PL3 指示燈亮，原本動作中的電磁接觸器斷電，如圖 13 所示。

若再按一下 EMS 緊急開關，PL3 指示燈熄，線路恢復起始狀態，PL1 指示燈亮，MCF 電磁接觸器激磁(正轉)，且自保持，如圖 9 所示。

當 TH-RY 動作時(過載狀態)

當 TH-RY 動作時(過載)，原本動作中的電磁接觸器斷電，而原本亮的 PL1 或 PL2 指示燈將熄滅，如圖 14 所示。

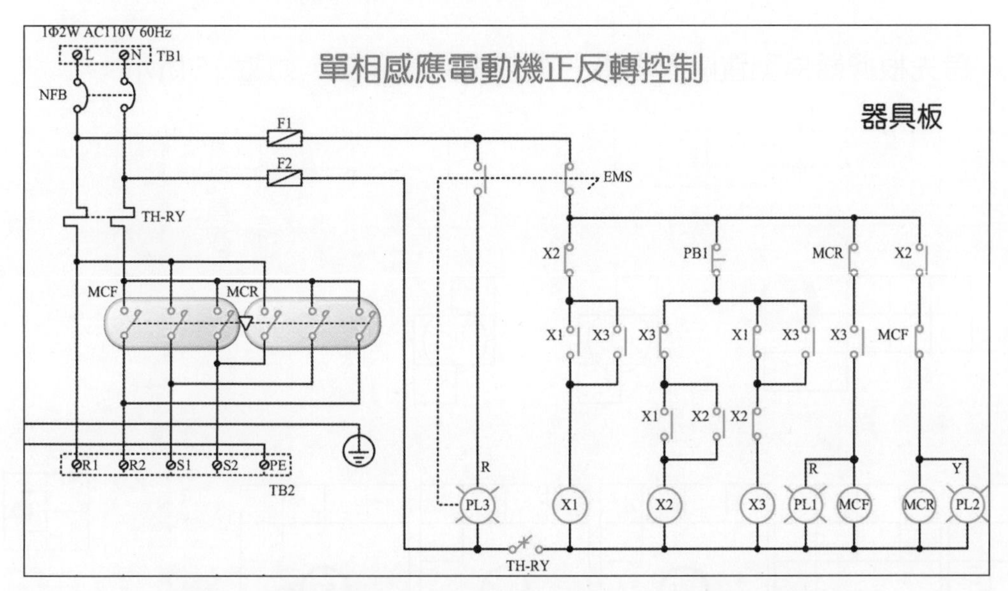

圖14 過載狀態(隨書光碟中的投影片附動畫動作展示)

1-3 操作步驟

當我們了解線路的動作原理後，即可進一步探究如何讓配線更有效率！當然在開始配線檢測時，考生應先確認電源及工作電壓，還有器具是否缺損或規格不符。待檢測開始後，現場服務人員依考生註記之損壞器具，進行修護及更換，接下來的配線就事半功倍。在本題的線路之中，包括控制線、接地線與主線路等三部分，從控制線開始配線，然後接地線，最後才進行主線路的配線。操作時，請注意下列事項：

1. 本題電源為 AC110V，使用輔助電驛 X1、X2、X3 為 11 支接腳，耐壓容量為 AC110V。
2. 配線選用之線徑：控制線(**1.25mm^2** 黃色導線)、接地線(**3.5mm^2** 綠色導線)，主線路(**3.5mm^2** 黑色導線)。
3. 配線時將短導線置於下方，長導線置於上方，可避免相互交叉，便於束線固定。

4. 控制線於 TB 端子台及主線路須使用 Y 型壓接端子；接地線須使用 O 型壓接端子。

控制線之配線

首先根據器具配置圖，準備一張空白的配線圖，如圖 15 所示：

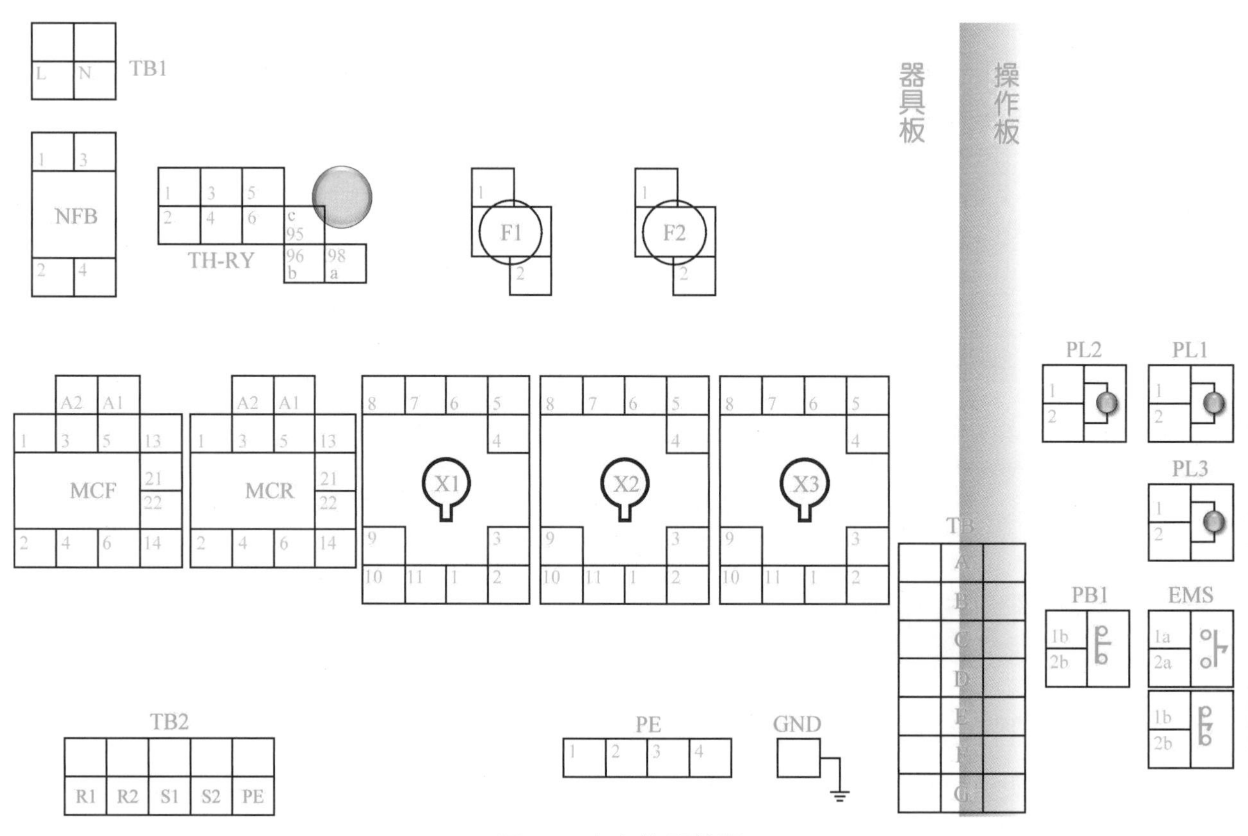

圖15　空白的配線圖

在線路圖中(圖 1，1-2 頁)，我們將依配線順序標示數字，如圖 16 所示。而其配線順序列表，如表 3 所示，完成配線就在完成欄位打勾。

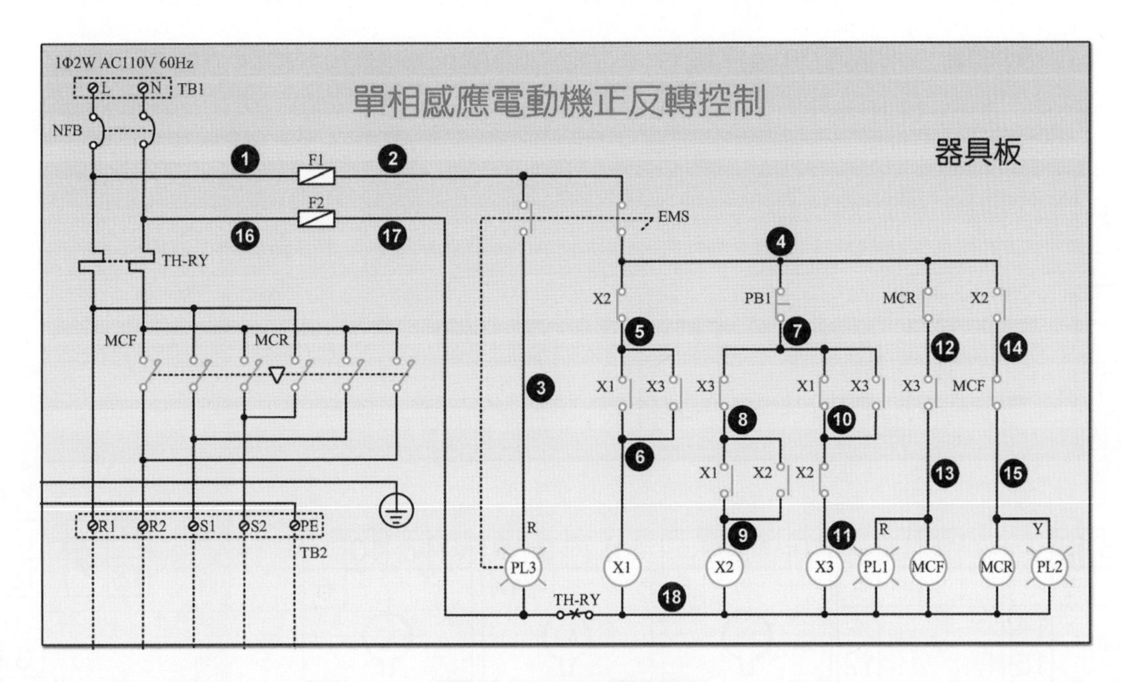

圖16　標示配線順序

表 3　控制線之配線順序表

配線順序	端　點	完成	備註
1	NFB-2, F1-1		
2	F1-2, **TB-A**, EMS-1a, EMS-1b		標示粗體為過門接線端子台
3	EMS-2a, PL3-1		
4	EMS-2b, PB1-1b, **TB-B**, X2-1, MCR-21		
5	X2-5, X1-1, X3-1		
6	X1-2, X1-4, X3-4		
7	PB1-2b, **TB-C**, X3-3, X1-11		
8	X3-7, X1-3, X2-3,		
9	X1-6, X2-2, X2-6		
10	X1-8, X2-11, X3-6		
11	X2-8, X3-2		
12	MCR-22, X3-11		
13	X3-9, MCF-A1, **TB-D**, PL1-1		
14	X2-4, MCF-21		
15	MCF-22, MCR-A1, **TB-E**, PL2-1		
16	NFB-4, F2-1		
17	F2-2, TH-RY-95,**TB-F,** PL3-2		
18	TH-RY-96, X1-10, X2-10, X3-10, MCF-A2, MCR-A2, **TB-G**, PL1-2, PL2-2		

緊接著，根據配線順序編號，在此空白的配線圖上，相對位置標示順序編號，如圖 17 所示。

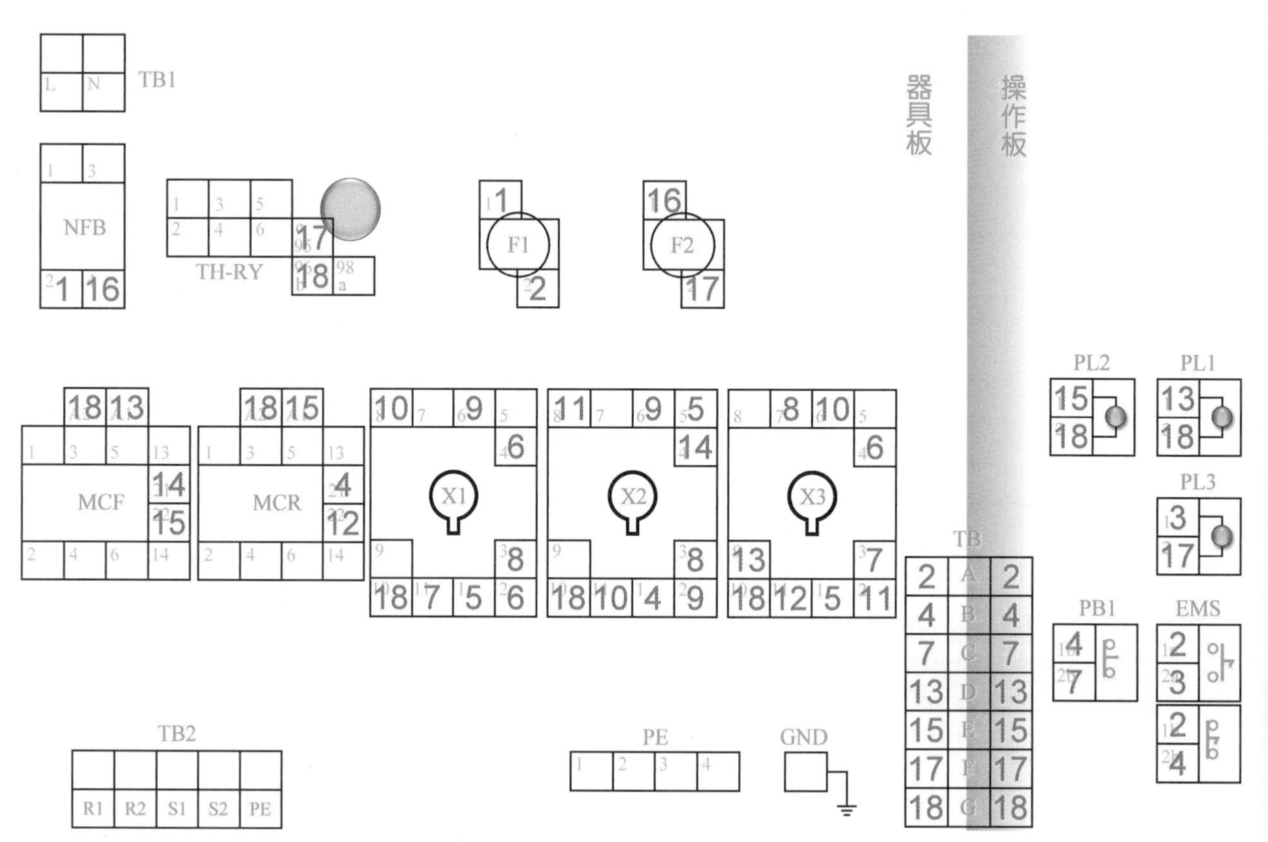

圖17　標示配線順序編號的配線圖

完成上述準備工作後，即可按圖 17，進行控制線的配線練習。

接地線之配線

在線路圖中(圖 1，1-2 頁)，我們將依配線順序標示數字，如圖 18 所示。而其配線順序列表，如表 4 所示，完成配線就在完成欄位打勾。

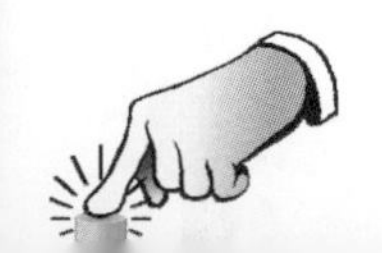

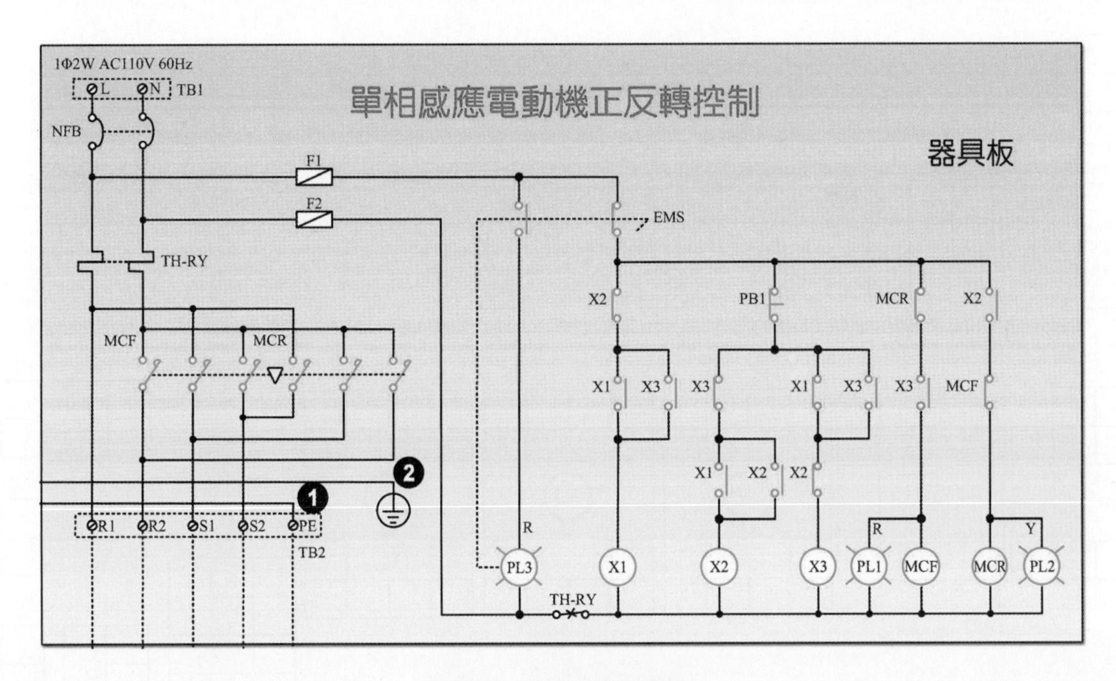

圖18　標示配線順序

表 4　接地線之配線順序表

配線順序	端　點	完成	備註
1	TB2-PE, PE-1		
2	GND, PE-2		

緊接著，根據配線順序編號，在此空白的配線圖上，相對位置標示順序編號，如圖 19 所示。

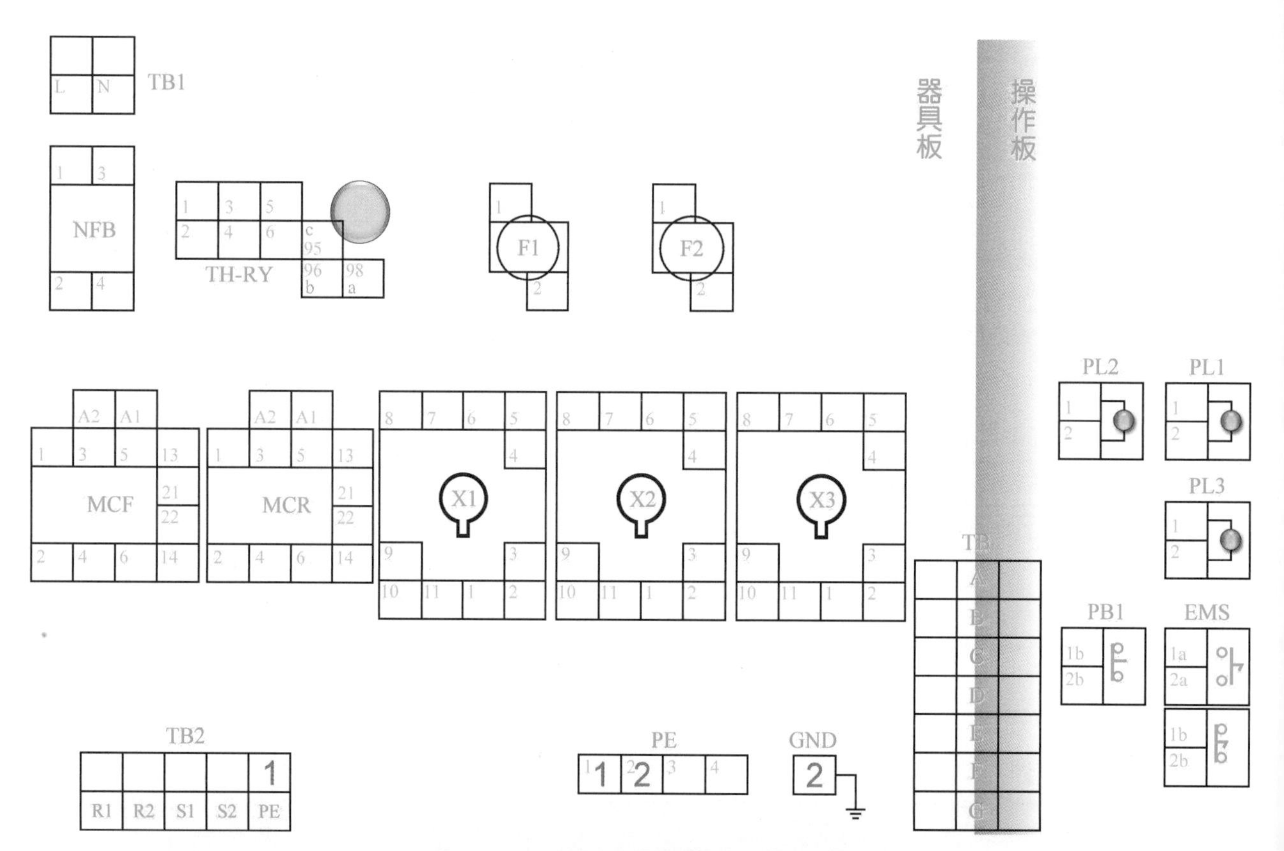

圖19　標示配線順序編號的配線圖

完成上述準備工作後，即可按圖 19，進行接地線的配線練習，如圖 20 所示為實體接地圖。

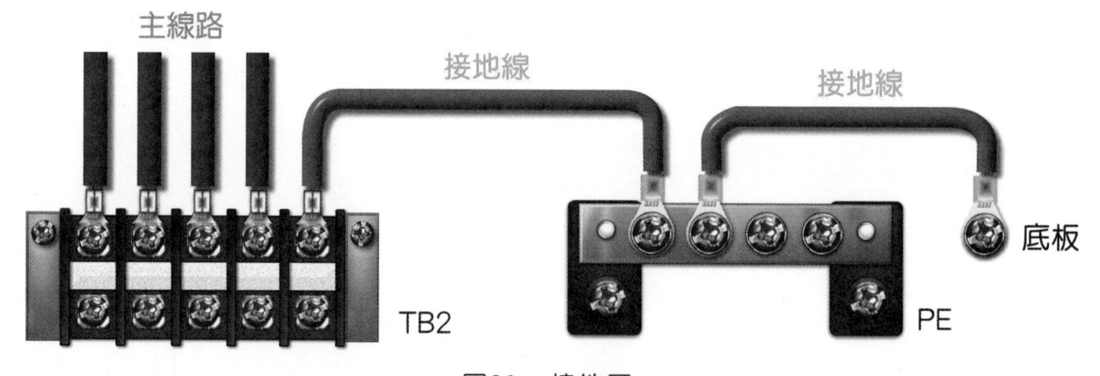

圖20　接地圖

主線路之配線

在線路圖中(圖 1，1-2 頁)，我們將依配線順序標示數字，如圖 21 所示。而其配線順序列表，如表 5 所示，完成配線就在完成欄位打勾：

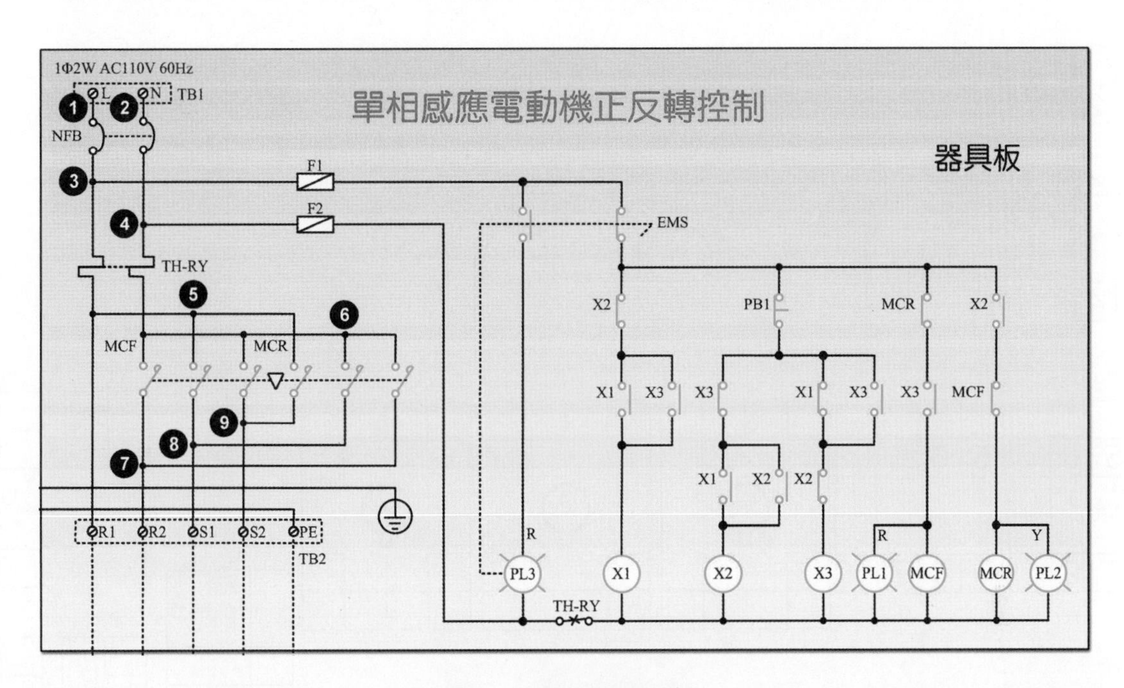

圖21　標示配線順序

表 5　主線路之配線順序表

配線順序	端　點	完成	備註
1	TB1-L, NFB-1		
2	TB1-N, NFB-3		
3	NFB-2, TH-RY-1		
4	NFB-4, TH-RY-5		
5	TH-RY-2, MCF-3, MCR-1, TB2-R1		
6	TH-RY-6, MCF-1, MCF-5, MCR-3, MCR-5		
7	MCF-2, MCR-6, TB2-R2		
8	MCF-4, MCR-4, TB2-S1		
9	MCF-6, MCR-2, TB2-S2		

緊接著，根據配線順序編號，在此空白的配線圖上，相對位置標示順序編號，如圖 22 所示。

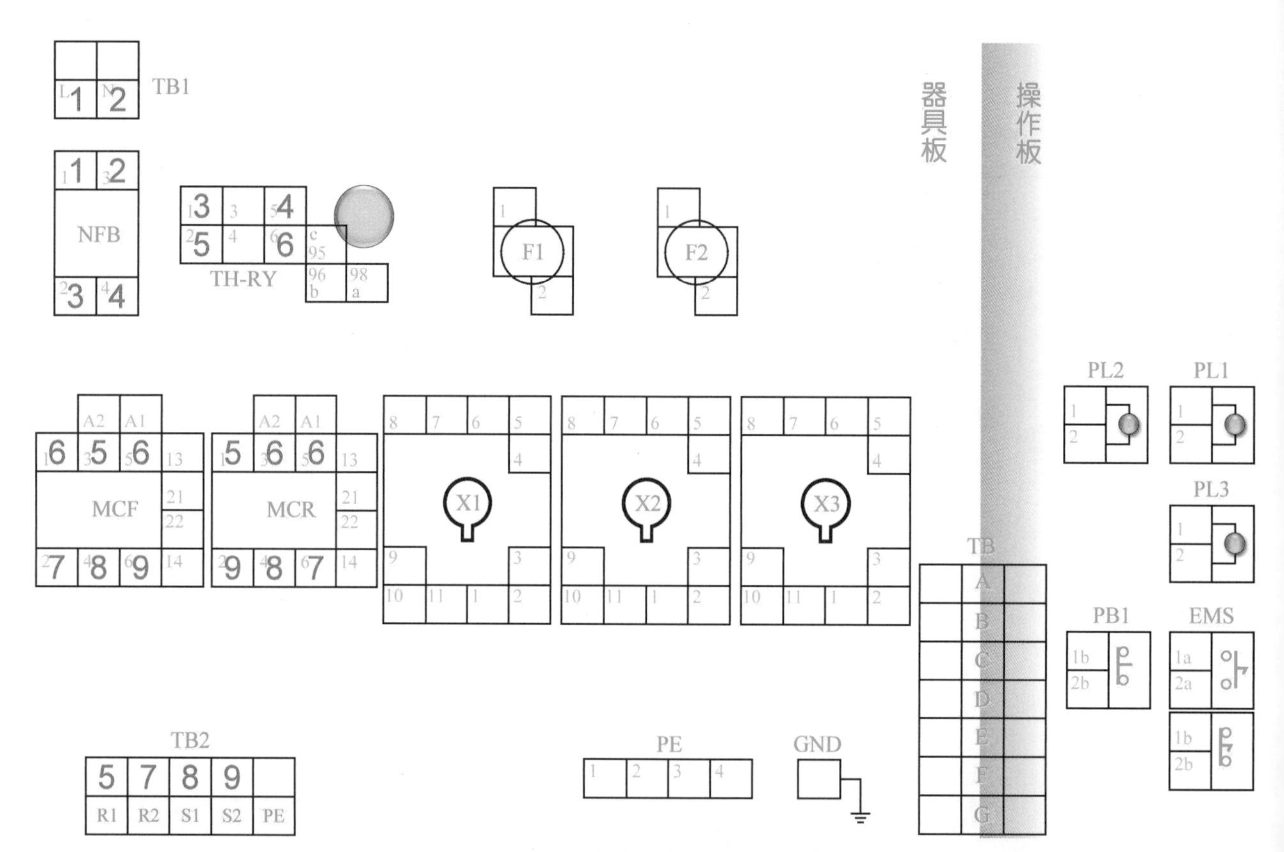

圖22　標示配線順序編號的配線圖

完成上述準備工作後，即可按圖 22，進行主線路的配線練習。

紙上配線練習

如圖 23 所示為紙上配線練習器具板，請按前述之配線順序，直接在圖中以畫線方式代替實際配線，如此將可熟悉配線路徑與建立整體概念。

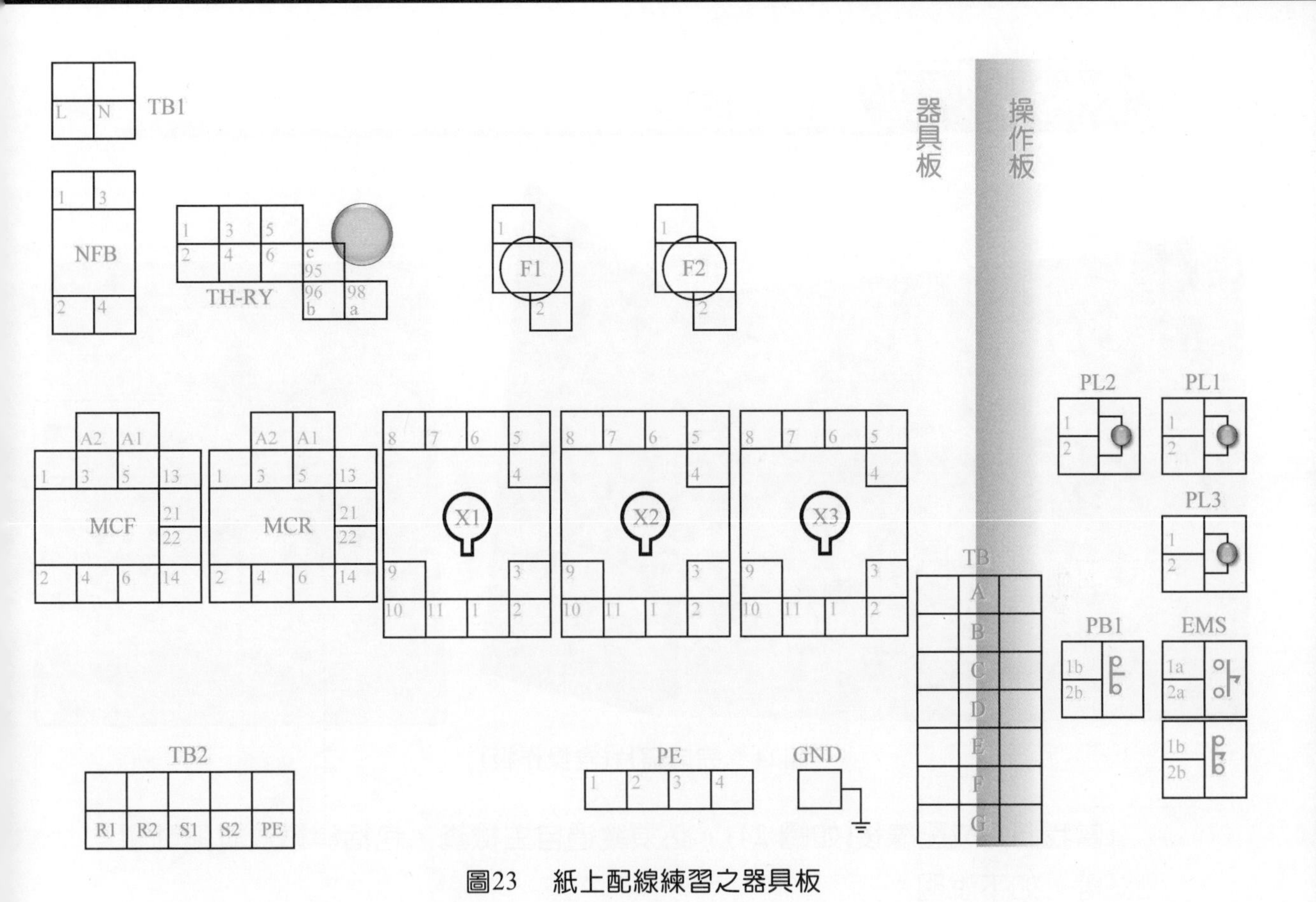

圖23 紙上配線練習之器具板

經多次練習後，若可在 10 分鐘之內，完成紙上配線(含控制線、接地線與主線路)，即可進入真實配線練習，如此將可使真實配線練習的速度與正確性大為提升。

1-4 自主檢查

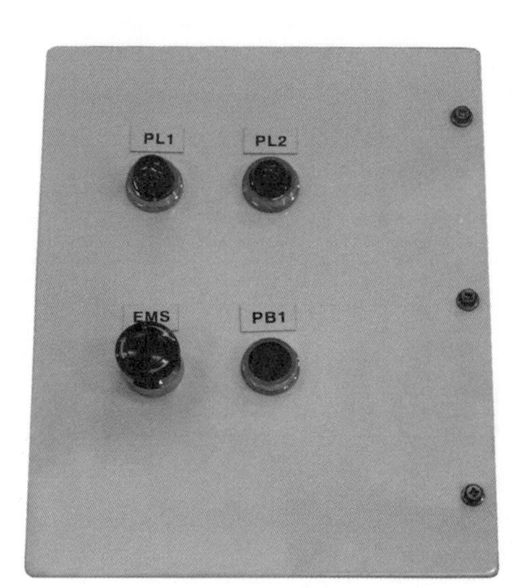

圖24 完成照片(含操作板)

當我們完成配線後(如圖 24)，必須經過自主檢查，包括靜態測試與動態測試等，如下說明：

靜態測試

靜態測試為未送電前，以三用電表歐姆檔位檢測器具及線路接點是否短路及斷路，並按下列表 6 所示之工作項目完成：

表 6　靜態測試檢測項目

編號	檢測項目	完成	備註
1	依據控制線之標示配線順序編號 1-18 檢測接點是否完全連接。		
2	依據接地線之標示配線順序編號 1-2 檢測接點是否完全連接。		
3	依據主線路之標示配線順序編號 1-9 檢測接點是否完全連接。		
4	檢測栓型保險絲 F1、F2 是否良好。 (保險絲電源側、負載側短路)		
5	利用按壓電磁接觸器按鈕 MCF、MCR，檢測常閉(b 接點)及常開(a 接點)接點，是否正常動作。 (未動作：a 接點斷路，b 接點短路。動作：a 接點短路，b 接點斷路)		
6	檢測積熱電驛 TH-RY 在手動過載及復歸時，常閉及常開接點是否正常動作。		
7	檢測按鈕開關 PB1，常閉及常開接點是否正常動作。		
8	檢測緊急按鈕開關 EMS，常閉及常開接點是否正常動作。		
9	檢測指示燈 PL1、PL2、PL3 是否具阻抗值。 (指示燈故障一：接點短路，阻抗值為零；故障二：接點斷路，無法測得阻抗值)		
10	檢測無熔絲開關 NFB，負載側是否短路；並分別按壓按鈕開關 PB1、EMS 測試負載側是否同樣有短路現象。 (若短路請勿進行以下動態測試，重新靜態測試檢測)		

動態測試

動態測試為自行通電檢測，考生切記，確實完成靜態測試後，經由監評老師認可，才能進行通電，如發生短路兩次(含)，將評為重大缺點並以不合格論。此階段動態測試之檢測，依據 1-2 電路解析流程，按下列表 7 所示之工作項目完成，以三用電表電壓檔位檢測各項器具是否供電正常動作，未供電請重新檢測靜態測試項目，若器具有供電未動作，請檢查器具是否故障。

表 7 動態測試檢測項目

編號	檢測項目	完成	備註
1	檢測無熔絲開關電源側是否正常供電。		
2	**在 TH-RY 正常狀況下(TH-RY 復歸)**：送電後，PL1 亮，MCF 動作(正轉)且自保持。		PL1 亮
3	按住 PB1，PL1 熄 MCF 斷電。放開 PB1，則 PL2 亮，MCR 動作(逆轉)且自保持。		PL2 亮
4	再按住 PB1，PL2 熄 MCR 斷電。放開 PB1，則 PL1 亮，MCF 動作(正轉)且自保持。		PL1 亮
5	重複編號(2)(3)檢測步驟之動作。		PL1、PL2 交替亮
6	按 EMS 時，PL3 亮，動作中之 MC 斷電；再按一次 EMS，PL3 熄，線路回復起始狀態。		PL3 亮
7	**在 TH-RY 動作時(TH-RY 過載)**：動作中之 MCF 或 MCR 斷電，動作指示燈 PL1 或 PL2 熄。		

動態測試符合待檢測項目後，利用束線整理導線，完工後舉手，請監評老師到場評分 OK 後，要有禮貌向監評老師說聲謝謝、辛苦了。檢定評審表上簽名後，開始輕聲整理場地(切記廢棄物自行帶走)及收拾自己的工具物品等，完成後，向監評老師及場地服務人員點頭示意輕聲離開檢定場，恭喜您已邁向工業配線丙級證照的一大步了，一切的努力總算沒有白費了。

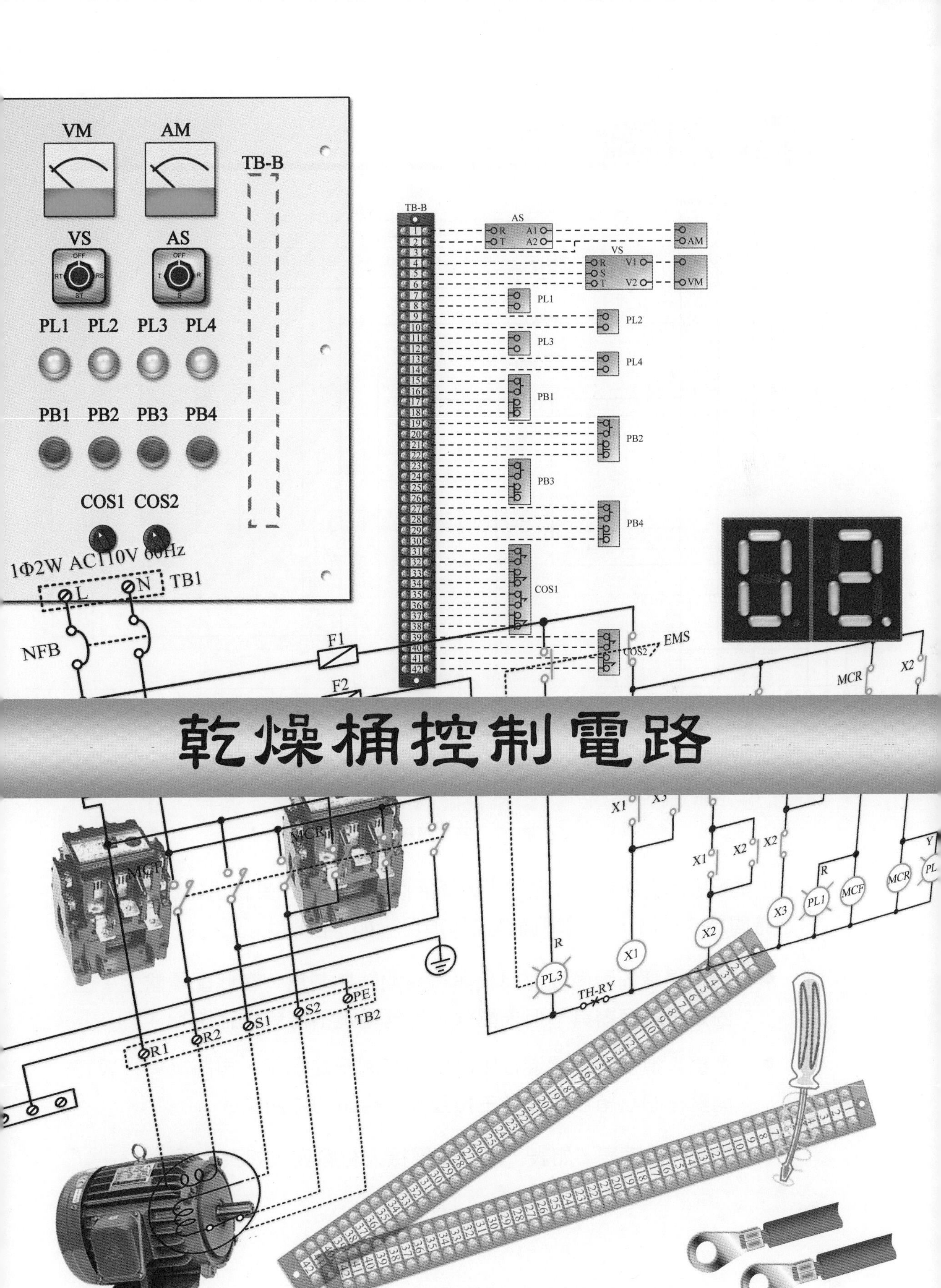
VM
AM
VS
AS
TB-B
PL1 PL2 PL3 PL4
PB1 PB2 PB3 PB4
COS1 COS2
1Φ2W AC110V 60Hz
TB1
NFB
F1
F2
EMS
MCR
X1
X2
X3
TH-RY
TB2

乾燥桶控制電路

2-1 認識題目

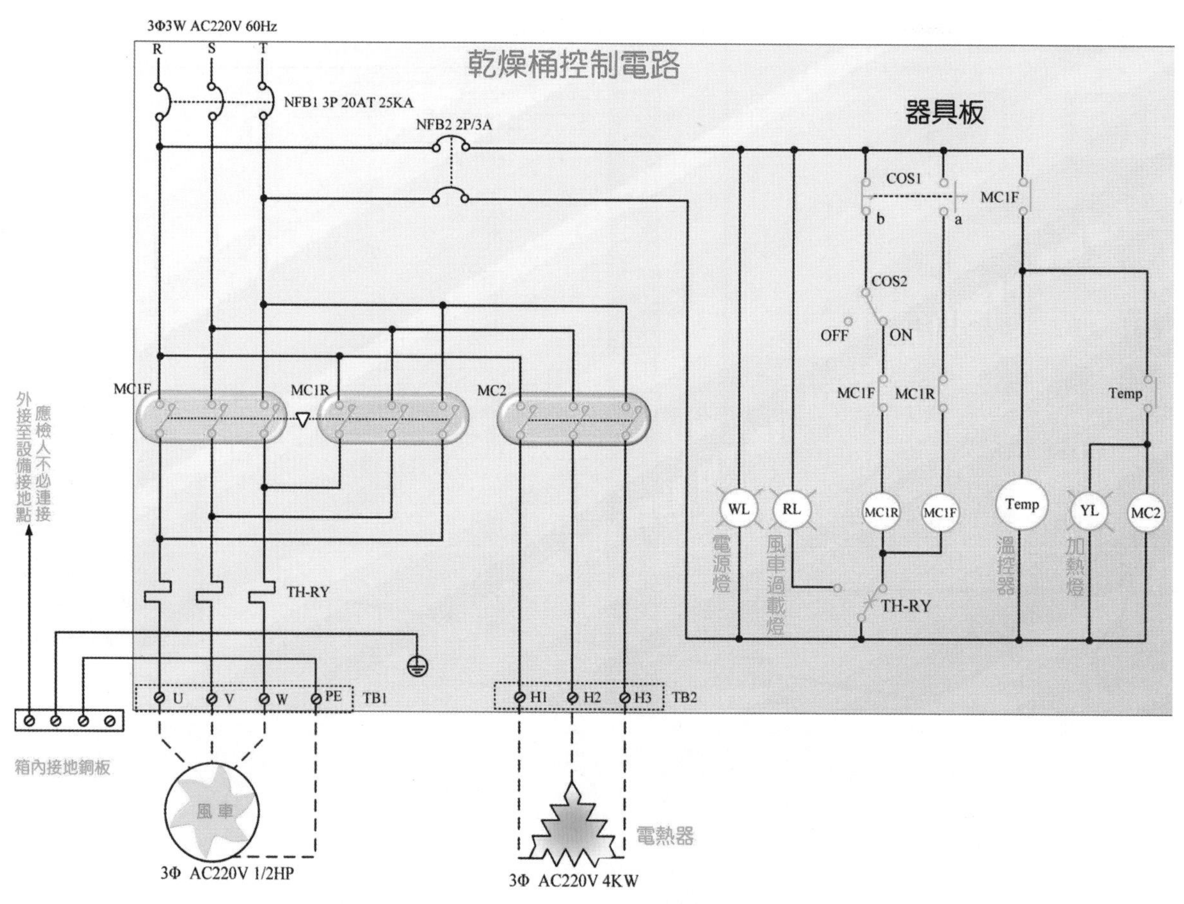

圖1　第 2 題線路圖

工業配線丙級術科第 2 題是「乾燥桶控制電路」，其線路如圖 1 所示，檢定時間為 3 小時，相關準備與操作項目，如下說明：

- 檢定場事先應備妥器具板與按鈕開關控制盒，在此配電盤上，已固定好所有器具，但未配線，包含電纜不得預先施作。
- 應檢人須依線路圖進行主線路與控制線之配線，再將器具板與鈕開關控制盒結合，經自主檢查後，再做功能測試。

本題的機具設備表，如表 1 所示，應檢人材料表，如表 2 所示：

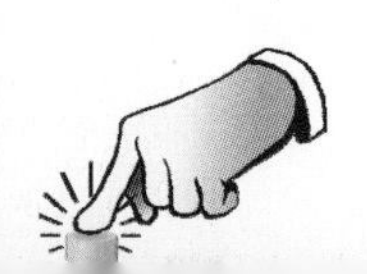

表 1 第 2 題機具設備表(本題僅有器具板)

項目	名 稱	規 格	單位	數量	備註
1	無熔線斷路器	3P 220VAC 25KA 100AF 20AT	只	1	NFB1
2	無熔線斷路器	2P 220VAC 10KA 3A	只	1	NFB2
3	正逆轉專用電磁接觸器組	220VAC 1/2HP (附機械連鎖及輔助接點)	只	1	MC1F MC1R
4	過載電驛	220VAC 1/2HP 2 素子 (2E)	只	1	TH-RY
5	電磁接觸器	220VAC 20A	只	1	MC2
6	溫度控制器	220VAC 0~100°C，可接 PT100 感溫棒 Relay 輸出	只	1	Temp 底板固定式
7	按鈕開關控制盒	5 孔塑膠盒 25 mm ϕ	只	1	
8	指示燈	紅黃白 220VAC 25 mm ϕ	只	各 1	RL、YL、WL
9	選擇開關	2 段 1a1b 25 mm ϕ	只	2	COS1、COS2
10	端子台	3P 20A	只	1	TB2
11	端子台	4P 20A	只	1	TB1
12	端子台	6P 10A	只	1	TB3
13	接地銅板	附雙支架，4P	只	1	在器具板上
14	器具板	長 350，寬 480，厚 2.0 四邊內摺 25mm	公分	1	圖 4

表 2 第 2 題應檢人材料表

項目	名 稱	規 格	單位	數量	備註
1	PVC 電線	3.5 mm^2, 黑色	公尺	3	主線路用
2	PVC 電線	3.5 mm^2, 綠色	公分	30	接地用
3	PVC 電線	1.25 mm^2, 黃色	公尺	25	控制線用
4	壓接端子	3.5 mm^2－4Y 型	只	若干	主線路用
5	壓接端子	1.25 mm^2－3Y 型	只	若干	控制線用
6	壓接端子	3.5 mm^2－4O 型	只	若干	接地用
7	束帶	寬 2.5，長 100 mm	條	20	
8	電纜固定頭	配合 0.75 $mm^2$6C，多蕊電纜及 5 孔塑膠盒	只	1	
9	電纜	0.75 $mm^2$6C	公分	60	

如表 1 及表 2 所示，大多已固定在器具板上，若其中器具已出現在第 1 題的，在此就不重覆介紹，其餘器具如下說明：

正逆轉專用電磁接觸器組

正逆轉專用電磁接觸器是由兩個電磁接觸器及機械式互鎖裝置所構成，如圖 2 所示。也就是線路圖裡(圖 1)的 MC1F 與 MC1R 兩個電磁接觸器，在 MC1F 電磁接觸器下面有個積熱電驛，做為過載保護裝置。而在這兩個電磁接觸器之間有個倒三角形，呈現翹翹板造型，就是機械式互鎖裝置。

圖2　正逆轉專用電磁接觸器組

溫度控制器附 PT100 感溫棒與線

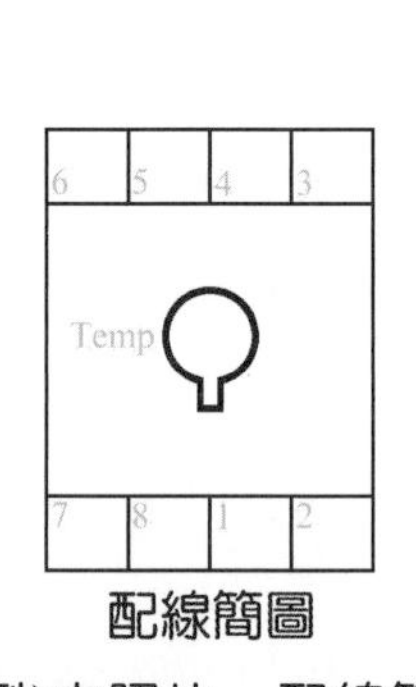

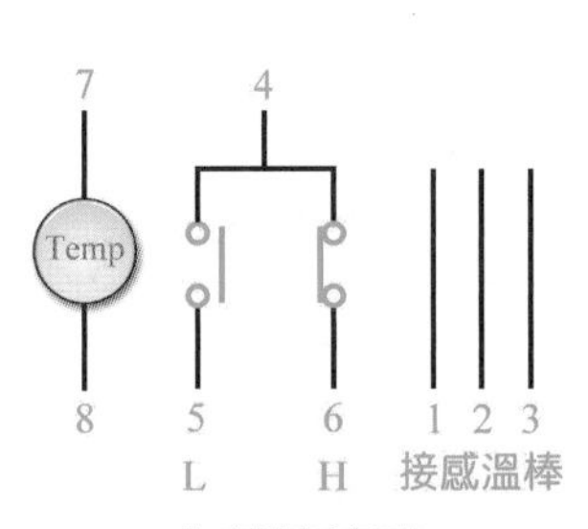

圖3　溫度控制器與 PT-100(縮小比例)之照片、配線簡圖與內部接線圖

本題所採用的溫度控制器為歐規的 RT-505，如圖 3 所示，其中包括控制器電源 Temp(7、8 腳)，1 組 c 接點，其中第 4 腳為共同接腳、第 5 腳為 a 接點(溫度低於設定值時接通)、第 6 腳為 b 接點(溫度高於設定值時斷開)。而所附的 PT100 感溫棒及測棒輸出線分別為紅(A)、白(B)、白(b)，依序連接至第 1、2 及 3 腳。

器具板配置圖

器具板就是應檢者所要進行配線的配電盤，如圖 4 所示，其中各器具之間距，並沒有嚴格限制，而由檢定場自訂。當然，對於應檢者影響不大。

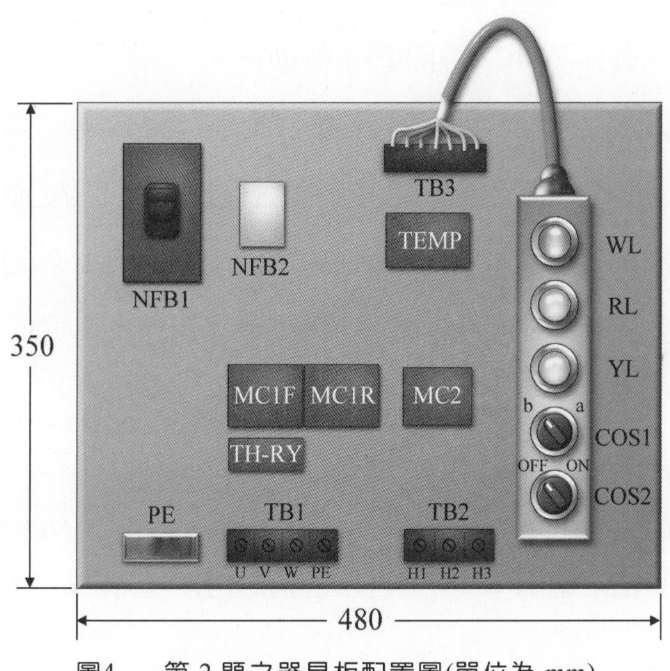

圖4　第 2 題之器具板配置圖(單位為 mm)

2-2 電路解析

第 2 題「乾燥桶控制電路」之動作說明如下：

1. NFB1 ON 主電源供電，NFB2 ON 控制電源供電，電源指示燈 WL 亮。

2. COS1 設定在自動狀態下：(COS1 切於 a 位置)

(1) MC1F ON 風車正轉。

(2) MC2 ON 電熱器開始加熱，加熱指示燈 YL 亮。

(3) 溫度上升到達設定值時，MC2 OFF 電熱器斷電，加熱指示燈 YL 熄。

(4) 溫度下降到達設定值，重複步驟(2)及(3)。

3. COS1 設定在手動狀態下：(COS1 切於 b 位置)

(1) COS2 切於 ON 位置 MC1R ON 風車開始逆轉，將餘溫排出。

(2) COS2 切於 OFF 位置 MC1R OFF 風車停止逆轉。

注意事項：

1. 風車過載時，TH-RY 動作，故障指示燈 RL 亮，MC1F、MC1R 及 MC2 斷電，加熱指示燈 YL 熄。
2. MC1F 未動作，MC2 加熱器不得動作。
3. MC1F 及 MC1R 間應有機械互鎖及電氣互鎖裝置。
4. PT100 感溫棒及線應與溫度控制器直接連結，不經過端子台。
5. 五孔控制盒與端子台間之電纜線須預留適當長度，不可拉得太緊。

依據上述動作說明，進行電路解析，如圖 1 所示(2-2 頁)，第 2 題電路之動作分為四個狀態，如下：

正常供電狀態(起始狀態)

當 **NFB1** ON 時，即可提供主電路之三相電源；再把 **NFB2** ON 後，即可提供控制電路之電源(單相)，且白色指示燈(**WL**)將保持亮，即為起始狀態。

自動狀態

當 **COS1** 切在 **a** 位置時，即為自動狀態，剛開始時，溫度尚未到達設定溫度，其動作如下：

1. **MC1F** ON，風車保持正轉，同時溫度控制器(**Temp**)送電，開始控制溫度，加熱指示燈 **YL** 亮(黃燈)。

2. **MC2** ON，電熱器開始加熱，如圖 5 所示：

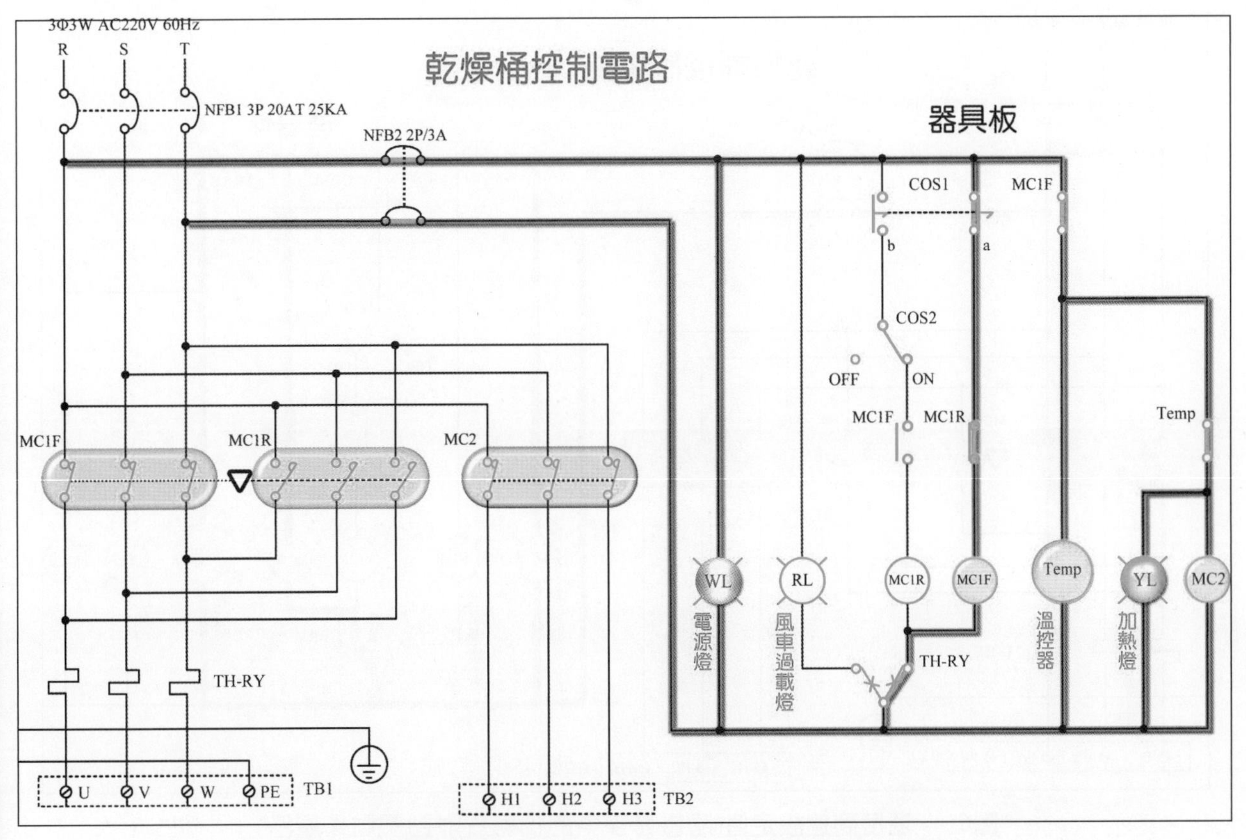

圖5　自動加溫(隨書光碟中的投影片附動畫動作展示)

3. 當溫度上升到達設定值時，**MC2** OFF，電熱器斷電，加熱指示燈 **YL** 熄，如圖 6 所示：

4. 當溫度下降到達設定值時，重複步驟 2、3 的動作。

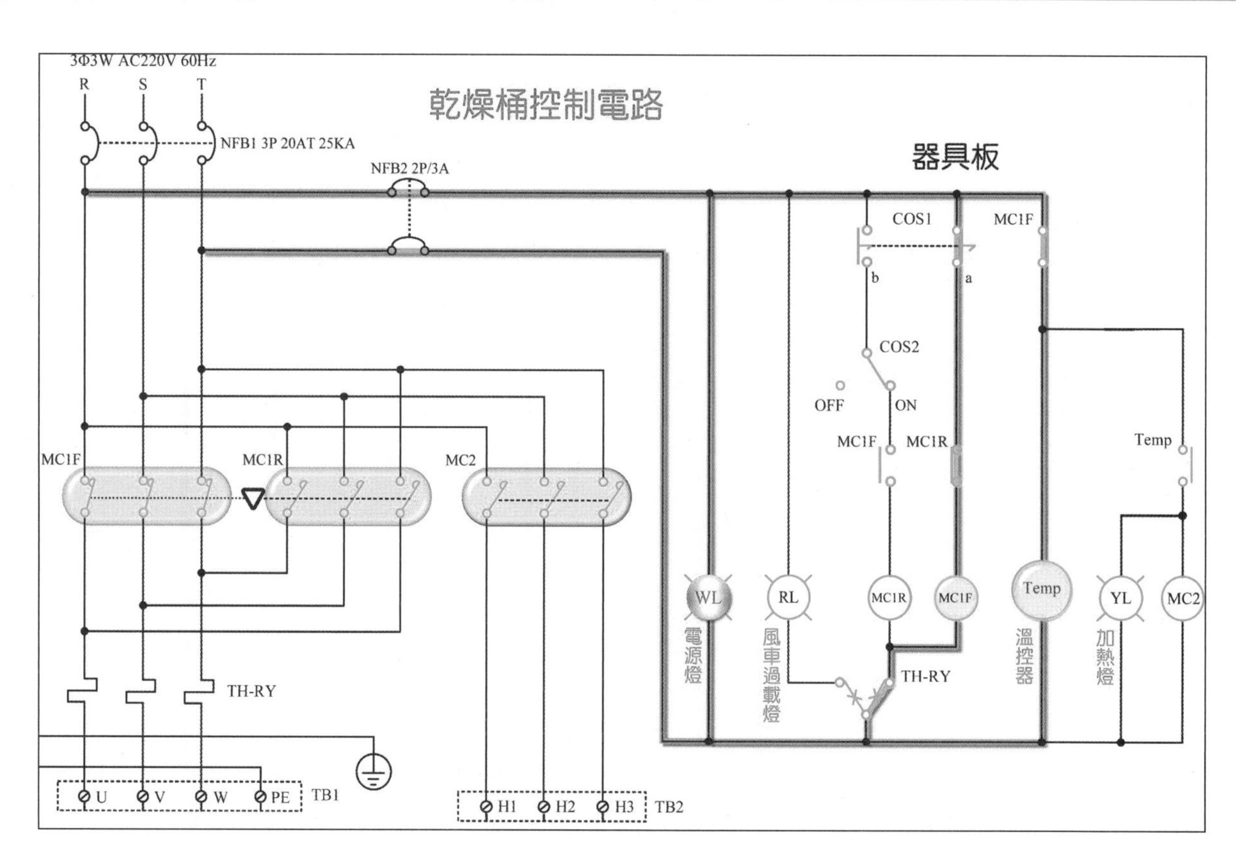

圖6　溫度到達設定值(隨書光碟中的投影片附動畫動作展示)

手動狀態

當 **COS1** 切在 **b** 位置時，即為手動狀態，其動作如下：

1. 當 **COS2** 切在 **ON** 位置時，**MC1R** ON，風車開始逆轉，將餘溫排出，如圖 7 所示。

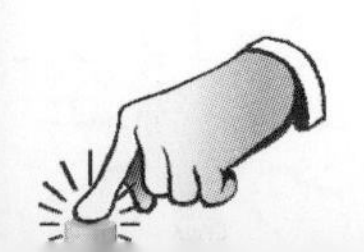

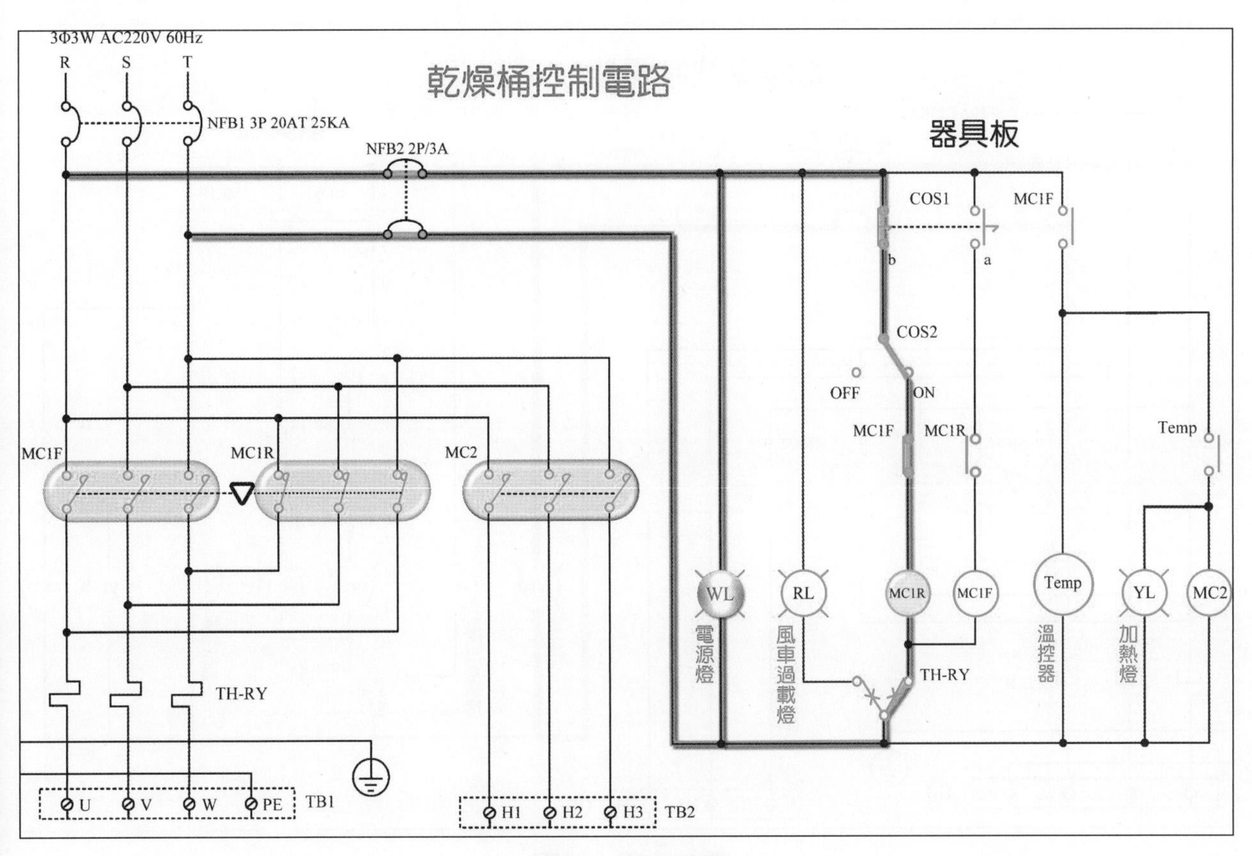
3Φ3W AC220V 60Hz
R
S
T
乾燥桶控制電路
NFB1 3P 20AT 25KA
NFB2 2P/3A
器具板
COS1
MC1F
b
a
COS2
OFF
ON
MC1F
MC1R
Temp
MC1F
MC1R
MC2
WL
RL
MC1R
MC1F
Temp
YL
MC2
電源燈
風車過載燈
溫控器
加熱燈
TH-RY
TH-RY
U
V
W
PE
TB1
H1
H2
H3
TB2

圖7　排風狀態

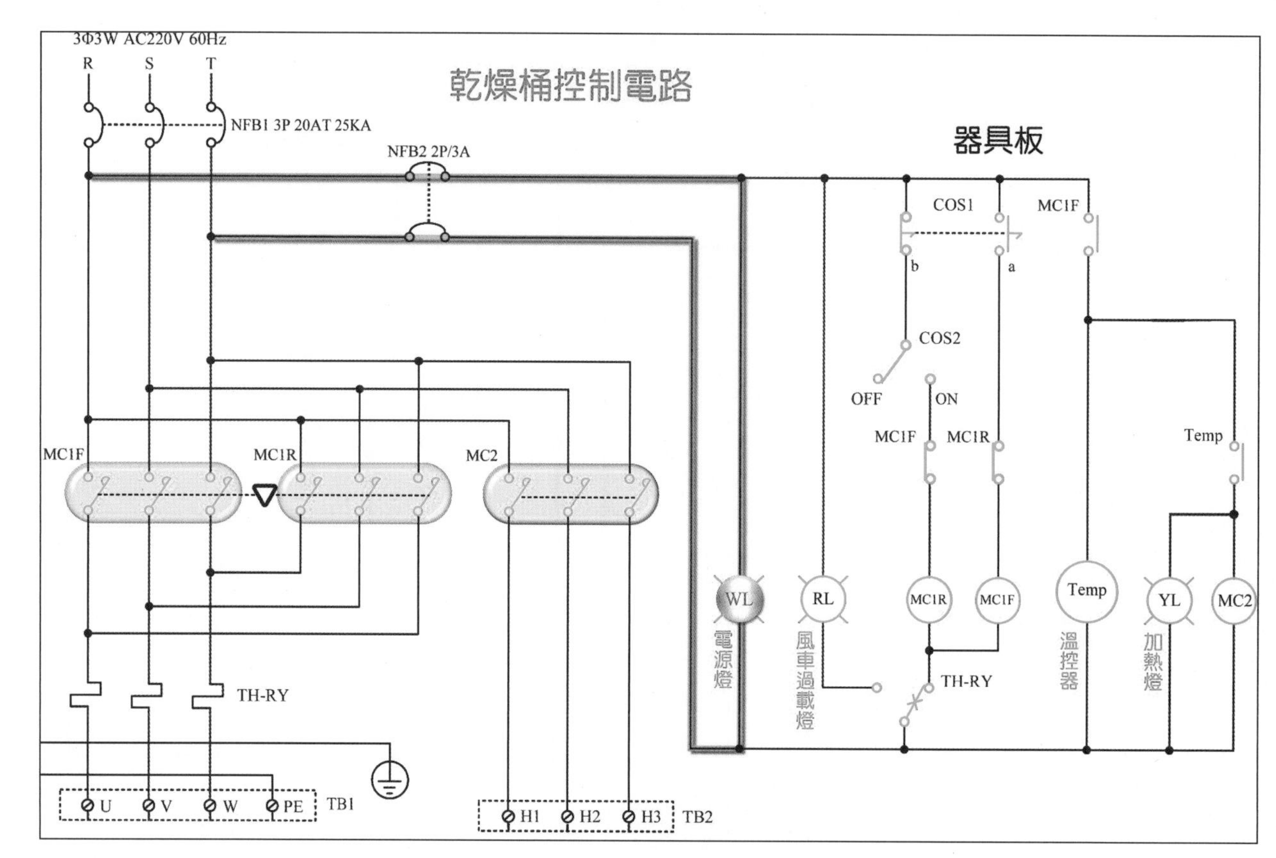

圖8　停止狀態

2. 當 COS2 切在 OFF 位置時，MC1R OFF，風車不動，如圖 8 所示。

當 TH-RY 動作時(過載狀態)

當 TH-RY 動作時(過載)，MC1F、MC1R 及 MC2 都斷電，而 RL 指示燈(紅色)將亮，如圖 9 所示。

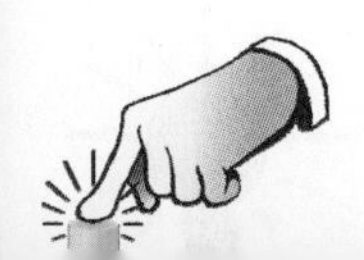

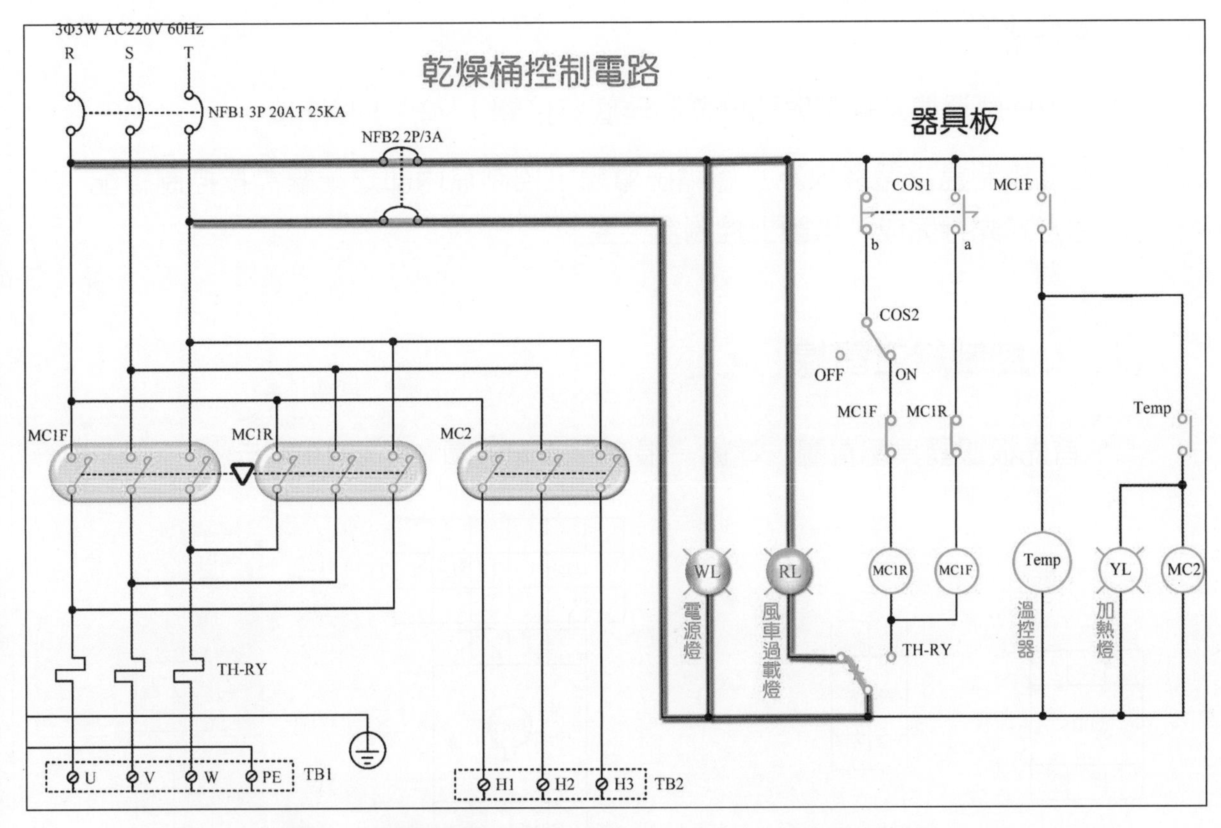

圖9　　過載狀態(隨書光碟中的投影片附動畫動作展示)

2-3 操作步驟

當我們了解線路的動作原理後，即可進一步探究如何讓配線更有效率！當然在開始配線檢測時，考生應先確認電源及工作電壓，還有器具是否缺損或規格不符。待檢測開始後，現場服務人員依考生註記之損壞器具，進行修護及更換，接下來的配線就事半功倍。在本題的線路之中，包括控制線、接地線與主線路等三部分，從控制線開始配線，然後接地線，最後才進行主線路的配線。操作時，請注意下列事項：

1. 配線選用之線徑：控制線($1.25mm^2$ 黃色導線)、接地線($3.5mm^2$ 綠色導線)，主線路($3.5mm^2$ 黑色導線)。
2. 配線時將**短導線置於下方，長導線置於上方**，可避免相互交叉，便於束線固定。
3. **控制線於 TB 端子台及主線路須使用 Y 型壓接端子；接地線須使用 O 型**

壓接端子。

4. PT100 感溫棒及線應與溫度控制器底座接腳 1、2、3 相連接。
5. 五孔控制盒之電纜線為六條輸出導線，控制盒內部之配線需按控制線配線方式先行完成，再鎖上控制盒上蓋。

控制線之配線

首先根據器具配置圖，準備一張空白的配線圖，如圖 10 所示：

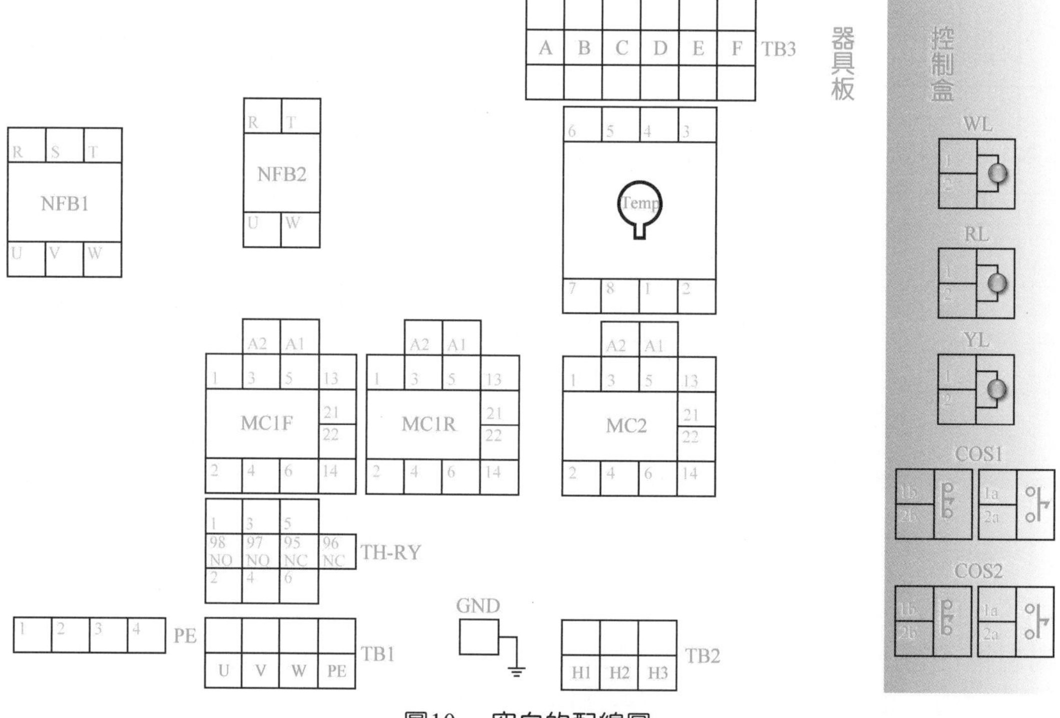

圖10　空白的配線圖

在線路圖中(圖 1，2-2 頁)，我們將依配線順序標示數字，如圖 11 所示。而其配線順序列表，如表 3 所示，完成配線就在完成欄位打勾：

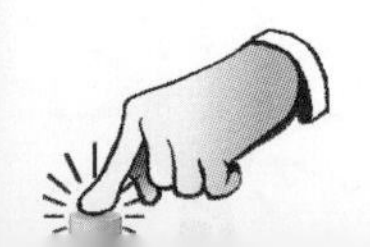

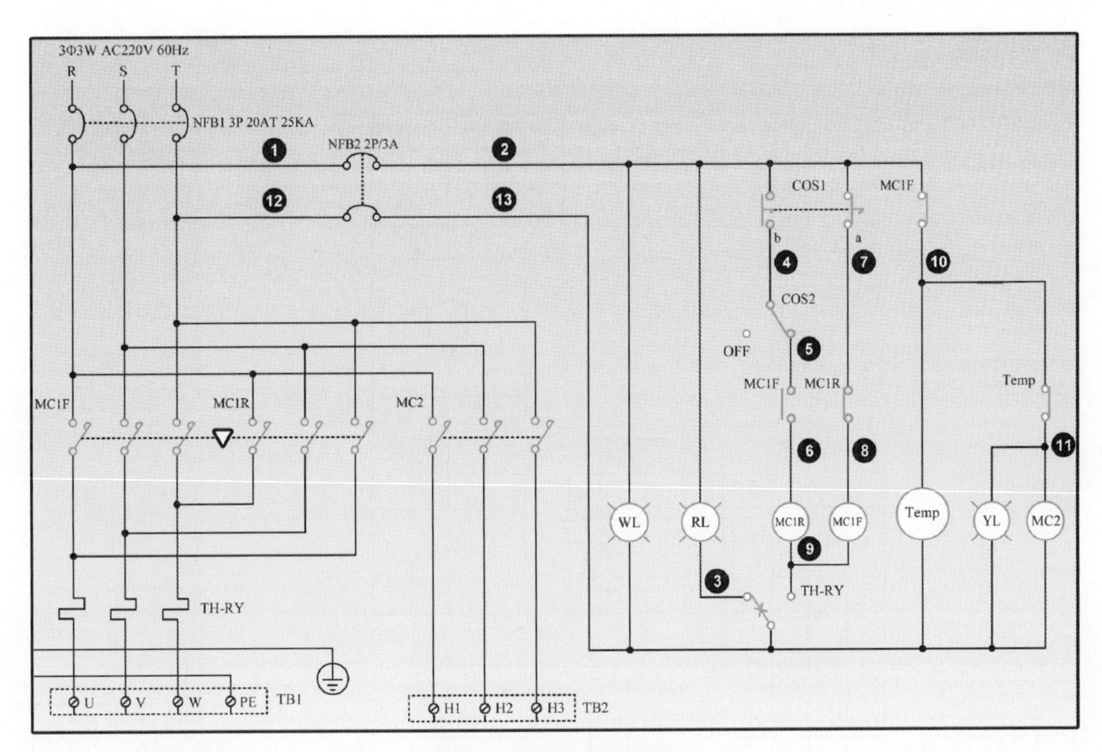

圖11　標示配線順序

表 3　控制線之配線順序表

配線順序	端 點	完成	備註
1	NFB1-U, NFB2-1		
2	NFB2-2, MC1F-13, **TB3-A**, WL-1, RL-1, COS1-1a, COS1-1b		標示粗體為過門接線端子台
3	RL-2, **TB3-B**, TH-RY-98		標示底線為控制盒內部配線
4	COS1-2b, COS2-1a, COS2-1b		
5	COS2-2b, **TB3-C**, MC1F-21		
6	MC1F-22, MC1R-A1		
7	COS1-2a, **TB3-D**, MC1R-21		
8	MC1R-22, MC1F-A1		
9	MC1F-A2, MC1R-A2, TH-RY-96		
10	MC1F-14, Temp-7, Temp-4, **TB3-E**,		
11	Temp-5, MC2-A1, YL-1		
12	NFB1-W, NFB2-3		
13	NFB2-4, TH-RY-95, TH-RY-97, Temp-8, MC2-A2, **TB3-F**, WL-2, YL-2		

緊接著根據配線順序編號，在此空白的配線圖上，相對位置標示順序編

號，如圖 12 所示。

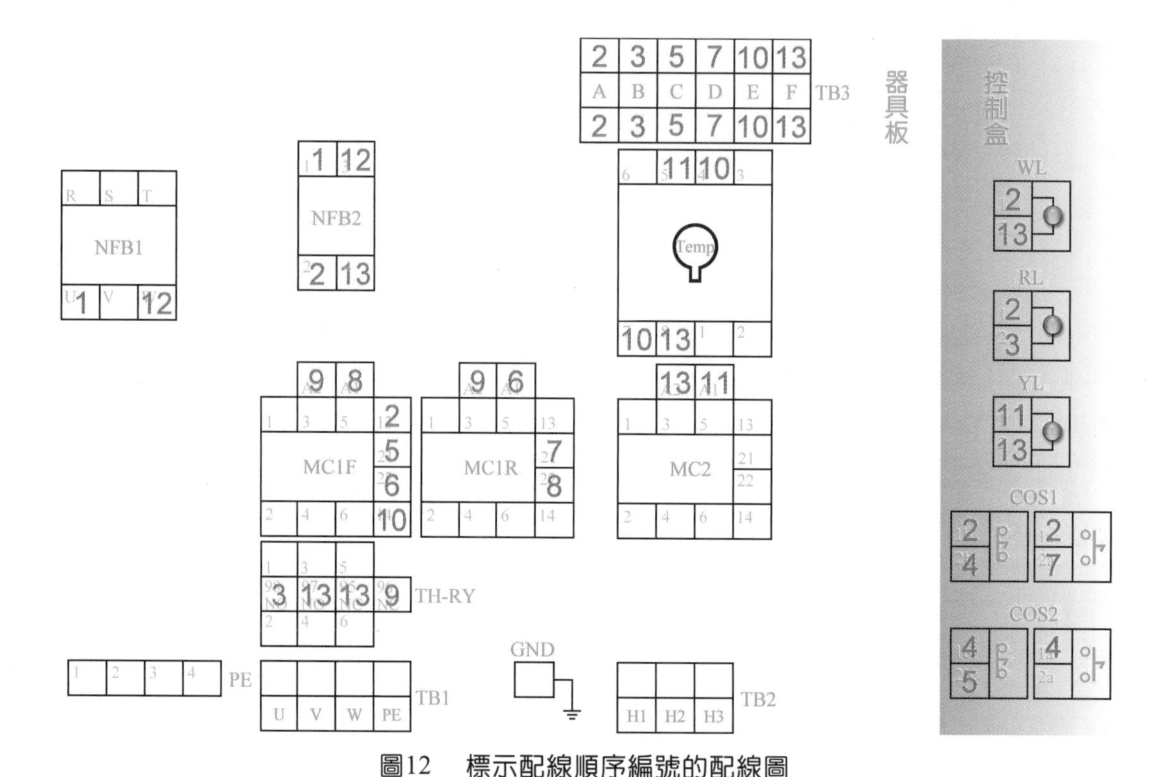

圖12　標示配線順序編號的配線圖

完成上述準備工作後，即可按圖 12，進行控制線的配線練習。

接地線之配線

在線路圖中(圖 1，2-2 頁)，我們將依配線順序標示數字，如圖 13 所示。而其配線順序列表，如表 4 所示，完成配線就在完成欄位打勾：

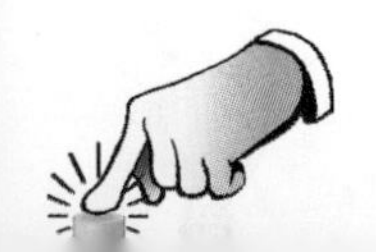

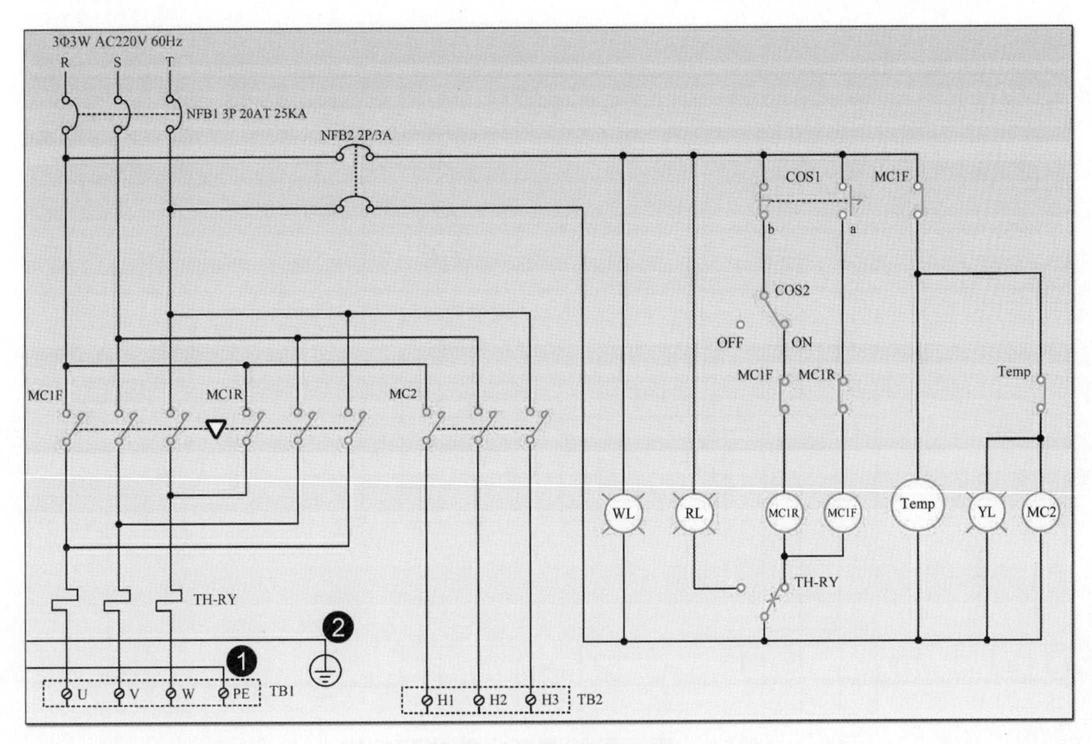

圖13　標示配線順序

表 4　接地線之配線順序表

配線順序	端 點	完成	備註
1	TB1-PE, PE-1		
2	GND, PE-2		

緊接著，根據配線順序編號，在此空白的配線圖上，相對位置標示順序編號，如圖 14 所示。

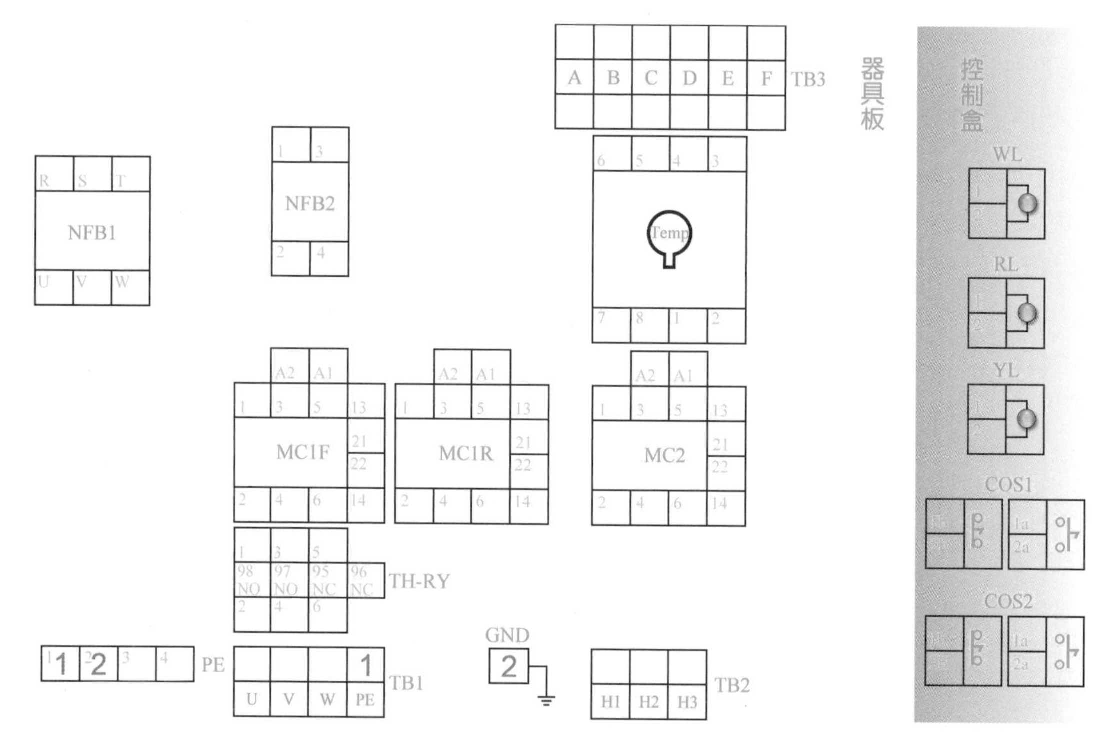

圖14　標示配線順序編號的配線圖

完成上述準備工作後，即可按圖 14，進行接地線的配線練習，如圖 15 所示為實體接地圖。

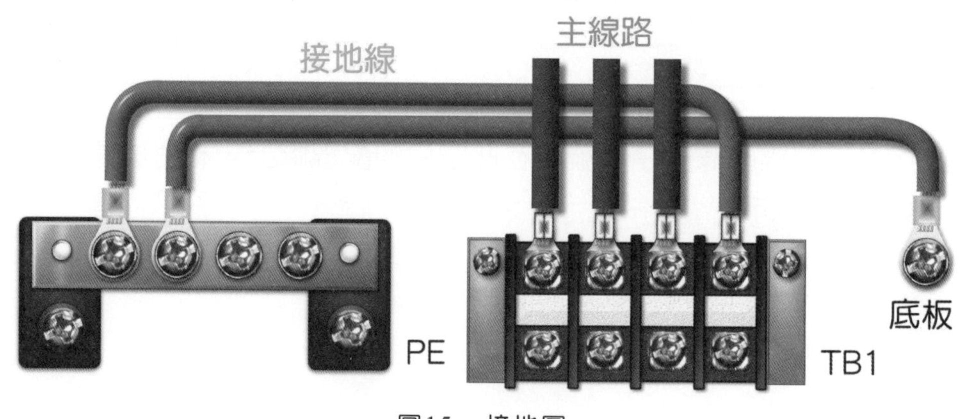

圖15　接地圖

主線路之配線

在線路圖中(圖 1，2-2 頁)，我們將依配線順序標示數字，如圖 16 所示。而其配線順序列表，如表 5 所示，完成配線就在完成欄位打勾：

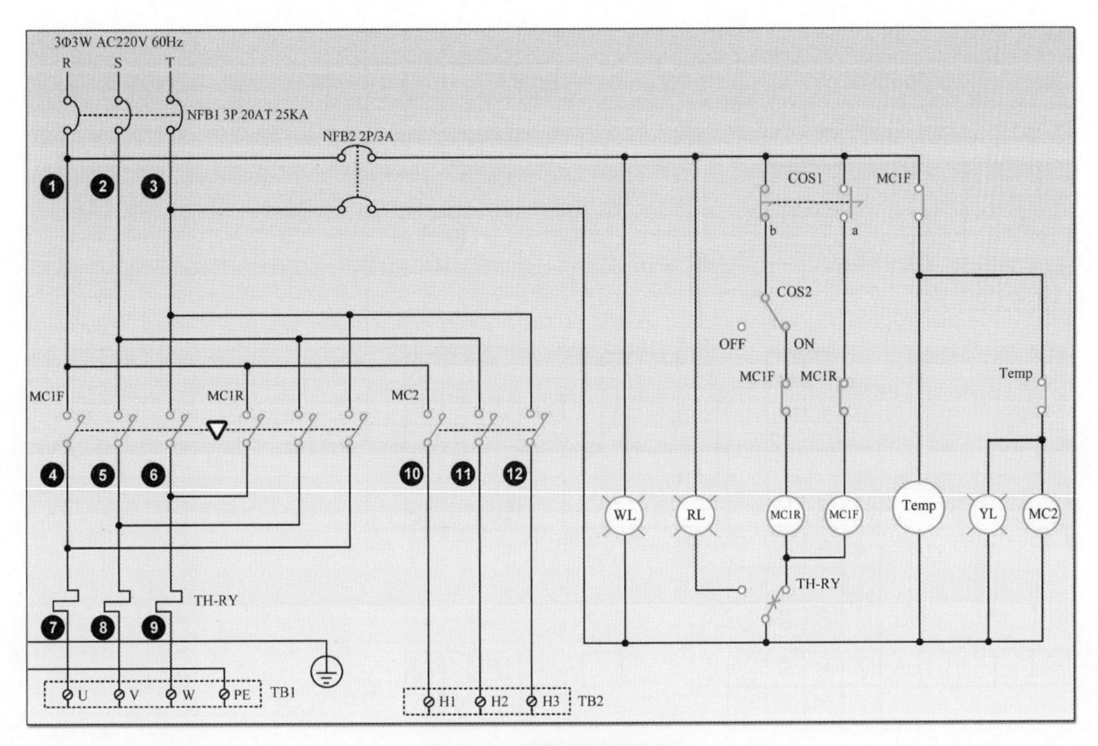

圖16　標示配線順序

表 5　主線路之配線順序表

配線順序	端　點	完成	備註
1	NFB1-U, MC1F-1, MC1R-1, MC2-1		
2	NFB1-V, MC1F-3, MC1R-3, MC2-3		
3	NFB1-W, MC1F-5, MC1R-5, MC2-5		
4	MC1F-2, MC1R-6, TH-RY-1		
5	MC1F-4, MC1R-4, TH-RY-3		
6	MC1F-6, MC1R-2, TH-RY-5		
7	TH-RY-2, TB1-U		
8	TH-RY-4, TB1-V		
9	TH-RY-6, TB1-W		
10	MC2-2, TB2-H1		
11	MC2-4, TB2-H2		
12	MC2-6, TB2-H3		

緊接著，根據配線順序編號，在此空白的配線圖上，相對位置標示順序編號，如圖 17 所示。

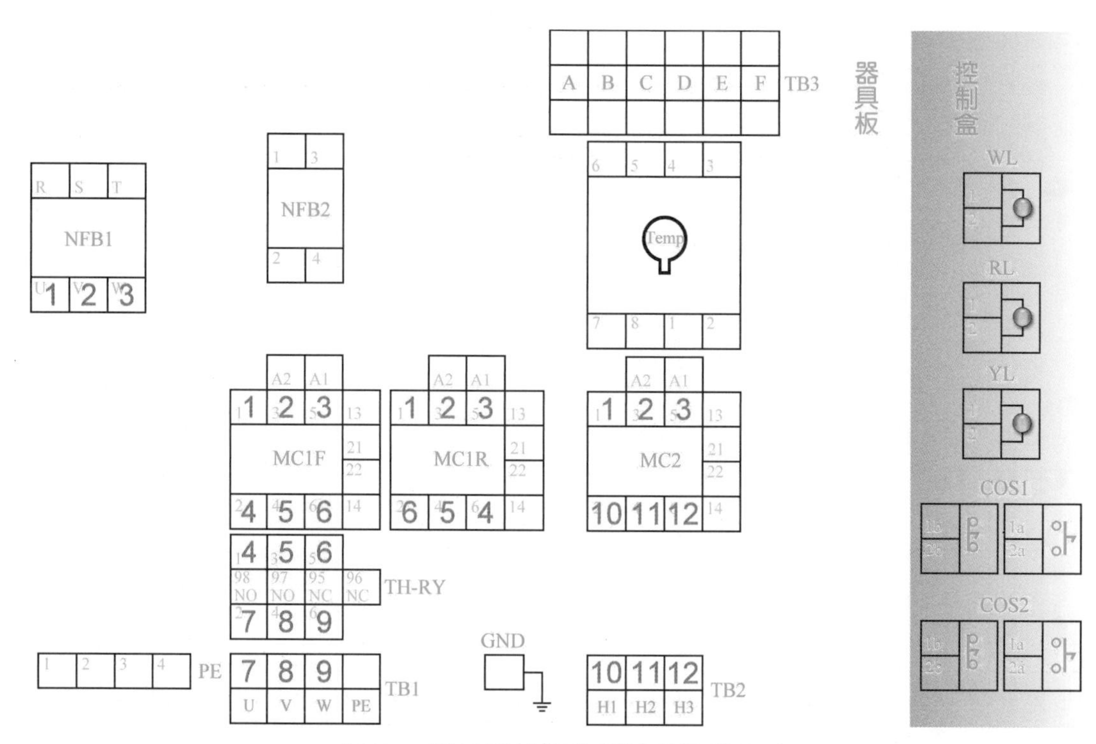

圖17　標示配線順序編號的配線圖

完成上述準備工作後，即可按圖 17，進行主線路的配線練習。

紙上配線練習

如圖 18 所示為紙上配線練習器具板，請按前述之配線順序，直接在圖中以畫線方式代替實際配線，如此將可熟悉配線路徑與建立整體概念。

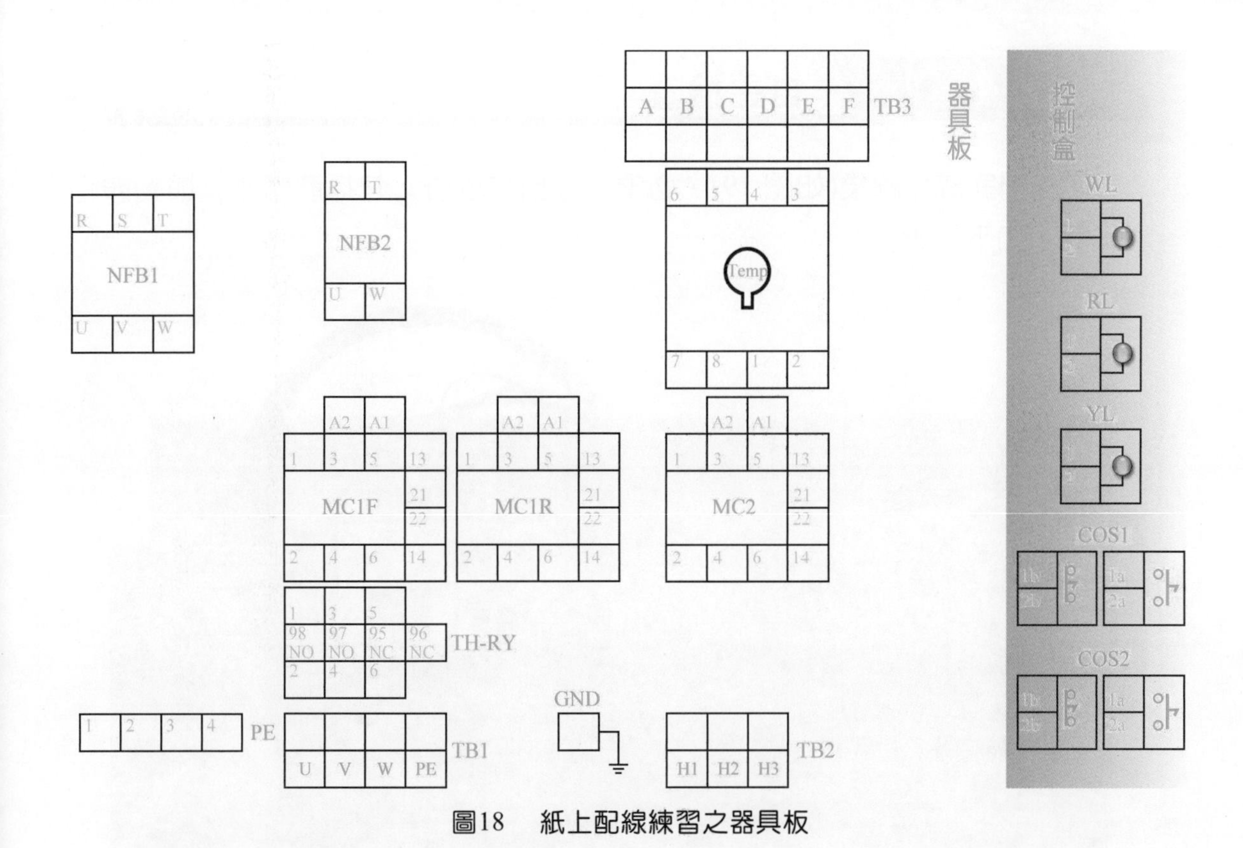

圖18 紙上配線練習之器具板

經多次練習後，若可在 10 分鐘之內，完成紙上配線(含控制線、接地線與主線路)，即可進入真實配線練習，如此將可使真實配線練習的速度與正確性大為提升。

2-4 自主檢查

當我們完成配線後(如圖 19)，必須經過自主檢查，包括靜態測試與動態測試等，如下說明：

圖19　完成照片(含操作板)

靜態測試

靜態測試為未送電前，以三用電表歐姆檔位檢測器具及線路接點是否短路及斷路，並按下列表 6 所示之工作項目完成：

表 6　靜態測試檢測項目

編號	檢測項目	完成	備註
1	依據控制線之標示配線順序編號 1-13 檢測接點是否完全連接。		
2	依據接地線之標示配線順序編號 1-2 檢測接點是否完全連接。		
3	依據主線路之標示配線順序編號 1-12 檢測接點是否完全連接。		
4	檢測斷路器 NFB2 是否良好。 (NFB2 ON 電源側、負載側短路)		
5	利用按壓電磁接觸器按鈕 MC1F、MC1R、MC2，檢測常閉(b 接點)及常開(a 接點)接點，是否正常動作。 (未動作：a 接點斷路，b 接點短路。動作：a 接點短路，b 接點斷路)		
6	檢測積熱電驛 TH-RY 在手動過載及復歸時，常閉及常開接點是否正常動作。		
7	檢測選擇開關 COS1、COS2，常閉及常開接點是否正常動作。		
8	檢測指示燈 WL、RL、YL 是否具阻抗值。 (指示燈故障一：接點短路，阻抗值為零；故障二：接點斷路，無法測得阻抗值)		
9	檢測斷路器 NFB1、NFB2，負載側是否短路；並操作選擇開關 COS1、COS2 測試負載側是否同樣有短路現象。 (若短路請勿進行以下動態測試，重新靜態測試檢測)		

動態測試

動態測試為自行通電檢測，考生切記，確實完成靜態測試後，經由監評老師認可，才能進行通電，如發生短路兩次(含)，將評為重大缺點並以不合格論。此階段動態測試之檢測，依據 2-2 電路解析流程，按下列表 7 所示之工作項目完成，以三用電表電壓檔位檢測各項器具是否供電正常動作，未供電請重新檢測靜態測試項目，若器具有供電未動作，請檢測器具是否故障。

表 7　動態測試檢測項目

編號	檢測項目	完成	備註
1	檢測斷路器 NFB1 電源側是否正常供電。		
2	開啟 NFB1 主電源供電後，再開啟 NFB2 控制電源供電，電源指示燈 WL 亮。		WL 亮
3	**選擇開關 COS1 設定在自動狀態下：**(COS1 切於 a 位置)，MC1F 動作，風車正轉。		WL 亮、YL 亮
4	剛開始環境溫度低，溫度低於溫度控制器設定值，MC2 動作，開始電熱器加熱，加熱指示燈 YL 亮。		WL 亮、YL 亮 (溫度控制器 Temp 指示燈為紅燈)
5	溫度上升到設定值，MC2 停止動作，電熱器斷電不再加熱，加熱指示燈 YL 熄。		WL 亮、YL 熄 (溫度控制器 Temp 指示燈為綠燈)
6	重複檢測項目(4)及(5)之動作，無誤後，再進行以下檢測。		WL 亮、YL 亮或熄
7	**選擇開關 COS1 設定在手動狀態下：**(COS1 切於 b 位置)，選擇開關 COS2 切於 ON 位置，MC1R 動作，風車逆轉，將餘溫排出。		WL 亮
8	選擇開關 COS2 切於 OFF 位置，MC1R 停止動作，風車停止逆轉。		WL 亮

動態測試符合待檢測項目後，利用束線整理導線，完工後舉手，請監評老師到場評分 OK 後，要有禮貌向監評老師說聲謝謝、辛苦了。檢定評審表上簽名後，開始輕聲整理場地(切記廢棄物自行帶走)及收拾自己的工具物品等，完成後，向監評老師及場地服務人員點頭示意輕聲離開檢定場，恭喜您已邁向工業配線丙級證照的一大步了，一切的努力總算沒有白費了。

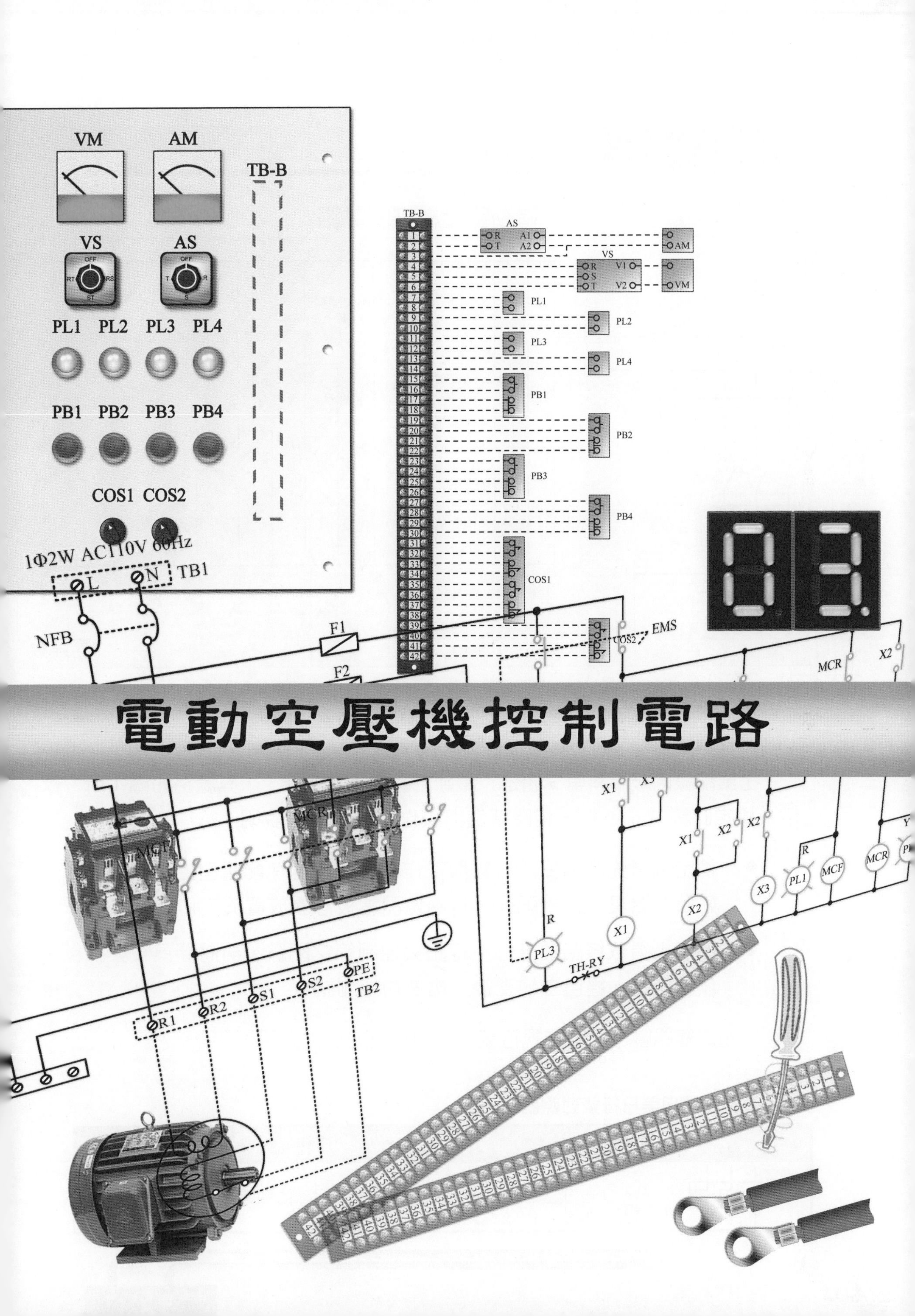

電動空壓機控制電路
VM
AM
TB-B
VS
AS
PL1 PL2 PL3 PL4
PB1 PB2 PB3 PB4
COS1 COS2
1Φ2W AC110V 60Hz
TB1
NFB
F1
F2
EMS
MCR
MCF
X1
X2
X3
TH-RY
TB2
R1 R2 S1 S2 PE
03

3-1 認識題目

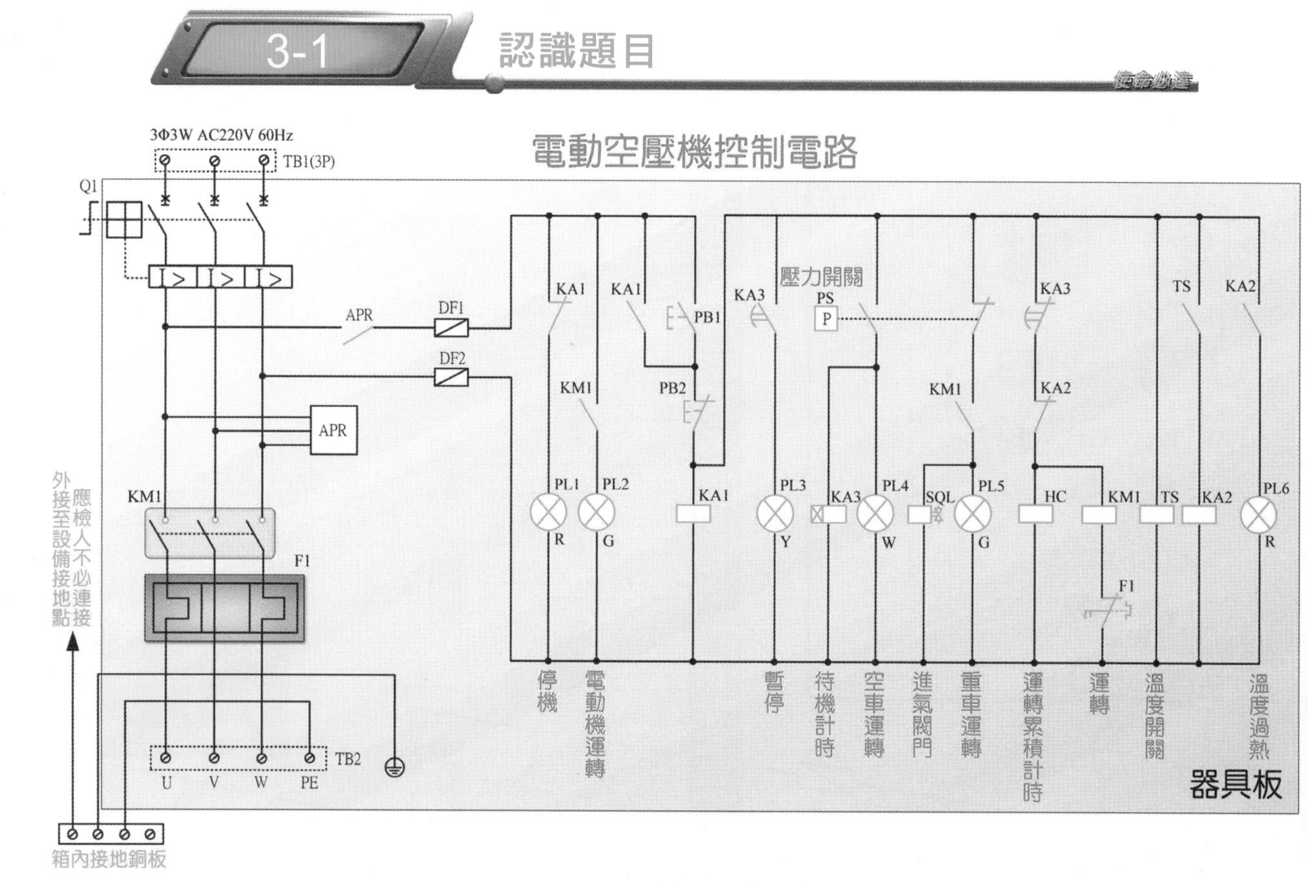

圖1　第 3 題線路圖

工業配線丙級術科第 3 題是「電動空壓機控制電路」，其線路如圖 1 所示，檢定時間為 3 小時，相關準備與操作項目，如下說明：

- 檢定場事先應備妥器具板與操作板，而這兩塊配電盤上，已固定好所有器具，但未配線，且兩塊配電板分開放置於工作崗位。
- 應檢人須依線路圖進行主線路與控制線之配線，再將器具板與操作板結合。經自主檢查後，再做功能測試。

本題之線路圖，採用歐規符號，其中符號如表 1 說明：

表 1　歐規符號與美日符號對照說明表

歐規符號	美日規符號	說 明
(三相)	(三相)	積熱電驛之電流感測器

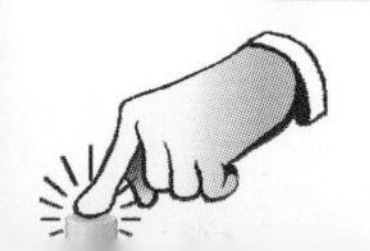

歐規符號	美日規符號	說明
		積熱電驛之控制 b 接點
		電驛之 a 接點
		電驛之 b 接點
		延時 a 接點
		延時 b 接點
		按鈕開關之 a 接點
		按鈕開關之 b 接點
P		壓力開關之 a 接點
P		壓力開關之 b 接點
(三相)	(三相)	主接點
KM	MC	電磁接觸器之激磁線圈
KA	X	輔助電驛之激磁線圈
KA	T	限時電驛之激磁線圈
HC	HC	累積計時器之激磁線圈

歐規符號	美日規符號	說 明
TS	TS	溫度開關之激磁線圈
Sol	Sol	電磁閥之激磁線圈
PL R	RL	紅色指示燈
PL G	GL	綠色指示燈
PL W	WL	白色指示燈
PL Y	YL	黃色指示燈
F	F	保險絲

本題的機具設備表，如表 2 所示，應檢人材料表，如表 3 所示：

表 2　第 3 題機具設備表

項目	名　稱	規　格	單位	數量	備註
1	無熔線斷路器	3P 220VAC 10KA 50AF 20AT	只	1	Q1
2	逆轉防止電驛	220VAC	只	1	APR
3	累積計時器	6 位數，小時單位，盤面型	只	1	HC
4	電磁接觸器	220VAC 3HP 2a	只	1	KM1
5	積熱過載電驛	220VAC 3HP 2 素子(2E)	只	1	F1
6	輔助電驛	220VAC	只	2	KA1、KA2
7	限時電驛	AC220V ON Type 延時 1c	只	1	KA3
8	按鈕開關	紅綠 22mmφ 1a 1b	只	各 1	PB1、PB2

項目	名 稱	規 格	單位	數量	備註
9	卡式保險絲	2A	只	2	DF1、DF2
10	壓力開關	具有 1a1b 接點	只	1	PS
11	溫度開關	220VAC Relay 輸出 1a 4 位數 0~300ºC 盤面型	只	1	TS
12	指示燈	220VAC 22 mm ϕ LED 型	只	6	Rx2、Gx2、Yx1、Wx1
13	電源端子台	30A 3P	只	1	TB1
14	負載端子台	30A 4P	只	1	TB2
15	控制電路端子台	20A 12P	只	1	TB3
16	接地銅板	附雙支架，4P	只	1	在器具板上
17	操作板	長 350，寬 270，厚 2.0	塊	1	圖 10
18	器具板	長 350，寬 480，厚 2.0 四邊內摺 25mm	塊	1	圖 11
19	PVC 線槽	長 30，寬 30 側面開長條孔	公尺	1.2	

表 3 第 3 題應檢人材料表

項目	名 稱	規 格	單位	數量	備註
1	PVC 電線	3.5 mm^2, 黑色	公尺	2	主線路用
2	PVC 電線	3.5 mm^2, 綠色	公分	60	接地用
3	PVC 電線	1.25 mm^2, 黃色	公尺	40	控制線用
4	壓接端子	3.5 mm^2－4O 型	只	若干	接地用
5	壓接端子	3.5 mm^2－4Y 型	只	若干	主線路用
6	壓接端子	1.25 mm^2－3Y 型	只	若干	控制線用
7	捲型保護帶	寬 10 mm	公分	60	
8	束帶	寬 2.5，長 100 mm	條	20	
9	PVC 線槽	長 30，寬 30 側面開長條孔	公尺	1.2	

如表 2 及表 3 所示，大多已固定在器具板與操作板上，若其中器具已出現在前面的題目裡，在此就不重覆介紹，其餘器具如下說明：

逆轉防止電驛

逆轉防止電驛(Phase Reversal Relay，簡稱 **APR**)的功能是提供馬達逆轉、欠相的保護功能，當連接到三相馬達的電源，發生逆相、欠相時，APR 即將電源切離馬達。APR 的造型與一般的計時器相似，如圖 2 所示為 APR 的照片，APR 之應用線路圖，還有其動作時序圖(右下)：

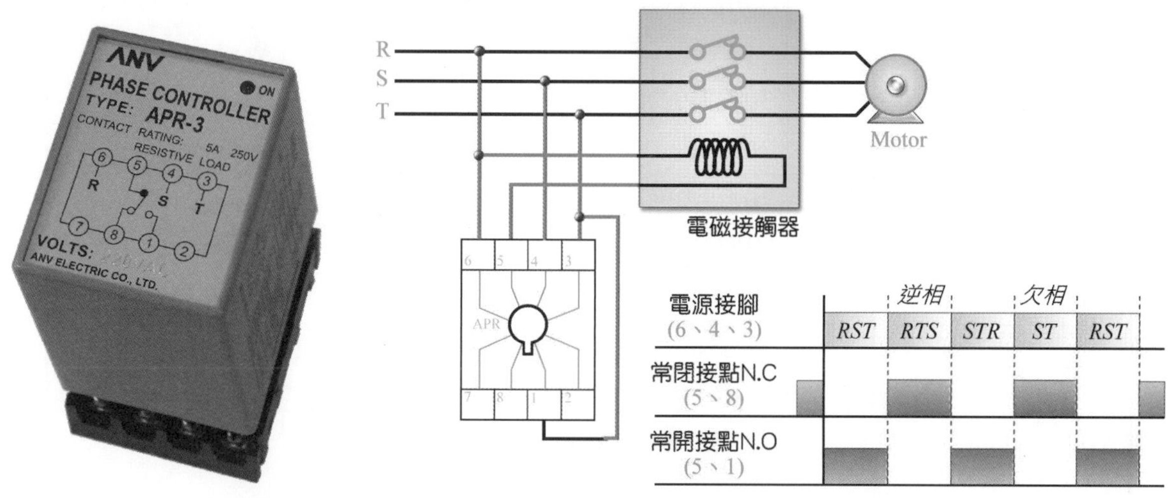

圖2 逆轉防止電驛之照片、應用線路圖與動作時序圖

累積計時器

累積計時器 HC 提供累積計時功能，只要 HC 接上電源，即開始計時，而其計時量不會因為斷電而消失。本題所採用的累積計時器鑲崁在操作板上，而在線路圖裡，只出現 HC 符號，而不提供任何接點或控制功能。如圖 3 所示為其照片與其符號：

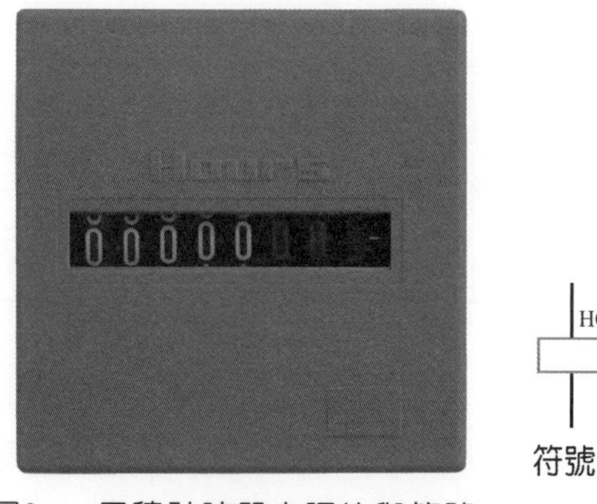

圖3 累積計時器之照片與符號

2P 輔助電驛

2P 輔助電驛(MK-2P)與第一題的 3P 輔助電驛類似，大小、外型都一樣，但接腳、接腳數與腳座不太一樣，如圖 4 所示：

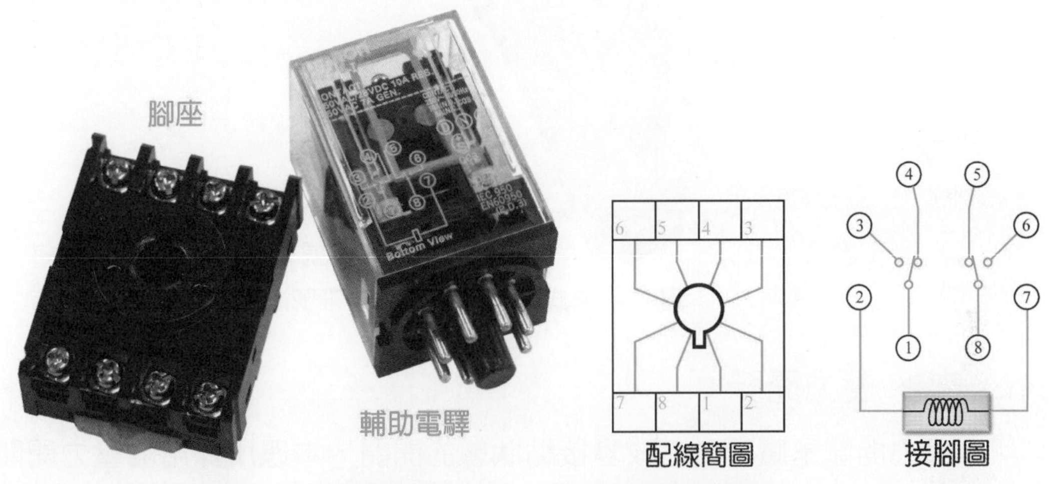

圖4　2P 輔助電驛之照片、配線簡圖與接腳圖

限時電驛

限時電驛(Timer)主要提供延時 a 接點與 b 接點，而大部分限時電驛還附 1 組瞬時 a 接點，如圖 5 所示為 ANLY ASTP-N 之照片與接腳圖：

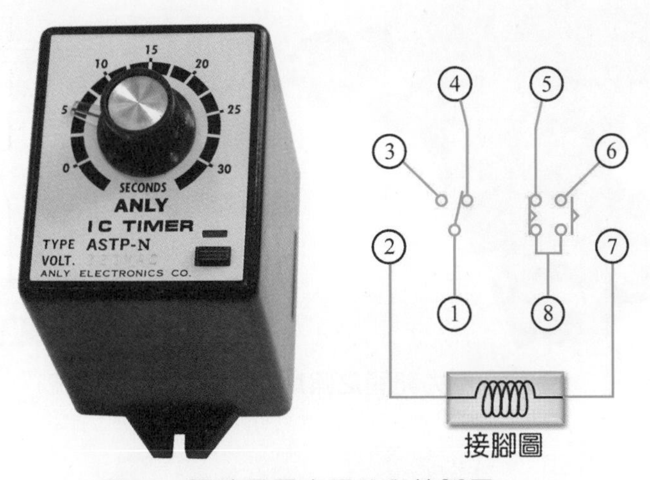

圖5　限時電驛之照片與接腳圖

卡式保險絲

卡式保險絲為新式保險絲座，如圖 6 所示為其照片與符號：

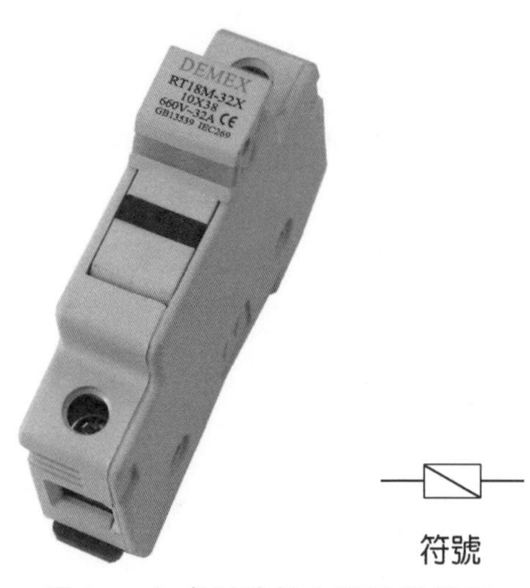

圖6　卡式保險絲之照片與符號

壓力開關

壓力開關是應壓力而改變接點狀態的開關，本題所採用的壓力開關提供 1 組 c 接點(a 接點與 b 接點的組合)，再透過端子台接出，如圖 7 所示為其照片與接線圖。

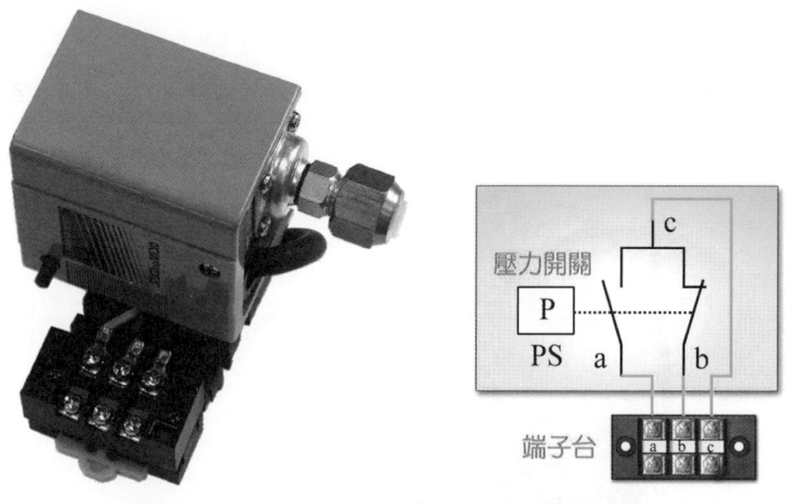

圖7　壓力開關之照片與接線圖(歐規符號)

溫度開關

本題所採用的溫度開關為義大利 Eliwell 公司的 IC902，這個溫度開關被鑲崁在操作板，而其照片與接線圖，如圖 8 所示：

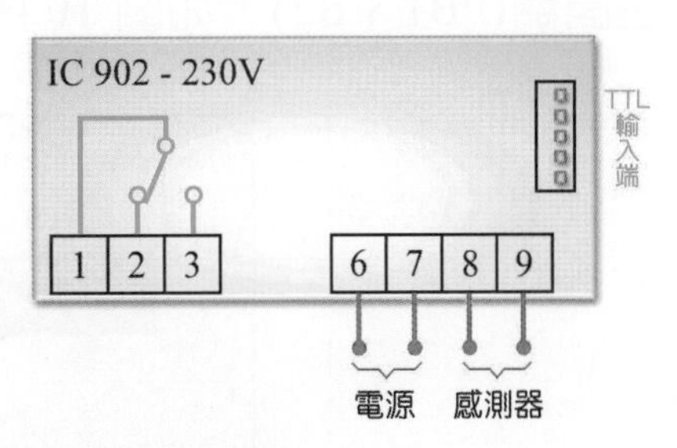

圖8　溫度開關之照片與接線圖

當溫度開關的電源開啟後，隨即顯示感測器所感測的溫度。而在溫度開關的面板上有四個操作鈕，如圖 9 所示，其功能如下說明：

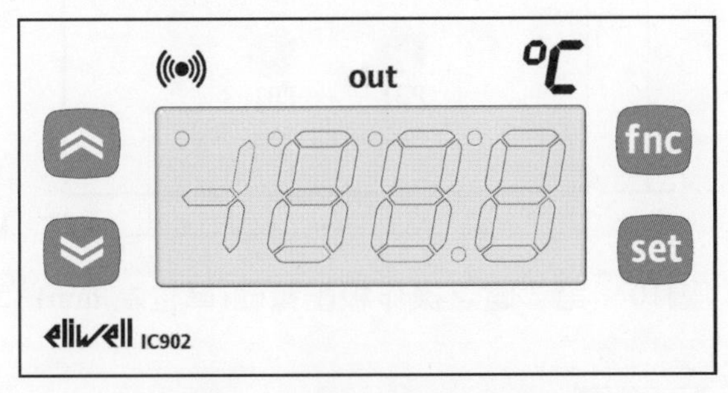

圖9　溫度開關之面板

- set 鈕為設定切換鈕，若在顯示目前溫度時，按本按鈕面板將切換為顯示設定溫度值，即可利用上/下調鈕來調整設定溫度值。
- 上調鈕 鈕為上調鈕，按本按鈕即可將面板的設定溫度上調。
- 下調鈕 鈕為下調鈕，按本按鈕即可將面板的設定溫度下調。
- set 鈕為結束設定鈕，按本按鈕即可結束設定模式，面板將恢復顯示目前溫度。

若顯示器左上方警報器 ((•)) 亮起時，表示沒有連接感溫棒，或感溫棒連接端短路/斷路。而顯示器中間上方的 out 指示燈亮起時，表示輸出接點已接通(on)。

操作板配置圖

操作板提供操作此電路與受控負載，而本題的操作板裡包含電流表(AM)、累積計時器(HC)、溫度開關(TS)、6 個指示燈(PL1~PL6)與兩個

按鈕開關(PB1、B2)，如圖 10 所示：

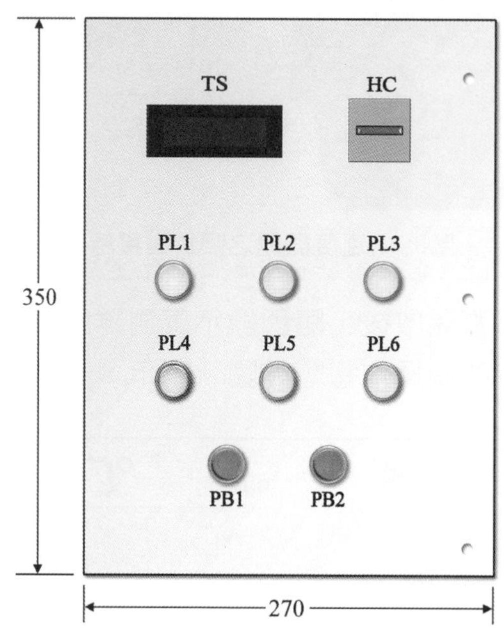

圖10　第 3 題之操作板配置圖(單位為 mm)

器具板配置圖

器具板就是應檢者所要進行配線的配電盤，而本題採配線槽進行配線，如圖 11 所示，其中器具已固定，應檢者不必固定器具。

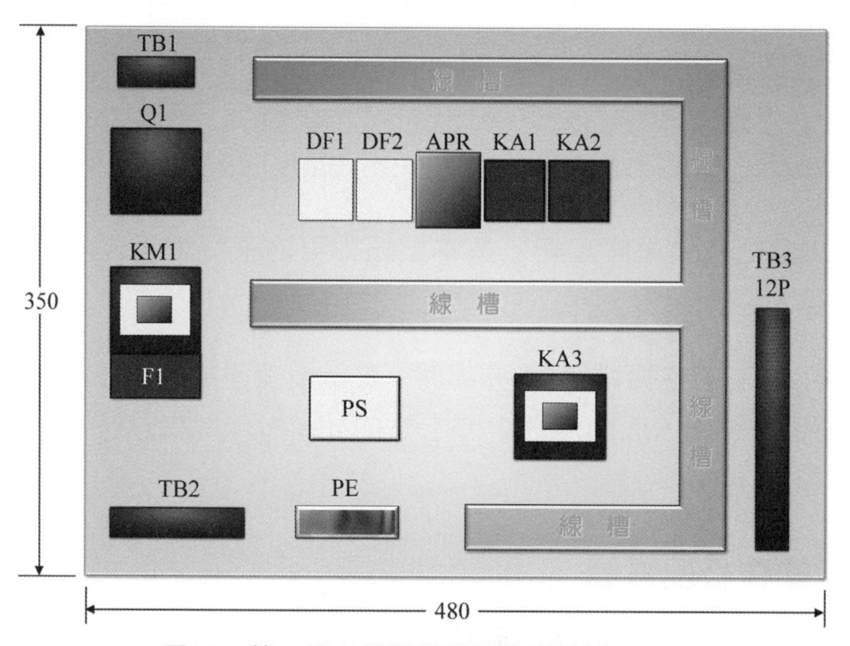

圖11　第 3 題之器具板配置圖(單位為 mm)

3-2 電路解析

第 3 題「電動空壓機控制電路」之動作說明如下：

1. 通電後，若電源為正相序，則逆轉防止電驛(APR)之接點接通，PL1 亮，若電源為逆相序，則逆轉防止電驛(APR)之接點斷開，指示燈全熄。
2. 當電源為正相序，溫度開關之溫度不超過設定值時：
   (1) 按 PB1，KM1 動作，PL1 熄，PL2 亮，同時空壓機運轉累積計時器(HC)開始計時。
   (2) 當壓力開關之壓力處於下限時，進氣閥門(Sol)開啟，PL5 亮，空壓機作重車運轉。
   (3) 當壓力達於上限時，進氣閥門(Sol)關閉，PL5 熄； KA3 開始計時，PL4 亮，空壓機作空車運轉。
   (4) 當 KA3 計時中，若壓力低於下限，進氣閥門(Sol)再次打開，空壓機回復重車運轉，PL4 熄，PL5 亮。
   (5) 當 KA3 計時到，PL3 亮，KM1 斷電，空車運轉中之空壓機停止，運轉累積計時器(HC)同時停止計時。
   (6) 空壓機運轉中(空車或重車)，若按 PB2，則空壓機停止，除 PL1 外所有指示燈熄。
   (7) 空壓機運轉中(空車或重車)，若過載電驛(F1)動作，則空壓機停止，PL2 及 PL5 熄，其餘指示燈維持原來狀態。
3. 當空壓機溫度開關之測定值達到設定值時，PL6 亮， KM1 斷電，起動或運轉中之空壓機停止，PL1 熄。

依據上述動作說明，進行電路解析，如圖 1 所示(3-2 頁)，第 3 題電路之動作分為四個狀態，如下：

起始狀態

當通電後，PL1 指示燈亮，則按下列動作：

1. 若電源為正相序，則逆轉防止電驛(APR)之接點接通，如圖 12 所示：

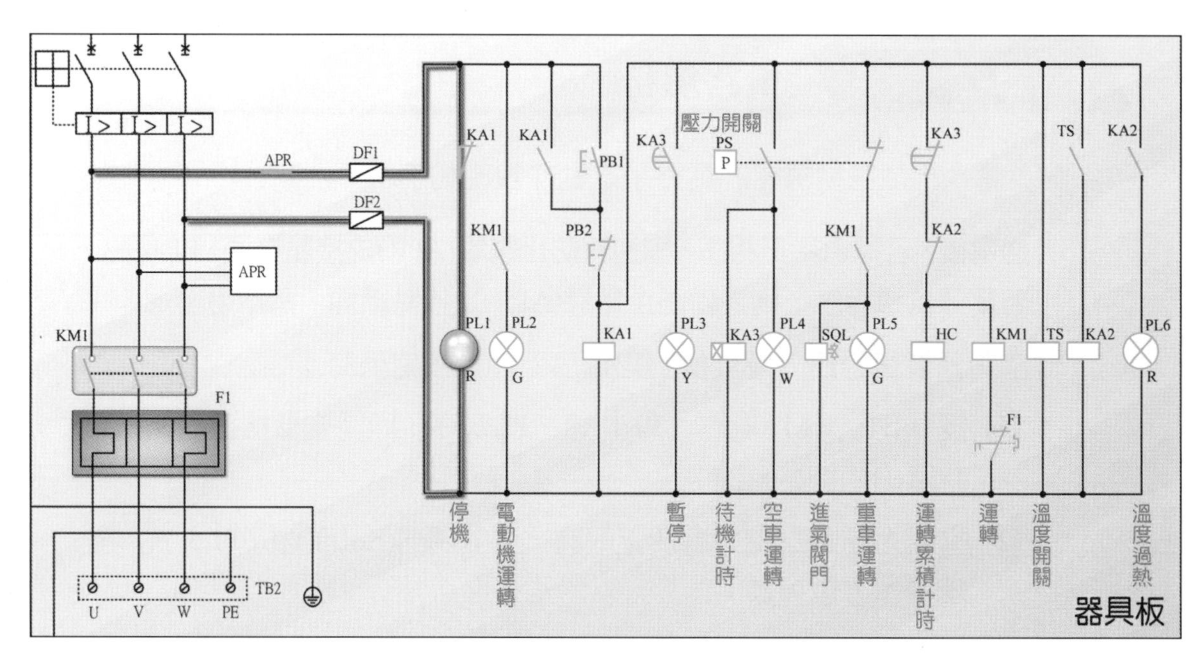

圖12　起始狀態

2. 若電源為逆相序，則逆轉防止電驛(APR)之接點斷開。

正常狀態

若電源為正相序，且溫度開關之溫度不超過設定值時，則按下列動作：

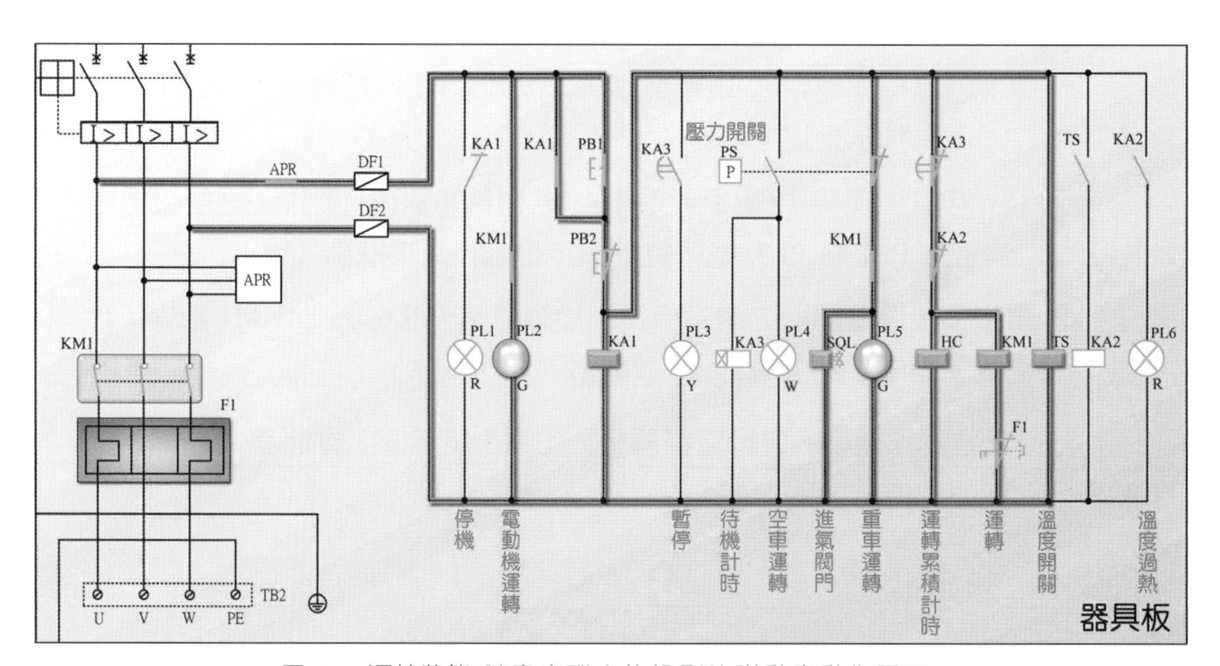

圖13　運轉狀態(隨書光碟中的投影片附動畫動作展示)

1. 按 PB1 鈕，KA1 輔助電驛動作(且自保持)，PL1 熄、PL2 亮；TS 溫

度開關也開始偵測溫度，緊接著，進行下列事項：

1.1. HC 累積計時器動作，空壓機運轉時數開始累積時間。

1.2. KM1 電磁接觸器動作，空壓機之電動機進入運轉狀態，如圖 13 所示。

壓力偵測狀態

1. 當壓力開關之壓力處於下限時，進氣閥門(Sol)開啟，PL5 亮，空壓機重車運轉，PL2 亮，如圖 13 所示。
2. 當壓力開關之壓力處於上限時，KA3 開始計時，PL4 亮；同時，進氣閥門(Sol)關閉，PL5 熄滅，空壓機空車運轉，PL2 亮，如圖 14 所示：

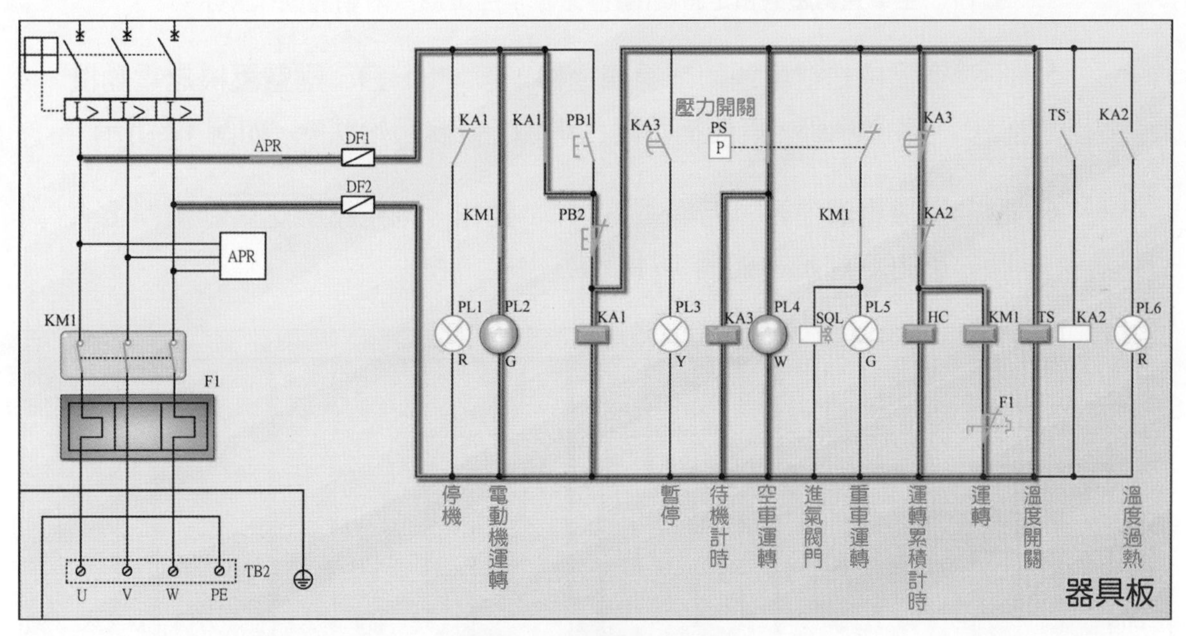

圖14　空壓機空車運轉

3. 當 KA3 開始計時中，若壓力開關之壓力處於下限時，進氣閥門(Sol)再次開啟，空壓機回復重車運轉，PL5 亮、PL4 熄滅，如圖 13 所示。

4. 當 KA3 計時到達且壓力開關之壓力處於上限時，PL3、PL4 亮，KM1 斷電，使空車運轉中之電動機停止，PL2 熄，HC 停止累積時間，如圖 15 所示：

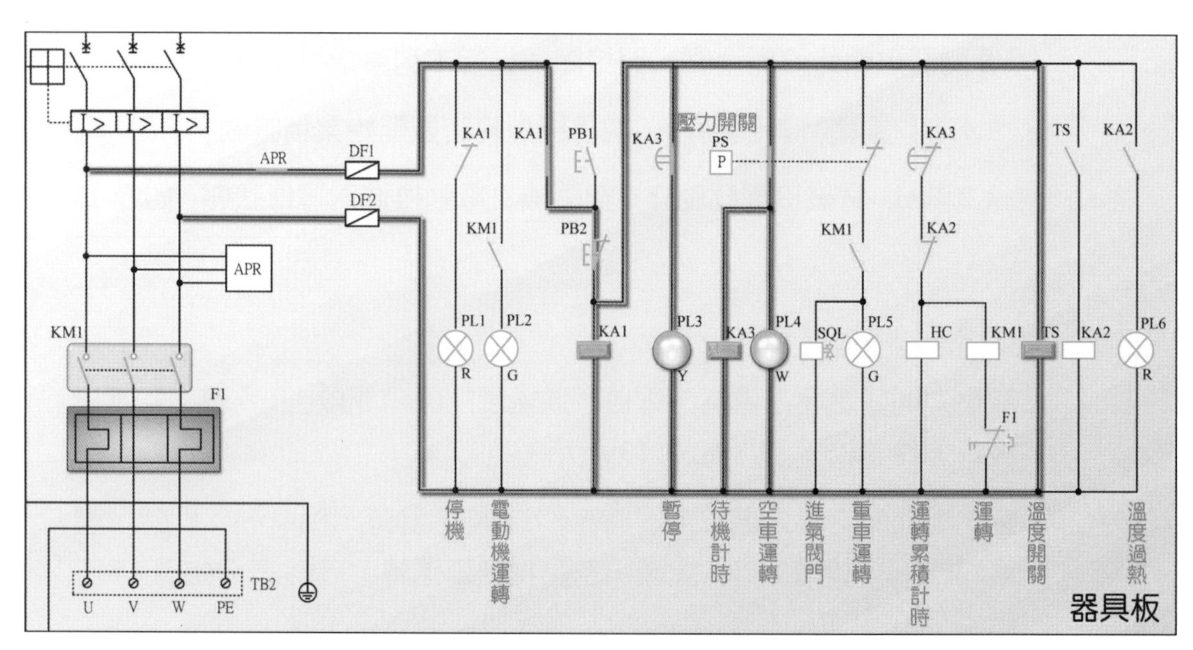

圖15　空車運轉超過預定時間(隨書光碟中的投影片附動畫動作展示)

5. 不管空壓機是空車運轉或重車運轉，按 PB2 鈕，則空壓機之電動機停止，除 PL1 外，其他指示燈皆熄滅，恢復起始狀態，如圖 12 所示。

6. 當空壓機重車運轉，若過載電驛 F1 動作，則空壓機之電動機停止，PL2 及 PL5 熄滅，如圖 16 所示：

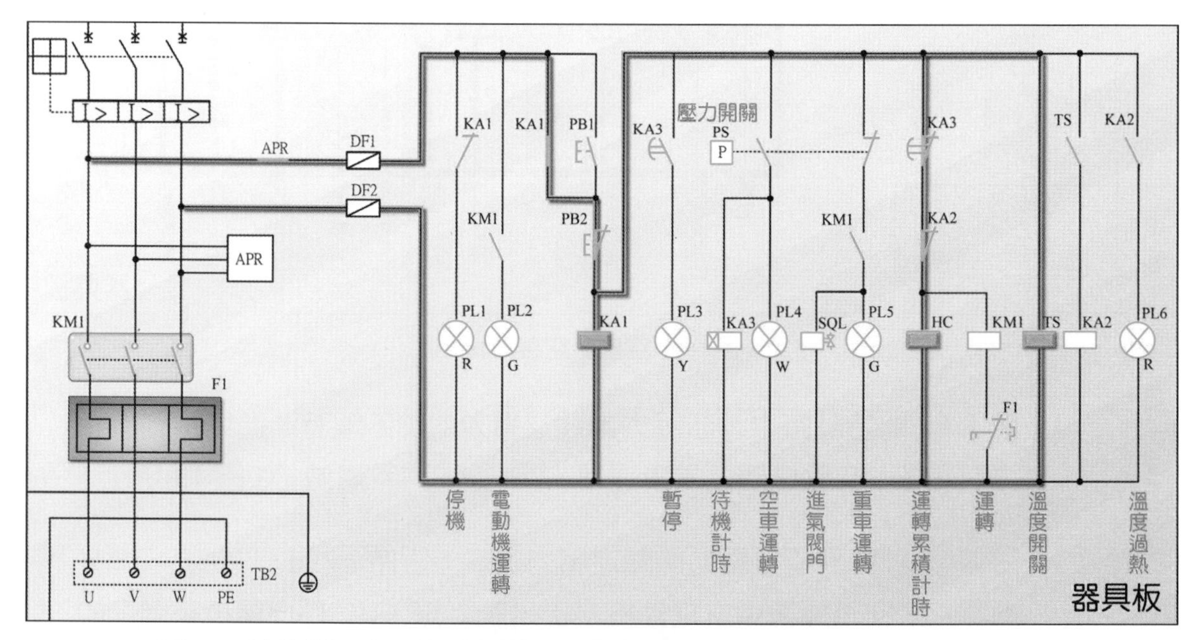

圖16　過載狀態-空壓機重車運轉下(隨書光碟中的投影片附動畫動作展示)

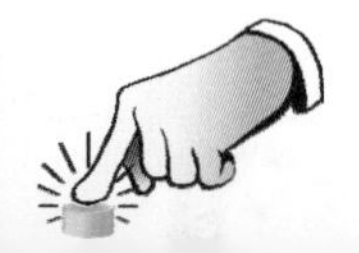

7. 當空壓機空車運轉且 KA3 計時未達，若過載電驛 F1 動作，則空壓機之電動機停止，PL2 熄滅，而其餘指示燈維持原狀 PL4 亮，如圖 17 所示；若 KA3 計時已到達，則空壓機之電動機停止，PL2 熄滅，過載電驛 F1 此刻動作不影響電動機停止，而其餘指示燈維持原狀 PL3 及 PL4 亮，如圖 15 所示。

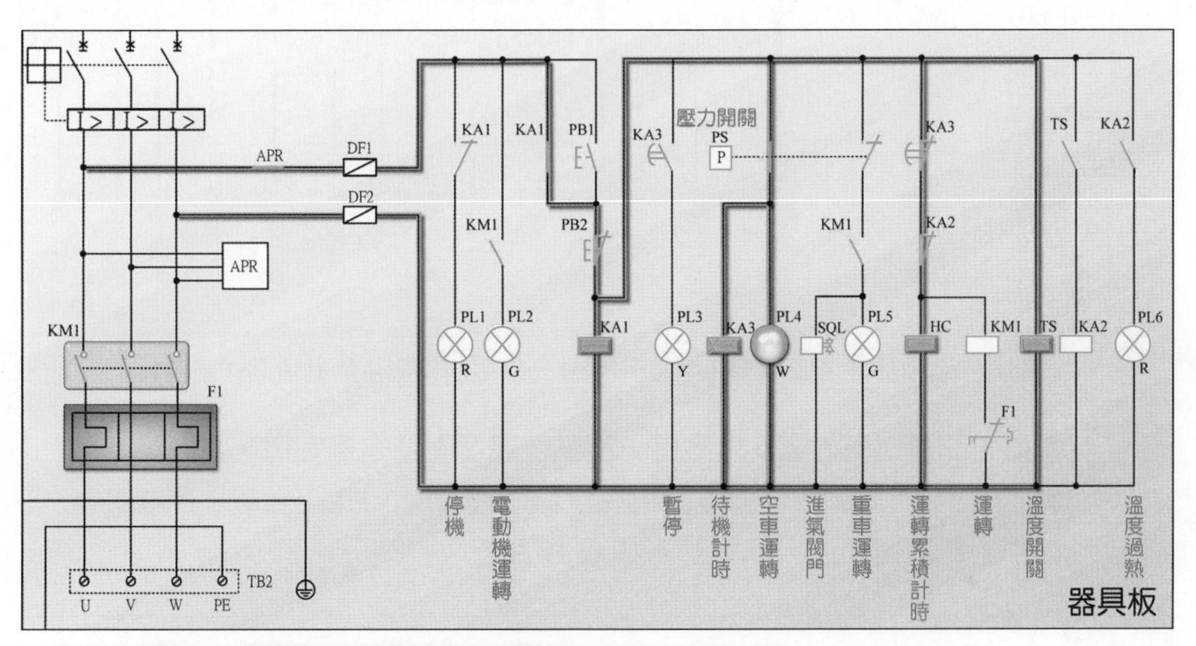

圖17　過載狀態-空壓機空車運轉下(隨書光碟中的投影片附動畫動作展示)

空壓機過熱狀態

當壓力開關之壓力處於下限時，空壓機溫度開關之測定值，達到設定值時， PL6 亮，不管空壓機在起動狀態或運轉狀態，KM1 斷電，使重車運轉中之電動機停止，PL2 熄，如圖 18 所示：

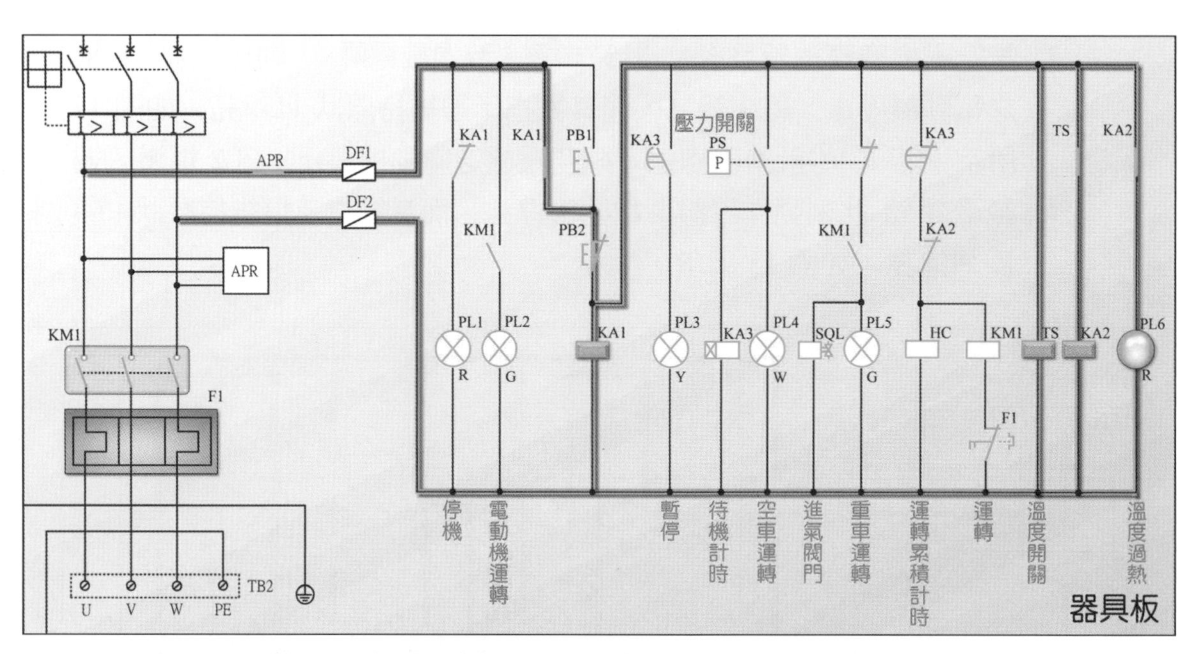

圖18　過熱狀態-空壓機重車運轉下(隨書光碟中的投影片附動畫動作展示)

當壓力開關之壓力處於上限時，空壓機溫度開關之測定值，達到設定值時，PL4、PL6 亮，不管空壓機在空車運轉狀態，KM1 斷電，使空車運轉中之電動機停止，PL2 熄，如圖 19 所示：

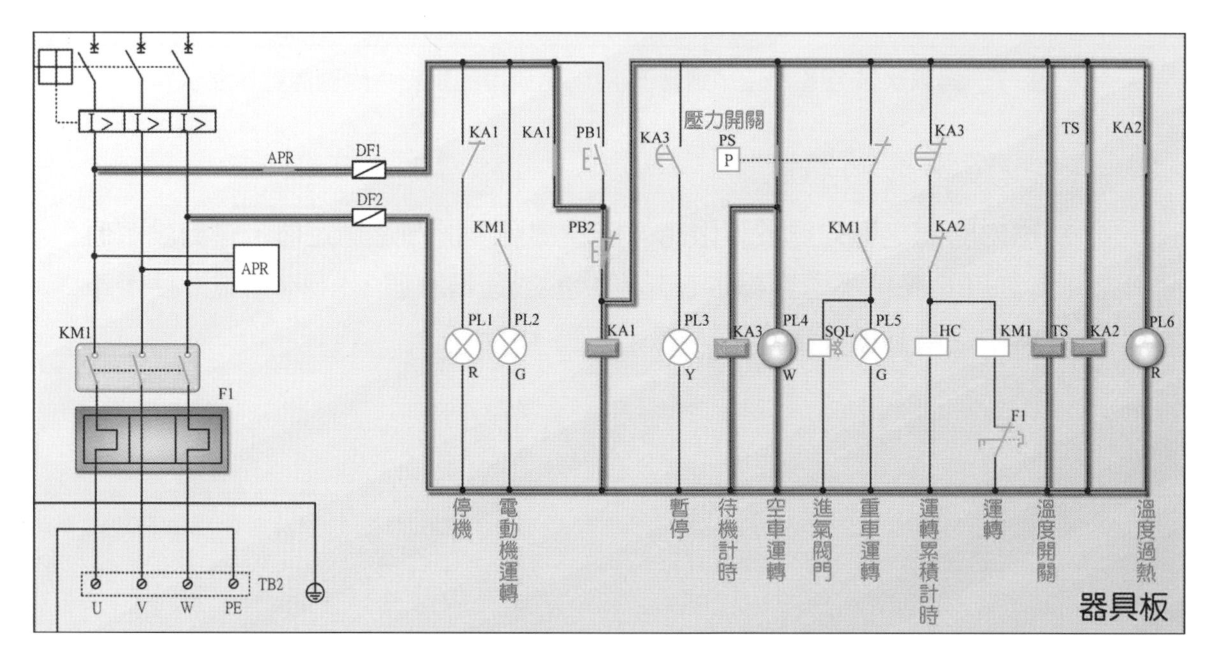

圖19　過熱狀態-空壓機空車運轉下(隨書光碟中的投影片附動畫動作展示)

3-3 操作步驟

我們了解線路的動作原理後，即可進一步探究如何讓配線更有效率！當然在開始配線檢測時，考生應先確認電源及工作電壓，還有器具是否缺損或規格不符。待檢測開始後，現場服務人員依考生註記之損壞器具，進行修護及更換，接下來的配線就事半功倍。在本題的線路之中，包括控制線、比流器迴路與接地線等三部分，主線路已完成，考生不必配線，從控制線開始配線，然後比流器迴路，最後才進行接地線的配線。操作時，請注意下列事項：

1. 配線選用之線徑：控制線(1.25mm^2 黃色導線)、接地線(3.5mm^2 綠色導線) 、主線路(3.5mm^2 黑色導線)。
2. 配線時將導線置於線槽內，免用束線固定，所有配線完工後必須蓋上線槽蓋。
3. 控制線於 **TB** 端子台及主線路須使用 **Y** 型壓接端子；接地線須使用 **O** 型壓接端子。

控制線之配線

首先根據器具配置圖，準備一張空白的配線圖，如圖 20 所示。在線路圖中(圖 1，3-2 頁)，我們將依配線順序標示數字，如圖 21 所示。而其配線順序列表，如表 4 所示，完成配線就在完成欄位打勾：

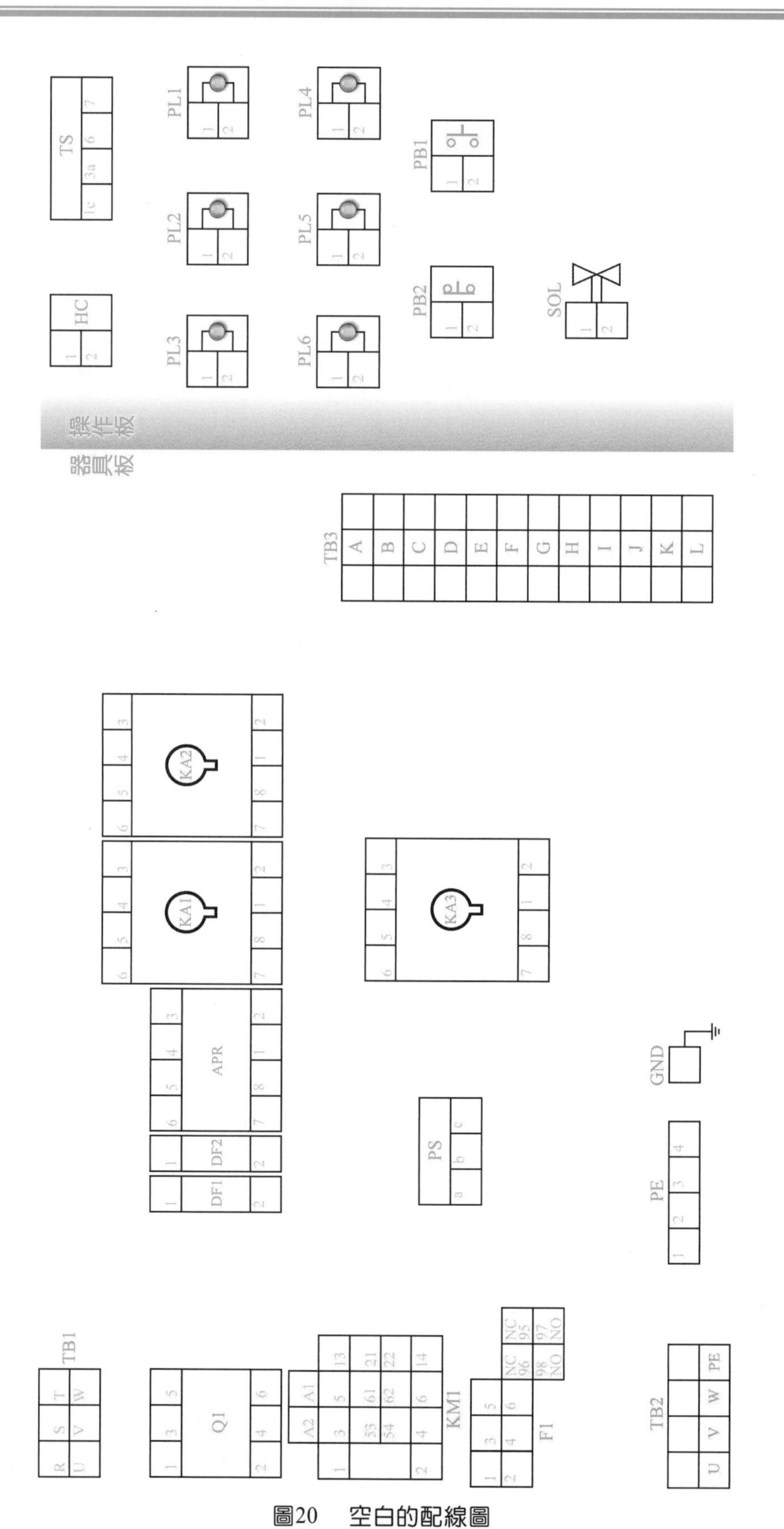
TS
PL1
PL2
PL3
PL4
PL5
PL6
PB1
PB2
SOL
HC
操作板
器具板
TB3
A
B
C
D
E
F
G
H
I
J
K
L
KA2
KA1
KA3
APR
DF2
DF1
PS
GND
PE
TB1
Q1
KM1
F1
TB2

圖20　空白的配線圖

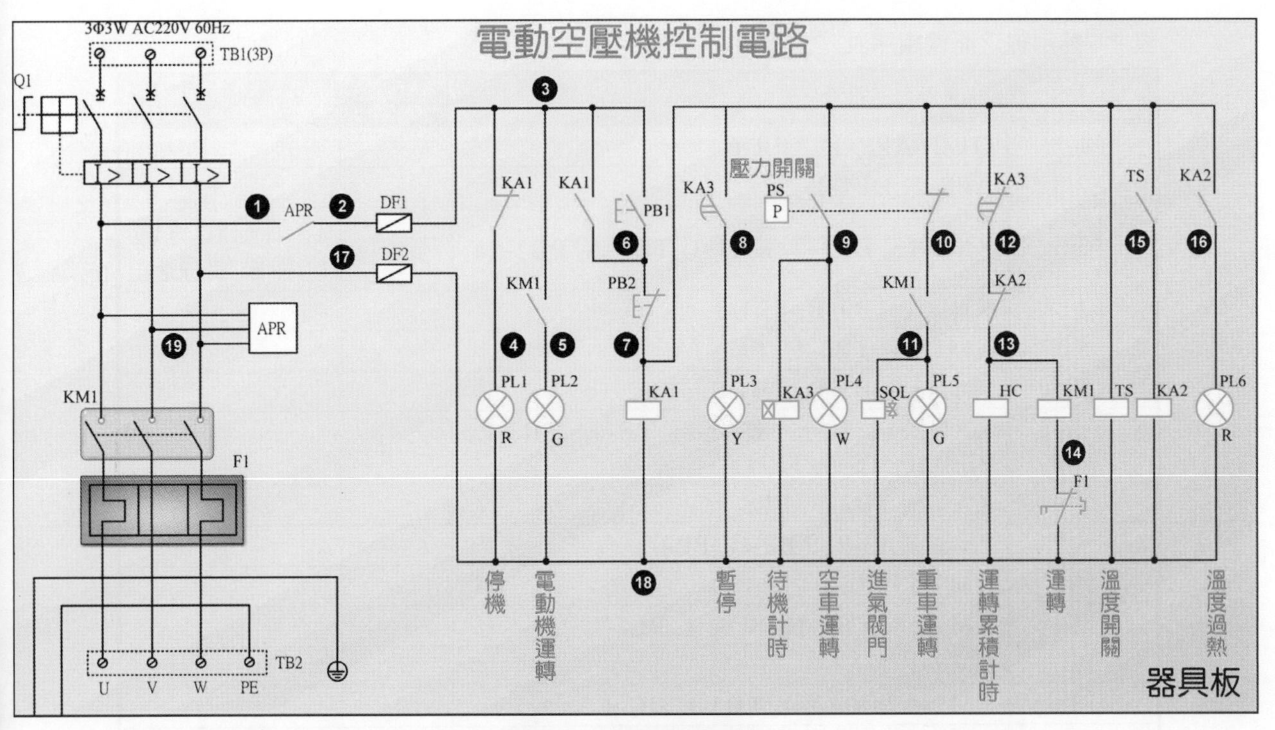
電動空壓機控制電路
3Φ3W AC220V 60Hz
TB1(3P)
Q1
APR
DF1
DF2
KM1
F1
TB2
U V W PE
KA1
PB1
PB2
KA3
壓力開關
PS
P
TS
KA2
PL1
PL2
PL3
PL4
PL5
PL6
SQL
HC
R G Y W G R
停機
電動機運轉
暫停
待機計時
空車運轉
進氣閥門
重車運轉
運轉累積計時
運轉
溫度開關
溫度過熱
器具板

圖21　標示配線順序

表 4　控制線之配線順序表

配線順序	端點	完成	備註
1	Q1-2, APR-1, APR-6		
2	APR-5, DF1-1		
3	KM1-13, DF1-2, KA1-1, **TB3-A**, PB1-1a		標示粗體為過門接線端子台
4	KA1-4, **TB3-B**, PL1-1		
5	KM1-14, **TB3-C**, PL2-1		
6	KA1-3, **TB3-D**, PB1-2a, PB2-1b		
7	KA1-2, KA2-8, KA3-8, PS-c, **TB3-E**, PB2-2b, TS-6, TS-1c		
8	KA3-6, **TB3-F**, PL3-1		
9	PS-a, KA3-2, **TB3-G,** PL4-1		
10	KM1-53, PS-b		
11	KM1-54, **TB3-H**, SOL-1, PL5-1		
12	KM2-1, KA3-5		
13	KM1-A2, KA2-4**, TB3-I,** HC-1		
14	KM1-A1, F1-95		
15	KA2-2, **TB3-J,** TS-3a		
16	KA2-6, **TB3-K,** PL6-1		
17	Q1-6, DF2-1, APR-3		
18	F1-96, DF2-2 KA1-7, KA2-7, KA3-7, **TB-L**, PL1-2, PL2-2, PL3-2, PL4-2, PL5-2, PL6-2, SOL-2, HC-2, TS-7		
19	Q1-4, APR-4		

緊接著根據配線順序編號，在此空白的配線圖上，相對位置標示順序編號，如圖 22 所示。完成上述準備工作後，即可按圖 22，進行控制線的配線練習。

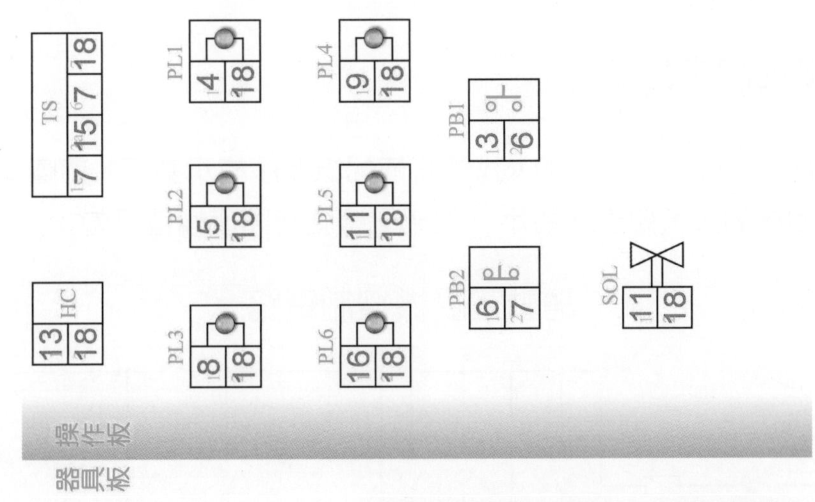

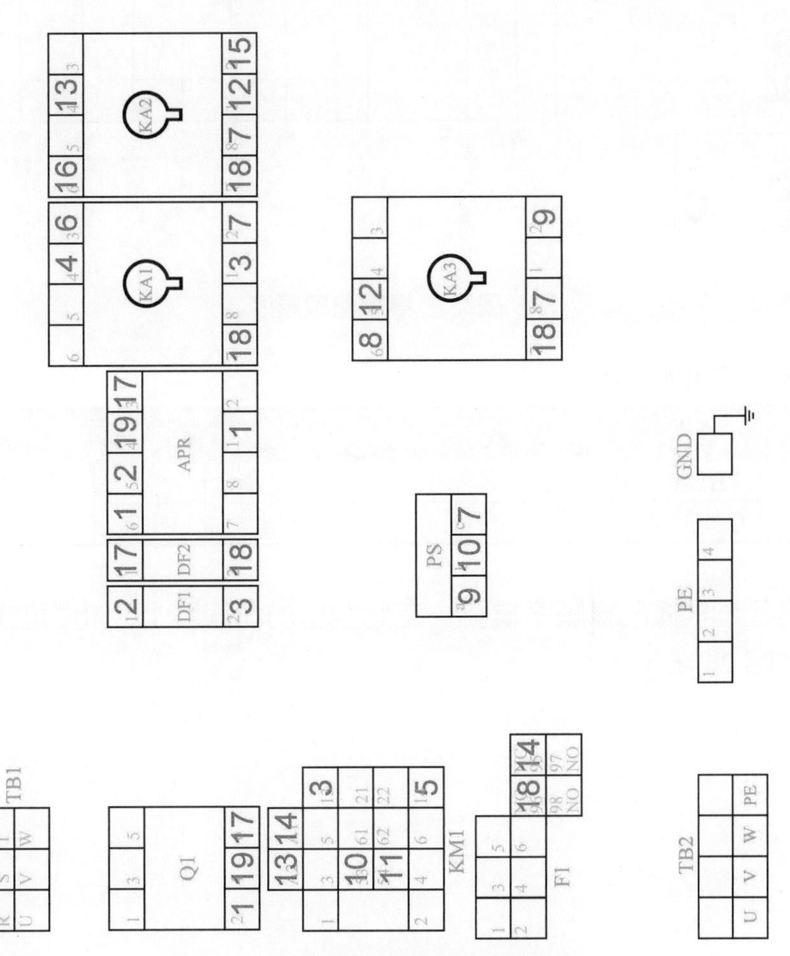

圖22　標示配線順序編號的配線圖

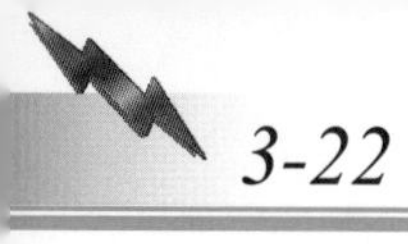

接地線之配線

在線路圖中(圖 1，3-2 頁)，我們將依配線順序標示數字，如圖 23 所示。而其配線順序列表，如表 5 所示，完成配線就在完成欄位打勾：

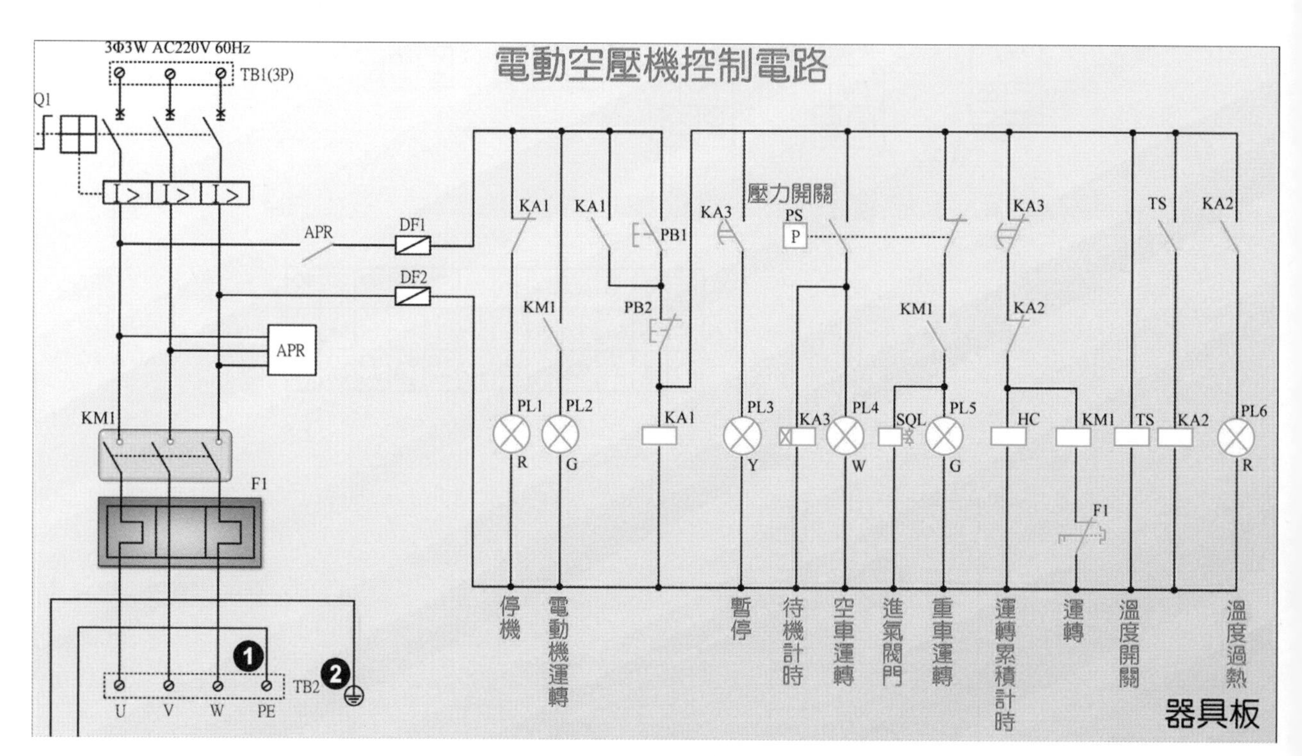

圖23　標示配線順序

表 5　接地線之配線順序表

配線順序	端 點	完成	備註
1	TB2-PE, PE-1		
2	GND, PE-2		

緊接著，根據配線順序編號，在此空白的配線圖上，相對位置標示順序編號，如圖 24 所示。

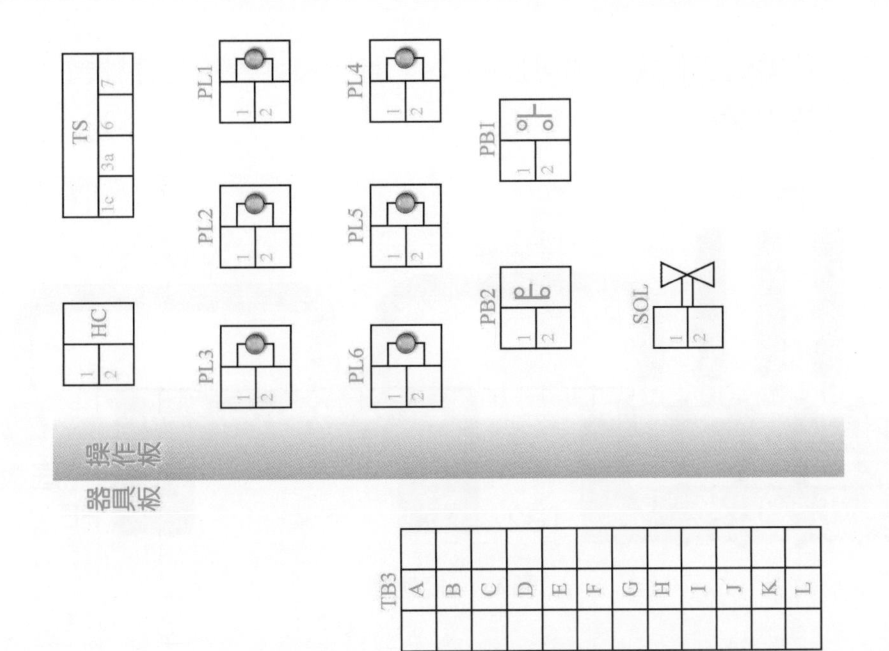

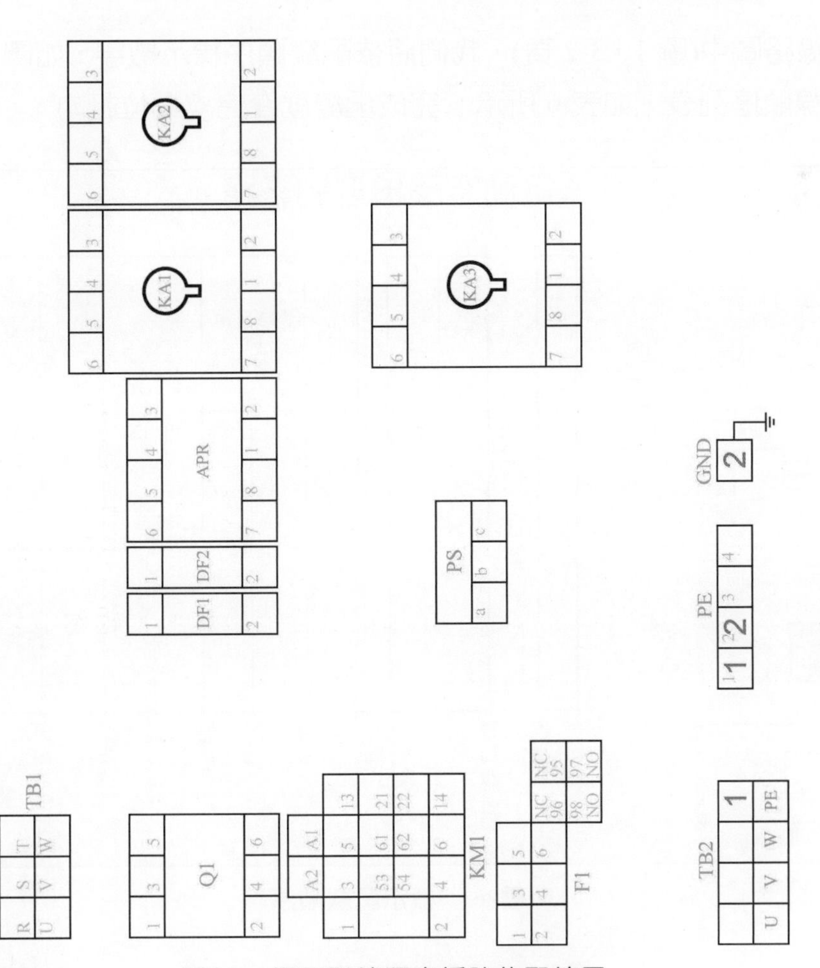

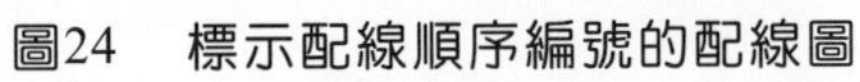
圖24　標示配線順序編號的配線圖

完成上述準備工作後，即可按圖 24，進行接地線的配線練習，如圖 25 所示為實體接地圖。

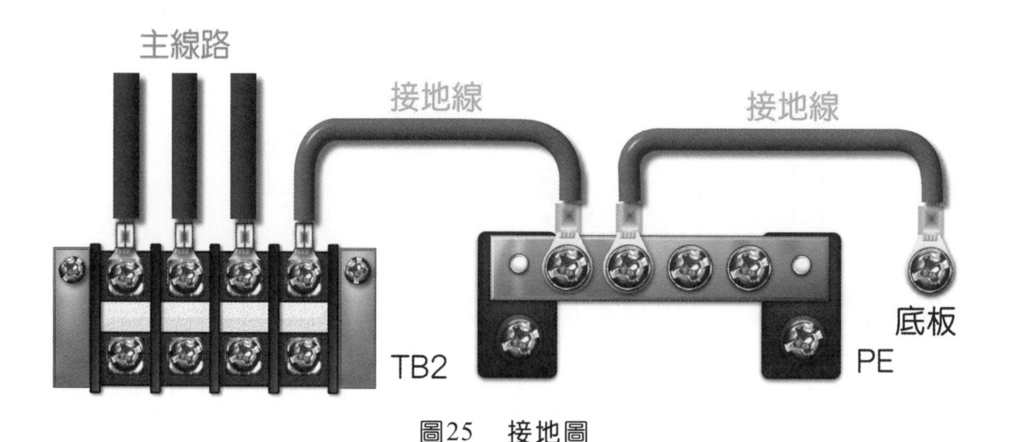

圖25　接地圖

主線路之配線

在線路圖中(圖 1，3-2 頁)，我們將依配線順序標示數字，如圖 26 所示。而其配線順序列表，如表 6 所示，完成配線就在完成欄位打勾：

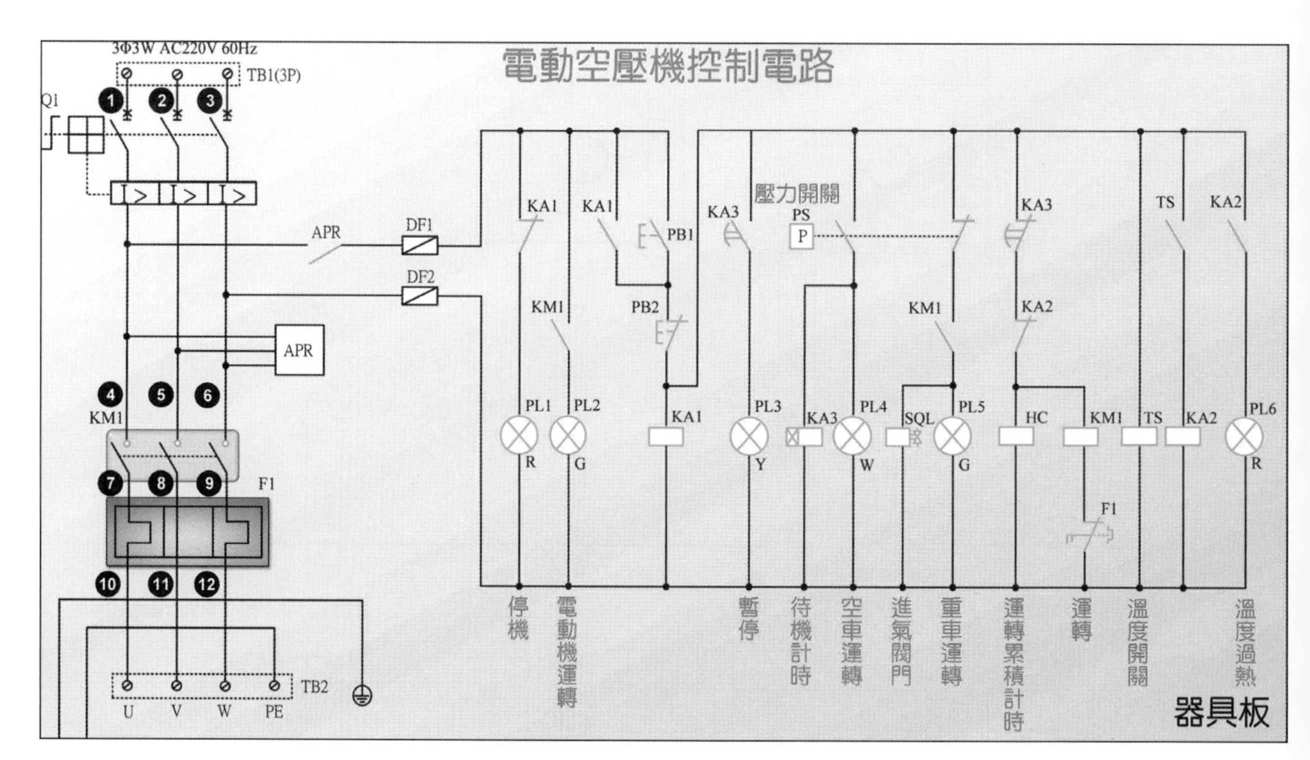

圖26　標示配線順序

表 6　主線路之配線順序表

配線順序	端　點	完成	備註
1	TB1-U, Q1-1		
2	TB1-V, Q1-3		
3	TB1-W, Q1-5		
4	Q1-2, KM1-1		
5	Q1-4, KM1-3		
6	Q1-6, KM1-5		
7	KM1-2, F1-1		
8	KM1-4, F1-3		
9	KM1-6, F1-5		
10	F1-2, TB2-U		
11	F1-4, TB2-V		
12	F1-6, TB2-W		

緊接著，根據配線順序編號，在此空白的配線圖上，相對位置標示順序編號，如圖 27 所示。

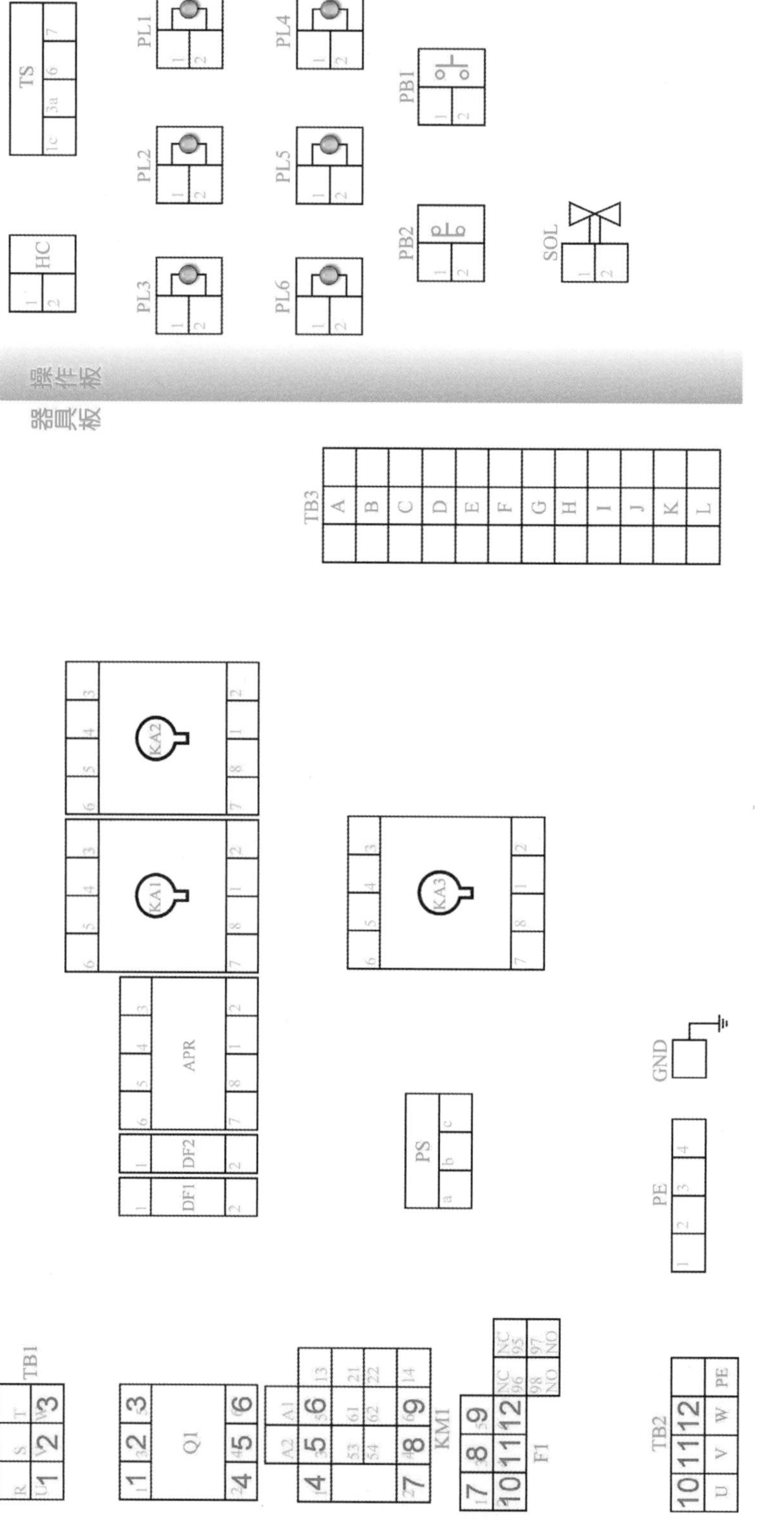

圖27　標示配線順序編號的配線圖

完成上述準備工作後，即可按圖 27，進行主線路的配線練習。

紙上配線練習

如圖 28 所示為紙上配線練習器具板，請按前述之配線順序，直接在圖中以畫線方式代替實際配線，如此將可熟悉配線路徑與建立整體概念。

經多次練習後，若可在 10 分鐘之內，完成紙上配線(含控制線、比流器迴路與接地線)，即可進入真實配線練習，如此將可使真實配線練習的速度與正確性大為提升。

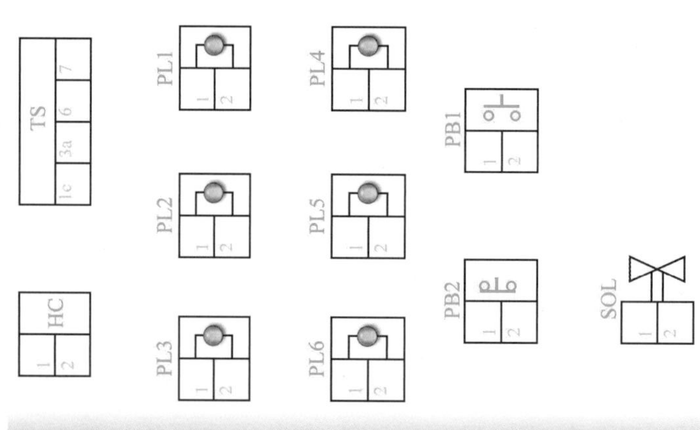

操作板

器具板

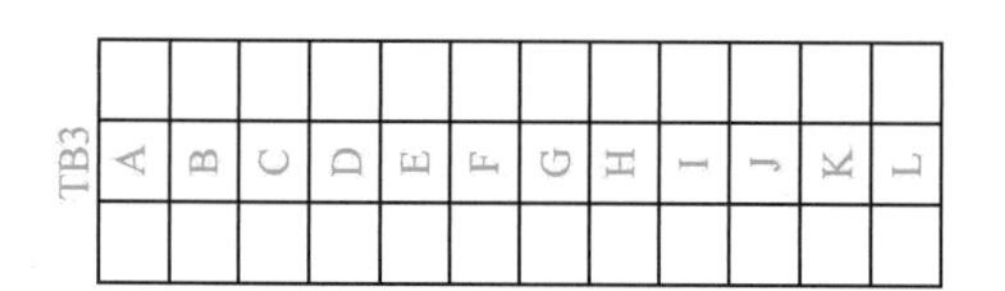

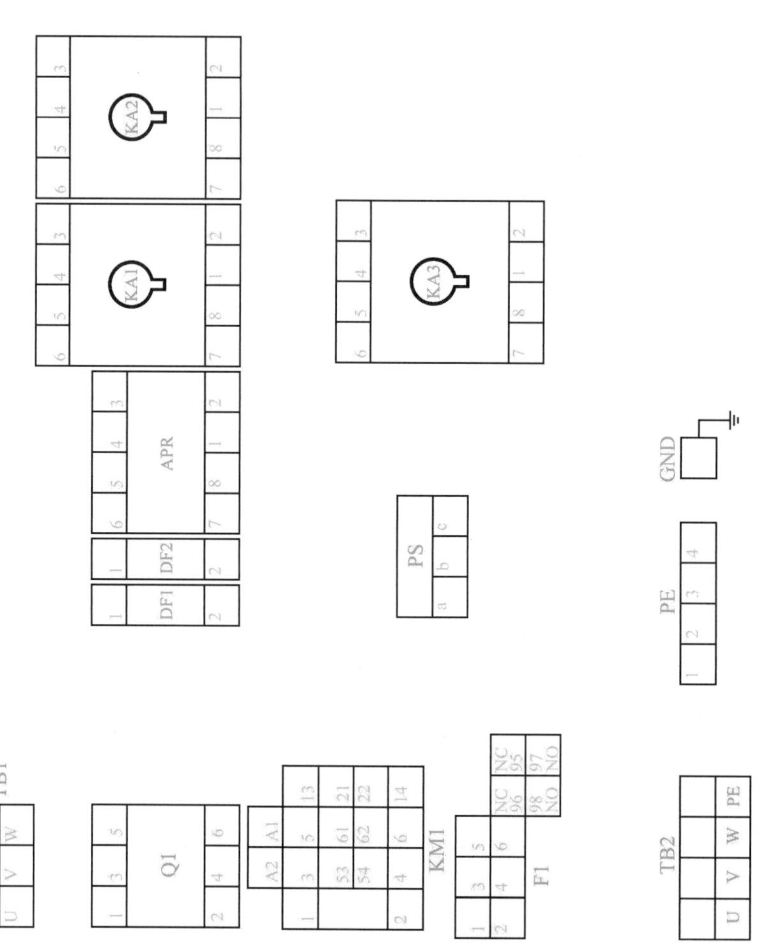

圖28　紙上配線練習之器具板

3-4 自主檢查

當我們完成配線後(如圖 29)，必須經過自主檢查，包括靜態測試與動態測試等，如下說明：

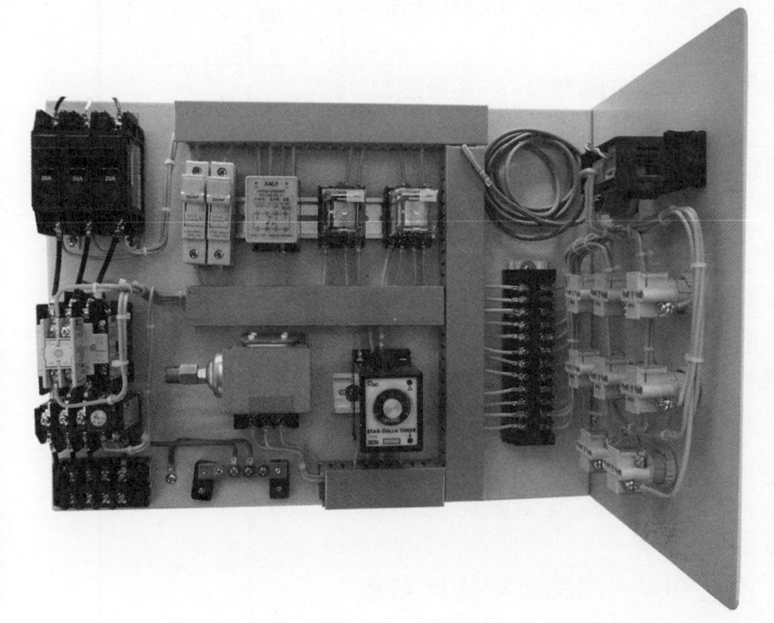

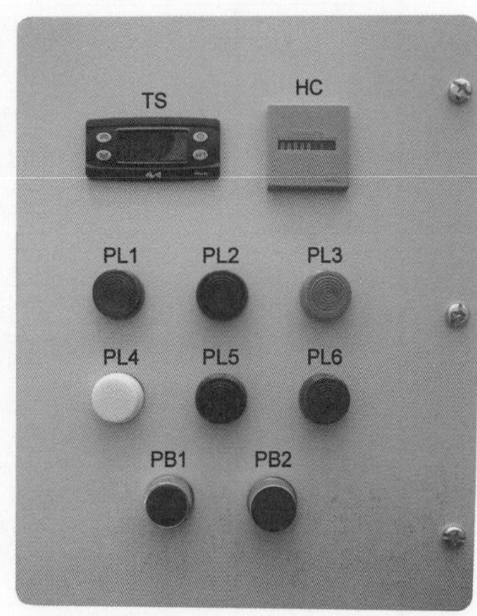

圖29　完成照片(含操作板)

靜態測試為未送電前，以三用電表歐姆檔位檢測器具及線路接點是否短路及斷路，並按下列表 7 所示之工作項目完成：

靜態測試

表 7　靜態測試檢測項目

編號	檢測項目	完成	備註
1	依據控制線之標示配線順序編號 1-19 檢測接點是否完全連接。		
2	依據接地線之標示配線順序編號 1-2 檢測接點是否完全連接。		
3	依據主線路之標示配線順序編號 1-12 檢測接點是否完全連接。		
4	檢測卡式保險絲 DF1、DF2 是否良好。 (保險絲電源側、負載側短路)		
5	利用按壓電磁接觸器按鈕 KM1 檢測常閉(b 接點)及常開(a 接點)接點，是否正常動作。 (未動作：a 接點斷路，b 接點短路。動作：a 接點短路，b 接點斷路)		
6	檢測積熱電驛 F1 在手動過載及復歸時，常閉及常開接點是否正常動作。		
7	檢測按鈕開關 PB1、PB2，常閉及常開接點是否正常動作。		
8	檢測壓力開關 PS，常閉及常開接點是否正常動作。		
9	檢測指示燈 PL1、PL2、PL3、PL4、PL5、PL6 是否具阻抗值。 (指示燈故障一：接點短路，阻抗值為零；故障二：接點斷路，無法測得阻抗值)		
10	檢測卡式保險絲 DF1、DF2，負載側是否短路；並操作按鈕開關 PB1、PB2 測試負載側是否同樣有短路現象。(若短路請勿進行以下動態測試，重新靜態測試檢測)		

動態測試

動態測試為自行通電檢測，考生切記，確實完成靜態測試後，經由監評老師認可，才能進行通電，如發生短路兩次(含)，將評為重大缺點並以不合格論。此階段動態測試之檢測，依據 3-2 電路解析流程，按下列表 8 所示之工作項目完成，以三用電表電壓檔位檢測各項器具是否供電正常動作，未供

電請重新檢測靜態測試項目，若器具有供電未動作，請檢查器具是否故障。

表 8　動態測試檢測項目

編號	檢測項目	完成	備註
1	通電後 PL1 亮，若電源為正相序，則逆轉防止電驛(APR)之接點接通，若電源為逆相序，則逆轉防止電驛(APR)之接點斷開。 (PL1 未亮，請將 TB1 電源側 R、S 對調)		PL1 亮
2	當電源為正相序，**溫度開關之溫度不超過設定值時**：按 PB1，KM1 動作 PL1 熄 PL2 亮，空壓機運轉，同時累積計時器(HC)開始計時。		PL2 亮
3	當壓力開關之壓力處於下限時，進氣閥門(Sol)開啟，PL5 亮，空壓機作重車運轉。		PL2 亮 PL5 亮
4	當壓力開關之壓力處於上限時，進氣閥門(Sol)關閉，PL4 亮，空壓機作空車運轉，KA3 待機計時。		PL2 亮 PL4 亮
5	當 KA3 計時中，若壓力低於下限，進氣閥門(Sol)再次打開，空壓機回復重車運轉。		PL2 亮 PL5 亮
6	當 KA3 計時到，PL3 亮，空車運轉中之電動機停止，運轉累積計時器(HC)同時停止計時。		PL3 亮 PL4 亮
7	空壓機運轉中(空車或重車)，若按 PB2，則空壓機停止，除 PL1 外所有指示燈熄。		PL1 亮
8	空壓機運轉中(空車或重車)，若過載電驛(F1)動作，則空壓機停止，PL2 及 PL4 熄，指示燈維持原指示狀態。		PL3 亮 或 PL4 亮
9	**當空壓機溫度開關之測定值達到設定值時**，PL6 亮，KM1 斷電，運轉中之空壓機停止。		PL6 亮

動態測試符合待檢測項目後，利用線槽整理導線，完工後舉手，請監評老師到場評分 OK 後，要有禮貌向監評老師說聲謝謝、辛苦了。檢定評審表上簽名後，開始輕聲整理場地(切記廢棄物自行帶走)及收拾自己的工具物品等，完成後，向監評老師及場地服務人員點頭示意輕聲離開檢定場，恭喜您已邁向工業配線丙級證照的一大步了，一切的努力總算沒有白費了。

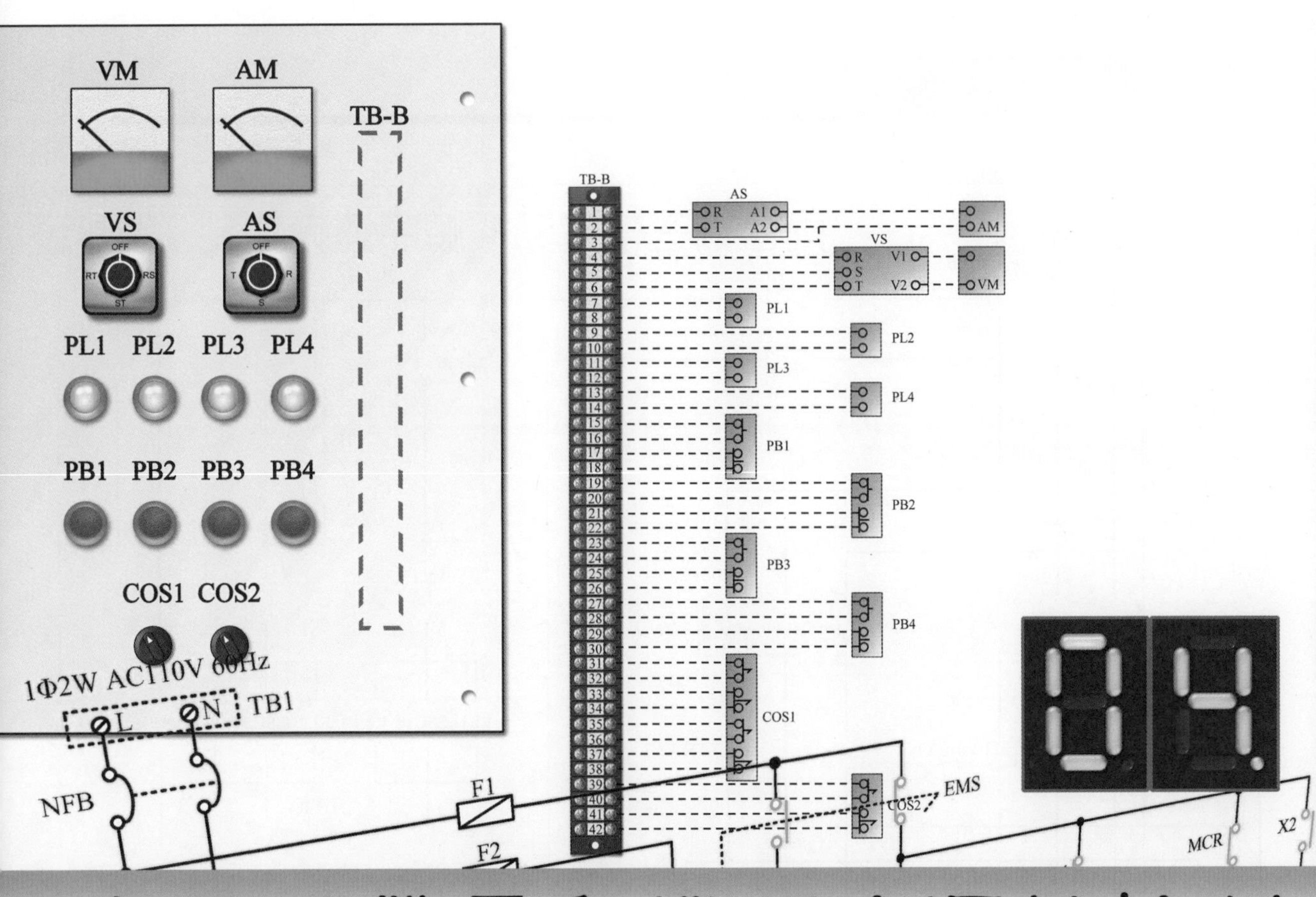

兩台輸送帶電動機順序運轉控制

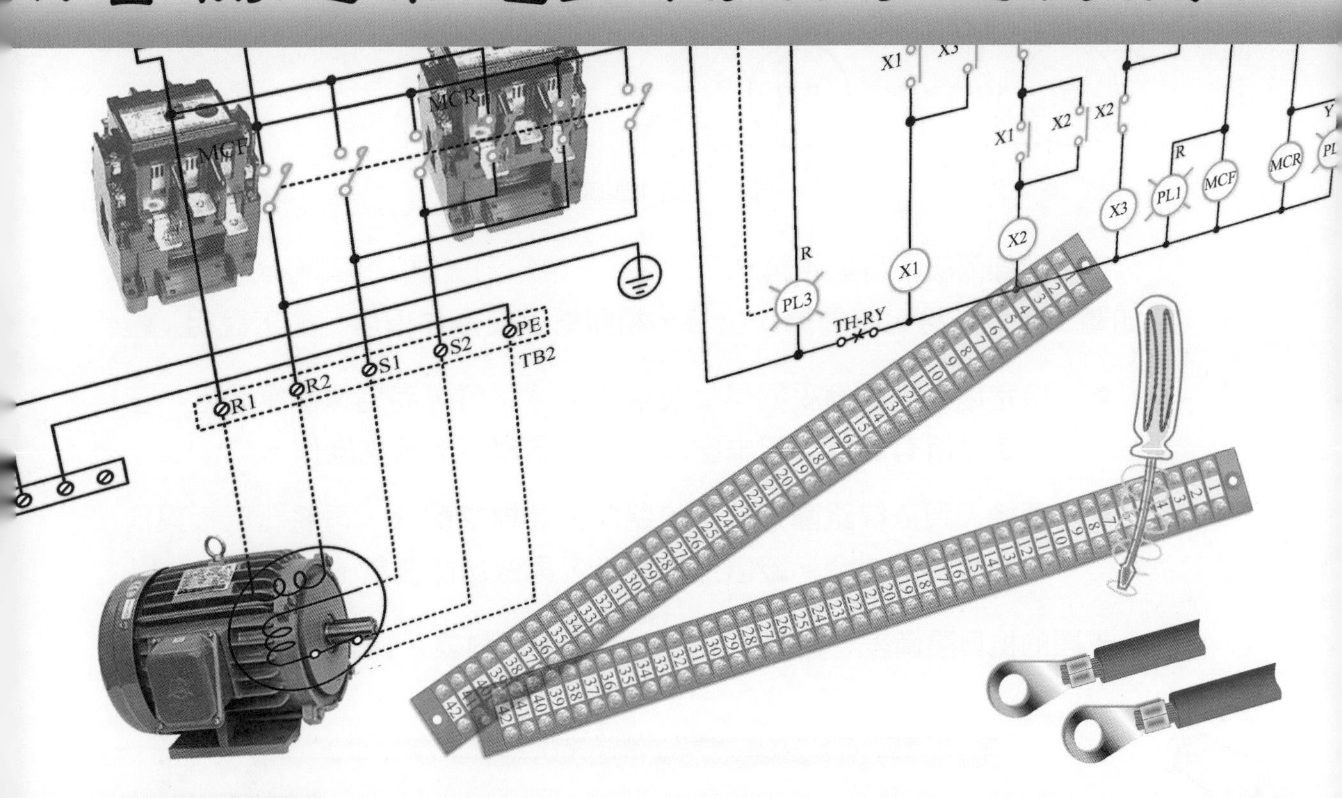

4-1 認識題目

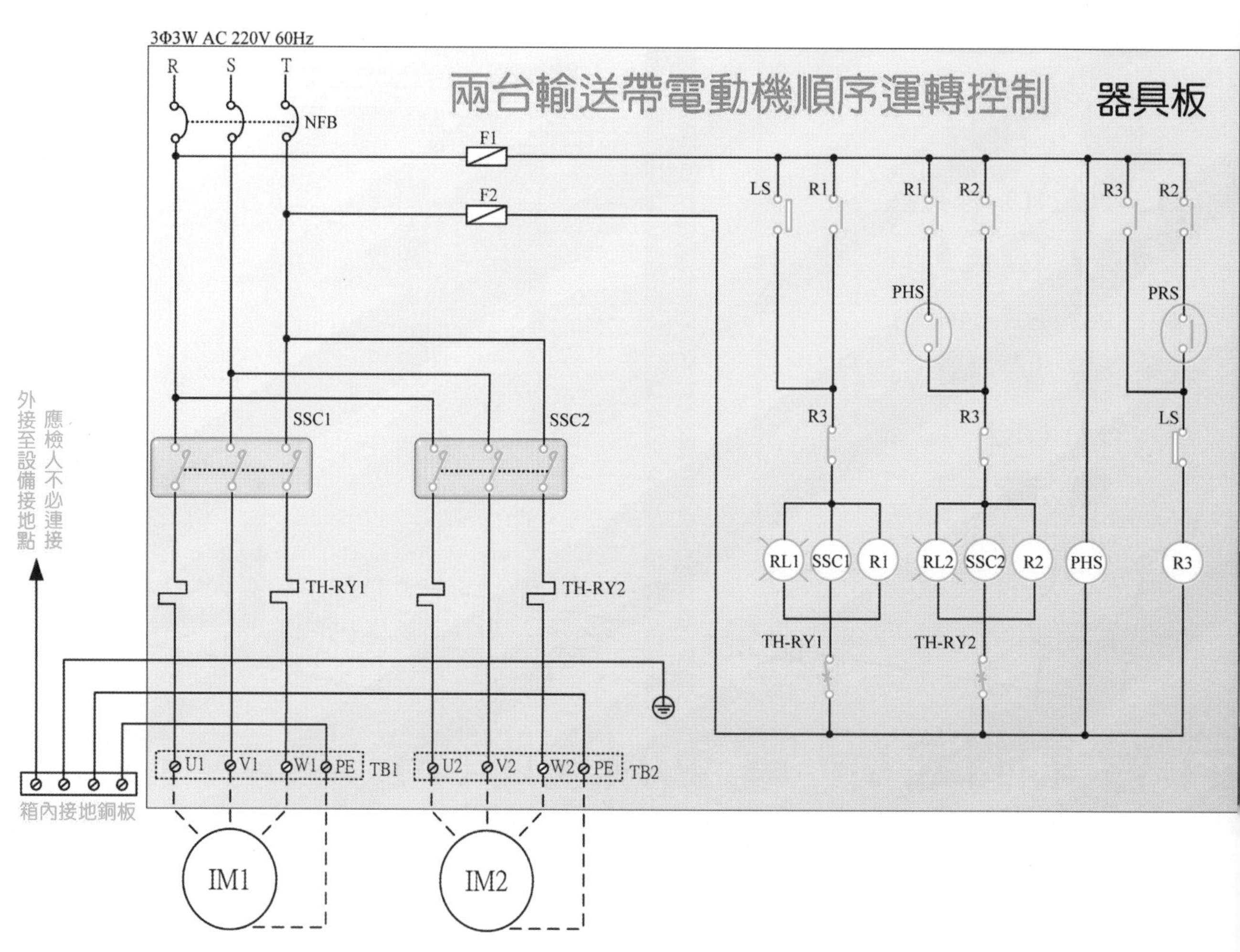

圖1　第 4 題線路圖

工業配線丙級術科第 4 題是「兩台輸送帶電動機順序運轉控制」，其線路如圖 1 所示，檢定時間為 3 小時，相關準備與操作項目，如下說明：

- 檢定場事先應備妥器具板及指示燈控制盒，而這塊配電盤上，已固定好所有器具，但未配線，包含電纜不得預先施作。
- 應檢人須依線路圖進行主線路與控制線之配線，再將器具板與指示燈控制盒結合。經自主檢查後，再做功能測試。

本題的機具設備表，如表 1 所示，應檢人材料表，如表 2 所示：

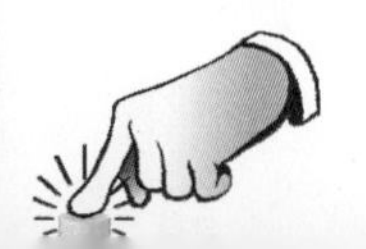

表 1　第 4 題機具設備表(本題僅有器具板)

項目	名　稱	規　格	單位	數量	備註
1	無熔線開關	3P 220VAC 10KA 50AF 20AT	只	1	NFB
2	固態接觸器	3ϕ 220VAC 25A 220VAC 觸發 附底座型散熱器	只	2	SSC1、SSC2
3	過載電驛	220VAC 2HP	只	2	TH-RY1、TH-RY2
4	限制開關	1a1b 10A	只	1	輪動式
5	光電開關(PHS)	220VAC 1a 接點	只	1	預先裝置好固定座
6	近接開關(PRS)	220VAC 1a 接點	只	1	預先裝置好固定座
7	卡式保險絲	250VAC 2A 附座	只	2	F1、F2
8	輔助電驛	220VAC	只	3	R1、R2、R3
9	指示燈	紅 220VAC 25 mm ϕ	只	2	RL1、RL2 LED 型
10	指示燈控制盒	二孔塑膠盒 25 mm ϕ	只	1	
11	端子台	10A 4P	只	1	TB3
12	端子台	20A 4P	只	2	TB1、TB2
13	電纜固定頭	配合 4C 電纜及二孔塑膠盒出線口	只	1	
14	器具板	長 350，寬 480，厚 2.0 四邊內摺 25mm	塊	1	圖 6
15	接地銅板	附雙支架，4P	只	1	在器具板上
16	D I N 軌道		公分	50	
17	感應電動機	3ϕ 220VAC 2HP	只	2	可用較小容量感應電動機替代

表 2　第 4 題應檢人材料表

項目	名　稱	規　格	單位	數量	備註
1	PVC 電線	3.5 mm^2, 黑色	公尺	3	主線路用
2	PVC 電線	3.5 mm^2, 綠色	公分	40	接地用
3	PVC 電線	1.25 mm^2, 黃色	公尺	30	控制線用
4	電纜	1.25mm^2 4C	公分	50	
5	壓接端子	3.5 mm^2－4Y 型	只	若干	
6	壓接端子	1.25 mm^2－3Y 型	只	若干	
7	壓接端子	3.5 mm^2－4O 型	只	若干	
8	束帶	寬 2.5，長 100 mm	條	30	
9	電纜固定頭	配合 4C 電纜及二孔塑膠盒出線口	只	1	

項目	名　稱	規　格	單位	數量	備註
10	捲型保護帶	寬 10 mm	公分	60	

如表 1 及表 2 所示，大多已固定在器具板上，若其中器具已出現在前面的題目裡，在此就不重覆介紹，其餘器具如下說明：

固態接觸器

固態接觸器(**Solid State Contactor**，簡稱 **SSC**)為交流電源控制負載開關，適合用於輸送帶之類有高切換額定電壓的馬達負載及加熱器負載。動作時，不易產生火花或電弧，也沒有電氣或機械反彈，能進行安靜無聲且乾淨的操作，適合用於低噪音的環境，如圖 2 所示為其照片與符號：

	1	3	5
A1	SSC1		
A2			
	2	4	6

配線簡圖

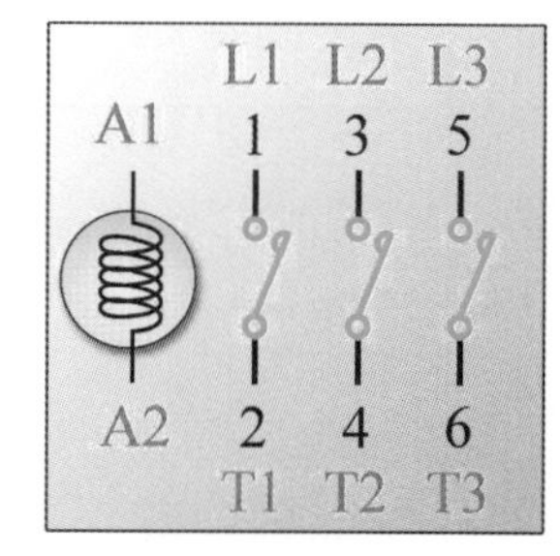

接點配置

圖2　固態接觸器之照片、配線簡圖與符號

限制開關

限制開關(**Limit Switch**，簡稱 **LS**)為接觸式位置偵測開關，如圖 3 所示為其照片與符號：

圖3　限制開關之照片與符號

光電開關

光電開關(Photo Switch，簡稱 PHS)包括光投射與接收，形成一個模組，再外接到端子台，如圖 4 所示為其照片與接線圖，檢定時，還是要以現場的接線圖為主。

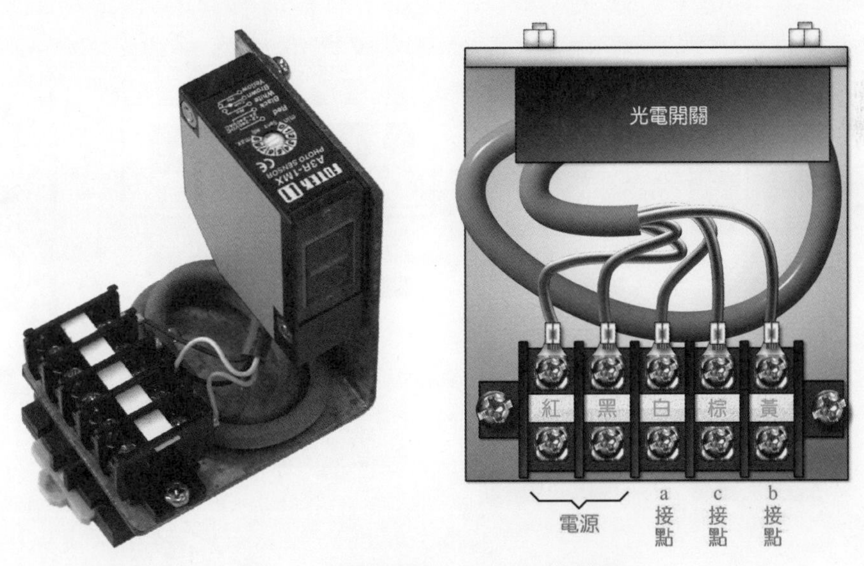

圖4　光電開關之照片與接線圖

近接開關

近接開關(Proximity Sensors)提供非接觸性的開關，如圖 5 所示，將近接開關的兩點接到端子台，以方便使用。

圖5　近接開關之照片與符號

器具板配置圖

器具板就是應檢者所要進行配線的配電盤，如圖 6 所示，其中各器具之間距，並沒有嚴格限制，而由檢定場自訂。當然，對於應檢者影響不大。

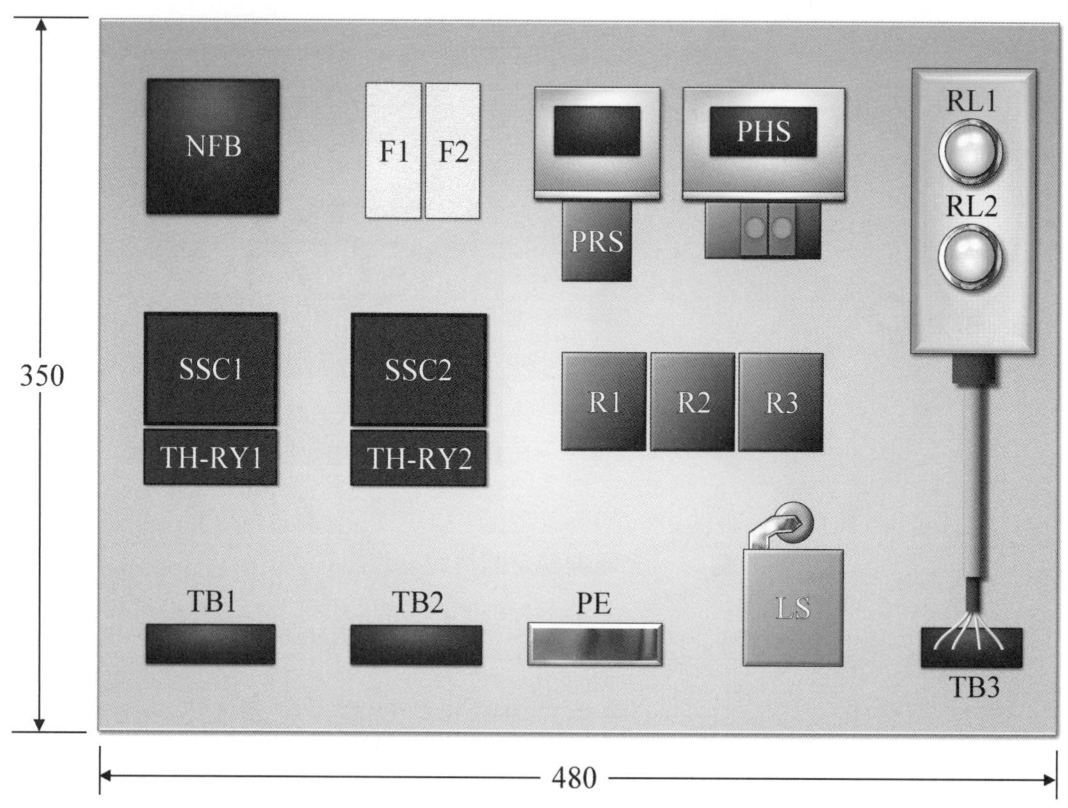

圖6　第 4 題之器具板配置圖(單位為 mm)

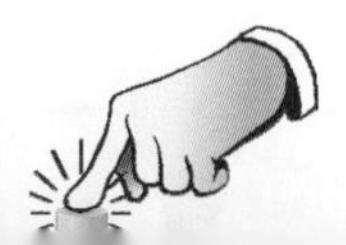

4-2 電路解析

第 4 題「兩台輸送帶電動機順序運轉控制」之動作說明如下：

1. 在 TH-RY1、TH-RY2 正常狀況時：

   (1) NFB ON，電動機及指示燈均不動作。

   (2) 限制開關 LS 動作，SSC1 觸發導通，R1 動作且自保，輸送帶電動機 IM1 運轉，RL1 燈亮。LS 復歸，SSC1 持續導通。

   (3) IM1 運轉中，當光電開關 PHS 動作，SSC2 觸發導通，R2 動作且自保，輸送帶電動機 IM2 運轉，RL2 燈亮。PHS 復歸，SSC2 持續導通。

   (4) IM1、IM2 運轉中，當近接開關 PRS 動作，且 LS 在不動作狀況下，則繼電器 R3 動作且自保，SSC1、SSC2 復歸，IM1、IM2 停止運轉，RL1 及 RL2 燈熄。

   (5) 再次 LS 動作，可以重新執行第(2)項之動作。

2. 過載狀況時：

   (1) 送帶電動機 IM1 運轉中，TH-RY1 動作，IM1 停止運轉，RL1 燈熄。

   (2) 送帶電動機 IM2 運轉中，TH-RY2 動作，IM2 停止運轉，RL2 燈熄。

依據上述動作說明，進行電路解析，如圖 1 所示(4-2 頁)，第 4 題電路之動作分為兩個狀態，如下：

正常狀態

當線路沒有過載，TH-RY1 與 TH-RY2 都沒有跳脫時，其動作如下：

1. 當 NFB ON，電動機及指示燈均不動作，如圖 7 所示：

2. 若限制開關 LS on、R1 動作且自保持，SSC1 觸發導通，輸送帶電動機 IM1 運轉，且紅色指示燈 RL1 亮，如圖 8 所示：

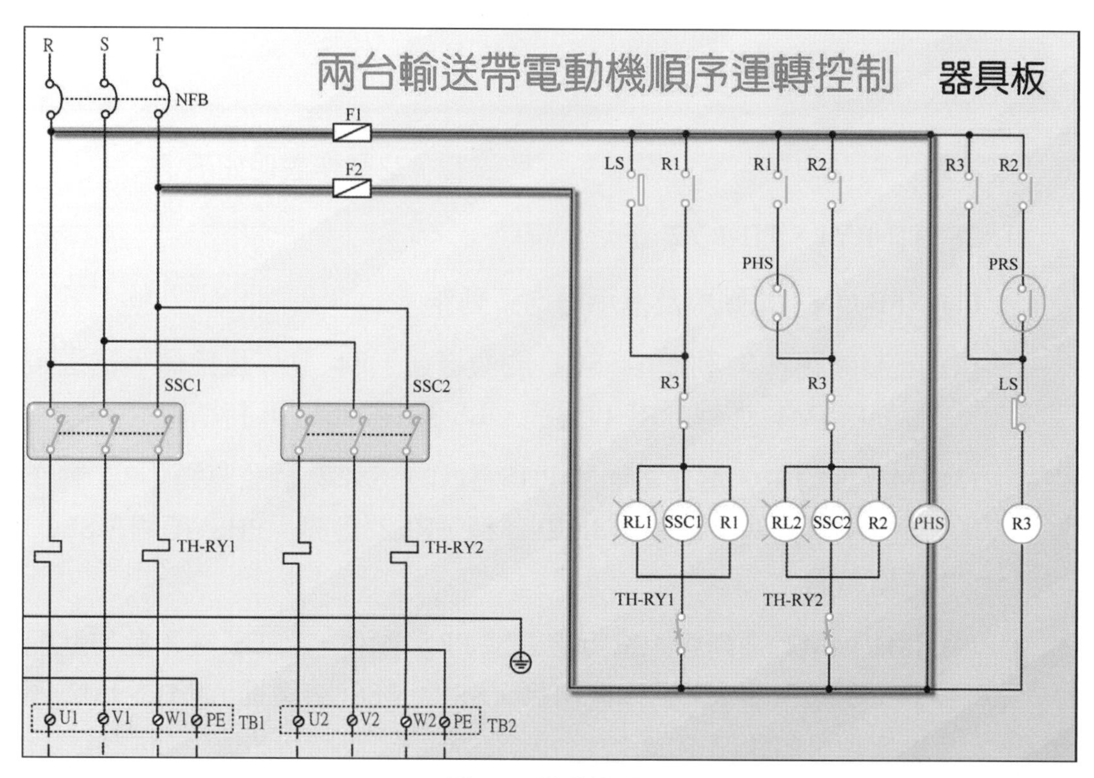

圖7　開啟電源

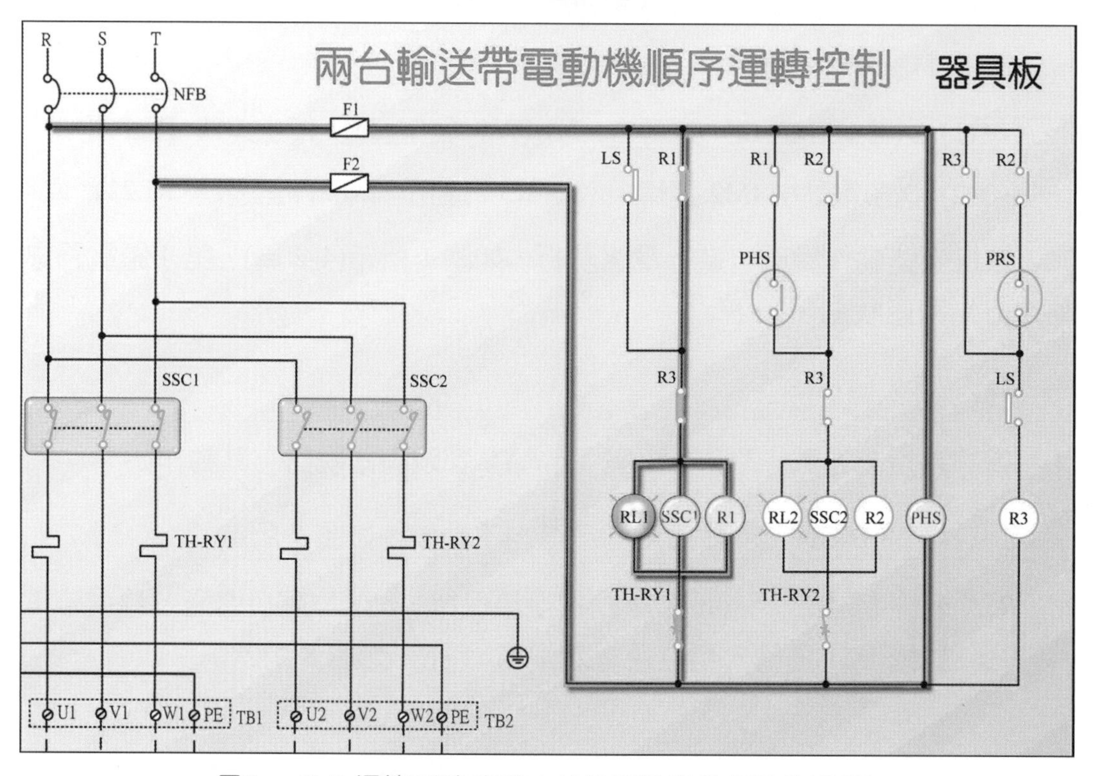

圖8　IM1 運轉(隨書光碟中的投影片附動畫動作展示)

3. 當 R1 動作之中，若光電開關 PHS 動作，則 R2 動作且自保持，SSC2

觸發導通，輸送帶電動機 IM2 運轉，且紅色指示燈 RL2 亮，如圖 9 所示：

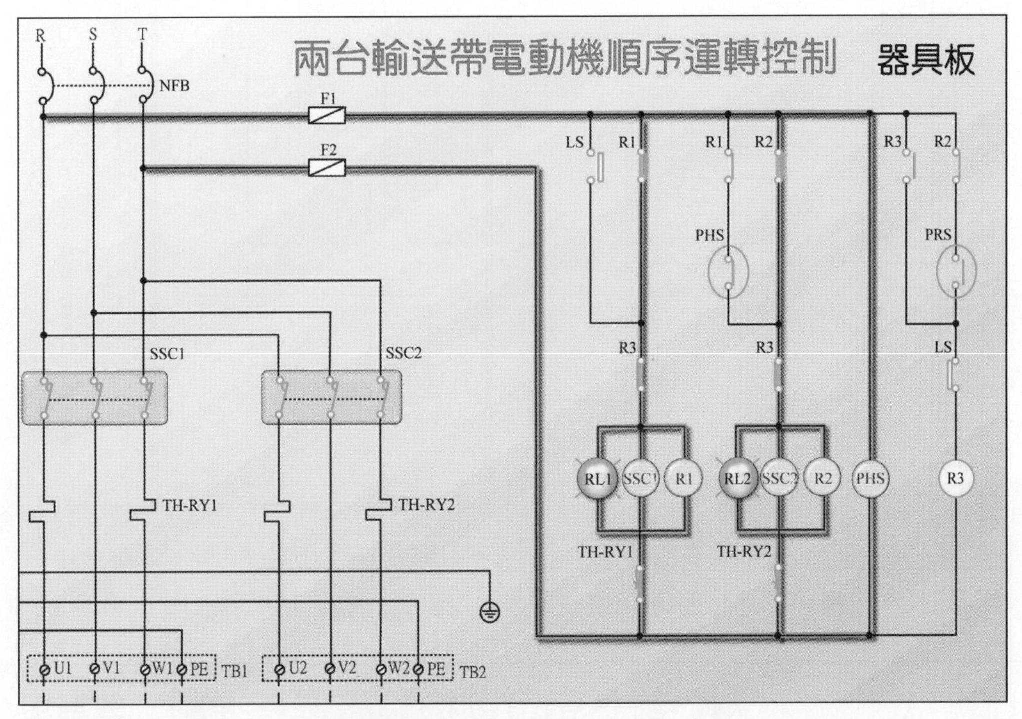

圖9　IM2 運轉(隨書光碟中的投影片附動畫動作展示)

4. 當 R2 動作之中，若近接開關 PRS 動作，且 LS 不動作時，則繼電器 R3 動作且自保持，而 SSC1、SSC2、RL1、RL2 斷電，如圖 10 所示：

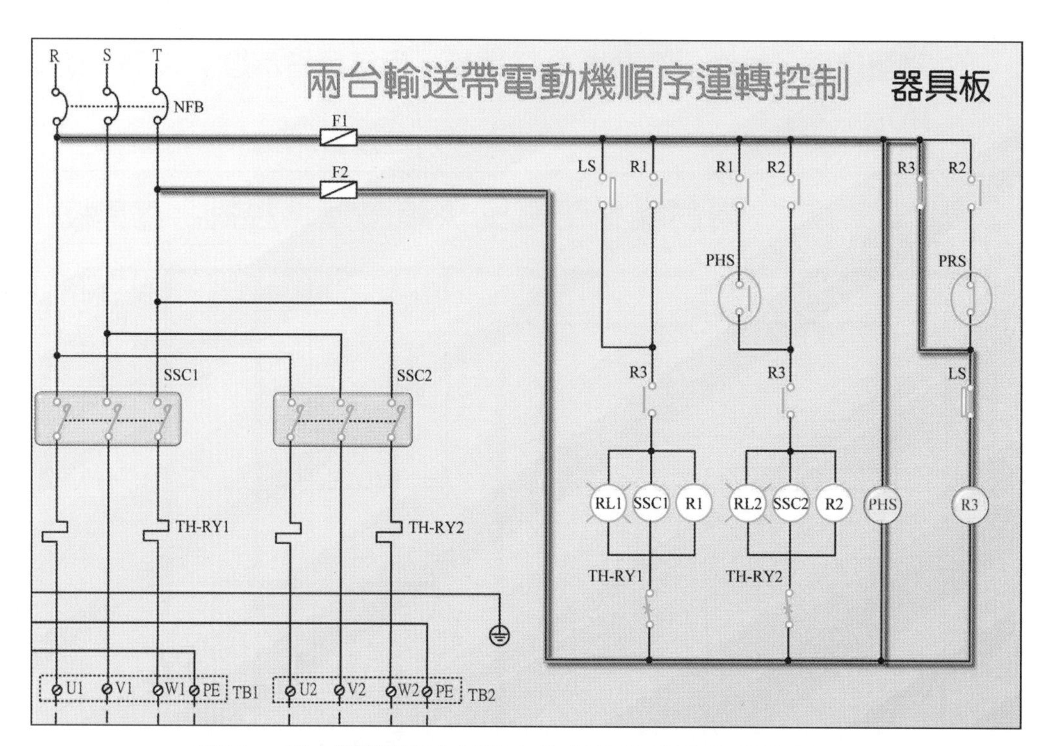

圖10　停止運轉(隨書光碟中的投影片附動畫動作展示)

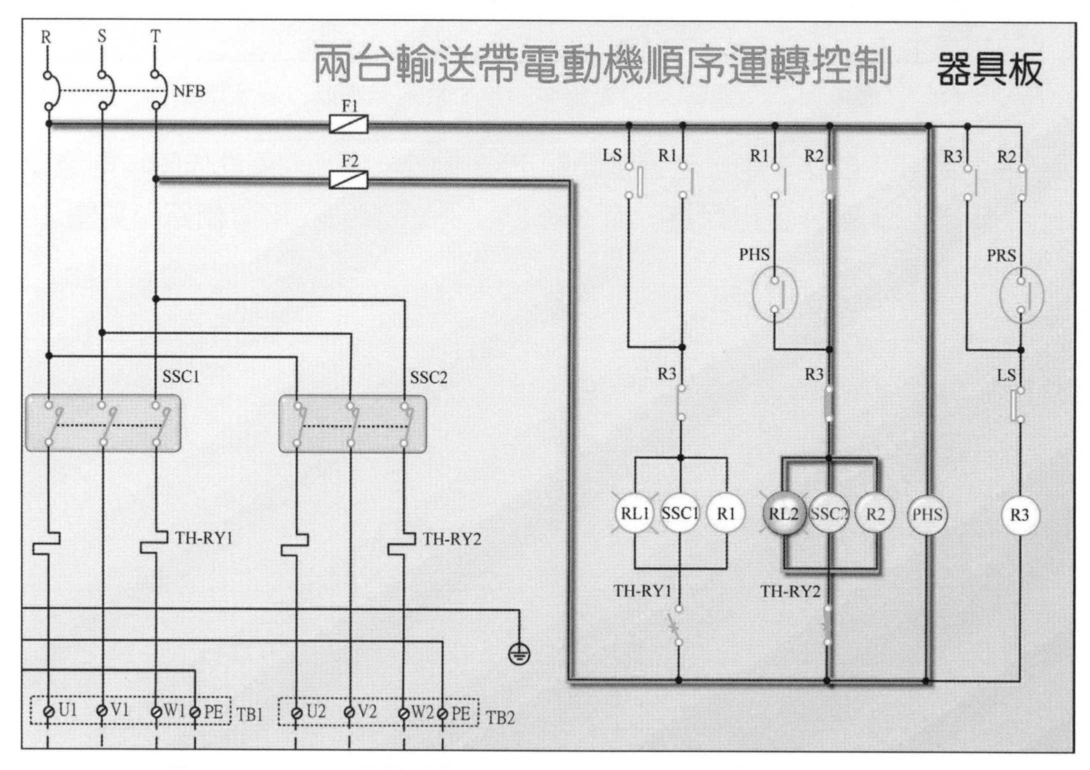

圖11　TH-RY1 過載狀態(隨書光碟中的投影片附動畫動作展示)

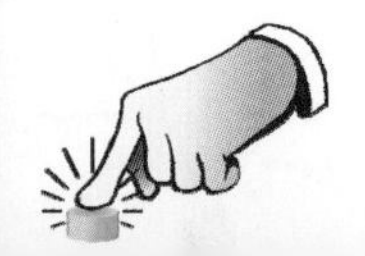

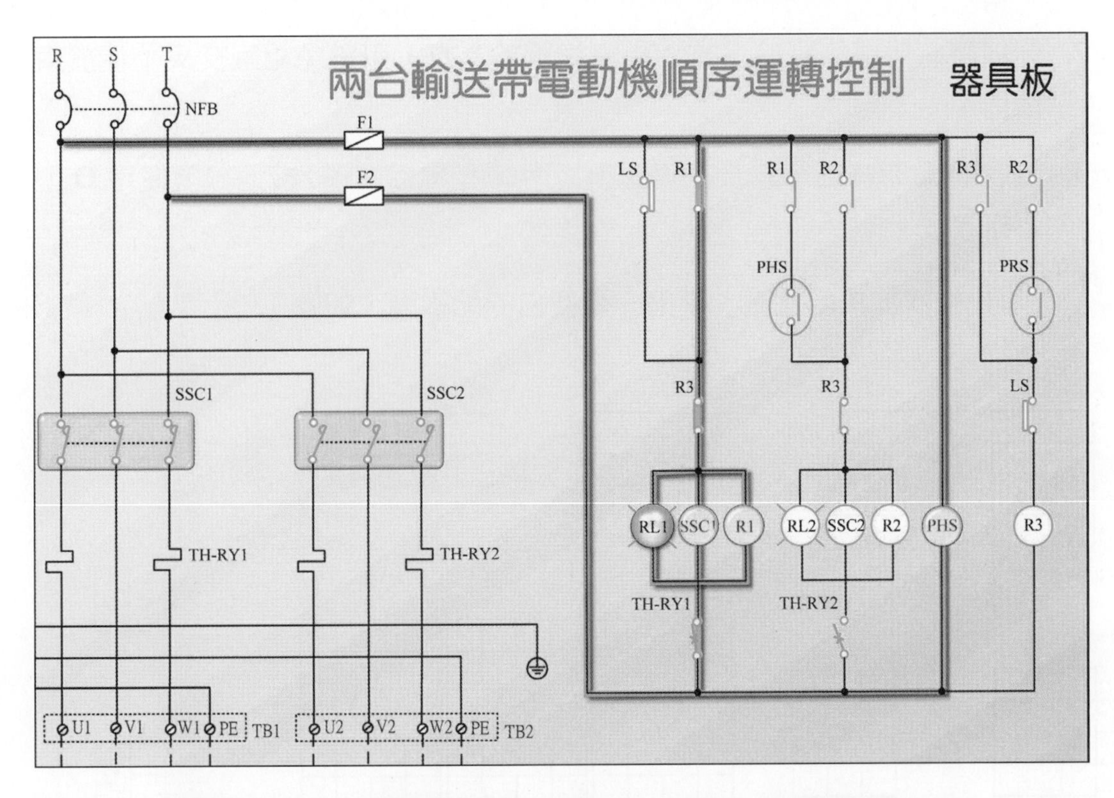

圖12　TH-RY2 過載狀態(隨書光碟中的投影片附動畫動作展示)

過載狀態

在運轉狀態下，若有任一個積熱電驛 TH-RY 動作，則其所控制的電磁接觸器將斷電，馬達也停止，如圖 11、12 所示。

4-3 操作步驟

當我們了解線路的動作原理後，即可進一步探究如何讓配線更有效率！當然在開始配線檢測時，考生應先確認電源及工作電壓，還有器具是否缺損或規格不符。待檢測開始後，現場服務人員依考生註記之損壞器具，進行修護及更換，接下來的配線就事半功倍。在本題的線路之中，包括控制線、接地線與主線路等三部分，從控制線開始配線，然後接地線，最後才進行主線路的配線。操作時，請注意下列事項：

1. 配線選用之線徑：控制線(1.25mm^2 黃色導線)、接地線(3.5mm^2 綠色導線)，主線路(3.5mm^2 黑色導線)。

2. 配線時將短導線置於下方，長導線置於上方，可避免相互交叉，便於束線固定。

3. 控制線於 **TB3** 端子台及主線路須使用 **Y** 型壓接端子；接地線須使用 **O** 型壓接端子。

首先根據器具配置圖，準備一張空白的配線圖，如圖 13 所示：

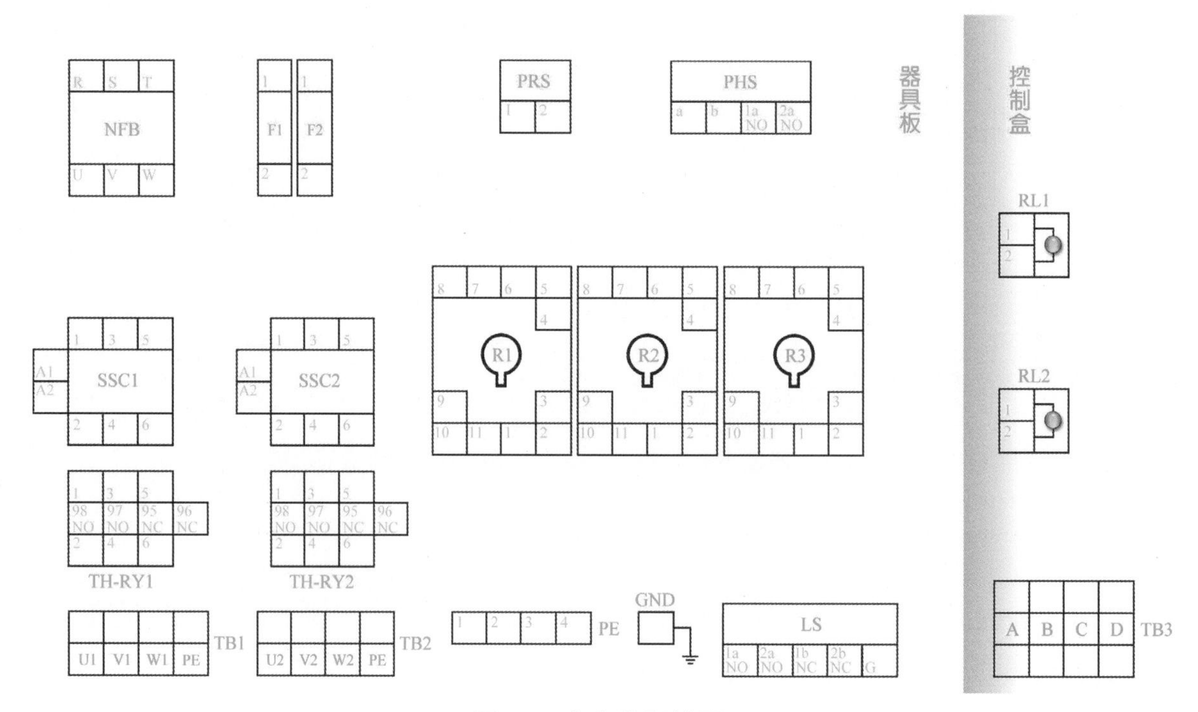

圖13　空白的配線圖

在線路圖中(圖 1，4-2 頁)，我們將依配線順序標示數字，如圖 14 所示。而其配線順序列表，如表 3 所示，完成配線就在完成欄位打勾：

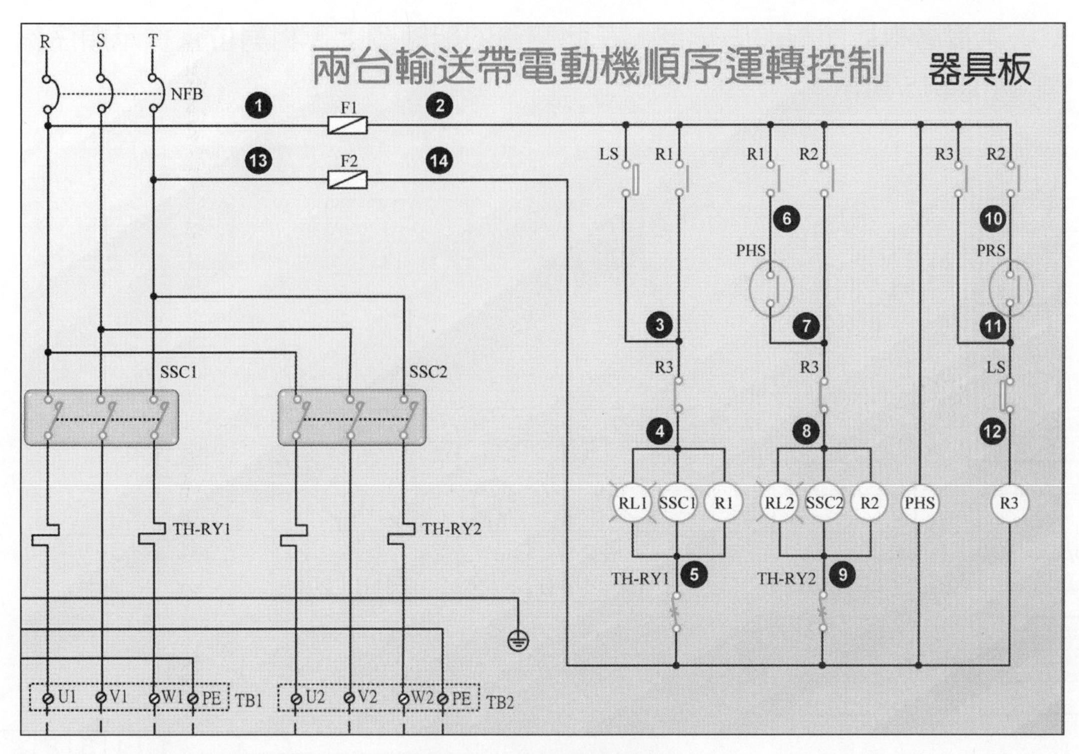

圖14　標示配線順序

表 3　控制線之配線順序表

配線順序	端　點	完成	備註
1	NFB-U, F1-1		
2	F1-2, LS-1a, R1-1, R1-3, R2-1, R2-3, R3-1, PHS-a		
3	LS-2a, R1-4, R3-7		
4	R3-3, R1-2, SSC1-A1, **TB3-A**, RL1-1		標示粗體為過門接線端子台
5	SSC1-A2, TH-RY1-95, R1-10, **TB3-B**, RL1-2		
6	R1-6, PHS-1a		
7	R2-4, R3-8, PHS-2a		
8	R3-11, R2-2, SSC2-A1, **TB3-C**, RL2-1		
9	SSC2-A2, TH-RY2-95, R2-10, **TB3-D**, RL2-2		
10	R2-54, PRS-1		
11	R3-4, PRS-2, LS-1b		
12	LS-2b, R3-2		
13	NFB-W, F2-1		
14	F2-2, TH-RY1-96, TH-RY2-96, PHS-b, R3-10		

緊接著根據配線順序編號，在此空白的配線圖上，相對位置標示順序編號，如圖 15 所示。

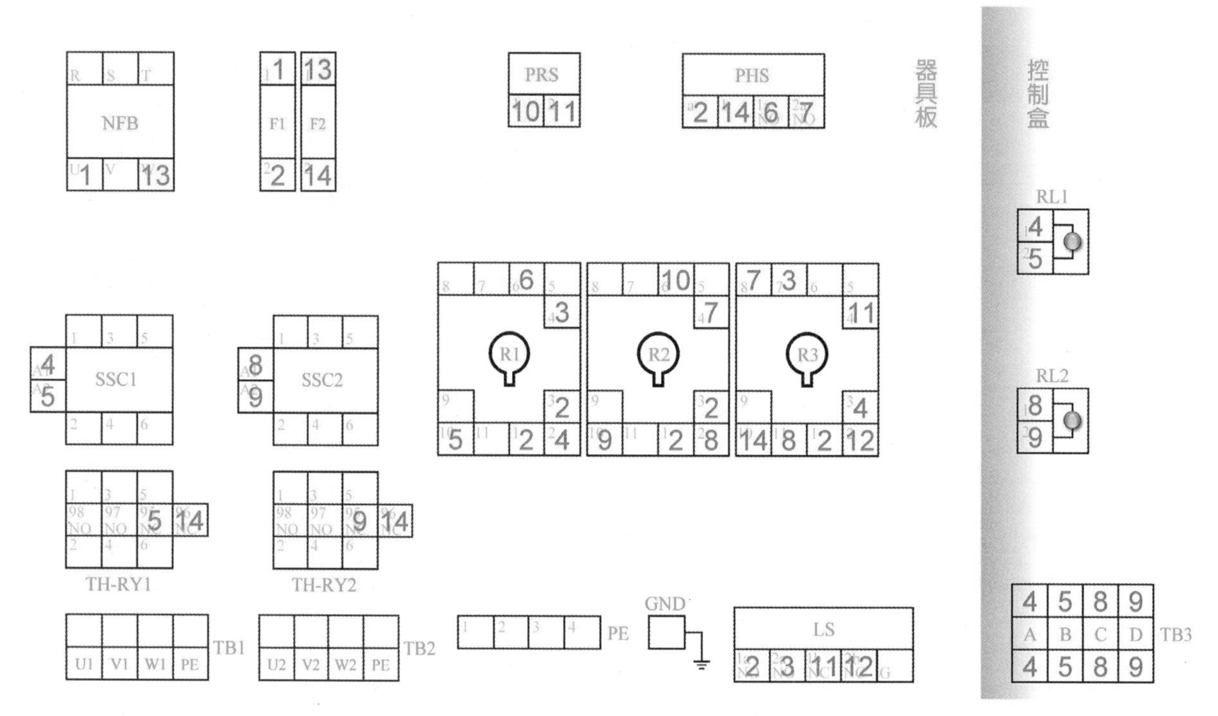

圖15 標示配線順序編號的配線圖

完成上述準備工作後，即可按圖 15，進行控制線的配線練習。

接地線之配線

在線路圖中(圖 1，4-2 頁)，我們將依配線順序標示數字，如圖 16 所示。而其配線順序列表，如表 4 所示，完成配線就在完成欄位打勾：

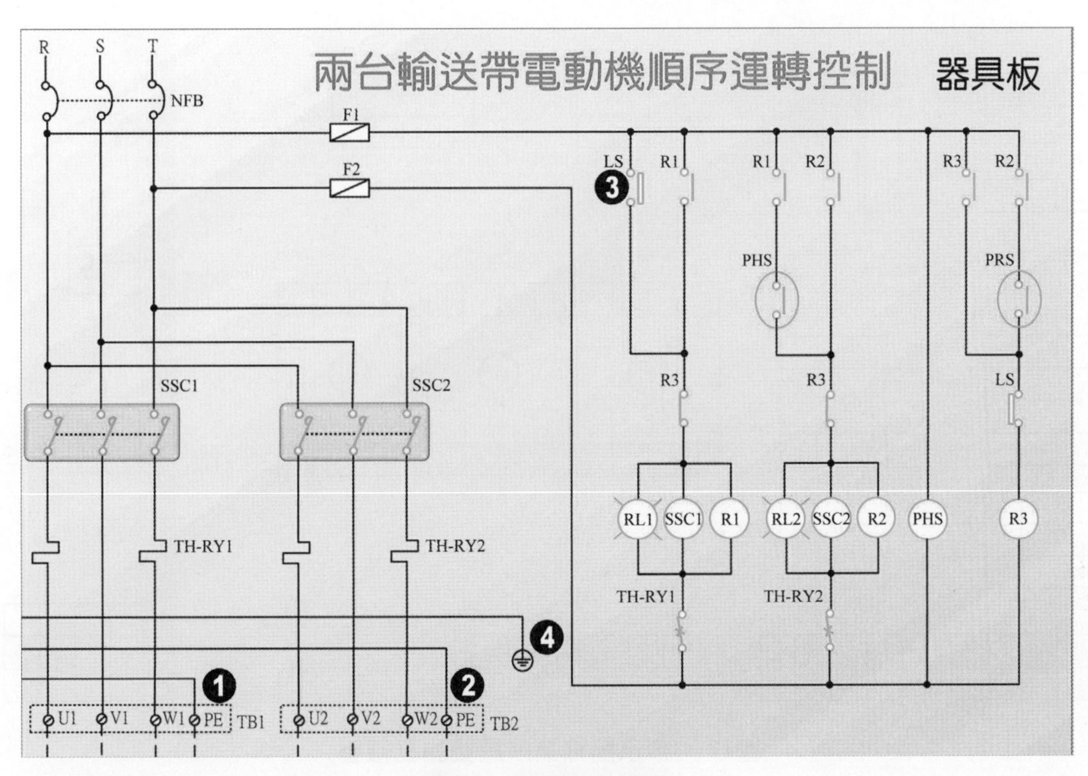

圖16　標示配線順序

表 4　接地線之配線順序表

配線順序	端　點	完成	備註
1	TB1-PE, PE-1		
2	TB2-PE, PE-2		
3	LS-G, PE-3		
4	GND, PE-3		

緊接著，根據配線順序編號，在此空白的配線圖上，相對位置標示順序編號，如圖 17 所示。

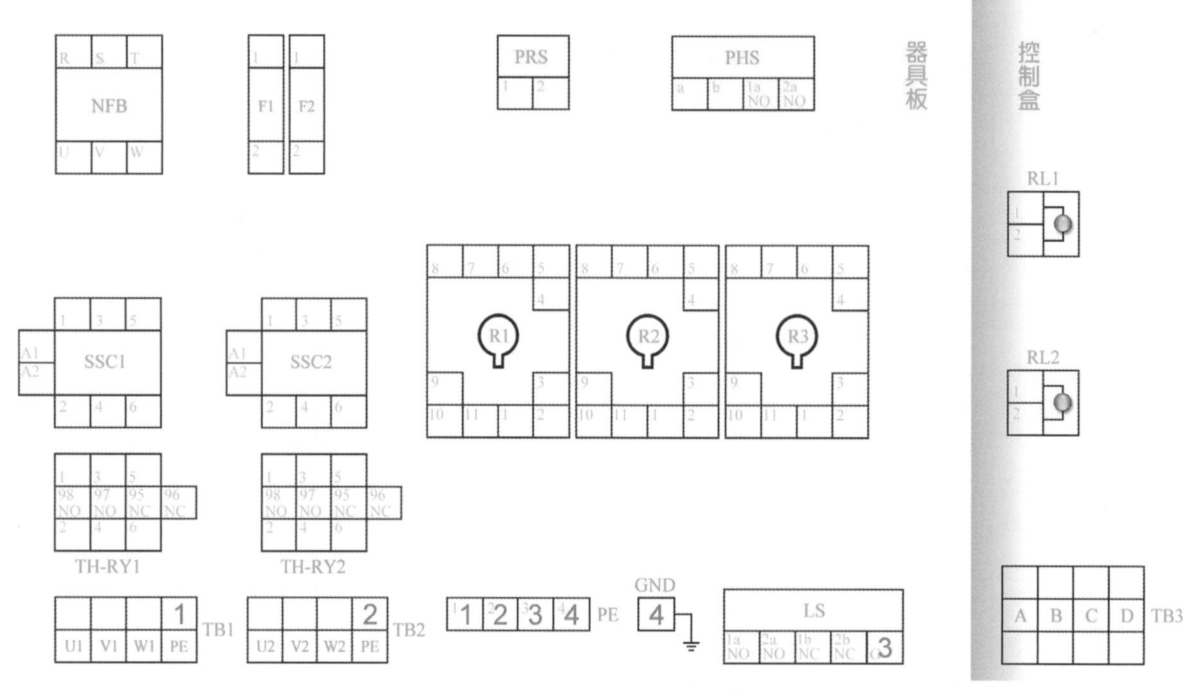

圖17　標示配線順序編號的配線圖

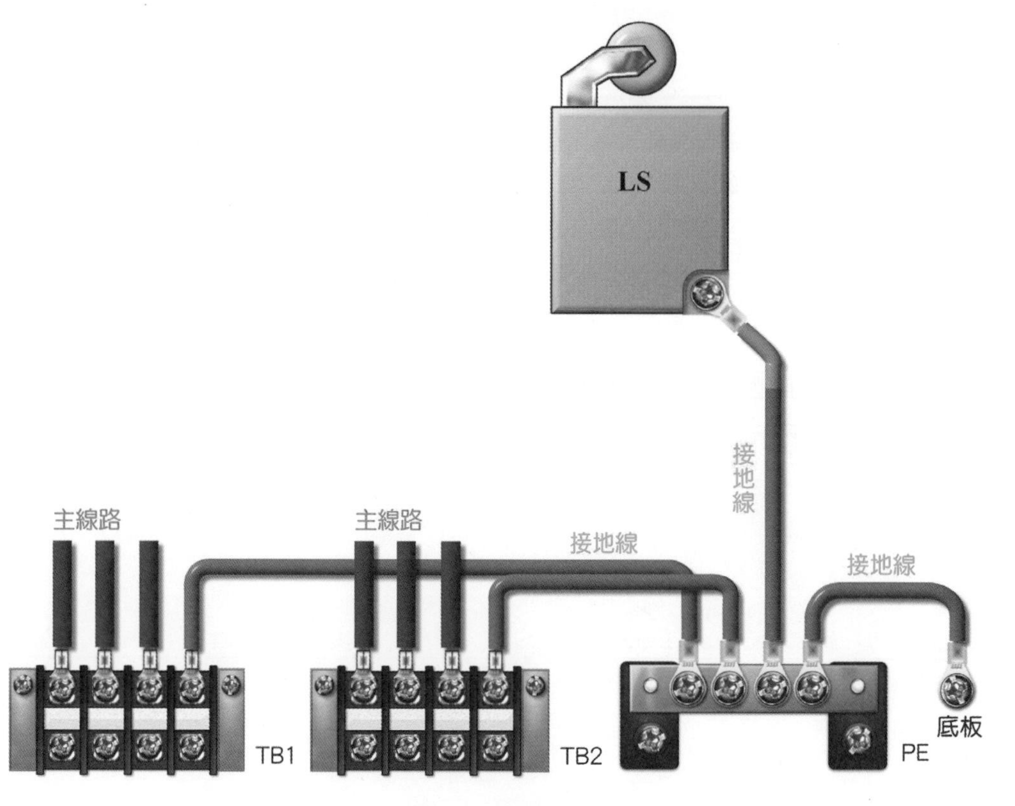

圖18　接地圖

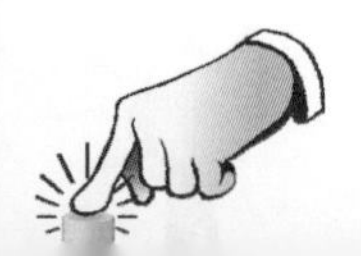

完成上述準備工作後，即可按圖 17，進行接地線的配線練習，如圖 18 所示為實體接地圖。

主線路之配線

在線路圖中(圖 1，4-2 頁)，我們將依配線順序標示數字，如圖 19 所示。而其配線順序列表，如表 5 所示，完成配線就在完成欄位打勾：

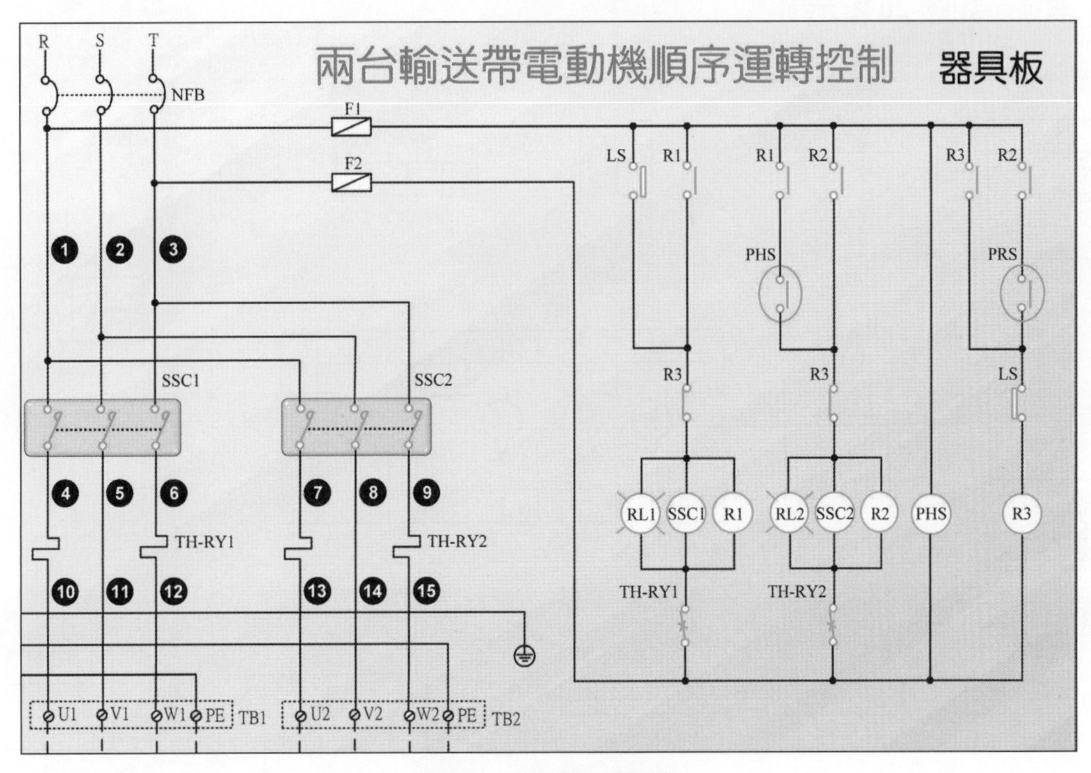

圖19　標示配線順序

表 5　主線路之配線順序表

配線順序	端 點	完成	備註
1	NFB-U, SSC1-1, SSC2-1		
2	NFB-V, SSC1-3, SSC2-3		
3	NFB-W, SSC1-5, SSC2-5		
4	SSC1-2, TH-RY1-1		
5	SSC1-4, TH-RY1-3		
6	SSC1-6, TH-RY1-5		
7	SSC2-2, TH-RY2-1		
8	SSC2-4, TH-RY2-3		
9	SSC2-6, TH-RY2-5		

10	TH-RY1-2, TB1-U1		
11	TH-RY1-4, TB1-V1		
12	TH-RY1-6, TB1-W1		
13	TH-RY2-2, TB2-U2		
14	TH-RY2-4, TB2-V2		
15	TH-RY2-6, TB2-W2		

緊接著，根據配線順序編號，在此空白的配線圖上，相對位置標示順序編號，如圖 20 所示。

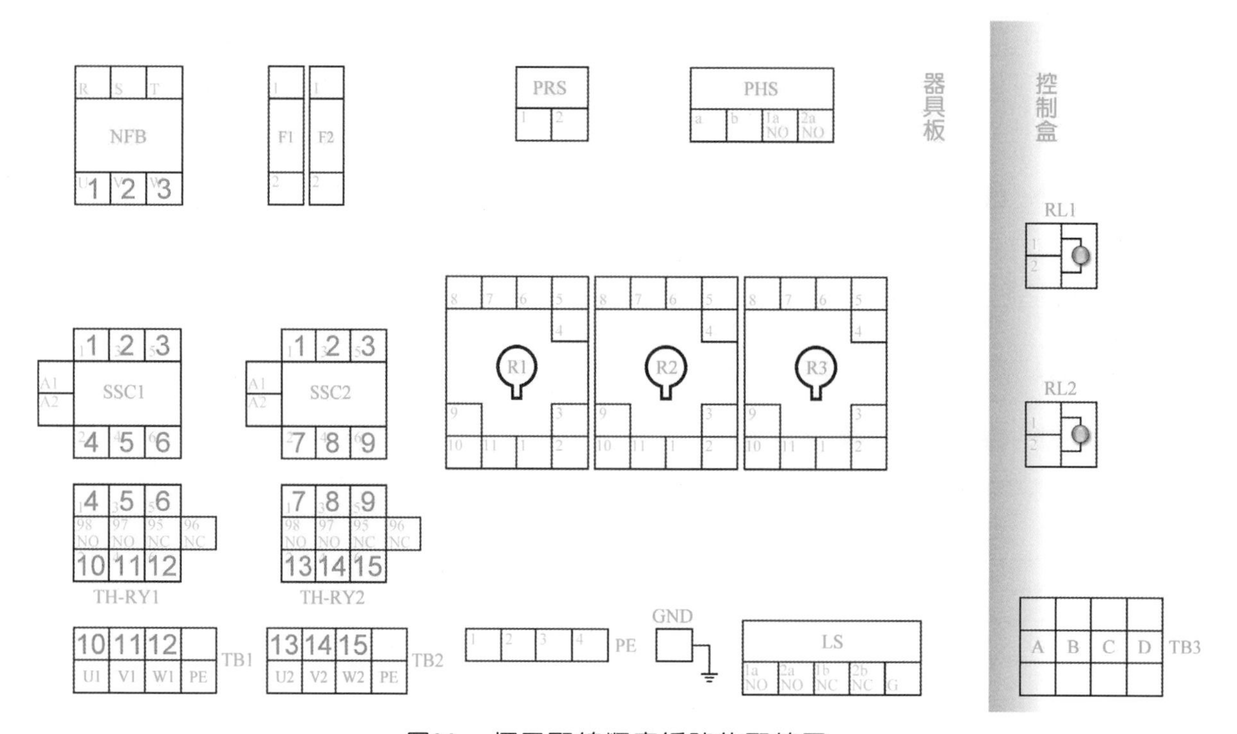

圖20　標示配線順序編號的配線圖

完成上述準備工作後，即可按圖 20，進行主線路的配線練習。

紙上配線練習

如圖 21 所示為紙上配線練習器具板，請按前述之配線順序，直接在圖中以畫線方式代替實際配線，如此將可熟悉配線路徑與建立整體概念。

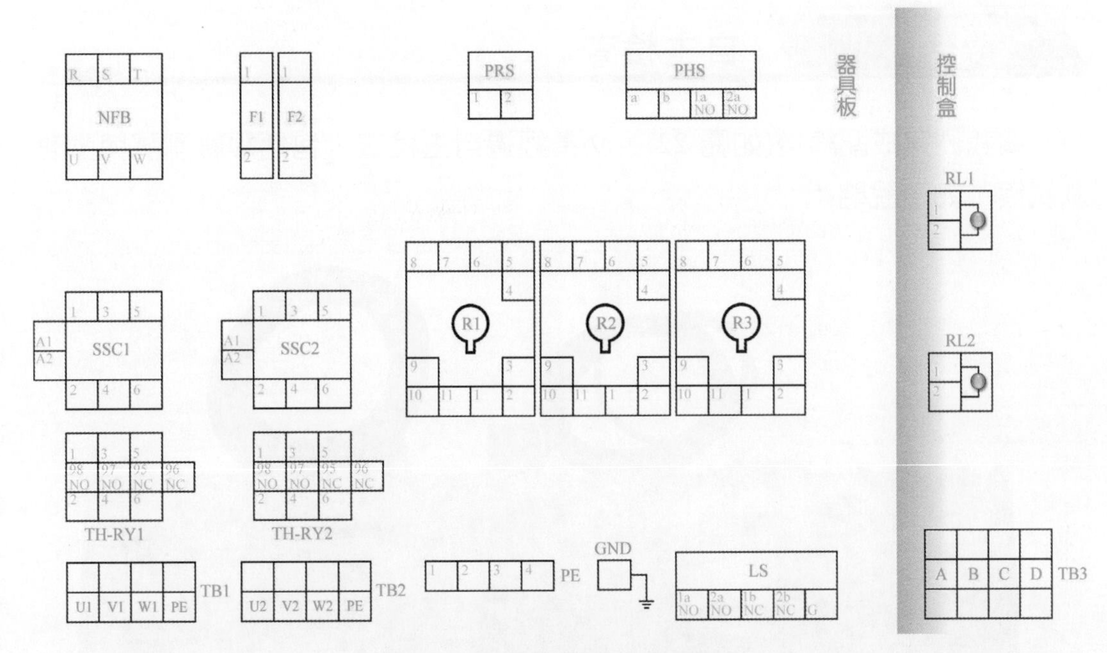

圖21　紙上配線練習之器具板

經多次練習後，若可在 10 分鐘之內，完成紙上配線(含控制線、接地線與主線路)，即可進入真實配線練習，如此將可使真實配線練習的速度與正確性大為提升。

4-4 自主檢查

當我們完成配線後(如圖 22)，必須經過自主檢查，包括靜態測試與動態測試等，如下說明：

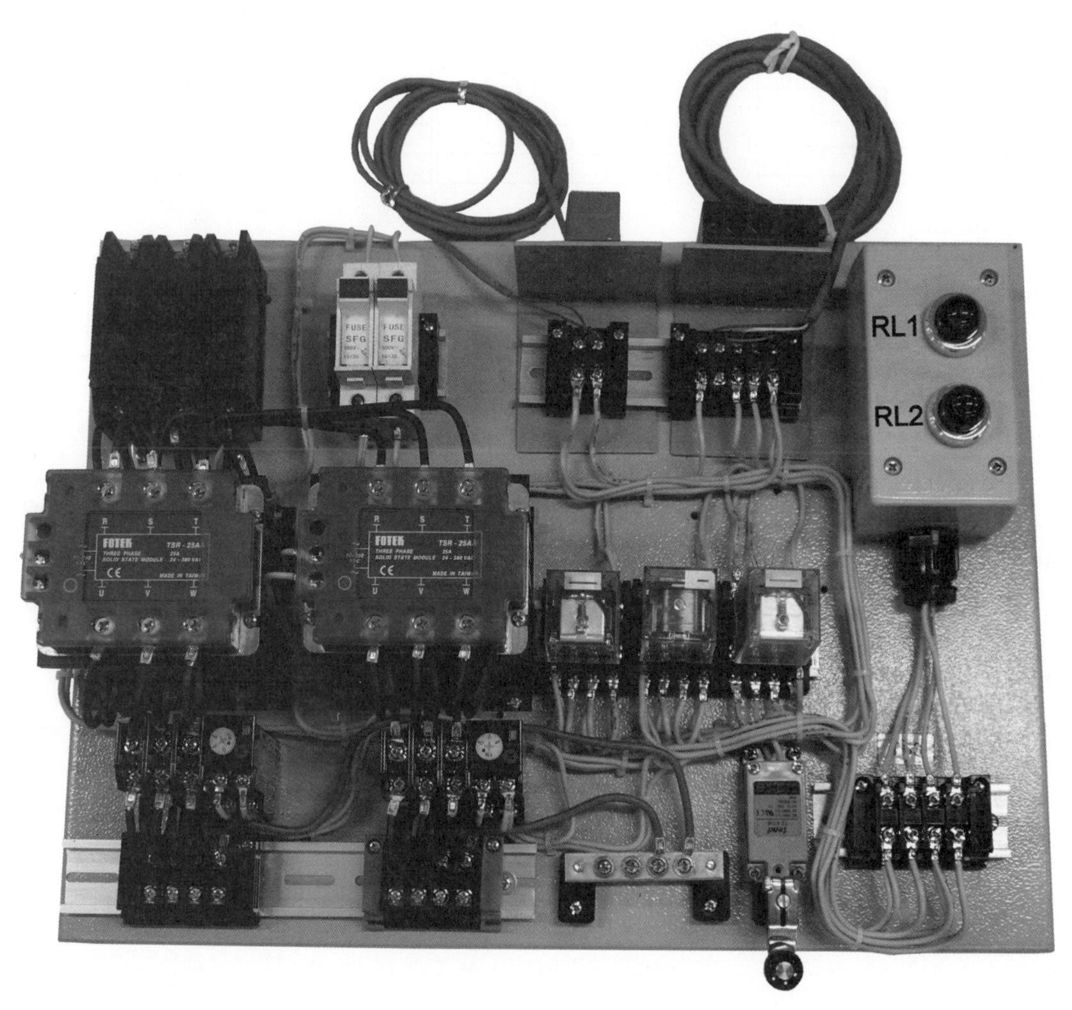

圖22　完成照片(含操作板)

靜態測試

靜態測試為未送電前，以三用電表歐姆檔位檢測器具及線路接點是否短路及斷路，並按下列表 6 所示之工作項目完成：

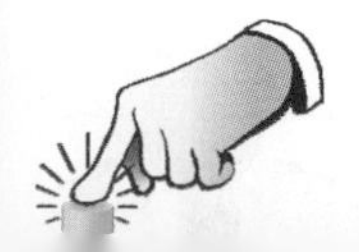

表 6 靜態測試檢測項目

編號	檢測項目	完成	備註
1	依據控制線之標示配線順序編號 1-14 檢測接點是否完全連接。		
2	依據接地線之標示配線順序編號 1-4 檢測接點是否完全連接。		
3	依據主線路之標示配線順序編號 1-15 檢測接點是否完全連接。		
4	檢測卡式保險絲 F1、F2 是否良好。 (保險絲電源側、負載側短路)		
5	檢測限制開關 LS，常閉及常開接點是否正常動作。		
6	檢測積熱電驛 TH-RY1、TH-RY2 在手動過載及復歸時，常閉及常開接點是否正常動作。		
7	檢測指示燈 RL1、RL2 是否具阻抗值。 (指示燈故障一：接點短路，阻抗值為零；故障二：接點斷路，無法測得阻抗值)		
8	檢測無熔絲開關 NFB，負載側是否短路；並操作限制開關 LS 測試負載側是否同樣有短路現象。 (若短路請勿進行以下動態測試，重新靜態測試檢測)		

動態測試

動態測試為自行通電檢測，考生切記，確實完成靜態測試後，經由監評老師認可，才能進行通電，如發生短路兩次(含)，將評為重大缺點並以不合格論。此階段動態測試之檢測，依據 4-2 電路解析流程，按下列表 7 所示之工作項目完成，以三用電表電壓檔位檢測各項器具是否供電正常動作，未供電請重新檢測靜態測試項目，若器具有供電未動作，請檢測器具是否故障。

表 7　動態測試檢測項目

編號	檢測項目	完成	備註
1	檢測無熔絲開關 NFB 電源側是否正常供電。當 NFB ON，電動機及指示燈均不動作。		
2	在 TH-RY1、TH-RY2 正常狀況時，限制開關 LS 動作，R1 動作且自保，SSC1 觸發導通，輸送帶電動機 IM1 運轉，RL1 燈亮。		RL1 亮
3	R1 在動作中，當光電開關 PHS 動作，R2 動作且自保，SSC2 觸發導通，輸送帶電動機 IM2 運轉，RL2 燈亮。 (光電開關 PHS 遮光後，常開接點導通，顯示橘色燈號)		RL1 亮 RL2 亮
4	R2 在動作中，當近接開關 PRS 動作，且 LS 在不動作狀況下，則繼電器 R3 動作且自保。(近接開關 PRS 金屬接觸後，常開接點導通)		
5	繼電器 R3 動作則 SSC1、SSC2、R1、R2、RL1、RL2 皆斷電。		
6	TH-RY1 動作，MC1 斷電，輸送帶電動機 IM1 停止運轉，RL1 熄。		TH-RY2 正常狀況時，RL2 亮
7	TH-RY2 動作，MC2 斷電，輸送帶電動機 IM2 停止運轉，RL2 熄。		TH-RY1 正常狀況時，RL1 亮

動態測試符合待檢測項目後，利用束線整理導線，完工後舉手，請監評老師到場評分 OK 後，要有禮貌向監評老師說聲謝謝、辛苦了。檢定評審表上簽名後，開始輕聲整理場地(切記廢棄物自行帶走)及收拾自己的工具物品等，完成後，向監評老師及場地服務人員點頭示意輕聲離開檢定場，恭喜您已邁向工業配線丙級證照的一大步了，一切的努力總算沒有白費了。

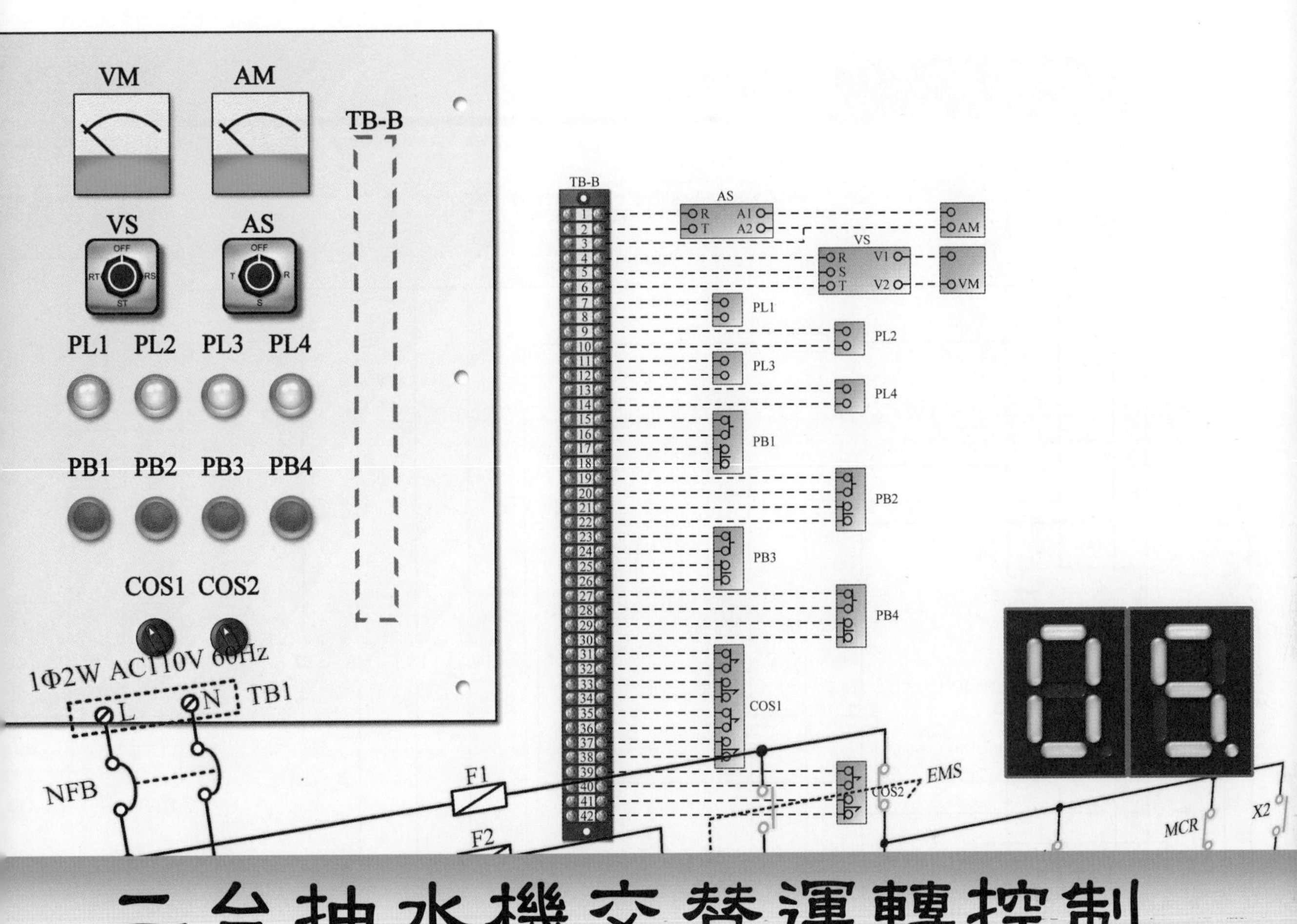

二台抽水機交替運轉控制

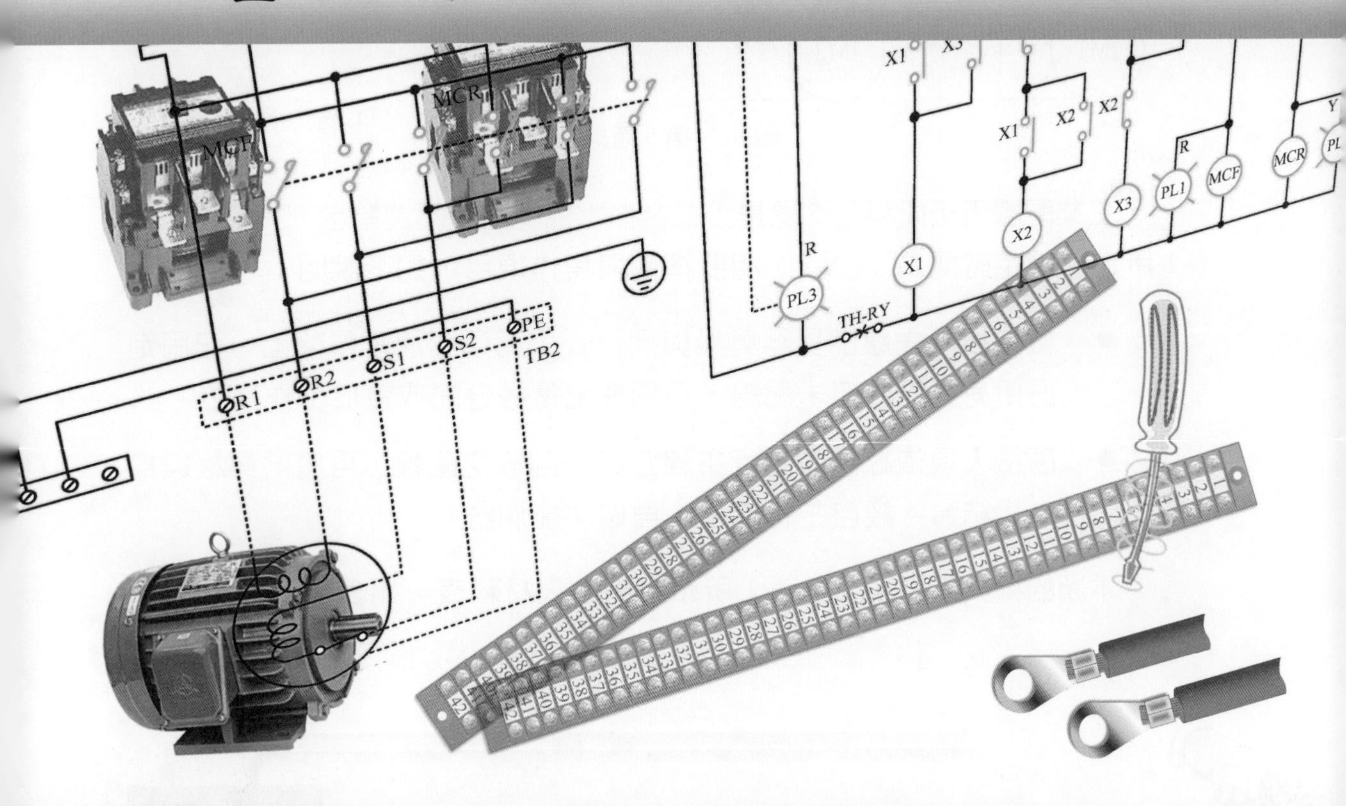

5-1 認識題目

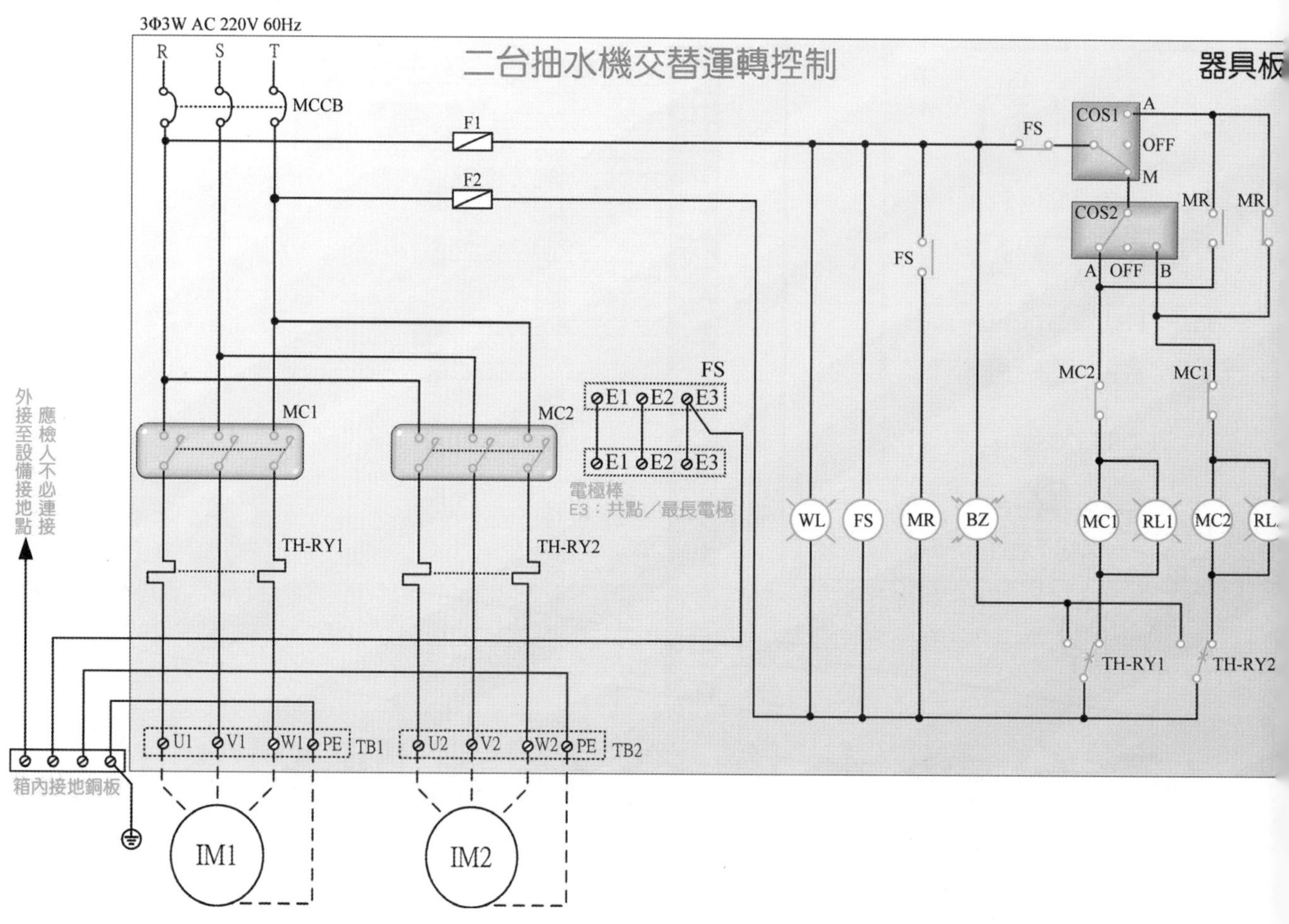

圖1　第 5 題線路圖

工業配線丙級術科第 5 題是「二台抽水機交替運轉控制」，其線路如圖 1 所示，檢定時間為 3 小時，相關準備與操作項目，如下說明：

- 檢定場事先應備妥器具板與操作板，而這兩塊配電盤上，已固定好所有器具，但未配線，且兩塊配電板分開放置於工作崗位。
- 應檢人須依線路圖進行主線路與控制線之配線，再將器具板與操作板結合。經自主檢查後，再做功能測試。

本題的機具設備表，如表 1 所示，應檢人材料表，如表 2 所示：

表 1　第 5 題機具設備表

項目	名　稱	規　格	單位	數量	備註
1	無熔線斷路器	3P 220VAC 25KA 100AF 30AT	只	1	MCCB
2	電磁接觸器	3ϕ220VAC 1HP 1b 接點	只	2	MC1、MC2
3	過載電驛	3.5A 2 素子(2E)	只	2	TH-RY1、TH-RY2
4	液面控制器	110V/220VAC 附液面感測棒	只	1	FS
5	交替電驛	220VAC 1a1b 接點	只	1	MR
6	卡式保險絲	250VAC 2A 附座	只	2	F1、F2
7	選擇開關	三段式 1a1b 30 mm ϕ 附銘牌 中間段 OFF	只	2	COS1、COS2
8	蜂鳴器	220VAC 30 mm ϕ 盤面型	只	1	BZ
9	指示燈	220VAC 30 mm ϕ 白×1 紅×2	只	3	WL、RL1、RL2
10	端子台	20A 4P	只	2	TB1、TB2
11	端子台	10A 12P	只	1	TB3
12	操作板	長 350, 寬 270, 厚 2.0	塊	1	圖 7
13	器具板	長 350, 寬 480, 厚 2.0 四邊內摺 25mm	塊	1	圖 8
14	接地銅板	附雙支架，4P	只	1	在器具板上

表 2　第 5 題應檢人材料表

項目	名　稱	規　格	單位	數量	備註
1	PVC 電線	3.5 mm^2, 黑色	公尺	2	主線路用
2	PVC 電線	3.5 mm^2, 綠色	公分	50	接地用
3	PVC 電線	1.25 mm^2, 黃色	公尺	30	控制線用
4	壓接端子	3.5 mm^2－4Y 型	只	若干	主線路用
5	壓接端子	1.25 mm^2－3Y 型	只	若干	控制線用
6	壓接端子	3.5 mm^2－4O 型	只	若干	接地用
7	束帶	寬 2.5, 長 100 mm	條	50	
8	捲型保護帶	寬 10 mm	公分	60	

如表 1 及表 2 所示，大多已固定在器具板與操作板上，若其中器具已出現在前面的題目裡，在此就不重覆介紹，其餘器具如下說明：

電動機線路保護器

在此的電動機線路保護器就是無熔絲開關，或稱為模殼斷路器(**M**oulded **C**ase **C**ircuit **B**reaker，簡稱 **MCCB**)。本題的斷路器容量較大，所以體積也比較大，如圖 2 所示：

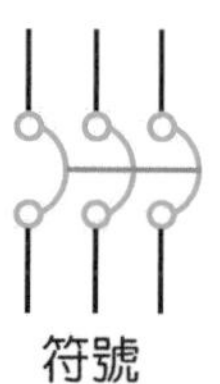

圖2　無熔絲開關之照片、配線簡圖與符號

液面控制器

在此所介紹的液面控制器為 Omron 的 61F-G，簡稱 **FS**，如圖 2 所示。仕通電機也有液面控制器，包括 SFR-1 與 AFR-1 的組合，或 SFR-12 與 AFR-12 的組合。

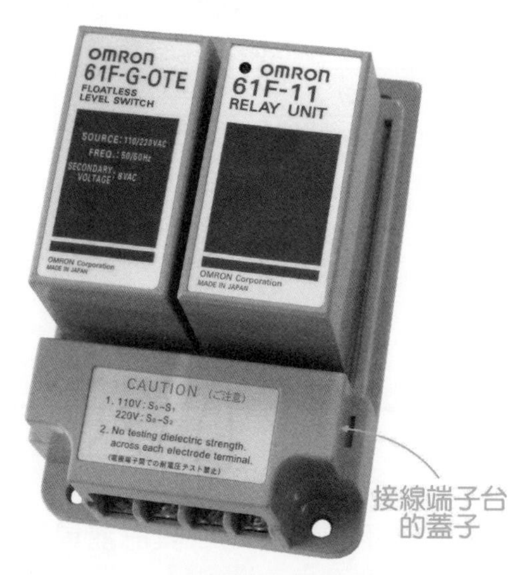

圖3　液面控制器之照片

打開接線端子台的蓋子後，出現 9 個接線端(兩台)，如圖 4 所示：

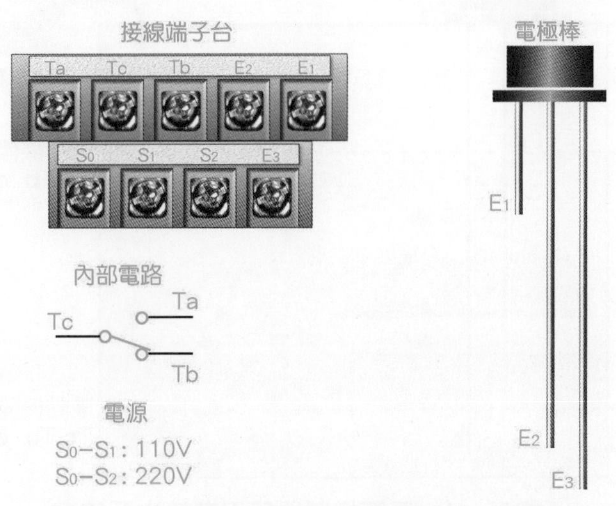

圖4 FS 液面控制器之接線端子與電極棒

FS 液面控制器使用在給水系統時，其動作如下說明：

1. 當液位低於 E2 電極棒時，E1-E3、E2-E3 皆不導通，則 FS 的 Tc-Ta 不導通、Tc-Tb 導通，抽水之電動機動作，開始進水。
2. 在電動機動作時，液位逐漸升高，使 E2-E3 導通，但仍未達到 E1 的高度時，電動機保持抽水動作。
3. 當液位高於 E1 電極棒時，E1-E3、E2-E3 皆導通，則 FS 的 Tc-Ta 導通、Tc-Tb 不導通，電動機停止，不再進水。
4. 當電動機停止後，若液位下降，使 E1-E3 不導通、而、E2-E3 仍導通，則電動機保持不動作。

如上所述，電動機給水的範圍為 E1 與 E2 之間距，實際上，只要使用 Tc-Tb 接點，而不使用 Tc-Ta 接點，如圖 5 所示：

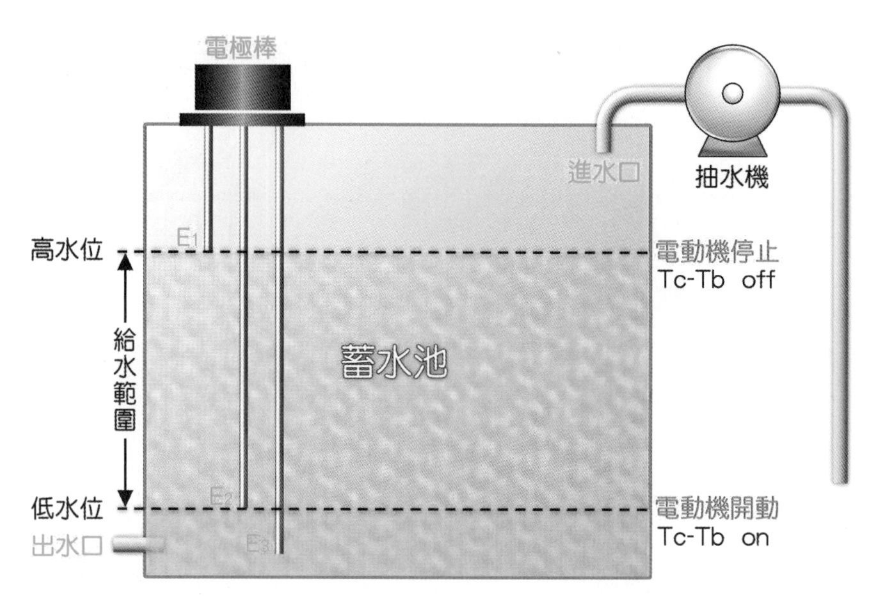

圖5　FS 液面控制器使用在給水系統

若 FS 液面控制器使用在排水系統時，則只要使用 Tc-Ta 接點、不使用 Tc-Tb 接點即可。

交替電驛

交替電驛又稱為棘輪電驛(Latchet Relay）簡稱 MR 或 LR，在此採用 Omron 的 G4Q-212S 交替電驛，如圖 6 之左圖所示，透明外殼、體積與限時電驛相似；而仕通電機也有同一型號的交替電驛，如圖 6 之右圖所示，與限時電驛相似。這兩個牌子都使用相同的腳座，與 2P 輔助電驛相同的腳座。交替電驛的動作與一般電驛不同，每當交替電驛通電激磁，其接點狀態將改變一次，若原本 a 接點 on、b 接點 off，通電激磁後，a 接點 off、b 接點 on。斷電後不改變狀態，再次通電激磁後，a 接點 on、b 接點 off，以此類推，如圖 6 之動作時序圖所示：

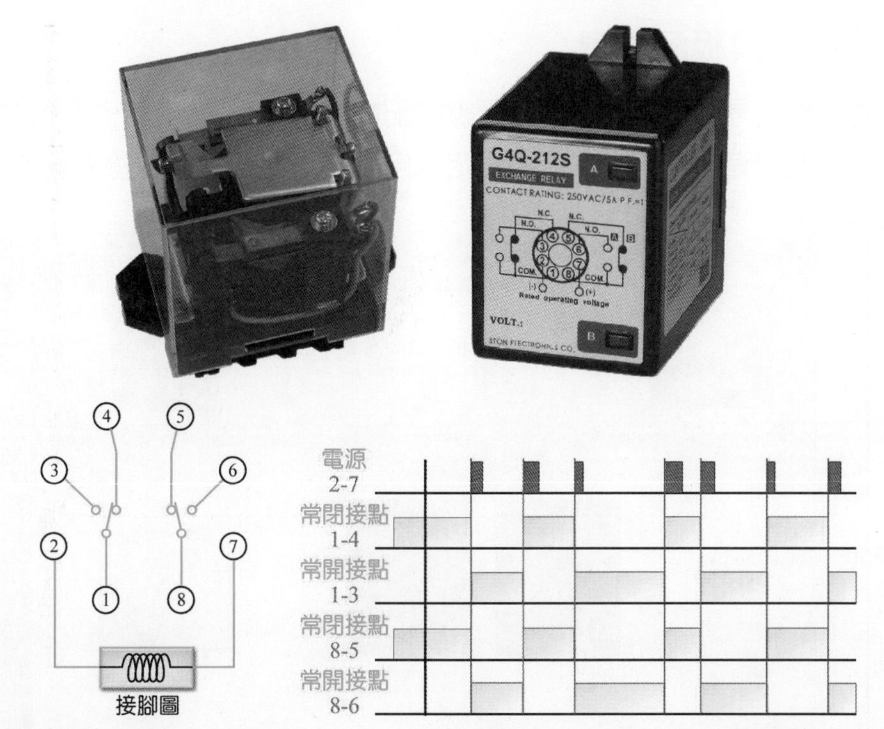

圖6　交替電驛之照片(上左圖為 Omron，上右圖為仕通電機)、接腳圖與動作時序圖

操作板配置圖

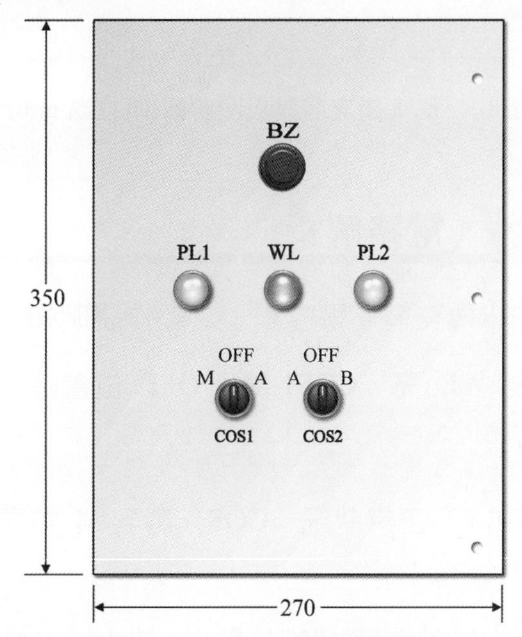

圖7　第 5 題之操作板配置圖(單位為 mm)

操作板提供操作此電路與受控負載，而本題的操作板裡，包括一個蜂鳴器、三個指示燈與兩個選擇開關，如圖 7 所示。

器具板配置圖

器具板就是應檢者所要進行配線的配電盤，如圖 8 所示，其中各器具之間距，並沒有嚴格限制，而由檢定場自訂。當然，對於應檢者影響不大。

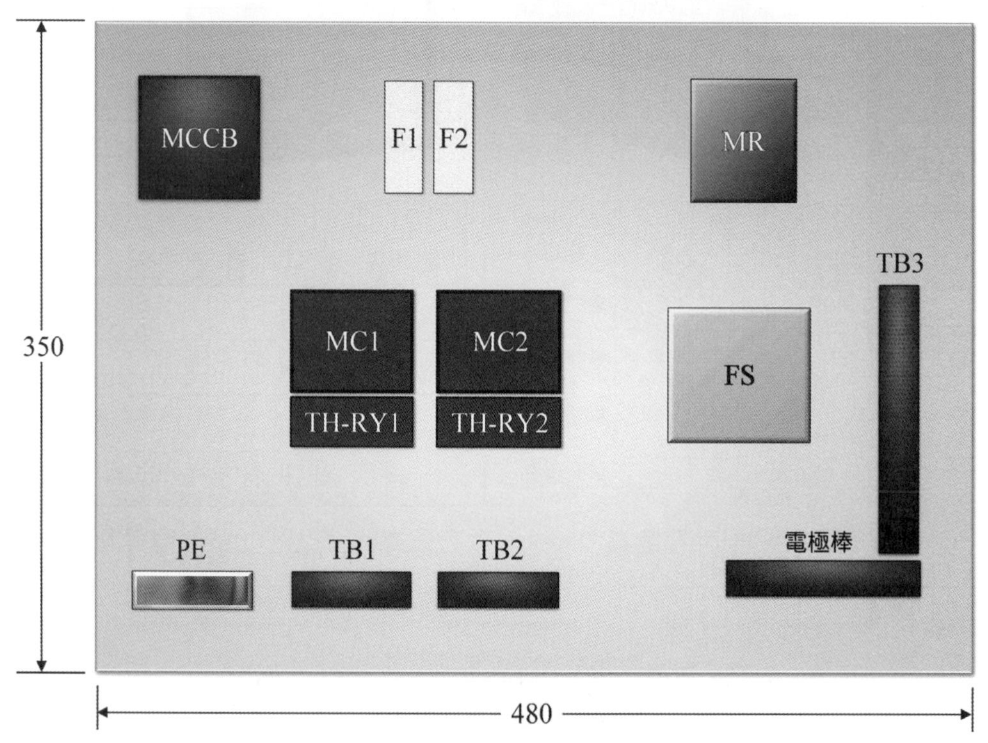

圖8　第 5 題之器具板配置圖(單位為 mm)

5-2 電路解析

第 5 題「二台抽水機交替運轉控制」之動作說明如下：

1. MCCB 通電後 WL 亮，COS1 轉到 OFF 位置時，IM1、IM2 靜止，RL1、RL2 熄。
2. TH-RY1、TH-RY2 正常狀況，COS1 轉到 M 位置，手動操作時，其動作狀況如下：

   (1) COS2 轉到 A 位置時，MC1 動作，抽水機 IM1 運轉，RL1 燈亮。

   (2) COS2 轉到 B 位置時，MC2 動作，抽水機 IM2 運轉，RL2 燈亮。

   (3) COS2 轉到中間 OFF 位置時，MC1 及 MC2 均不動作，IM1、IM2

停止運轉，RL1、RL2 熄滅。

(4) MC1 與 MC2 互鎖。

3. TH-RY1、TH-RY2 正常狀況，COS1 轉到 A 位置，自動操作時，其動作狀況如下：

(1) 運用 FS 液面控制器電極棒 E1、E2、E3 端子之控制，感測水塔低水位時，其 FS 之 a 點接通，可使 MR 電驛接點交替動作。

(2) MR 電驛接點之交替，可使 MC1 與 MC2 輪流動作，抽水機 IM1、IM2 交替運轉。

(3) 當上水塔滿水位時，液面控制器電極棒 E1、E2、E3 端子之控制，使 FS 之 b 接點斷開，MC1 及 MC2 停止動作，IM1、IM2 停止運轉，RL1、RL2 熄滅。

4. 無論手動或自動操作，任一 TH-RY 動作，蜂鳴器 BZ 響，對應的 MC 斷電，抽水機停止運轉。(電極棒不接線，器具接地應依規定辦理)

依據上述動作說明，進行電路解析，依題意，此給水系統使用兩個抽水機(分別由兩個電動機帶動)輪流給水，若第一次是由 IM1 抽水機給水，下次則由 IM2 抽水機給水，以此類推，交替給水。為了達到這個目的，在此使用交替電驛，每當 FS 液面控制器的 Tc-Ta 接通時，即切換交替電驛的接點狀態，以改變下一次抽水所要採用的抽水機。如圖 1 所示(5-2 頁)，第 5 題電路之動作分為四個狀態，如下：

起始狀態

當剛送電時，白色指示燈 WL 亮，此時 TH-RY1、TH-RY2 皆正常時(未過載)，即為起始狀態，如圖 9 所示：

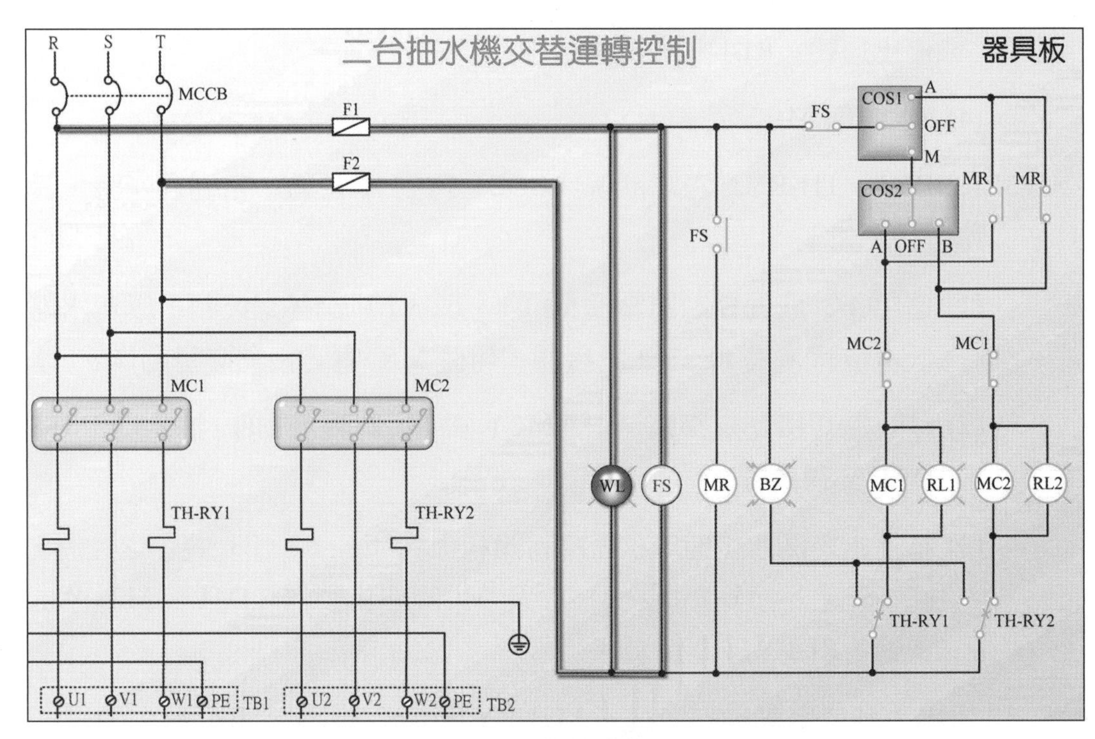

圖9　起始狀態

手動狀態

在起始狀態下(未過載)，COS1 切換到 M 端，進入手動狀態，動作如下：

1. COS2 切換到 A 端時，MC1 電磁接觸器激磁，IM1 抽水機運轉，同時，紅色指示燈 RL1 亮，如圖 10 所示：

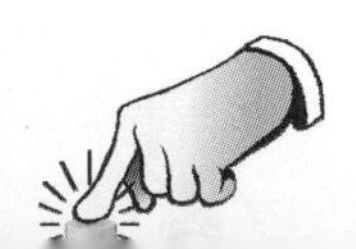

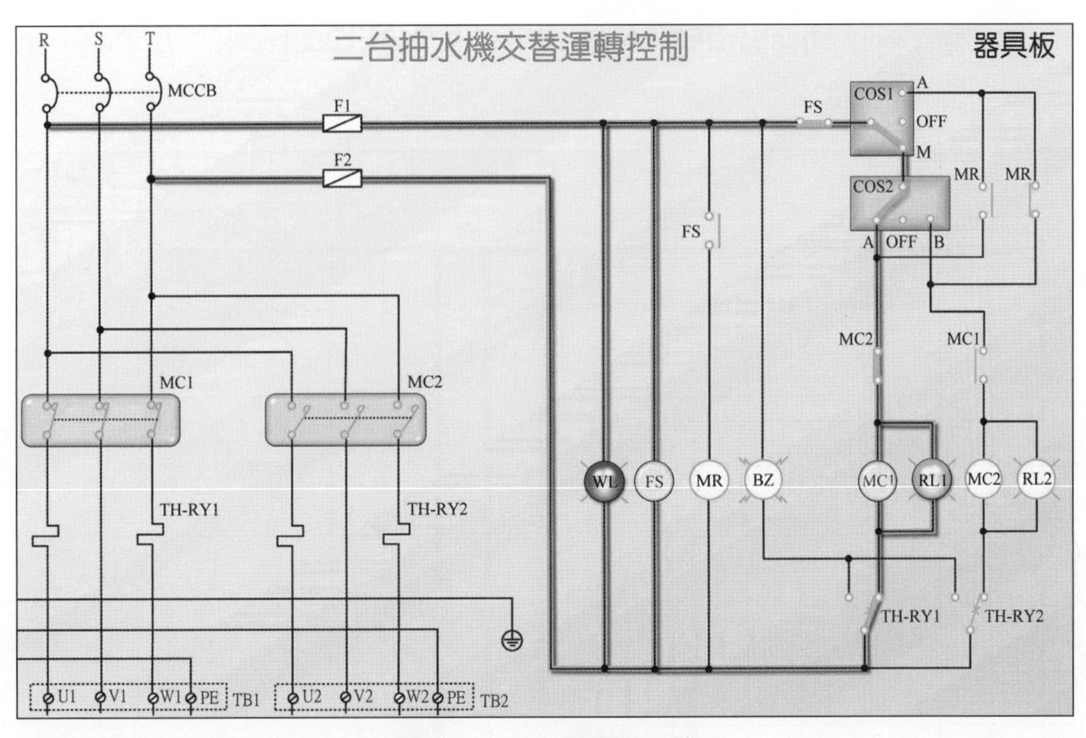

圖10　COS2 切換到 A 端

2. COS2 切換到 B 端時，MC2 電磁接觸器激磁，IM2 抽水機運轉，同時，紅色指示燈 RL2 亮，如圖 11 所示：

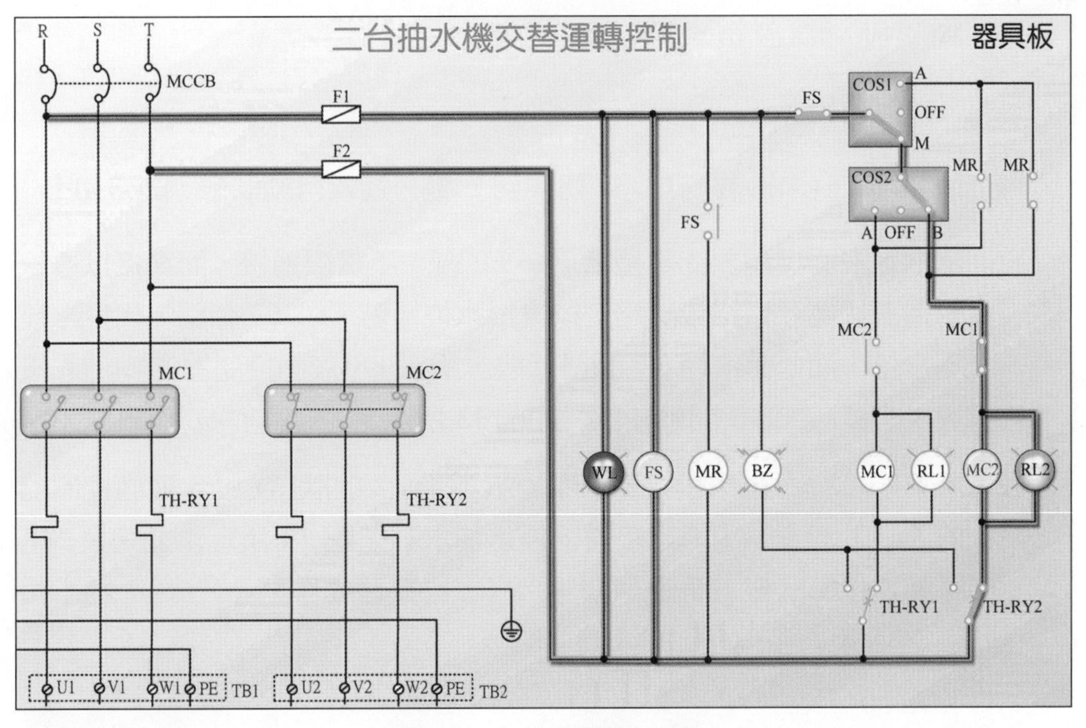

圖11　COS2 切換到 B 端

3. 當 COS2 切換到中間，MC1、MC2 皆斷磁，RL1、RL2 都不亮，如圖 12 所示。

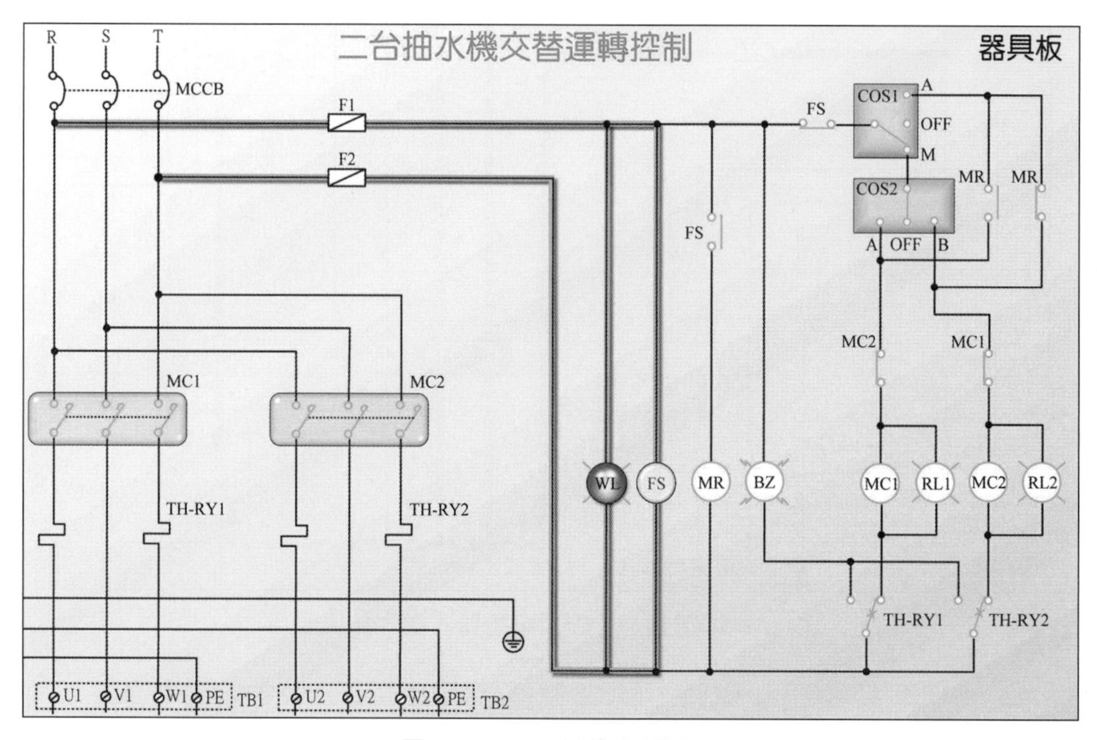

圖12　COS2 切換到中間

4. MC1 與 MC2 互鎖。

自動狀態

在起始狀態下(未過載)，COS1 切換到 A 端，進入自動狀態，動作如下：

1. 依規定液面控制器的電極棒 E1、E2、E3 不實際連接，而直接以導線對這三個端子短路或斷路，以模擬水位。若 E1、E3 斷路，代表未達滿水位，而此時 E2 亦為斷路狀態，所以 FS 液面控制器的 Tc-Tb 接通、Tc-Ta 斷路，開始抽水，如圖 13 所示。

2. 若 E1、E3 短路，代表已達滿水位(不管 E2 的狀態)，FS 液面控制器的 Tc-Tb 斷路、Tc-Ta 接通，停止抽水，如圖 14 所示；並切換 MR 電驛之接點狀態，而使 MC1 與 MC2 也交替動作，IM1、IM2 抽水機隨之交替運轉，如圖 13、15 所示：

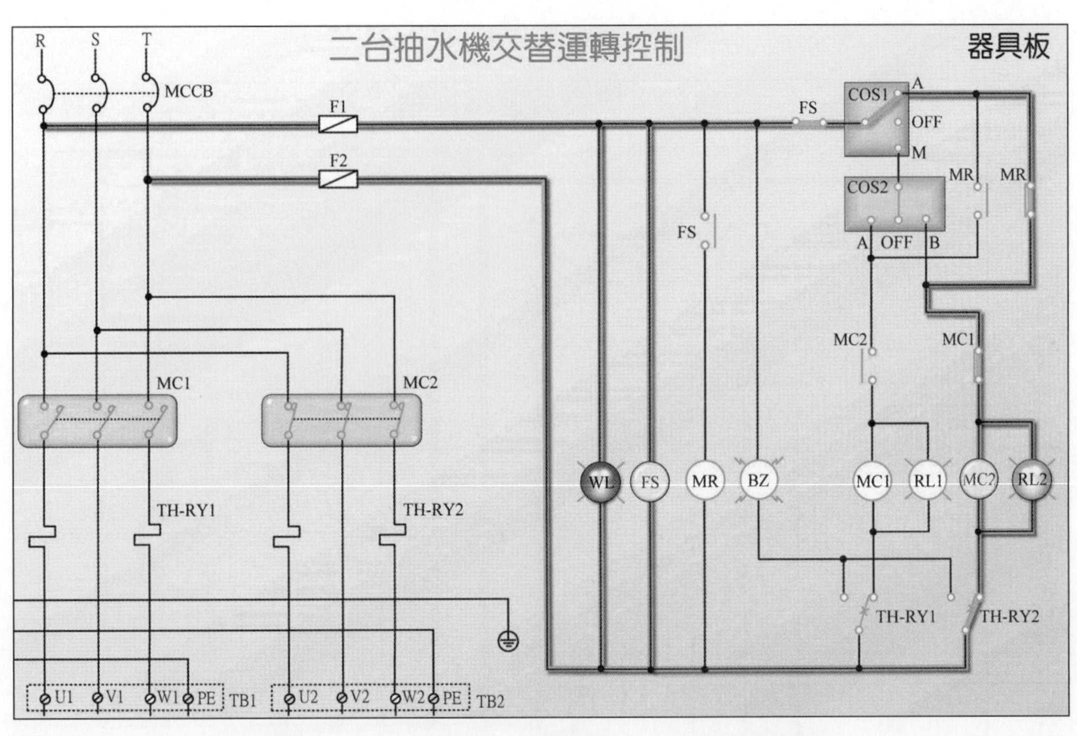

圖13　E1、E3 斷路，即缺水，IM2 抽水機運轉

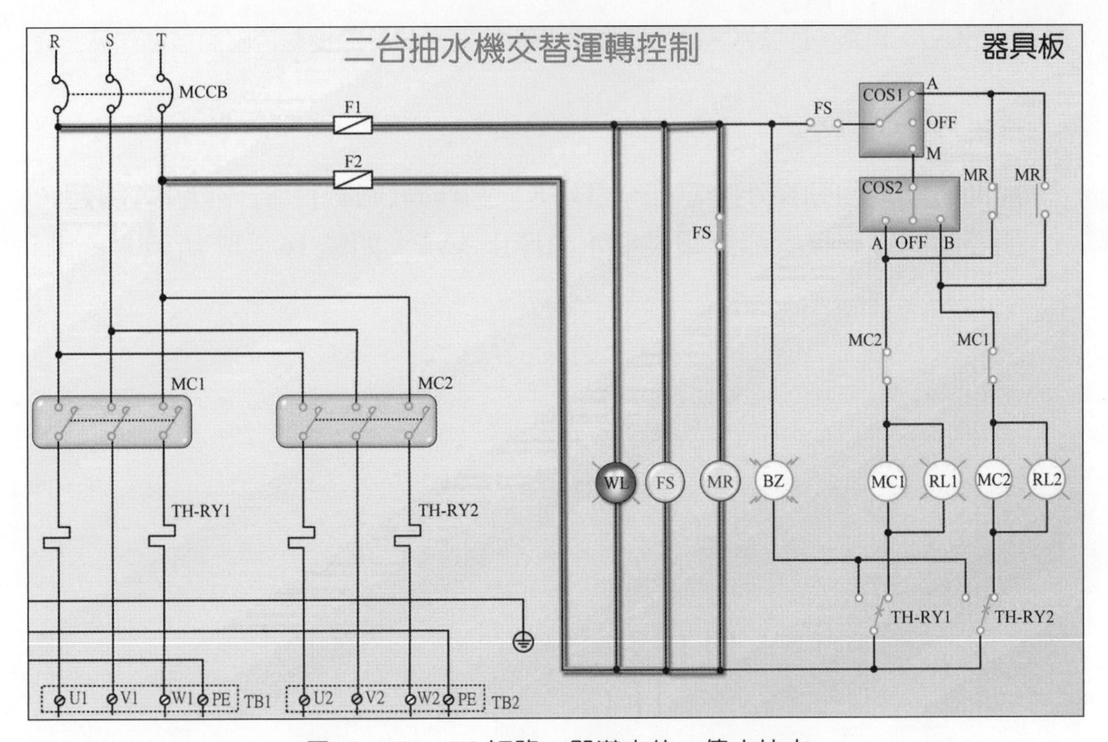

圖14　E1、E3 短路，即滿水位，停止抽水

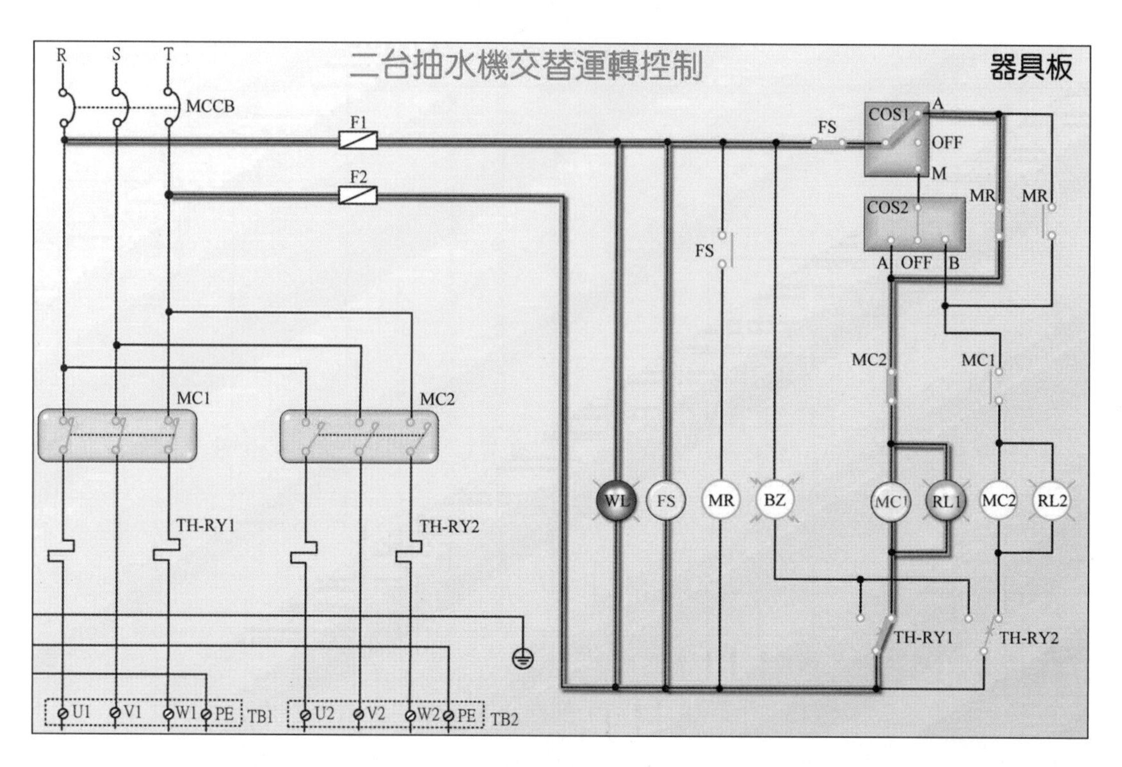

圖15　E1、E3 斷路，即缺水，IM1 抽水機運轉(隨書光碟中的投影片附動畫動作展示)

過載狀態

無論手動或自動操作，當任一 TH-RY 動作時(過載)，蜂鳴器 BZ 響起，所控制的電磁接觸器斷電、抽水機停止運轉，如圖 16、17 所示。

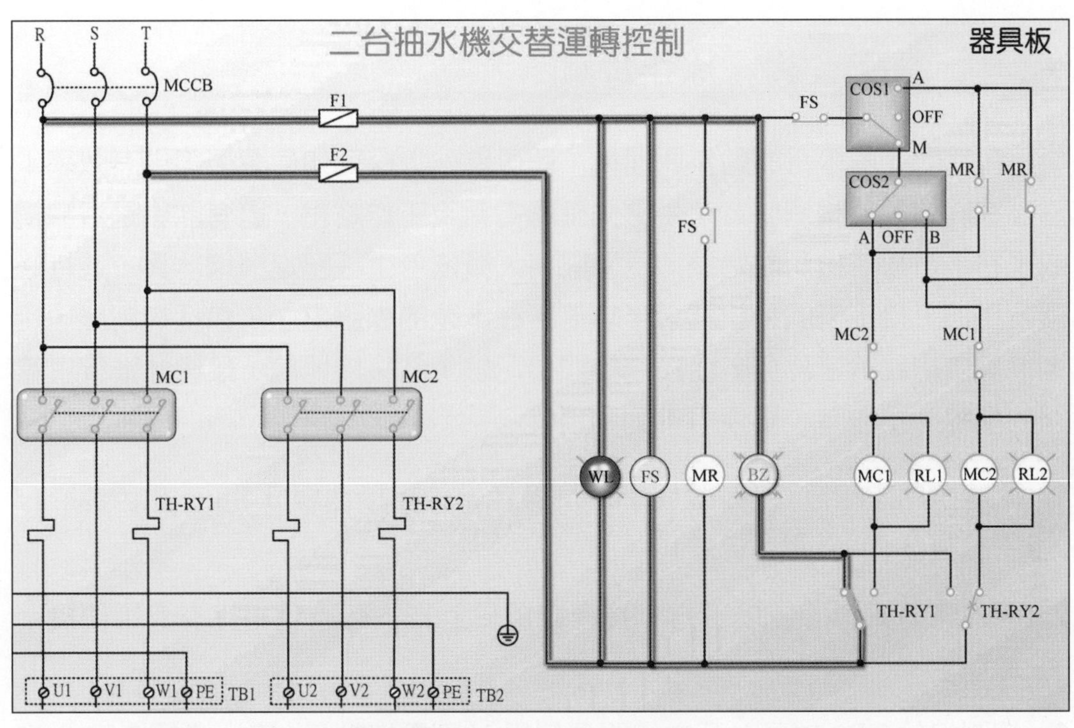

圖16　TH-RY1 過載狀態(隨書光碟中的投影片附動畫動作展示)

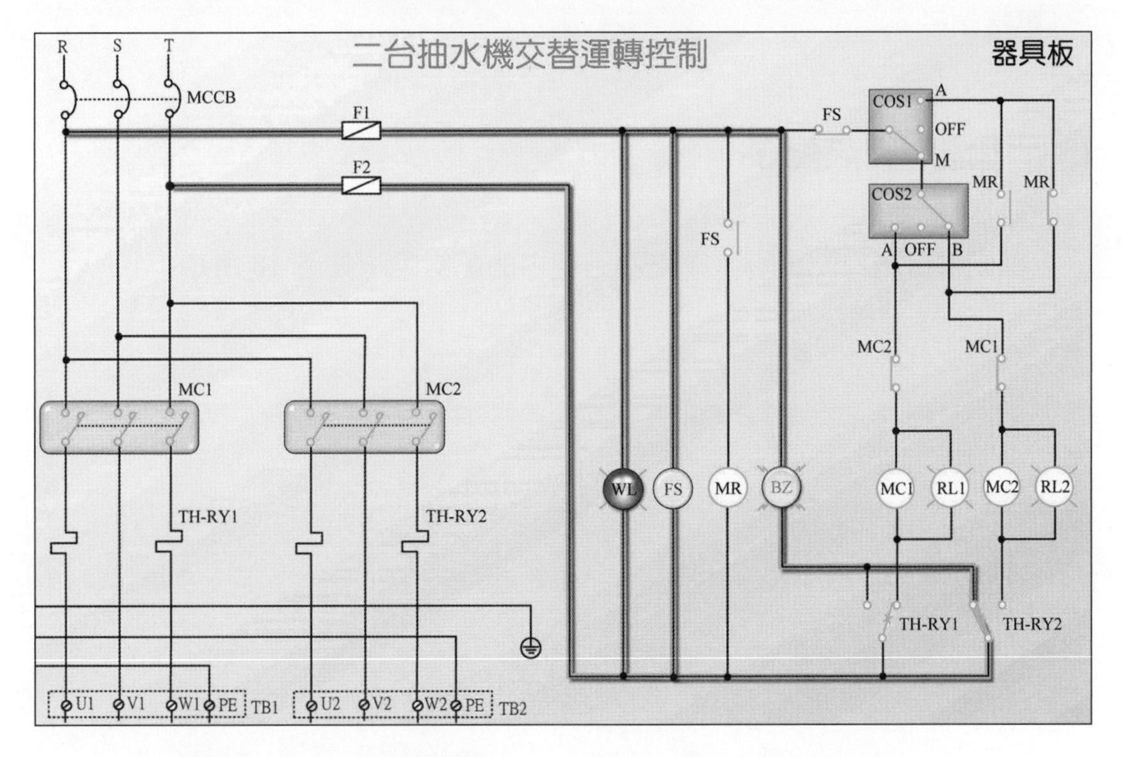

圖17　TH-RY2 過載狀態(隨書光碟中的投影片附動畫動作展示)

5-3 操作步驟

使命必達

當我們了解線路的動作原理後，即可進一步探究如何讓配線更有效率！當然在開始配線檢測時，考生應先確認電源及工作電壓，還有器具是否缺損或規格不符。待檢測開始後，現場服務人員依考生註記之損壞器具，進行修護及更換，接下來的配線就事半功倍。在本題的線路之中，包括控制線、接地線與主線路等三部分，從控制線開始配線，然後接地線，最後才進行主線路的配線。操作時，請注意下列事項：

1. 配線選用之線徑：控制線(1.25mm^2 黃色導線)、接地線(3.5mm^2 綠色導線)，主線路(3.5mm^2 黑色導線)。
2. 配線時將短導線置於下方，長導線置於上方，可避免相互交叉，便於束線固定。
3. 控制線於 **TB3** 端子台及主線路須使用 **Y** 型壓接端子；接地線須使用 **O** 型壓接端子。

控制線之配線

首先根據器具配置圖，準備一張空白的配線圖，如圖 18 所示：

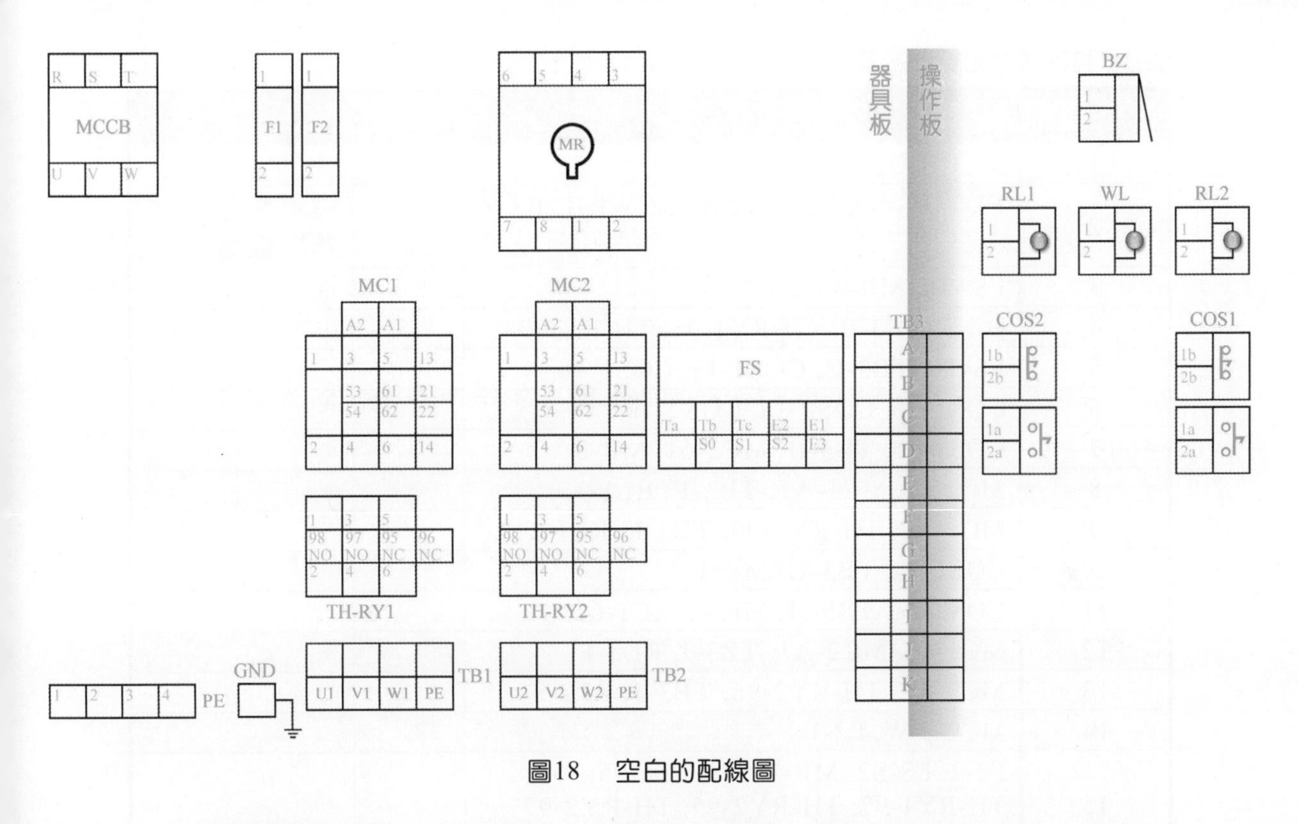

圖18　空白的配線圖

在線路圖中(圖 1，5-2 頁)，我們將依配線順序標示數字，如圖 19 所示。而其配線順序列表，如表 3 所示，完成配線就在完成欄位打勾：

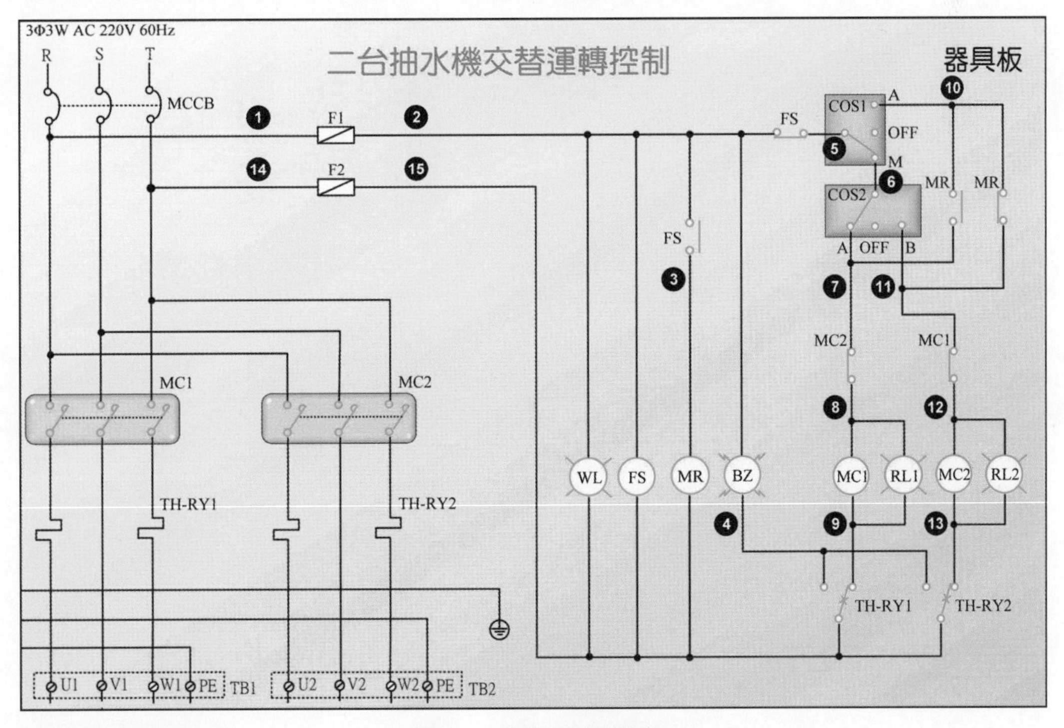

圖19　標示配線順序

表 3　控制線之配線順序表

配線順序	端 點	完成	備註
1	MCCB-U, F1-1		
2	F1-2, FS-S0, FS-Tc, **TB3-A**, WL-1, BZ-1		標示**粗體**為過門接線端子台
3	FS -Ta, MR-2		
4	BZ-2, **TB3-B**, TH-RY1-98, TH-RY2-98		
5	FS-Tb, **TB3-C**, COS1-1a, COS1-1b		
6	COS1-2b, COS2-1a, COS2-1b		
7	COS2-2b, **TB3-D**, MC2-61, MR-3		
8	MC2-62, MC1-A1, **TB3-E**, RL1-1		
9	MC1-A2, TH-RY1-96, **TB3-F**, RL1-2		
10	COS1-2a, **TB3-G**, MR-1		
11	COS2-2a, **TB3-H**, MR-4, MC1-61		
12	MC1-62, MC2-A1, **TB3-I**, RL2-1		
13	MC2-A2, TH-RY2-96, **TB3-J**, RL2-2		
14	MCCB-W, F2-1		
15	F2-2, FS-S2, MR-7, TH-RY1-95, TH-RY1-97, TH-RY2-95, TH-RY2-97, **TB3-K**, WL-2		

緊接著根據配線順序編號，在此空白的配線圖上，相對位置標示順序編號，如圖 20 所示。

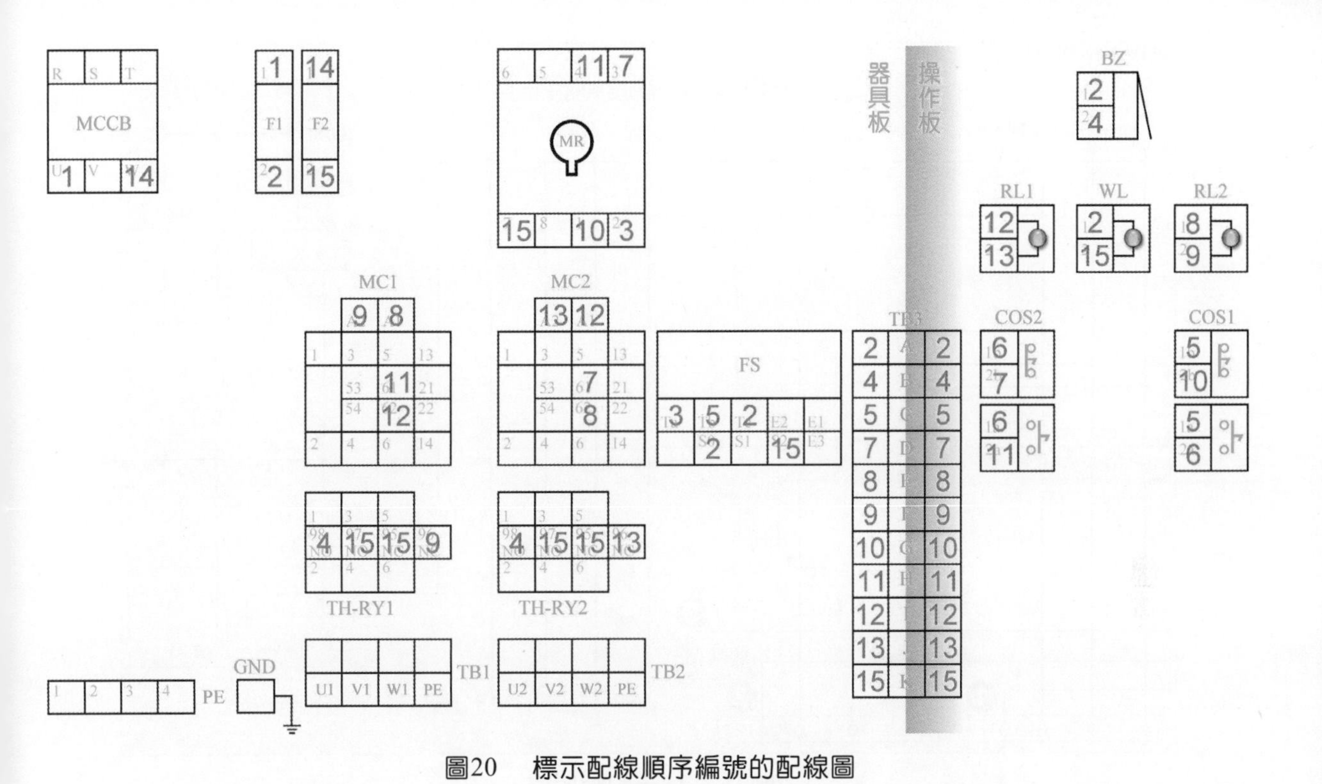

圖20　標示配線順序編號的配線圖

完成上述準備工作後，即可按圖 20，進行控制線的配線練習。

接地線之配線

在線路圖中(圖 1，5-2 頁)，我們將依配線順序標示數字，如圖 21 所示。而其配線順序列表，如表 4 所示，完成配線就在完成欄位打勾：

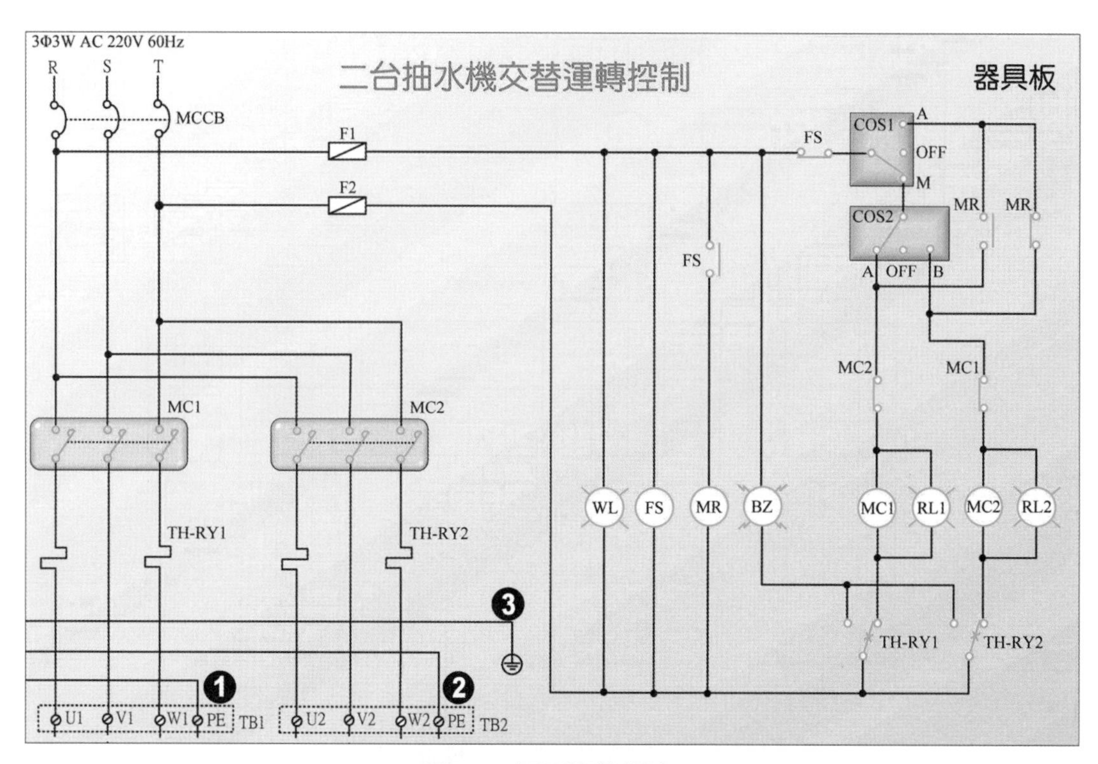

圖21　標示配線順序

表 4　接地線之配線順序表

配線順序	端 點	完成	備註
1	TB1-PE, PE-1		
2	TB2-PE, PE-2		
3	GND, PE-3		

緊接著，根據配線順序編號，在此空白的配線圖上，相對位置標示順序編號，如圖 22 所示。

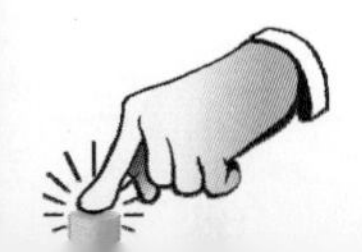

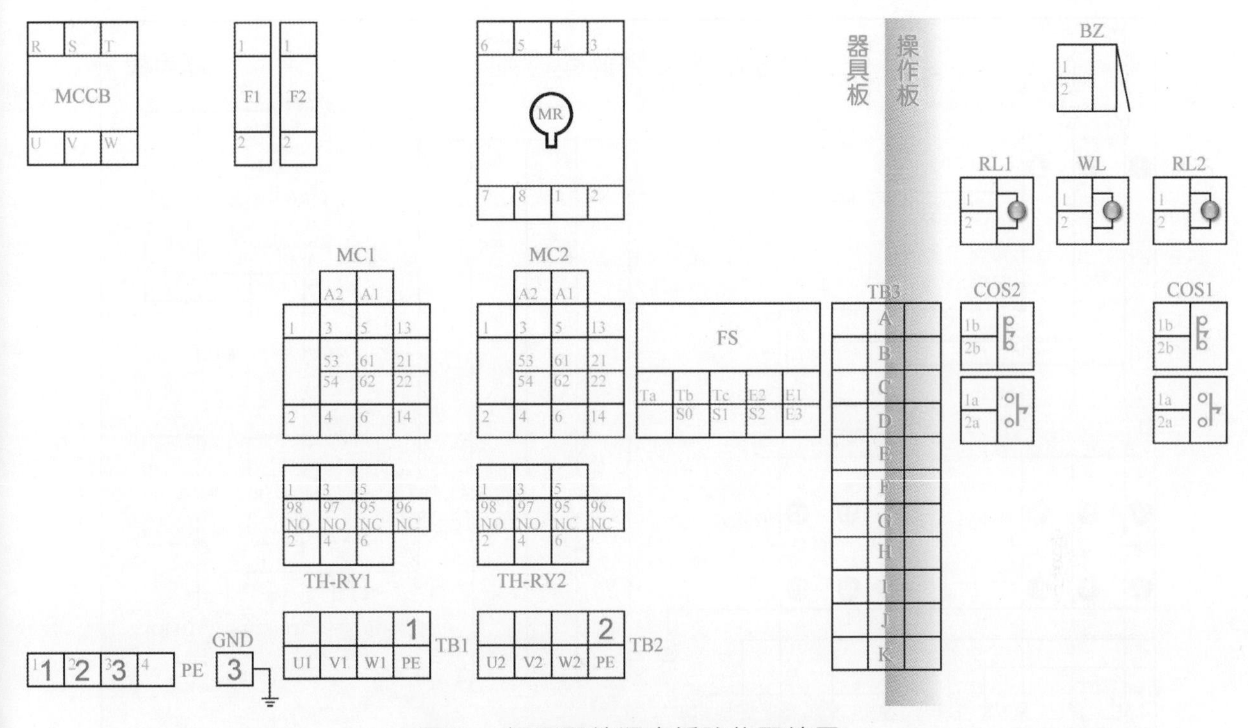

圖22　標示配線順序編號的配線圖

完成上述準備工作後，即可按圖 22，進行接地線的配線練習，如圖 23 所示為實體接地圖。

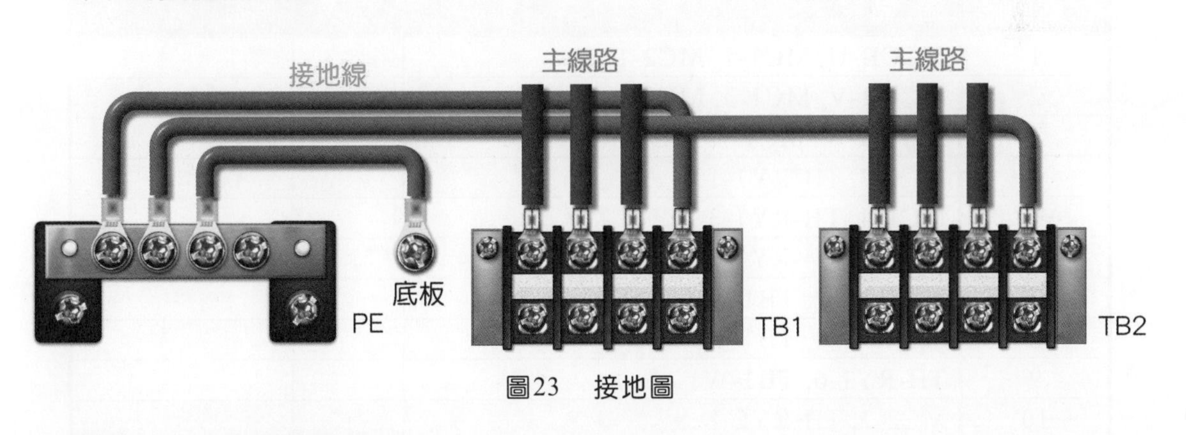

圖23　接地圖

主線路之配線

在線路圖中(圖 1，5-2 頁)，我們將依配線順序標示數字，如圖 24 所示。而其配線順序列表，如表 5 所示，完成配線就在完成欄位打勾：

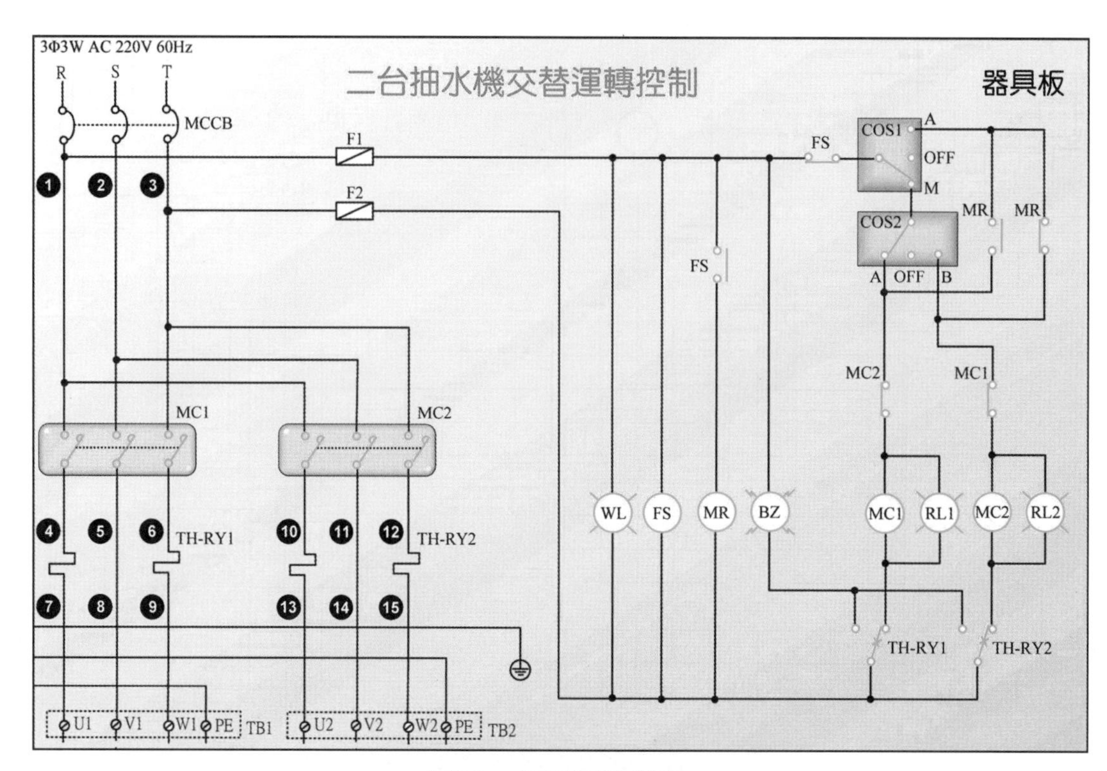

圖24　標示配線順序

表 5　主線路之配線順序表

配線順序	端 點	完成	備註
1	MCCB-U, MC1-1, MC2-1		
2	MCCB-V, MC1-3, MC2-3		
3	MCCB-W, MC1-5, MC2-5		
4	MC1-2, TH-RY1-1		
5	MC1-4, TH-RY1-3		
6	MC1-6, TH-RY1-5		
7	TH-RY1-2, TB1-U1		
8	TH-RY1-4, TB1-V1		
9	TH-RY1-6, TB1-W1		
10	MC2-2, TH-RY2-1		
11	MC2-4, TH-RY2-3		
12	MC2-6, TH-RY2-5		
13	TH-RY2-2, TB2-U2		
14	TH-RY2-4, TB2-V2		
15	TH-RY2-6, TB2-W2		

緊接著，根據配線順序編號，在此空白的配線圖上，相對位置標示順序編號，如圖 25 所示。

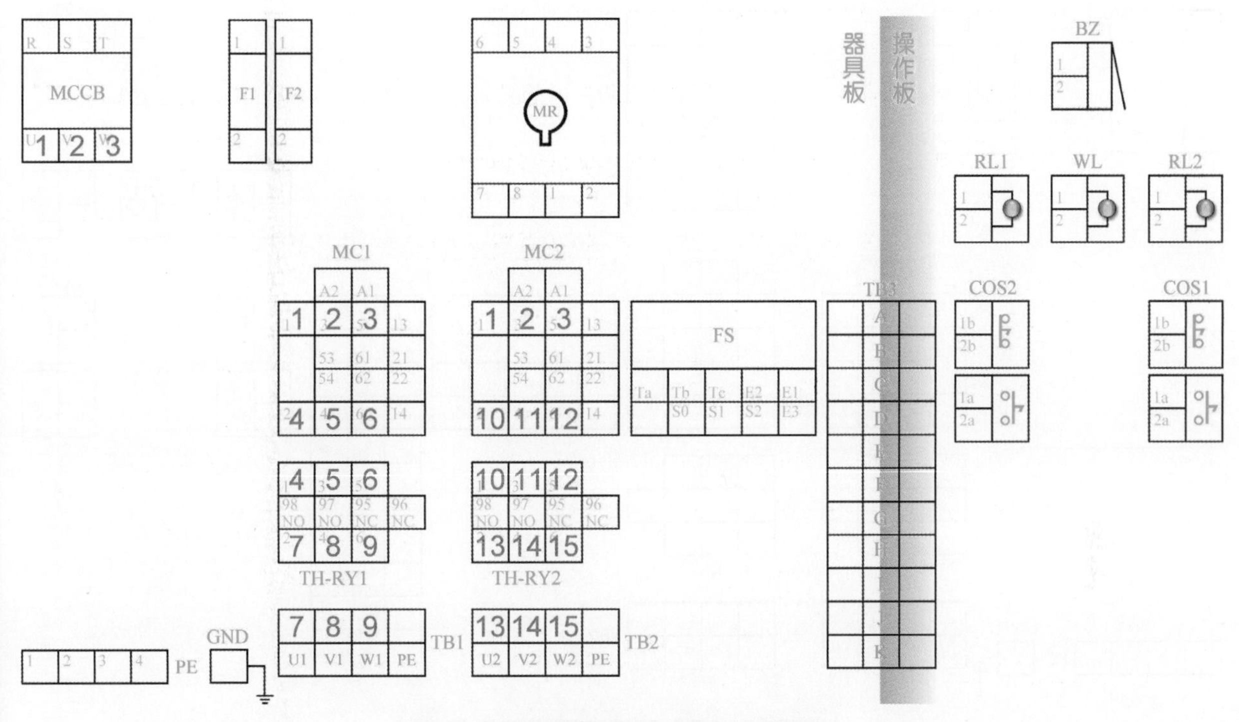

圖25　標示配線順序編號的配線圖

完成上述準備工作後，即可按圖 25，進行主線路的配線練習。

紙上配線練習

如圖 26 所示為紙上配線練習器具板，請按前述之配線順序，直接在圖中以畫線方式代替實際配線，如此將可熟悉配線路徑與建立整體概念。

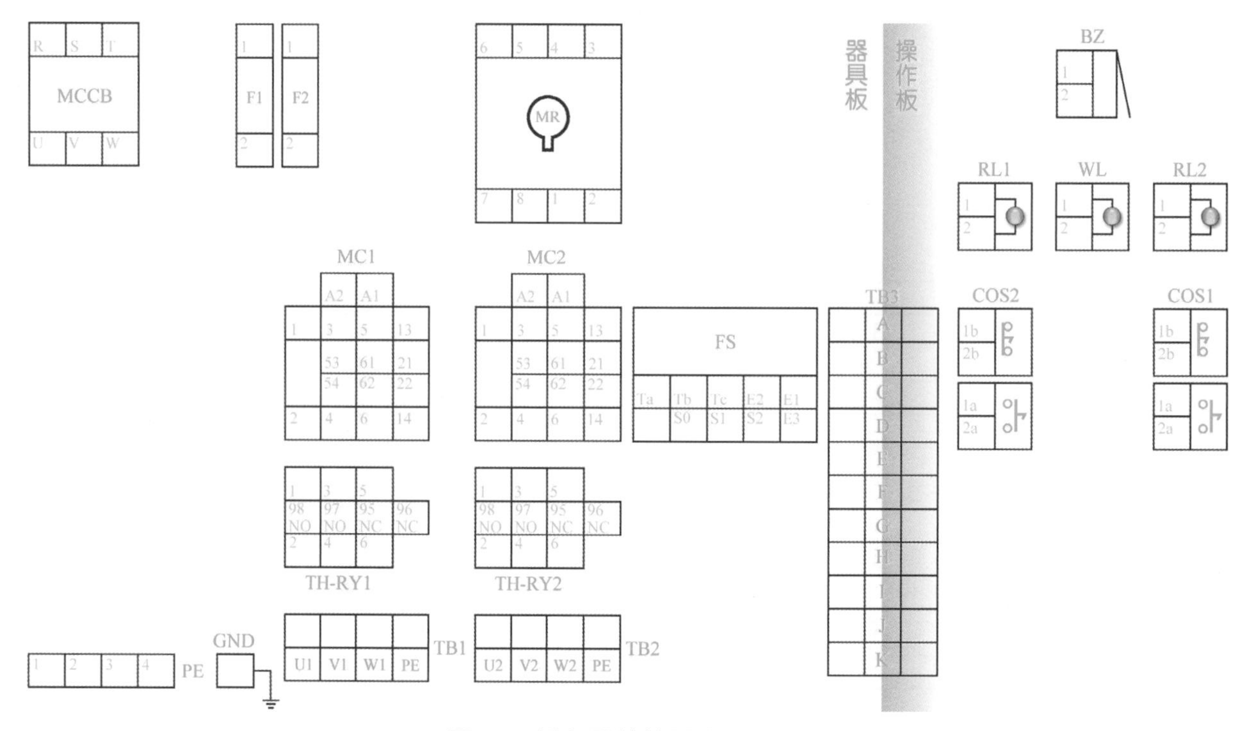

圖26　紙上配線練習之器具板

經多次練習後，若可在 10 分鐘之內，完成紙上配線(含控制線、接地線與主線路)，即可進入真實配線練習，如此將可使真實配線練習的速度與正確性大為提升。

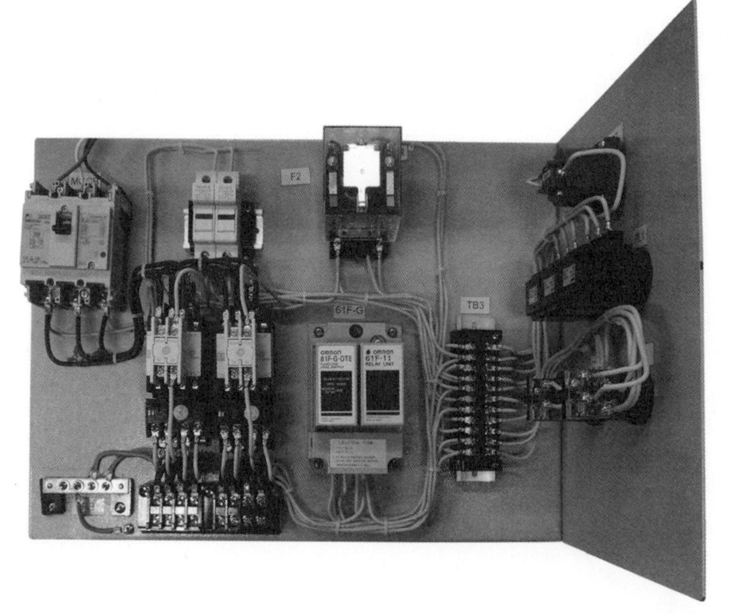

圖27　完成照片(含操作板)

5-4 自主檢查

當我們完成配線後(如圖 27)，必須經過自主檢查，包括靜態測試與動態測試等，如下說明：

靜態測試

靜態測試為未送電前，以三用電表歐姆檔位檢測器具及線路接點是否短路及斷路，並按下列表 6 所示之工作項目完成：

表 6 靜態測試檢測項目

編號	檢測項目	完成	備註
1	依據控制線之標示配線順序編號 1-15 檢測接點是否完全連接。		
2	依據接地線之標示配線順序編號 1-3 檢測接點是否完全連接。		
3	依據主線路之標示配線順序編號 1-15 檢測接點是否完全連接。		
4	檢測卡式保險絲 F1、F2 是否良好。(保險絲電源側、負載側短路)		
5	利用按壓電磁接觸器按鈕 MC1、MC2，檢測常閉(b 接點)及常開(a 接點)接點，是否正常動作。(未動作：a 接點斷路，b 接點短路。動作：a 接點短路，b 接點斷路)		
6	檢測選擇開關 COS1、COS2，常閉及常開接點是否正常動作。		
7	檢測積熱電驛 TH-RY1、TH-RY2 在手動過載及復歸時，常閉及常開接點是否正常動作。		
8	檢測指示燈 WL、RL1、RL2 是否具阻抗值。(指示燈故障一：接點短路，阻抗值為零；故障二：接點斷路，無法測得阻抗值)		
9	檢測蜂鳴器 BZ 是否具阻抗值。(蜂鳴器故障一：接點短路，阻抗值為零；故障二：接點斷路，無法測得阻抗值)		
10	檢測斷路器 MCCB，負載側是否短路；並操作選擇開關 COS1、COS2 測試負載側是否同樣有短路現象。(若短路請勿進行以下動態測試，重新靜態測試檢測)		

動態測試

動態測試為自行通電檢測，考生切記，確實完成靜態測試後，經由監評老師認可，才能進行通電，如發生短路兩次(含)，將評為重大缺點並以不合格論。此階段動態測試之檢測，依據 5-2 電路解析流程，按下列表 7 所示之工作項目完成，以三用電表電壓檔位檢測各項器具是否供電正常動作，未供電請重新檢測靜態測試項目，若器具有供電未動作，請檢測器具是否故障。

表 7　動態測試檢測項目

編號	檢測項目	完成	備註
1	檢測斷路器 MCCB 電源側是否正常供電。		
2	開啟 MCCB 主電源供電後，WL 亮		WL 亮
3	TH-RY1、TH-RY2 正常狀況下，COS1 轉到 M(手動)位置時，接下來 COS2 轉到 A(A 模式)位置時，MC1 動作，抽水機 IM1 運轉，PL1 燈亮。		WL 亮 RL1 亮
4	COS1 一樣在 M(手動)位置，COS2 轉到 B(B 模式)位置時，MC2 動作，抽水機 IM2 運轉，PL2 燈亮。		WL 亮 RL2 亮
5	MC1 與 MC2 互鎖，不會同時動作。		
6	COS2 轉到中間(OFF)位置時，動作中之 MC1 及 MC2 斷電，其相關指示燈 RL1 或 RL2 熄。		WL 亮
7	TH-RY1、TH-RY2 正常狀況下，COS1 轉到 A (自動)位置時，運用液面控制器電極棒 E1、E2、E3 端子之控制，可使 MR 電驛接點交替動作。 (液面控制器達滿水位時，代表 E1、E2、E3 導通。測試時，可將 E1 及 E3 短路)		WL 亮 RL1、RL2 交替亮
8	MR 電驛接點之交替，使 MC1 與 MC2 輪流動作，抽水機 IM1、IM2 交替運轉。		WL 亮 RL1、RL2 交替亮
9	COS1 轉到中間位置時，動作中之 MC1 及 MC2 斷電，其相關指示燈 RL1 或 RL2 熄。		WL 亮
10	TH-RY1 動作，MC1 斷電，抽水機 IM1 停止運轉，RL1 熄，蜂鳴器 BZ 響。		WL 亮
11	TH-RY2 動作，MC2 斷電，抽水機 IM2 停止運轉，RL2 熄，蜂鳴器 BZ 響。		WL 亮

動態測試符合待檢測項目後，利用束線整理導線，完工後舉手，請監評老師到場評分 OK 後，要有禮貌向監評老師說聲謝謝、辛苦了。檢定評審表上簽名後，開始輕聲整理場地(切記廢棄物自行帶走)及收拾自己的工具物品等，完成後，向監評老師及場地服務人員點頭示意輕聲離開檢定場，恭喜您已邁向工業配線丙級證照的一大步了，一切的努力總算沒有白費了。

Industrial Wiring
Skills Certification Express

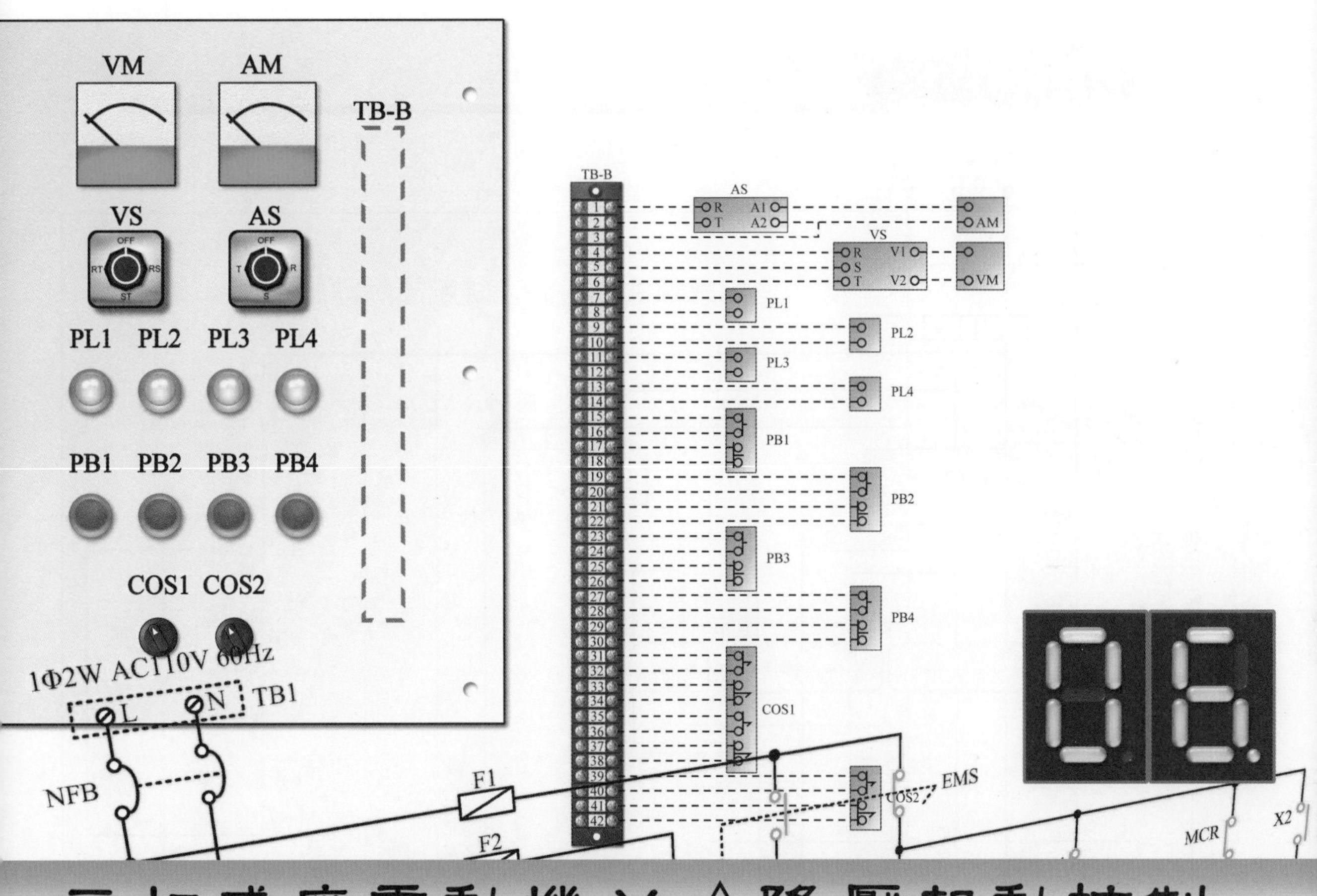

三相感應電動機 Y-△降壓起動控制

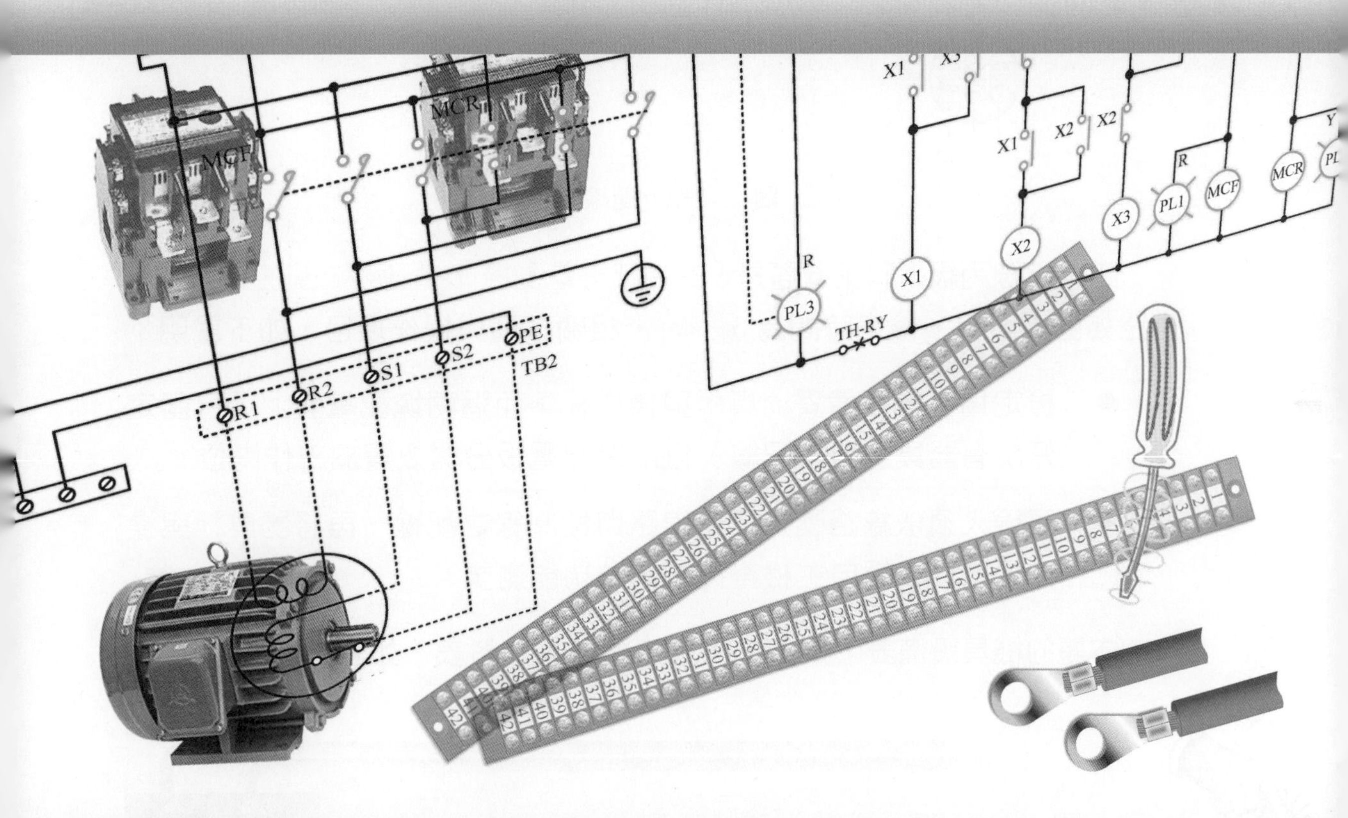

6-1 認識題目

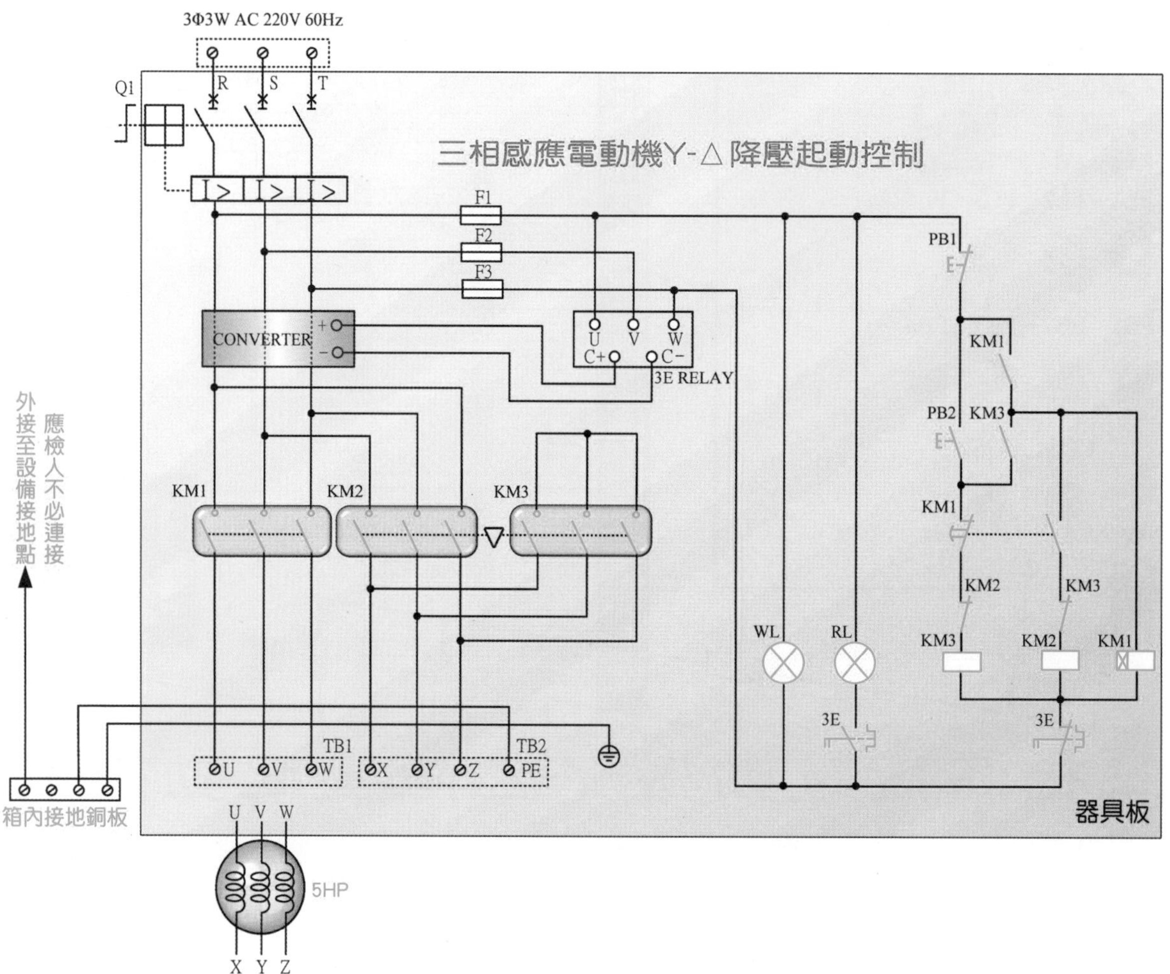

圖1　第 6 題線路圖

工業配線丙級術科第 6 題是「三相感應電動機 Y-△降壓起動控制」，其線路如圖 1 所示，檢定時間為 3 小時，相關準備與操作項目，如下說明：

- 檢定場事先應備妥器具板與操作板，而這兩塊配電盤上，已固定好所有器具，但未配線，且兩塊配電板分開放置於工作崗位。
- 應檢人須依線路圖進行主線路與控制線之配線，再將器具板與操作板結合。經自主檢查後，再做功能測試。

本題的機具設備表，如表 1 所示，應檢人材料表，如表 2 所示：

表 1　第 6 題機具設備表

項目	名　稱	規　格	單位	數量	備註
1	電動機斷路器	3P 220VAC 25KA 25A 歐規	只	1	Q1
2	卡式保險絲	250VAC 2A 附座	只	3	F1、F2、F3
3	電磁接觸器	3P 220VAC 5HP 具機械互鎖 歐規	只	2	KM2、KM3
4	電磁接觸器	3P 220VAC 5HP 附上掛式 Y-Δ 專用 Timer 歐規	只	1	KM1
5	3E 電驛	220VAC 附電流轉換器	只	1	底板固定式
6	按鈕開關	紅綠 22 mm ϕ 1a1b 歐規	只	各 1	PB1、PB2
7	指示燈	白紅 220VAC 22 mm ϕ 歐規	只	各 1	WL、RL
8	端子台	20A 3P 歐規	只	1	TB1
9	端子台	30A 4P 歐規	只	1	TB2
10	端子台	20A 7P 歐規	只	1	TB3
11	操作板	長 350，寬 270，厚 2.0	塊	1	圖 6
12	器具板	長 350，寬 480，厚 2.0 四邊內摺 25mm	塊	1	圖 7
13	接地銅板	附雙支架，4P	只	1	在器具板上
14	D I N 軌道		公分	60	
15	PVC 線槽	長 30mm，寬 30mm 直條形開孔	公分	32	

表 2　第 6 題應檢人材料表

項目	名　稱	規　格	單位	數量	備註
1	PVC 電線	2.0 mm^2, 黑色	公尺	5	主線路用
2	PVC 電線	2.0 mm^2, 綠色	公分	30	接地用
3	PVC 電線	1.25 mm^2, 黃色	公尺	30	控制線用
4	壓接端子	2.0 mm^2－I (針型)	只	若干	
5	壓接端子	1.25 mm^2－I (針型)	只	若干	
6	壓接端子	2.0 mm^2－4O 型	只	若干	
7	束帶	寬 2.5，長 100 mm	條	20	
8	捲型保護帶	寬 10 mm	公分	60	
9	O 型號碼圈	配合 1.25mm^2 導線使用	只	各 20	1~20 號

如表 1 及表 2 所示，大多已固定在器具板與操作板上，若其中器具已出現在前面的題目裡，在此就不重覆介紹，其餘器具如下說明：

電動機斷路器

在此的電動機斷路器就是無熔絲開關，如圖 2 所示為 3 相電動機斷路器的照片與符號(歐規)。不管是無熔絲開關、斷路器、電動機斷路器，還是電動機保護斷路器，都是無熔絲開關；不管是歐規、美日規，還是台規，管他什麼規？只要主辦單位喜歡，有甚麼不可以？

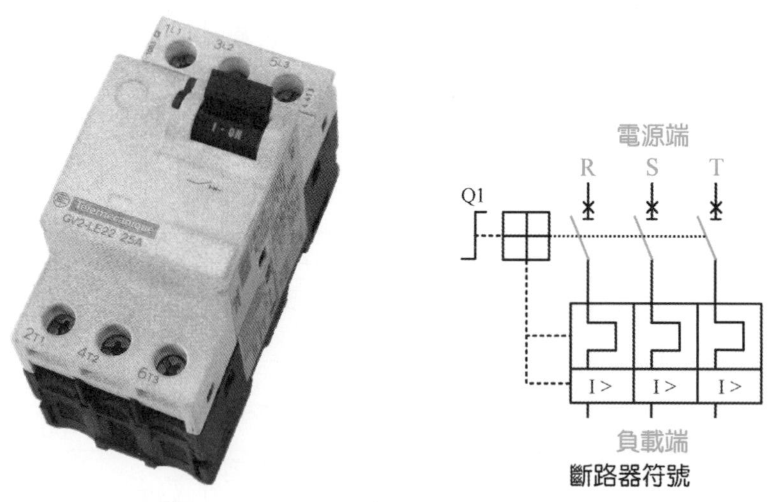

圖2　電動機斷路器之照片與符號

電磁接觸器附掛限時電驛

在此的電磁接觸器(LC1 D18)上附掛限時電驛(LADT2)，如圖 3 所示的照片與符號：

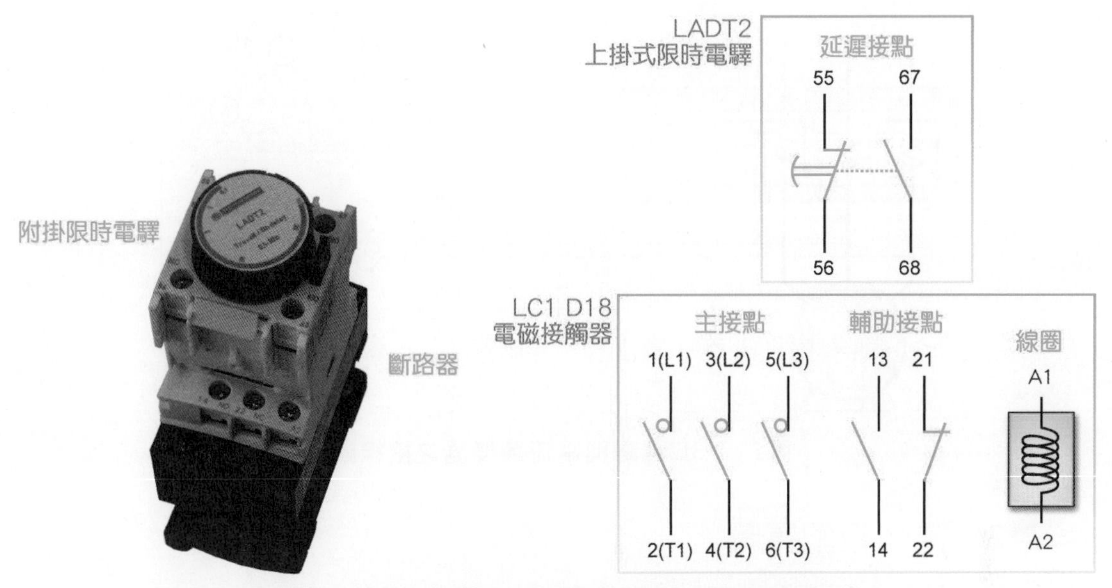

圖3　電磁接觸器附掛限時電驛之照片與接線圖

3E 電驛

3E 電驛(3E Relay)提供過載、欠相與反相保護，在此所要介紹的 3E 電驛是 Omron SE-KP2N 盤內型 3E 電驛(如圖 4 之左圖)，而所搭配的電流轉換器為 Omron SET-3A(如圖 4 之右圖)。

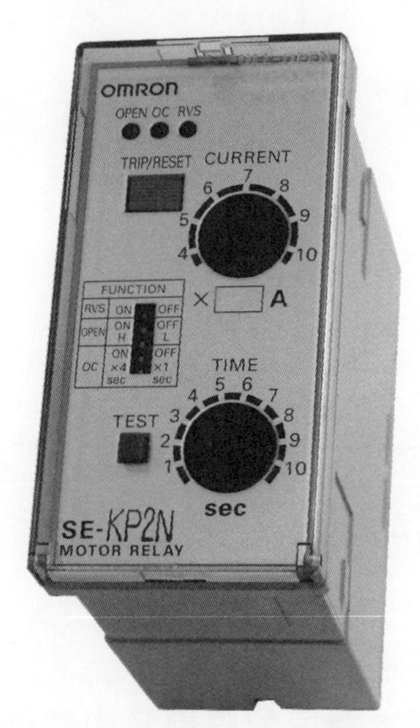

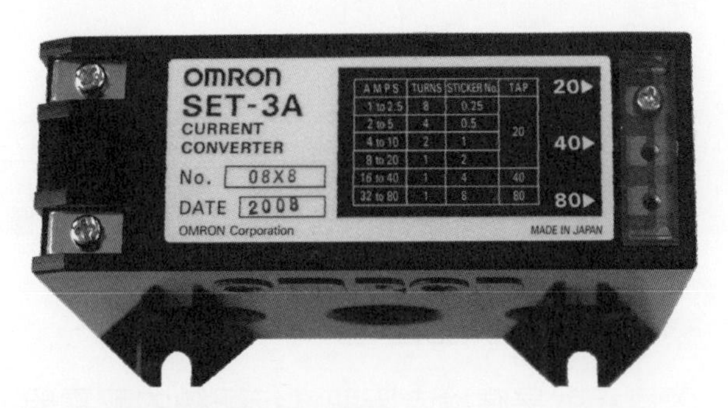

圖4　3E 電驛與電流轉換器之照片

由於是盤內型 3E 電驛，所以使用 8pin 的腳座，其接線圖如圖 5 所示：

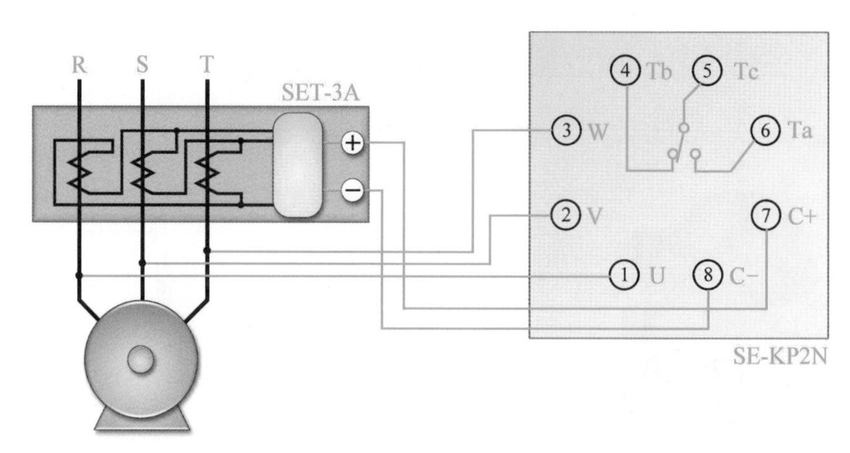

圖5　3E 電驛與電流轉換器之接線圖

操作板配置圖

操作板提供操作此電路與受控負載，而本題的操作板裡，只有兩個指示燈與兩個按鈕開關，如圖 6 所示：

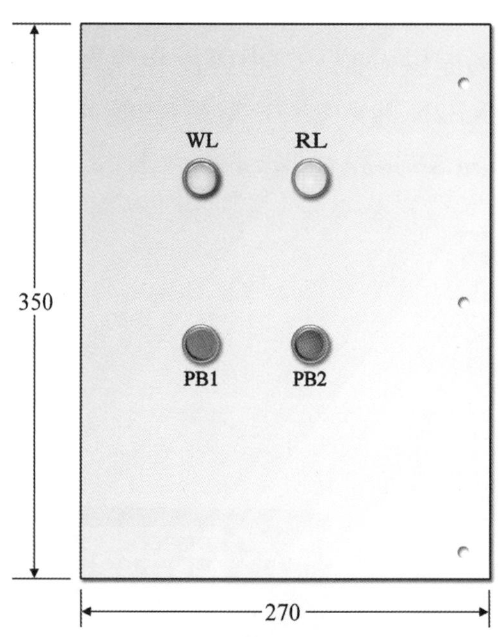

圖6　第 6 題之操作板配置圖(單位為 mm)

器具板配置圖

器具板就是應檢者所要進行配線的配電盤，而本題採配線槽及束線進行配線，如圖 7 所示，其中器具已固定，應檢者不必固定器具。

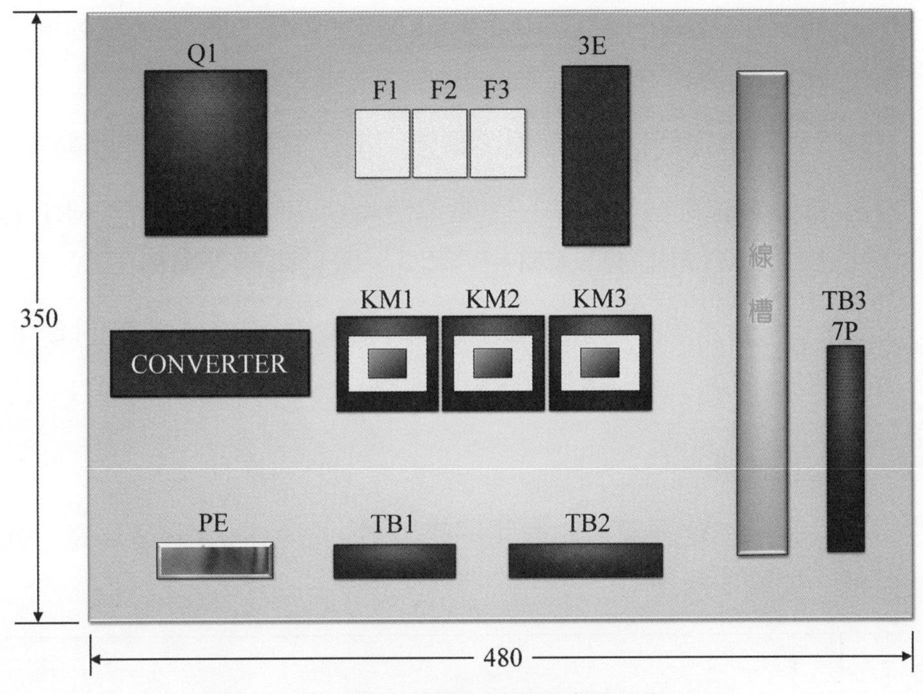

圖7　第 6 題之器具板配置圖(單位為 mm)

6-2 電路解析

第 6 題「三相感應電動機 Y-△降壓起動控制」之動作說明如下：

1. Q1 ON 電源供電，電源燈 WL 亮。
2. 正常操作在電源相序為正相序時：

   (1) 按 PB2，KM3 投入後，KM1 再投入，電動機作 Y 結線啟動，且 KM1、KM3 呈自保持狀態，KM1 開始計時。

   (2) KM1 計時到延遲 b 接點先斷開，KM3 跳脫，延遲 a 接點後閉合，KM2 投入，電動機作 Δ 結線運轉。

   (3) 按 PB1，KM1、KM2、KM3 均跳脫，電動機停止運轉。

   異常情況：

   (1) 當電源相序為逆相序時，3E 電驛動作，RL 及 WL 亮，電動機無法操作。

   (2) 電動機啟動或運轉中，發生欠相或過載時(按壓 3E 電驛測試鈕作

測試)，3E 電驛動作，KM1、KM2、KM3 均跳脫，電動機停止運轉，RL 及 WL 亮。

(3) 3E 電驛復歸後，RL 熄，電路回復正常操作之起始狀態。

(4) 電動機啟動或運轉中，主電路發生短路時，Q1 跳脫，RL 及 WL 熄，KM1、KM2、KM3 均跳脫，電動機停止運轉，

依據上述動作說明，進行電路解析，如圖 1 所示(6-2 頁)，第 6 題電路之動作分為三個狀態，如下：

起始狀態

當 Q1 on 時，主線路與控制線路同時供電，白色指示燈 WL 亮，進入起始狀態，如圖 8 所示：

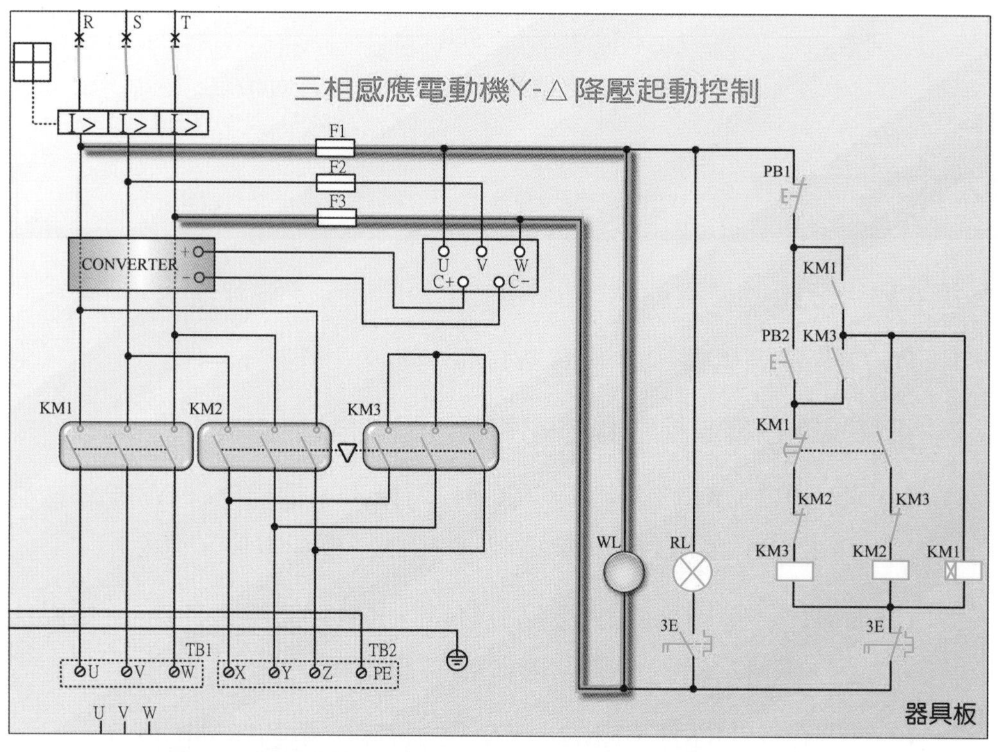

圖8 起始狀態(隨書光碟中的投影片附動畫動作展示)

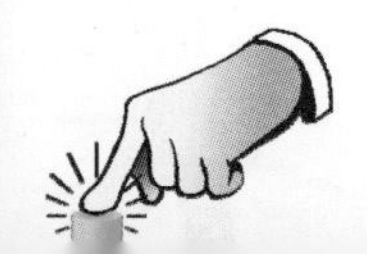

啟動狀態

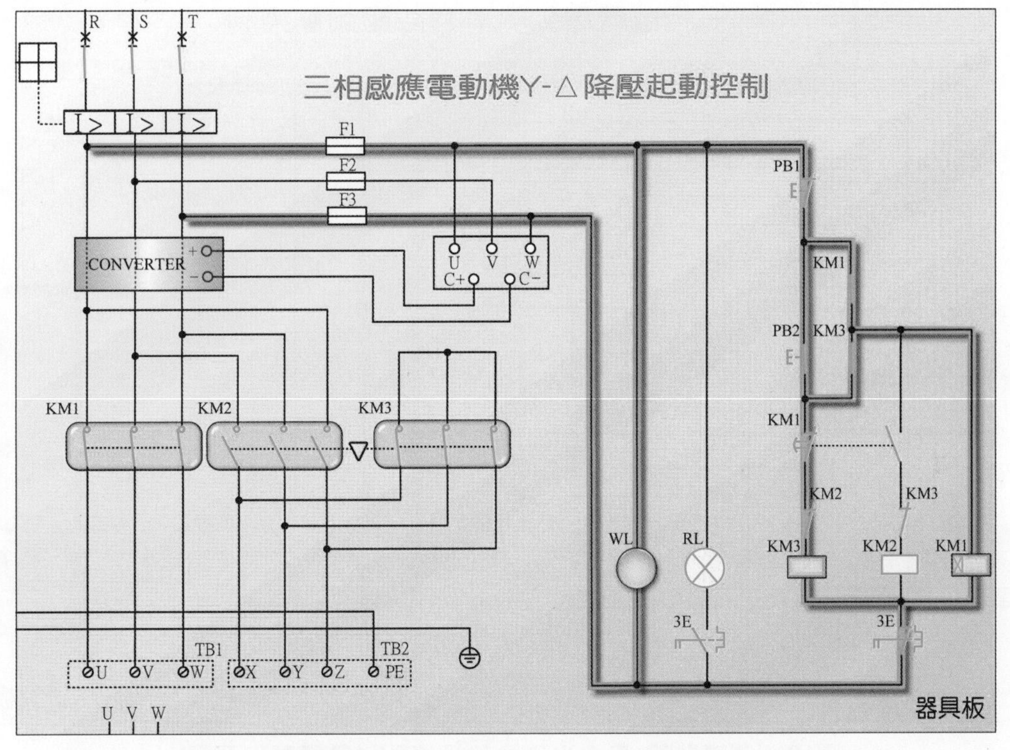

圖9　啟動狀態(隨書光碟中的投影片附動畫動作展示)

當電源相序為正相序供電時，按 PB2 鍵，進入啟動狀態。此時，依序 KM3 激磁、KM1 激磁，同時保持；當 KM1 激磁後，其附掛的限時電驛將開始計時。而 KM1 與 KM3 電磁接觸器之主接點，提供電動機呈現 Y 型接線供電，如圖 9 所示。

運轉狀態

當 KM1 延遲時間到達時，將依序進行下列動作：

1. KM1 附掛的限時電驛，其延時 b 接點先斷開，KM3 電磁接觸器也將斷磁，使其主接點斷開。

2. KM1 附掛的限時電驛，其延時 a 接點接序導通，使 KM2 電磁接觸器激磁，而其主接點接通，並與 KM1 的主接點組合提供電動機△型供電，而進入運轉狀態，如圖 10 所示：

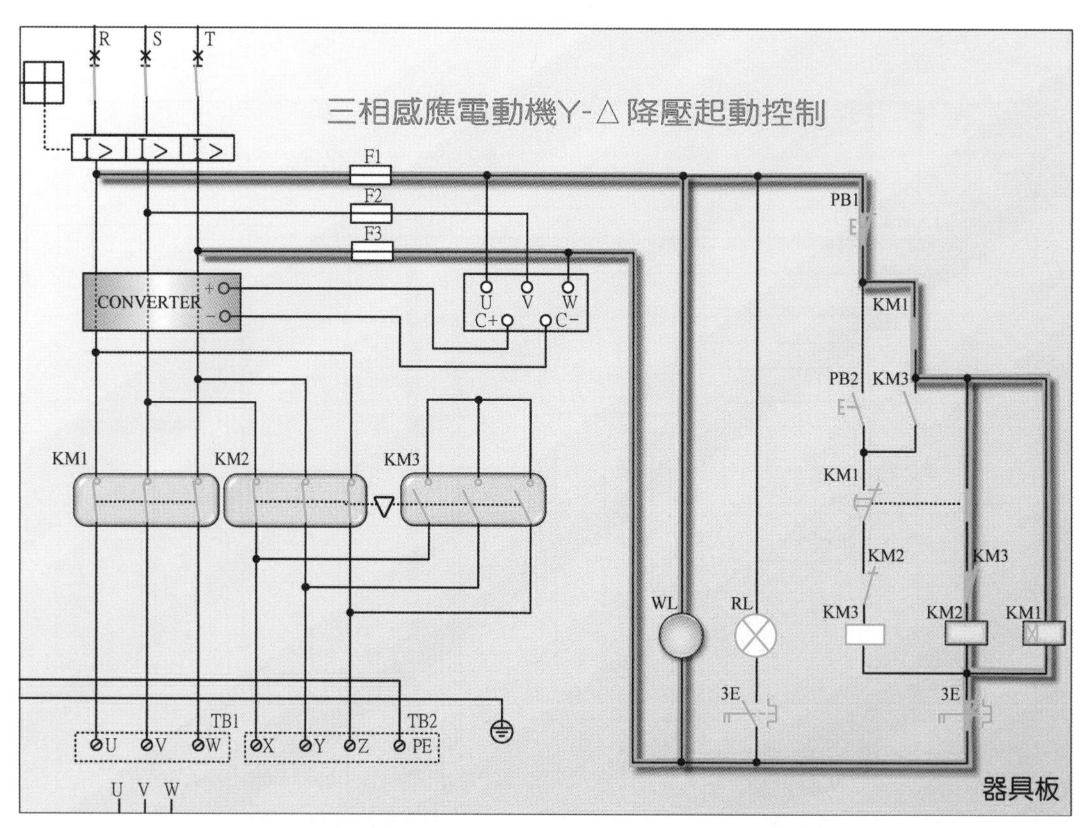

圖10　運轉狀態(隨書光碟中的投影片附動畫動作展示)

停止狀態

在運轉狀態下，若有下列情形，將進入停止狀態：

1. 按 PB1 鍵，則 KM1、KM2、KM3 將斷磁，其主接點也將斷開，電動機將停止運轉，而回到起始狀態，如圖 8 所示。
2. 當電源相序為逆相序時，3E 電驛動作，RL 及 WL 亮，電動機無法操作，如圖 11 所示。
3. 當發生欠相或過載時，3E 電驛動作，KM1、KM2、KM3 將斷磁，電動機將停止運轉，同時紅色指示 RL 亮，如圖 11 所示。在 3E 電驛復歸之前，無法再操作電動機，如圖 11 所示。而 3E 電驛復歸後，電動機也不會自動啟動，RL 熄，回到起始狀態，如圖 8 所示。
4. 當主線路短路時，Q1 將跳脫，KM1、KM2、KM3 將斷磁，電動機將停止運轉，RL 及 WL 熄，如圖 12 所示。而在 Q1 復歸之前，無法再啟動電動機。另外，由於 KM2 與 KM3 具有機械式互鎖，主線路

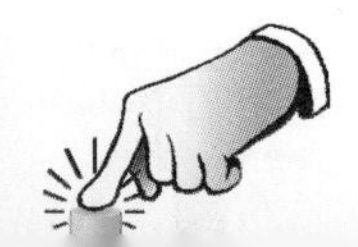

短路的機會不大。

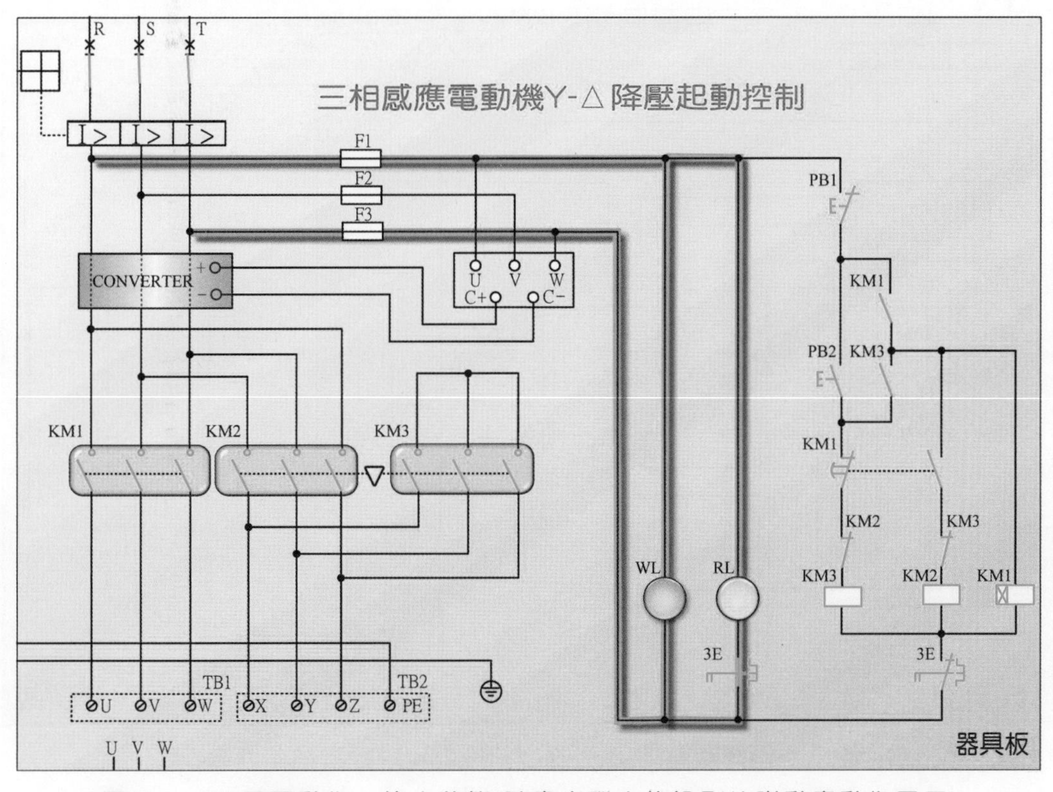

圖11　3E 電驛動作，停止狀態(隨書光碟中的投影片附動畫動作展示)

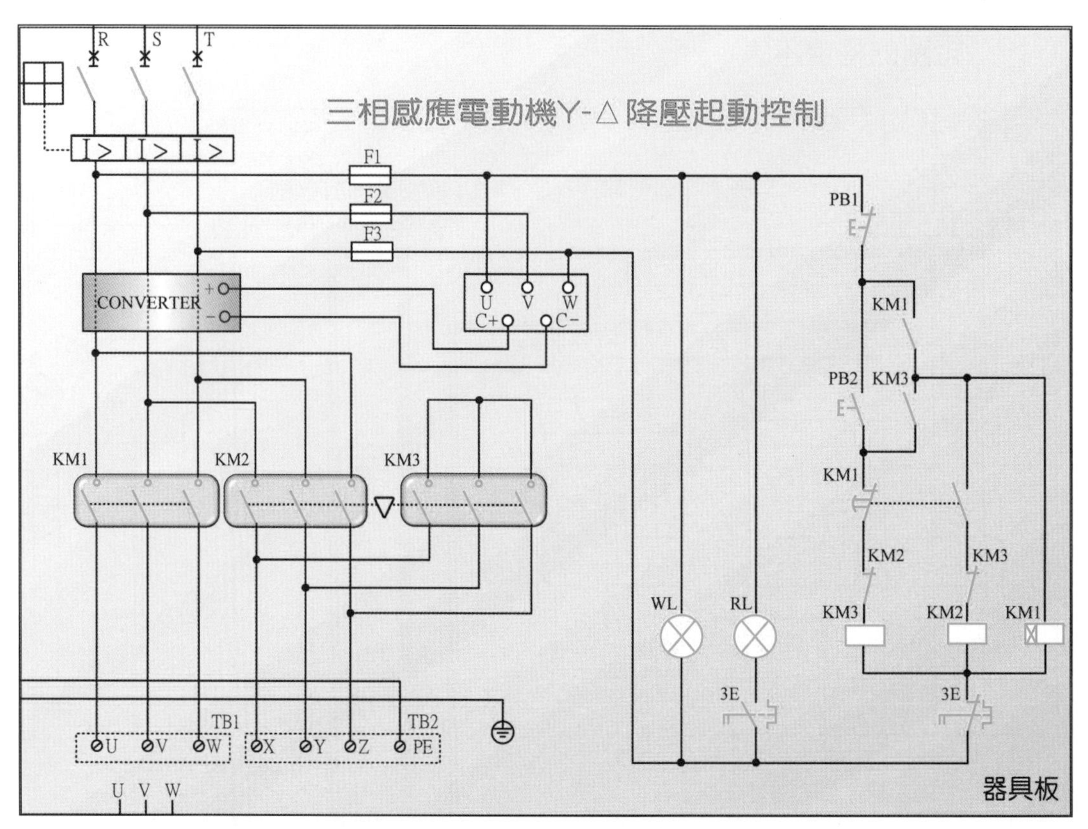

圖12　過載狀態(隨書光碟中的投影片附動畫動作展示)

6-3 操作步驟

當我們了解線路的動作原理後，即可進一步探究如何讓配線更有效率！當然在開始配線檢測時，考生應先確認電源及工作電壓，還有器具是否缺損或規格不符。待檢測開始後，現場服務人員依考生註記之損壞器具，進行修護及更換，接下來的配線就事半功倍。在本題的線路之中，包括控制線、接地線與主線路等三部分，從控制線開始配線，並施作號碼管，然後接地線，最後才進行主線路的配線。操作時，請注意下列事項：

1. 配線選用之線徑：控制線(1.25mm^2 黃色導線)、接地線(2.0mm^2 綠色導線)，主線路(2.0mm^2 黑色導線)。
2. 配線時將短導線置於下方，長導線置於上方，可避免相互交叉，便於束線固定。
3. 控制線於 **TB** 端子台及主線路須使用 **I** 型(針型)壓接端子；接地線須使用

O 型壓接端子。

4. 控制線從 F1、F2、F3 之負載側開始，含 3E RELAYR 及 CONVERTER 線路必須施作號碼管，需按 O 型線號標示正確方式配置。

控制線之配線

首先根據器具配置圖，準備一張空白的配線圖，如圖 13 所示：

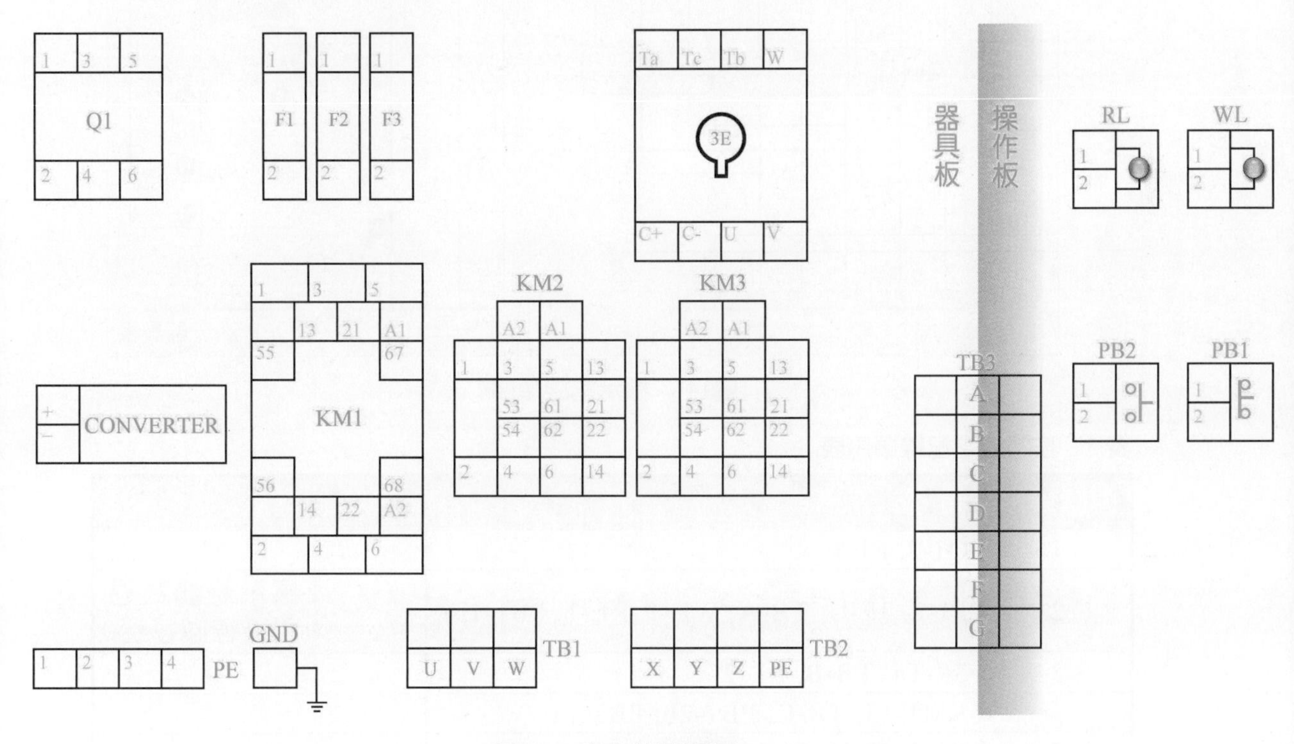

圖13　空白的配線圖

在線路圖中(圖 1，6-2 頁)，我們將依配線順序標示數字，如圖 14 所示。而其配線順序列表，如表 3 所示，完成配線就在完成欄位打勾：

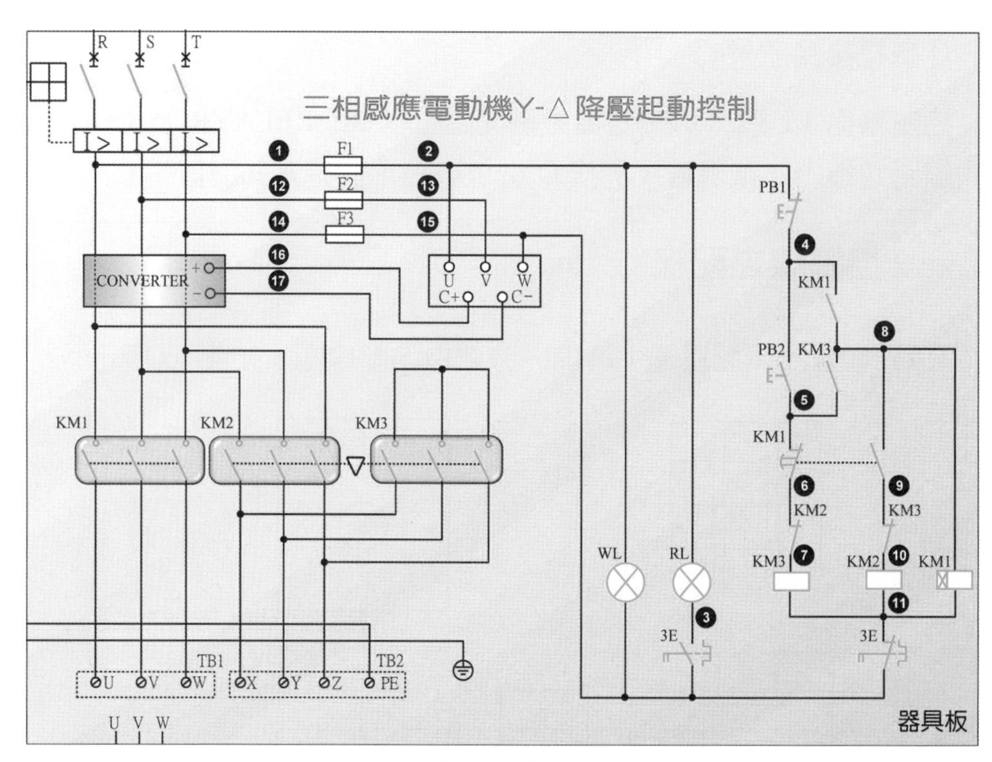

圖14　標示配線順序

表 3　控制線之配線順序表

配線順序	端 點	完成	備註
1	Q1-2, F1-1		
2	F1-2, 3E-U, **TB-A**, WL-1, RL-1, PB1-1b		標示粗體為過門接線端子台
3	3E-Ta, **TB-B**, RL-2		
4	KM1-13, **TB-C**, PB1-2b, PB2-1a		
5	KM1-55, KM3-14, **TB-D**, PB2-2a		
6	KM1-56, KM2-21		
7	KM2-22, KM3-A1		
8	KM1-14, KM1-67, KM1-A1, KM3-13		
9	KM1-68, KM3-21		
10	KM3-22, KM2-A1		
11	KM3-A2, KM2-A2, KM1-A2, 3E-Tb		
12	Q1-4, F2-1		
13	F2-2, 3E-V		
14	Q1-6, F3-1		
15	F3-2, 3E-W, 3E-Tc, **TB-E**, WL-2		
16	CONVETRER-+, 3E-+		
17	CONVETRER--, 3E--		

緊接著根據配線順序編號，在此空白的配線圖上，相對位置標示順序編號，如圖 15 所示。

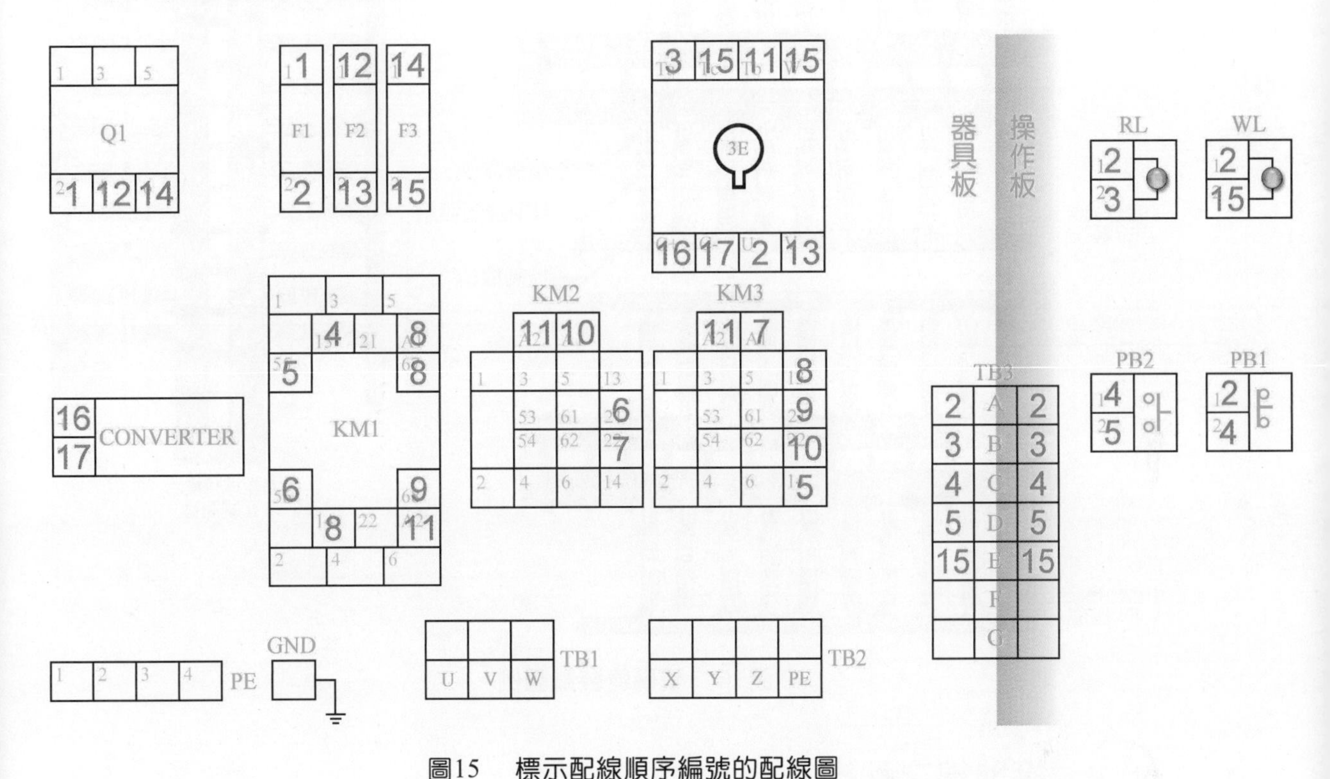

圖15　標示配線順序編號的配線圖

完成上述準備工作後，即可按圖 15，配合下一步號碼管施作，再進行控制線的配線練習。

控制線之號碼管施作

號碼管施作從 F1-1、F2-2、F3-2 開始，其配線順序編號 1、12、14 不用施作，共計有 14 個編號，如圖 15 所示之順序編號的配線圖。根據 O 型線號標示正確方式配置，可依右視、左視及正視的正確配置方式完成，只要標示之文字方向統一即可，如圖 16 所示之號碼管裝置圖例。

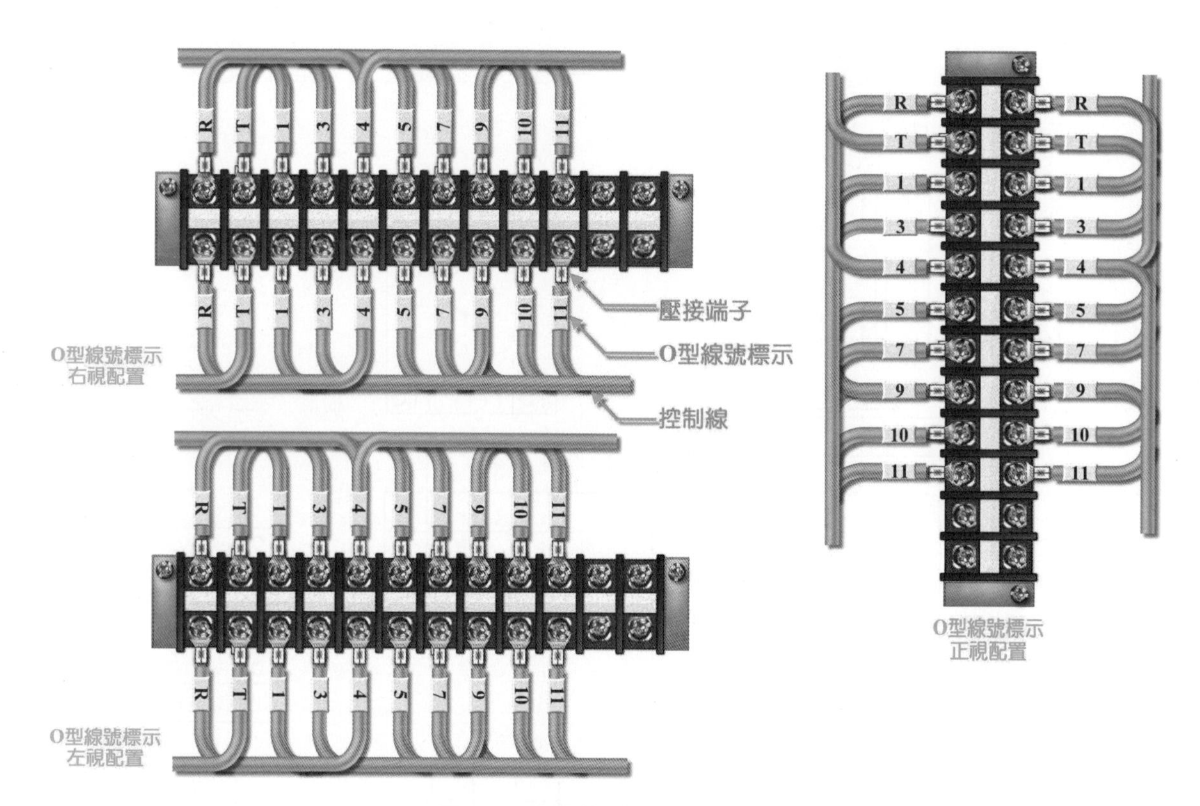

圖16　號碼管裝置圖例

接地線之配線

在線路圖中(圖 1，6-2 頁)，我們將依配線順序標示數字，如圖 17 所示。而其配線順序列表，如表 4 所示，完成配線就在完成欄位打勾：

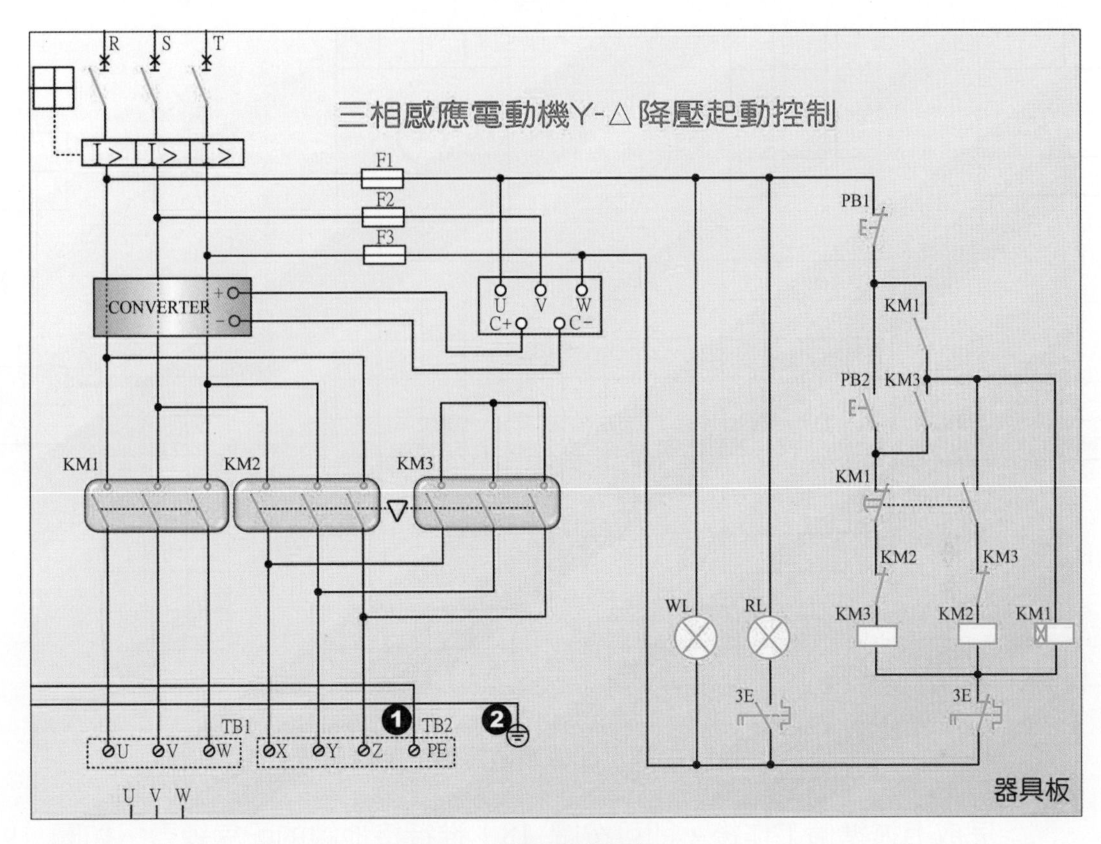

圖17　標示配線順序

表 4　接地線之配線順序表

配線順序	端 點	完成	備註
1	TB2-PE, PE-1		
2	GND, PE-2		

緊接著，根據配線順序編號，在此空白的配線圖上，相對位置標示順序編號，如圖 15 所示。

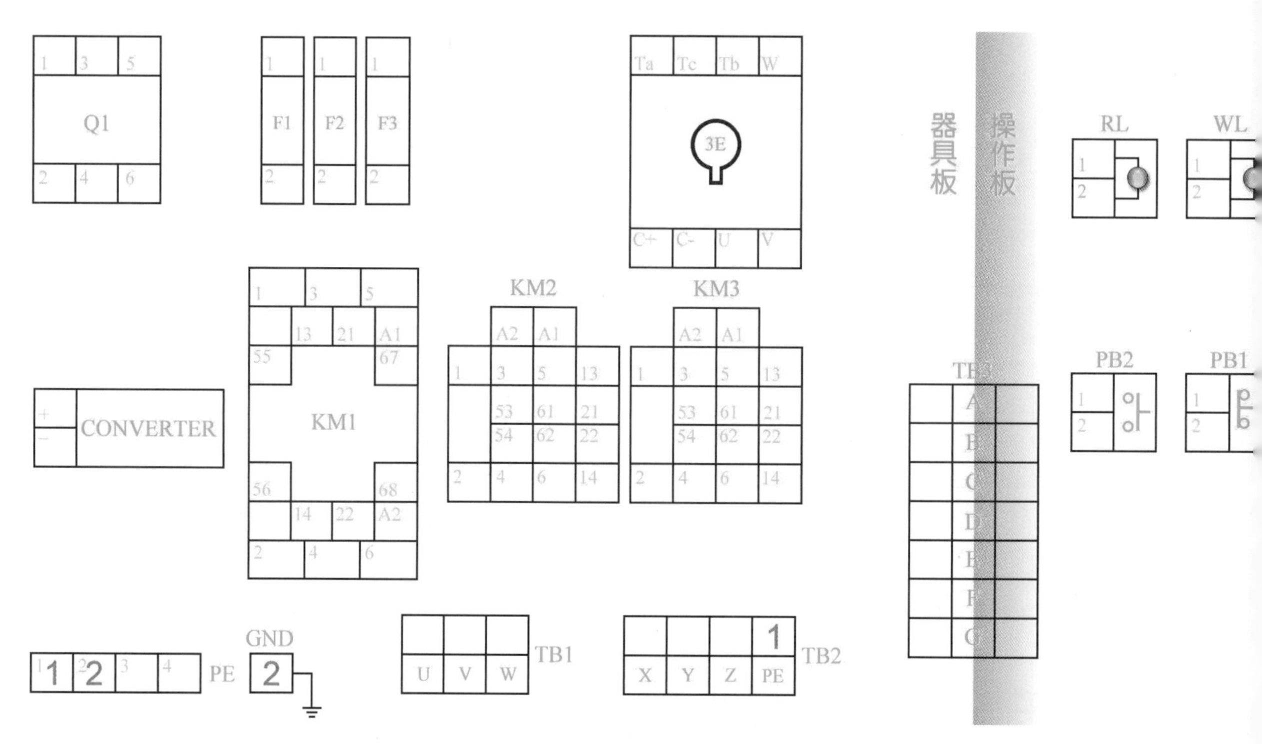

圖18　標示配線順序編號的配線圖

完成上述準備工作後，即可按圖 18，進行接地線的配線練習，如圖 19 所示為實體接地圖。

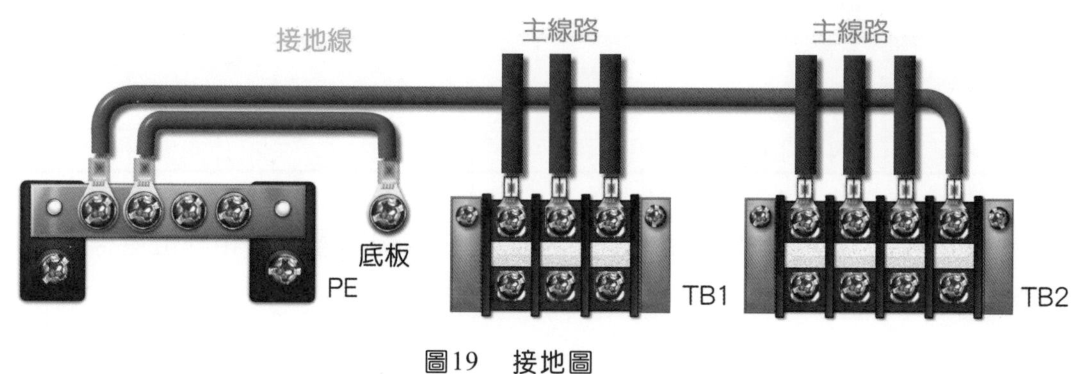

圖19　接地圖

主線路之配線

在線路圖中(圖 1，6-2 頁)，我們將依配線順序標示數字，如圖 20 所示。而其配線順序列表，如表 5 所示，完成配線就在完成欄位打勾：

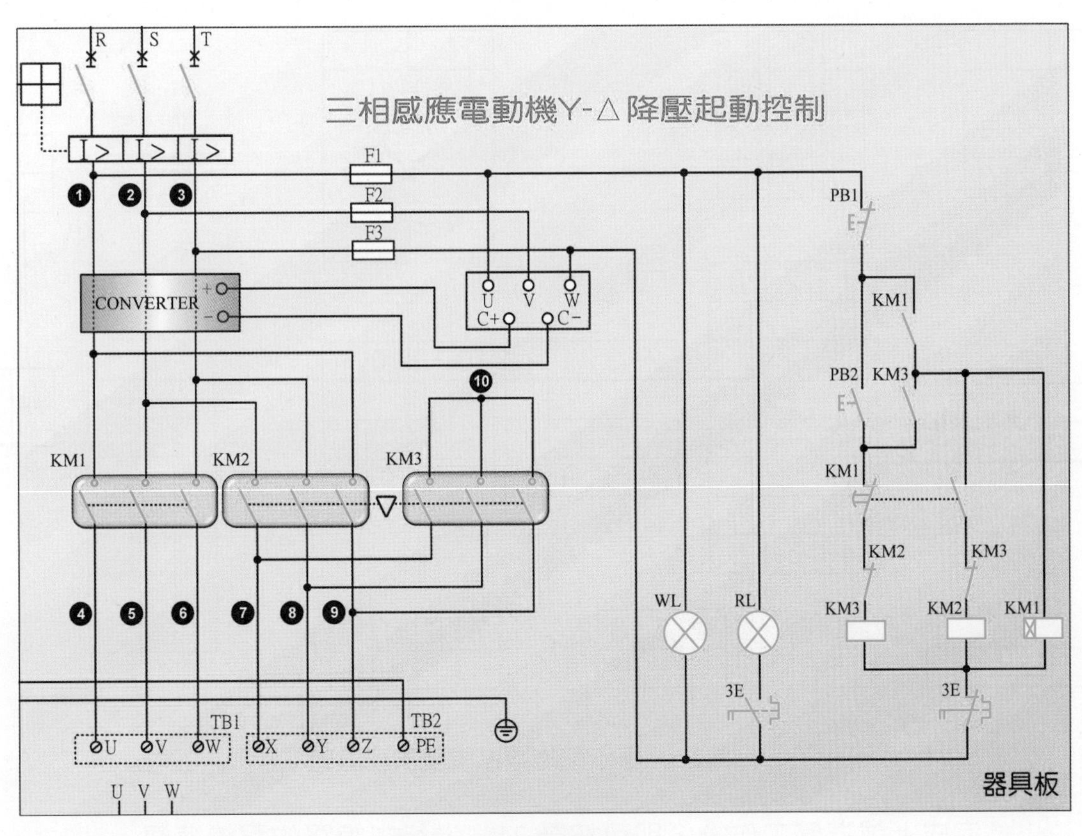

圖20　標示配線順序

表 5　主線路之配線順序表

配線順序	端 點	完成	備註
1	Q1-2, KM1-1, KM2-5		
2	Q1-4, KM1-3, KM2-1		
3	Q1-6, KM1-5, KM2-3		
4	KM1-2, TB1-U		
5	KM1-4, TB1-V		
6	KM1-6, TB1-W		
7	KM2-2, KM3-2, TB2-X		
8	KM2-4, KM3-4, TB2-Y		
9	KM2-6, KM3-6, TB2-Z		
10	KM3-1, KM3-3, KM3-5,		

緊接著，根據配線順序編號，在此空白的配線圖上，相對位置標示順序編號，如圖 21 所示。

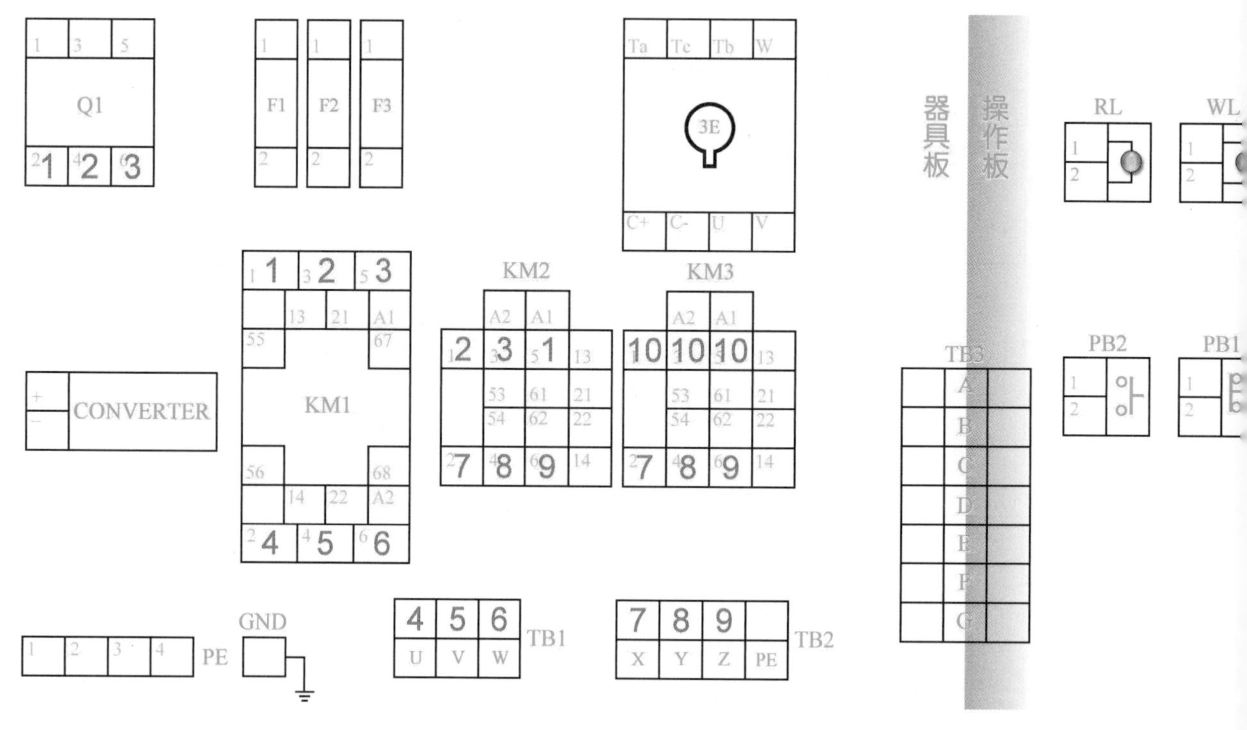

圖21　標示配線順序編號的配線圖

完成上述準備工作後，即可按圖 21，進行主線路的配線練習。

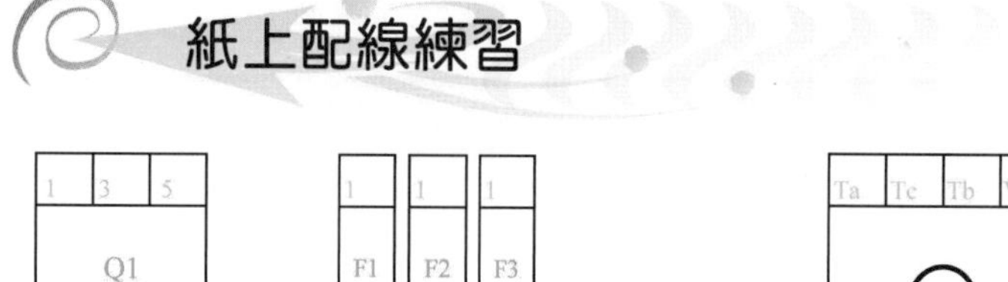

紙上配線練習

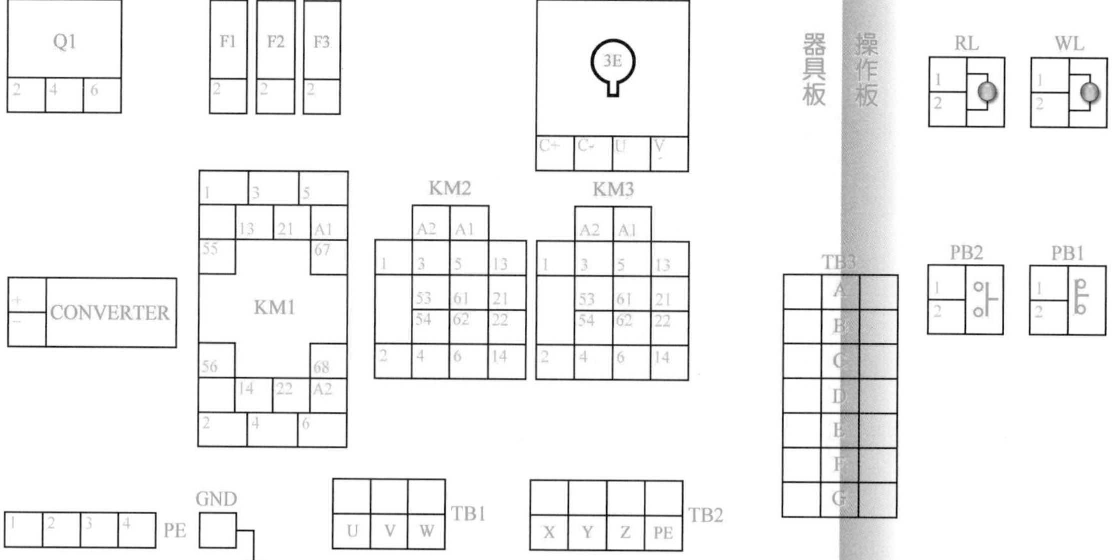

圖22　紙上配線練習之器具板

如圖 22 所示為紙上配線練習器具板，請按前述之配線順序，直接在圖中以畫線方式代替實際配線，如此將可熟悉配線路徑與建立整體概念。

經多次練習後，若可在 10 分鐘之內，完成紙上配線(含控制線、接地線與主線路)，即可進入真實配線練習，如此將可使真實配線練習的速度與正確性大為提升。

6-4 自主檢查

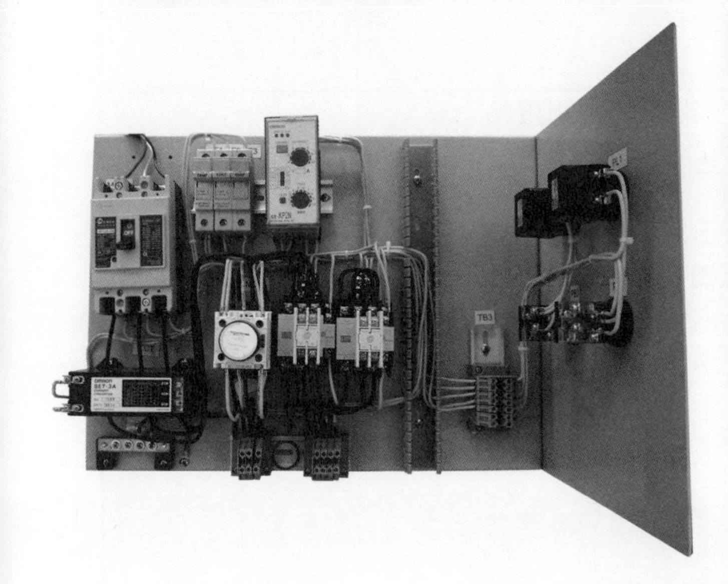

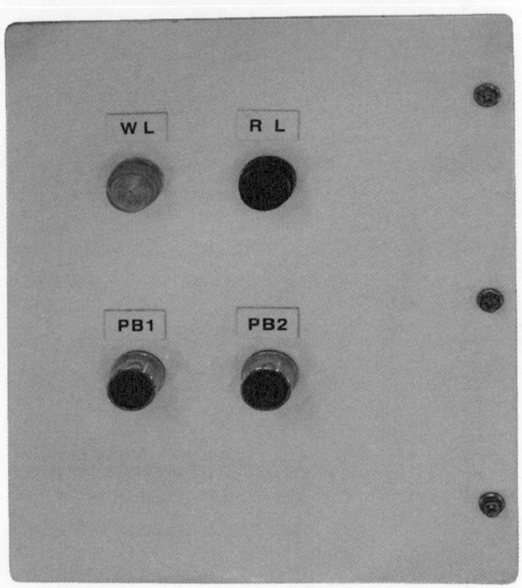

圖23　完成照片(含操作板)

當我們完成配線後(如圖 23)，必須經過自主檢查，包括靜態測試與動態測試等，如下說明：

靜態測試

靜態測試為未送電前，以三用電表歐姆檔位檢測器具及線路接點是否短路及斷路，並按下列表 6 所示之工作項目完成：

表 6　靜態測試檢測項目

編號	檢測項目	完成	備註
1	依據控制線之標示配線順序編號 1-17 檢測接點是否完全連接。		
2	依據接地線之標示配線順序編號 1-2 檢測接點是否完全連接。		
3	依據主線路之標示配線順序編號 1-10 檢測接點是否完全連接。		
4	利用按壓電磁接觸器按鈕 KM1、KM2、KM3，檢測常閉(b 接點)及常開(a 接點)接點，是否正常動作。 (未動作：a 接點斷路，b 接點短路。動作：a 接點短路，b 接點斷路)		
5	檢測按鈕開關 PB1、PB2，常閉及常開接點是否正常動作。		
6	檢測電動機保護斷路器 Q1 在開啟、關閉時，常閉及常開接點是否正常動作。		
7	檢測指示燈 RL、WL 是否具阻抗值。 (指示燈故障一：接點短路，阻抗值為零；故障二：接點斷路，無法測得阻抗值)		
8	檢測電動機保護斷路器 Q1，負載側是否短路；並操作按鈕開關 PB1、PB2，測試負載側是否同樣有短路現象。 (若短路請勿進行以下動態測試，重新靜態測試檢測)		

動態測試

動態測試為自行通電檢測，考生切記，確實完成靜態測試後，經由監評老師認可，才能進行通電，如發生短路兩次(含)，將評為重大缺點並以不合格論。此階段動態測試之檢測，依據 6-2 電路解析流程，按下列表 7 所示之工作項目完成，以三用電表電壓檔位檢測各項器具是否供電正常動作，未供電請重新檢測靜態測試項目，若器具有供電未動作，請檢測器具是否故障。

表 7　動態測試檢測項目

編號	檢測項目	完成	備註
1	檢測電動機保護斷路器 Q1 電源側是否正常供電。		
2	開啟斷路器 Q1 電源供電後，WL 亮。		WL 亮
3	按 PB2，KM3 投入後，KM1 再投入，電動機 Y 接啟動，KM1 及 KM3 自保持狀態。		WL 亮 電源正相序
4	KM1 計時到延遲 b 接點先斷開，KM3 跳脫，延遲 a 接點後閉合，KM2 投入，電動機作△結線運轉。		WL 亮
5	按 PB1，KM1、KM2、KM3 均跳脫。		WL 亮
6	電源逆相序時，3E 電驛動作，電動機無法操作，同時 WL 及 RL 亮。		WL 亮 RL 亮
7	電動機發生欠相或過載時，動作中之 KM1、KM2、KM3 均跳脫，同時過載燈 RL 亮。 (操作 3E 電驛之測試按鍵)		WL 亮 RL 亮
8	3E 電驛復歸後，RL 熄，並不得自動啟動電動機。		WL 亮
9	主電路發生短路時，Q1 OFF，馬達停止運轉。		
10	KM2 及 KM3 間應裝有機械及電氣連鎖裝置與設計。		

動態測試符合待檢測項目後，利用束線整理導線，完工後舉手，請監評老師到場評分 OK 後，要有禮貌向監評老師說聲謝謝、辛苦了。檢定評審表上簽名後，開始輕聲整理場地(切記廢棄物自行帶走)及收拾自己的工具物品等，完成後，向監評老師及場地服務人員點頭示意輕聲離開檢定場，恭喜您已邁向工業配線丙級證照的一大步了，一切的努力總算沒有白費了。

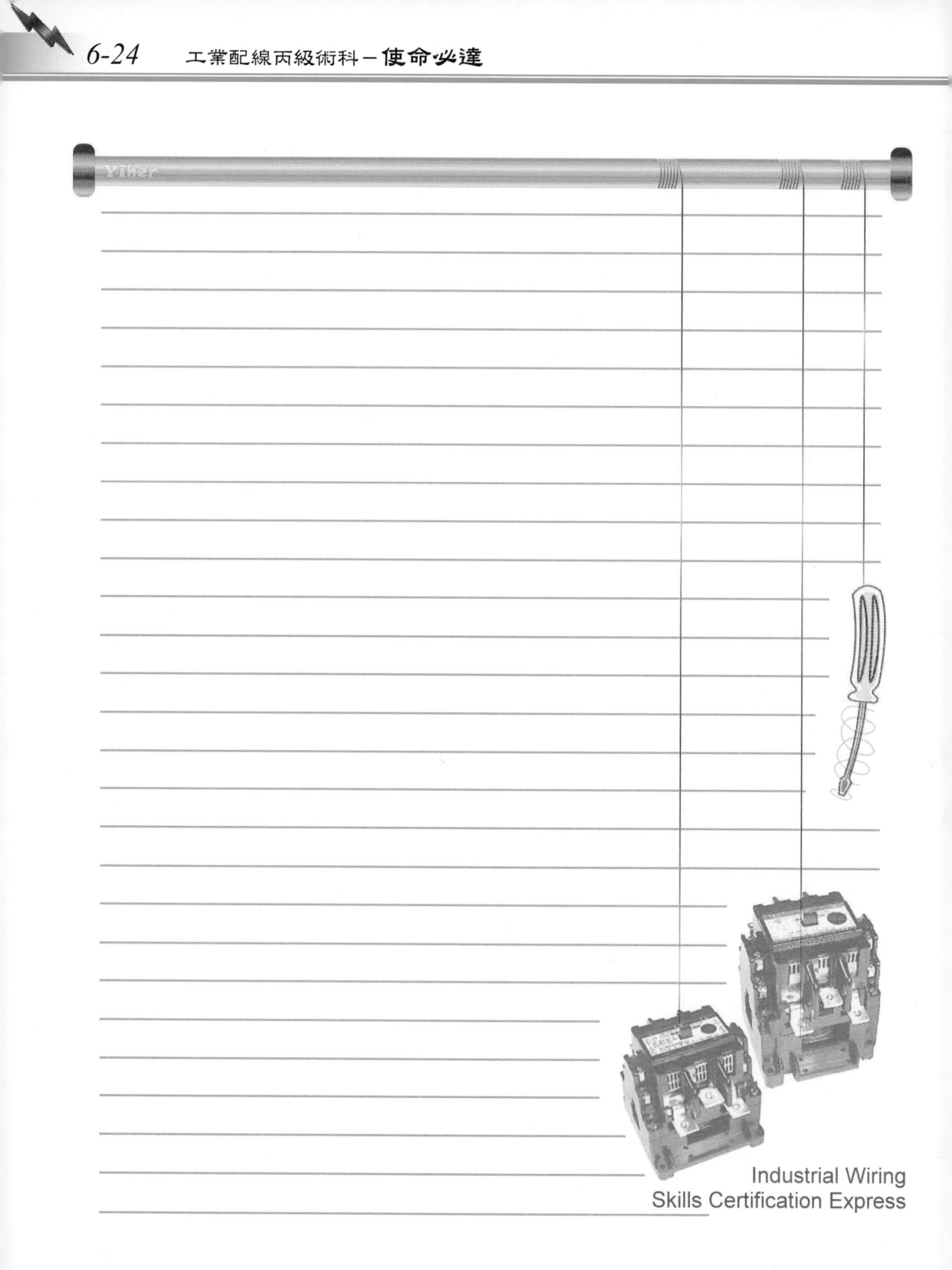
Yiher
Industrial Wiring
Skills Certification Express

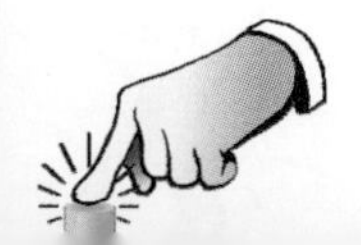

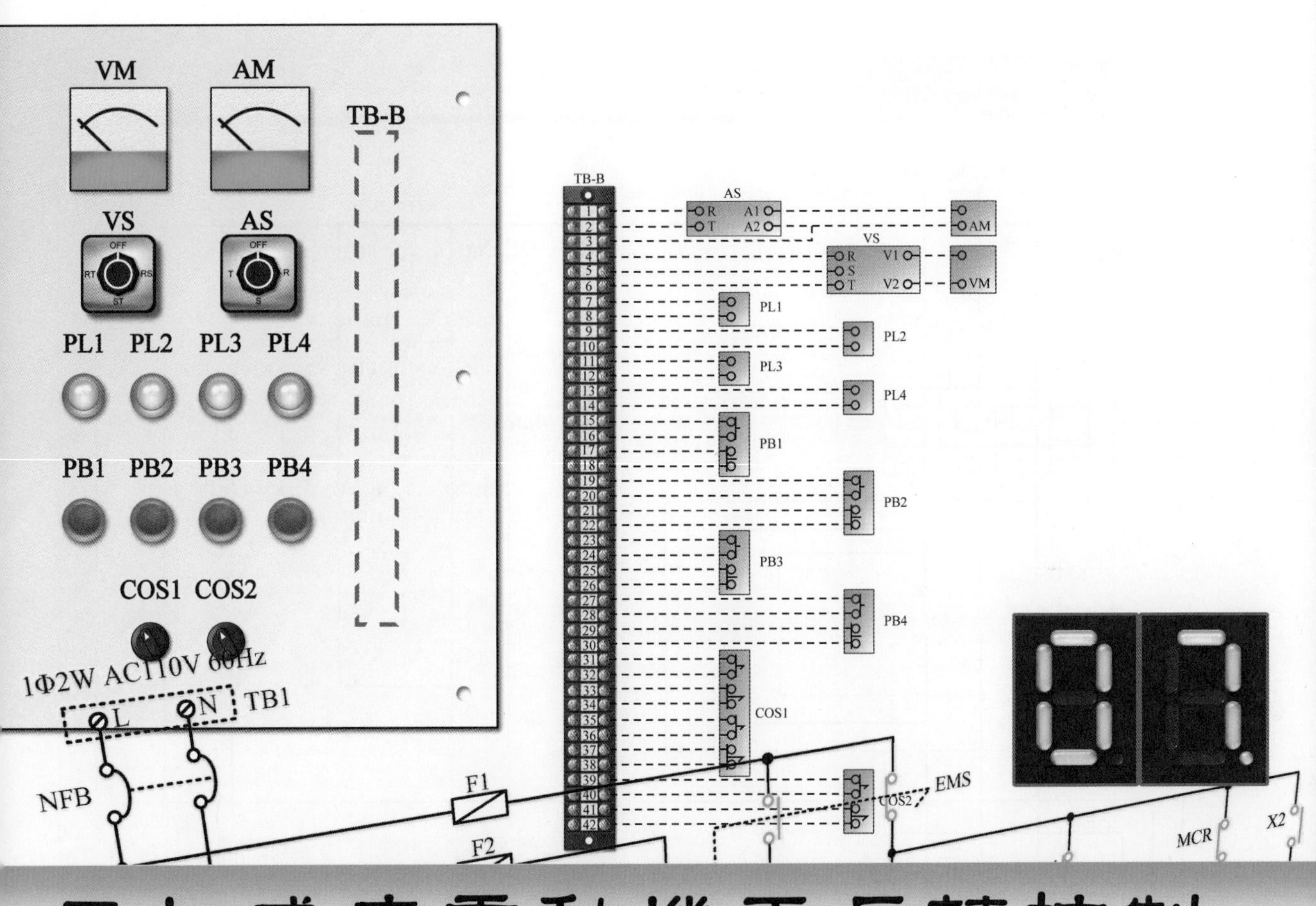

三相感應電動機正反轉控制

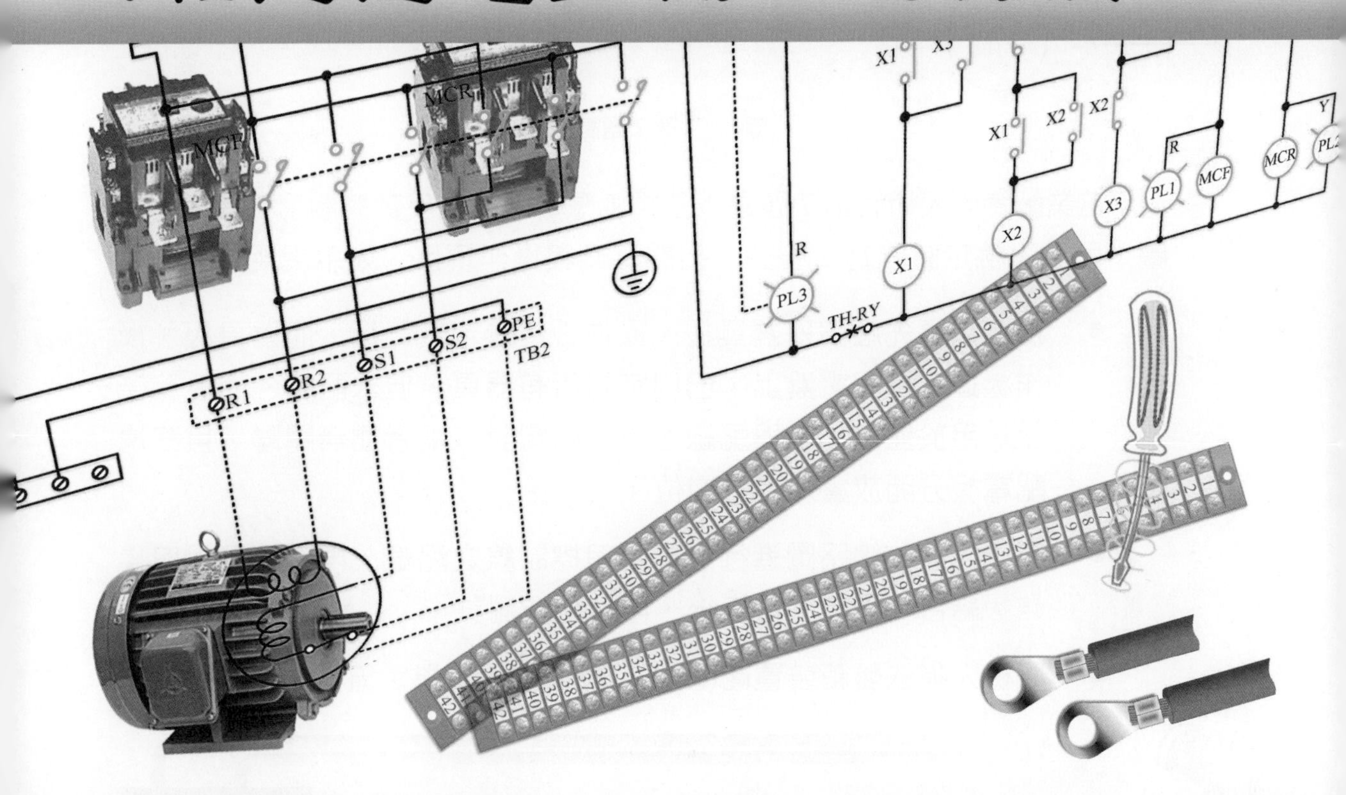

7-1 認識題目

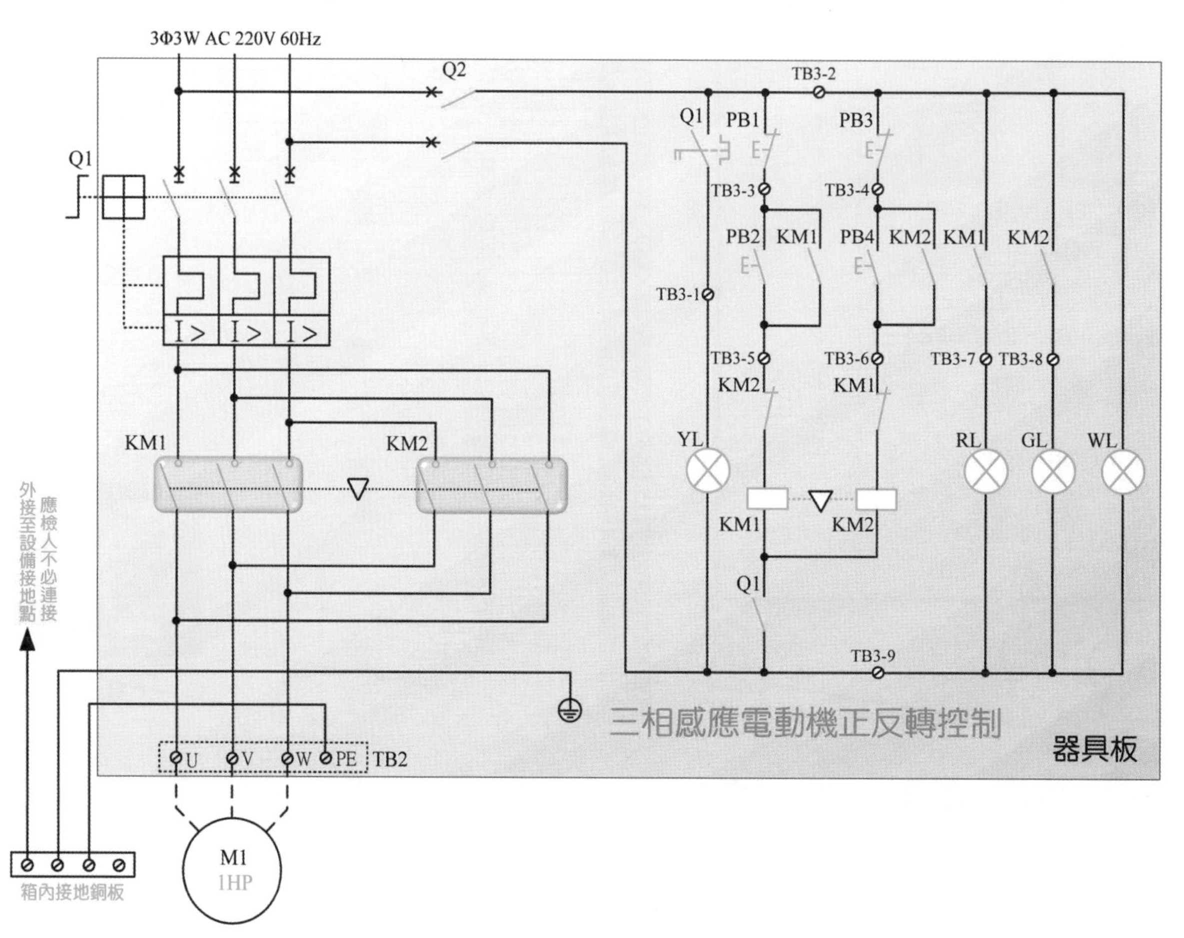

圖1　第 7 題線路圖

工業配線丙級術科第 7 題是「三相感應電動機正反轉控制」，其線路如圖 1 所示，檢定時間為 3 小時，相關準備與操作項目，如下說明：

- 檢定場事先應備妥器具板、操作板及盤箱裝置板，而器具板、操作板這兩塊配電盤上，已固定好所有器具，但未配線。而盤箱裝置板用於盤箱加工與配線各為不同圖說，兩者並無關聯，且三塊配電板分開放置於工作崗位。
- 應檢人須依線路圖進行主線路與控制線之配線，再將器具板與操作板結合。經自主檢查後，再做功能測試。
- 應檢人須依盤箱裝置圖(圖 5)，由監評人員指定五選三部份，進行

盤箱裝置板鑽孔、攻牙、器具及配線槽固定。

本題的配線檢定之機具設備表，如表 1 所示，應檢人材料表，如表 2 所示。盤箱裝置部分檢定材料表，如表 3 所示：

表 1　第 7 題機具設備表

項目	名　稱	規　格	單位	數量	備註
1	電動機保護斷路器	3P 220VAC25KA 2.5-A 過載可調，瞬跳值為 10 倍以上，歐規	只	1	Q1
2	電動機保護斷路器輔助接點	具有故障 1a 瞬時 1a 輔助接點，可與第一項結為一體，歐規	只	1	Q1
3	正逆轉電磁接觸器	3P 220VAC 10A 以上，具機械互鎖及各 2a1b 輔助接點，歐規	組	1	KM1、KM2
4	斷路器	2P 220VAC 10KA 3A，歐規	只	1	Q2
5	指示燈	白紅綠黃 220AC 22 mm ϕ LED，歐規	只	各 1	WL、RL、GL、YL
6	按鈕開關	綠 22 mm ϕ，附 1a 接點，歐規	只	2	PB1、PB3
7	按鈕開關	紅 22 mm ϕ，附 1b 接點，歐規	只	2	PB2、PB4
8	端子台	30A 以上，3P 組合式附端板及檔片，歐規	只	1	TB1
9	端子台	30A 以上，4P 組合式附端板及檔片，歐規	只	1	TB2
10	端子台	20A 10P 組合式附端板及檔片，1~10 端點編號，歐規	只	1	TB3
11	操作板	長 350，寬 270，厚 2.0	塊	1	圖 5
12	器具板	長 350，寬 480，厚 2.0 四邊內摺 25mm	塊	1	圖 6
13	接地銅板	附雙支架，4P	只	1	在器具板上
14	D I N 軌道		公分	80	

表 2　第 7 題應檢人材料表

項目	名　稱	規　格	單位	數量	備註
1	PVC 電線	2.0mm^2, 黑色	公尺	3	主線路用
2	PVC 電線	2.0 mm^2, 綠色	公分	30	接地用
3	PVC 電線	1.25 mm^2, 黃色	公尺	30	控制線用
4	絕緣壓接端子	2.0 mm^2-I (針型)	只	若干	
5	絕緣壓接端子	1.25 mm^2-I (針型)	只	若干	
6	絕緣壓接端子	2.0 mm^2－4O 型	只	若干	
7	束帶	寬 2.5，長 100 mm	條	50	
8	捲型保護帶	寬 10 mm	公分	60	

表 3　第 7 題盤箱裝置檢定材料表

項目	名　稱	規　格	單位	數量	備註
1	器具板	長 350，寬 480，厚 2.0	塊	1	圖 7
2	固定式端子台	20A 3P	只	1	
3	固定式端子台	20A 12P	只	1	
4	固定式端子台	20A 7P 含接地端子 1 只	組	1	附端板
5	端子台固定片	配合組合式端子台使用	片	2	
6	電力電驛	2P 220VAC 附底座	只	1	
7	電力電驛	3P 220VAC 附底座	只	1	
8	電力電驛	4P 220VAC 附底座	只	1	
9	限時電驛	220VAC 延時 1a1b 附底座	只	1	
10	電磁開關	220VAC 5HP	只	1	
11	無熔絲開關	3P 220VAC 10KA 50AF 20AT	只	1	
12	PVC 配線槽	寬 30 mm，高 30 mm	公分	55	
13	D I N 軌道	長 240 mm	支	2	D I N 軌道 2 D I N 軌道 3
14	D I N 軌道	長 90 mm	支	1	D I N 軌道 1
15	卡式保險絲	2A	只	2	
16	螺絲	M4 10mm 20mm 30mm	支	各 20	
17	墊圈	配合 M4 螺絲使用	片	20	
18	鑽頭	3.2mm	支	若干	
19	螺絲攻	M4	支	若干	

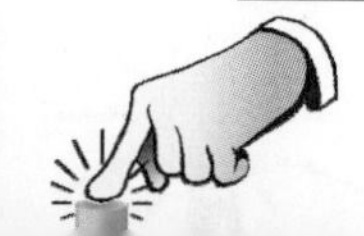

如表 1 及表 2 所示，大多已固定在器具板與操作板上。表 3 所示為盤箱裝置板所需材料。若其中器具已出現在前面的題目裡，在此就不重覆介紹，其餘器具如下說明：

電動機保護斷路器輔助接點

電動機保護斷路器輔助接點就是無熔絲開關附掛接點，如圖 2 所示，在左邊所附掛的兩組接點之中，其中一組與斷路器同步的 a 接點(53-54)，也就是斷路器 on 時，此 a 接點導通；斷路器 off 時，此 a 接點斷路，稱之為瞬時 a 接點。另一組接點(97-98)反應線路電流狀態，當斷路器上的電流過載時，此接點斷路；當斷路器上的電流正常時，此接點導通，稱之為故障 a 接點。

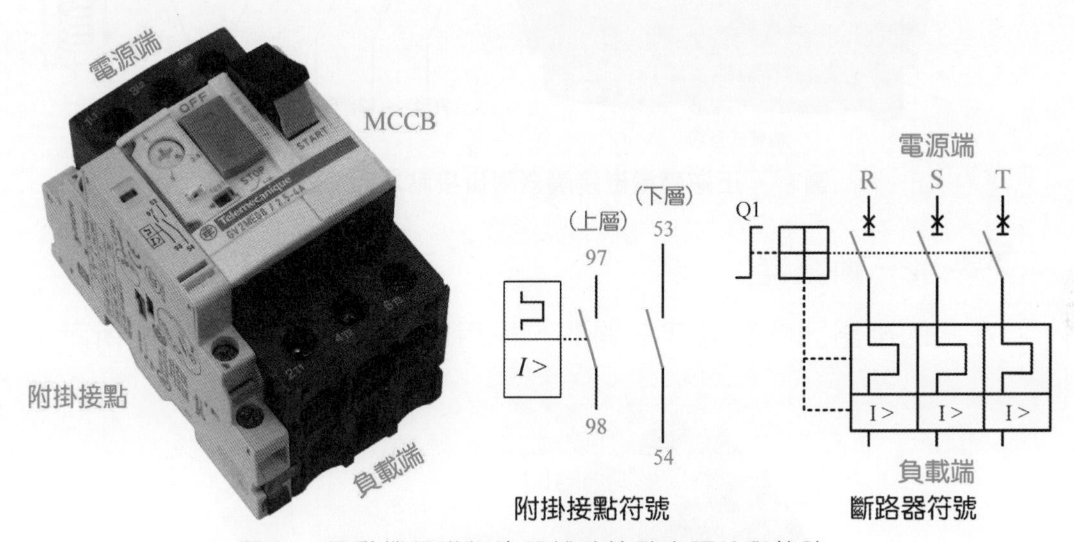

圖2　電動機保護斷路器輔助接點之照片與符號

正逆轉電磁接觸器附掛接點

在此的正逆轉電磁接觸器具有機械式互鎖裝置，並附掛接點，如圖 3 所示。

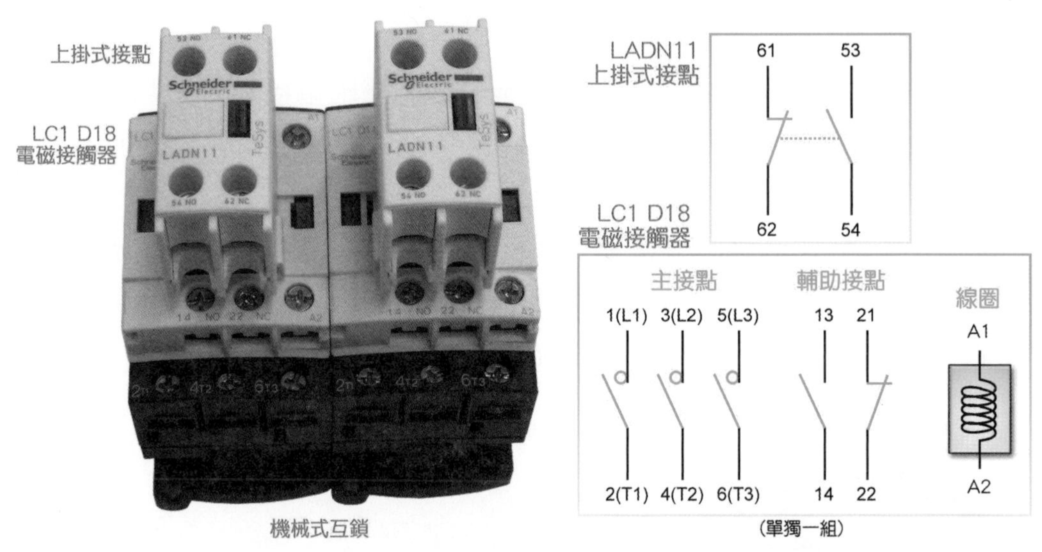

圖3　正逆轉電磁接觸器附掛接點之照片與符號

2P 斷路器

在此的斷路器就是無熔絲開關，採用歐規的 C60N，如圖 4 所示。

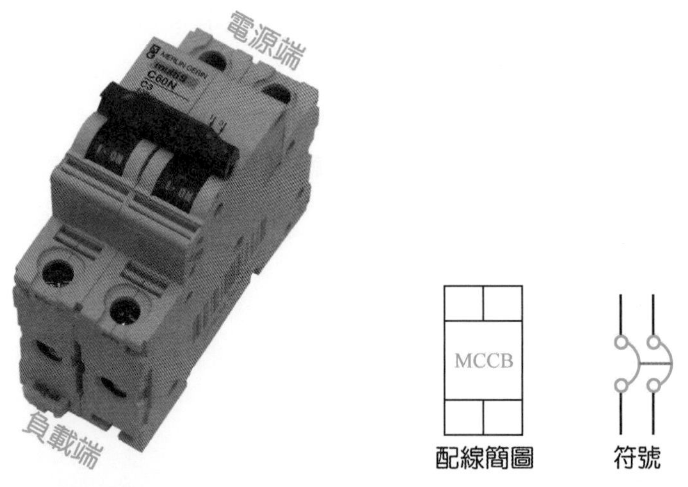

圖4　斷路器之照片、配線簡圖與符號(在官方版線路圖裡採美日規符號)

操作板配置圖

操作板提供操作此電路與受控負載，而本題的操作板裡，只有四個指

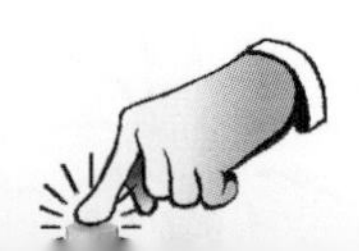

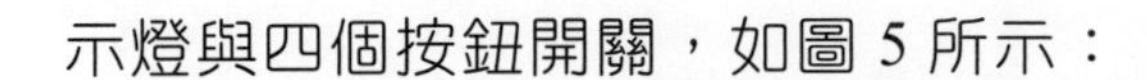

示燈與四個按鈕開關，如圖 5 所示：

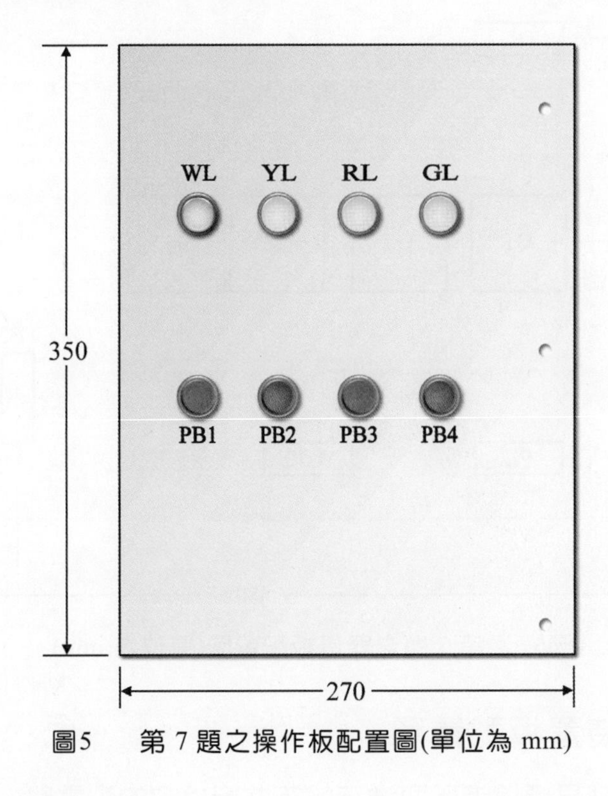

圖5　第 7 題之操作板配置圖(單位為 mm)

器具板配置圖

器具板就是應檢者所要進行配線的配電盤，如圖 6 所示，其中各器具之間距，並沒有嚴格限制，而由檢定場自訂。當然，對於應檢者影響不大。

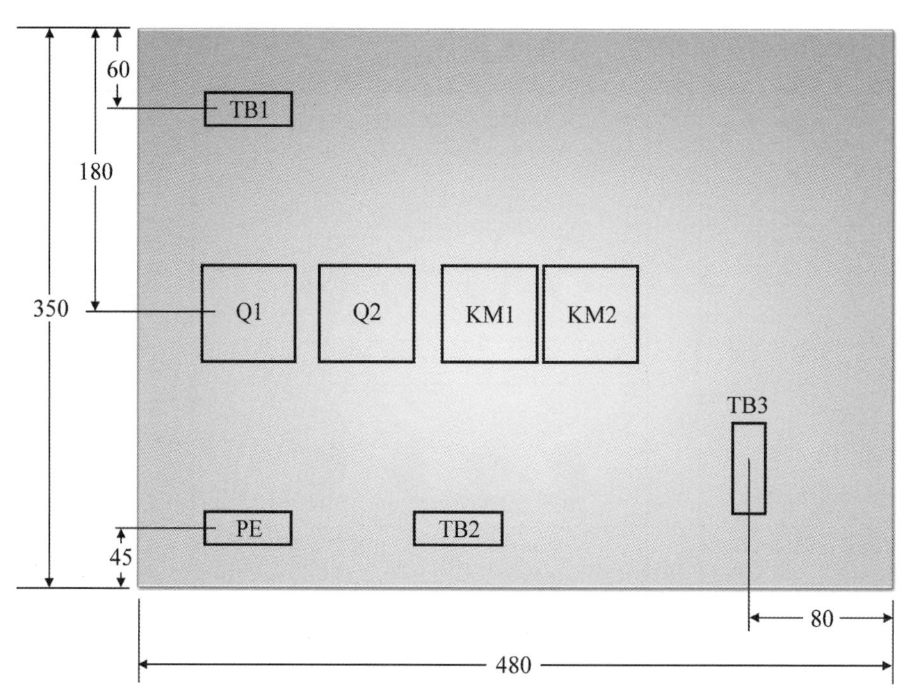

圖6　第 7 題之器具板配置圖(單位為 mm)

盤箱裝置板配置圖

盤箱裝置板就是應檢者所要進行盤箱裝置檢定的配電盤，如圖 7 所示，盤箱裝置分為五部分：

- A 部分：含 3P 固定式端子台、7P 組合式端子台及 12P 固定式端子台。
- B 部分：含 3P NFB(無熔線斷路器)。
- C 部分：含卡式保險絲、3P 電力電驛及限時電驛。
- D 部分：含電磁開關、2P 電力電驛及 4P 電力電驛。
- E 部分：含橫向線槽(230mm 長)及直向線槽(280mm 長)。

盤箱裝置之工作範圍，於術科檢定當天由監評人員就上列五部分選取三部分施作，該選取部分註記於盤箱裝置圖上。應檢人進行盤箱裝置板鑽孔、攻牙、器具及配線槽固定，其中各器具之間距，有嚴格限制，需按圖施工，施工前須用鉛筆劃出器具中心線。此外，盤箱裝置之工作範圍，超出或少於選取部分時，將依評分表所列扣分，如圖 8 所示。

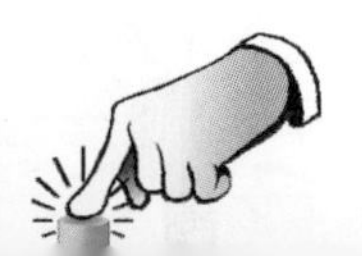

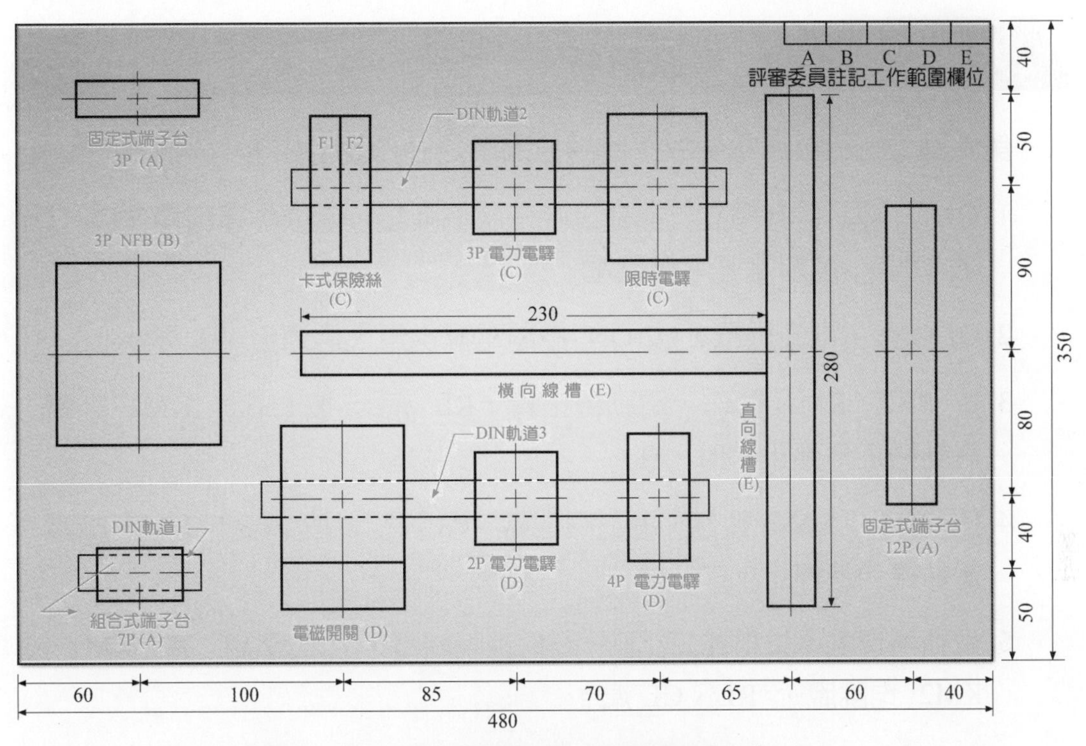

圖7　第 7 題之盤箱裝置板配置圖(單位為 mm)

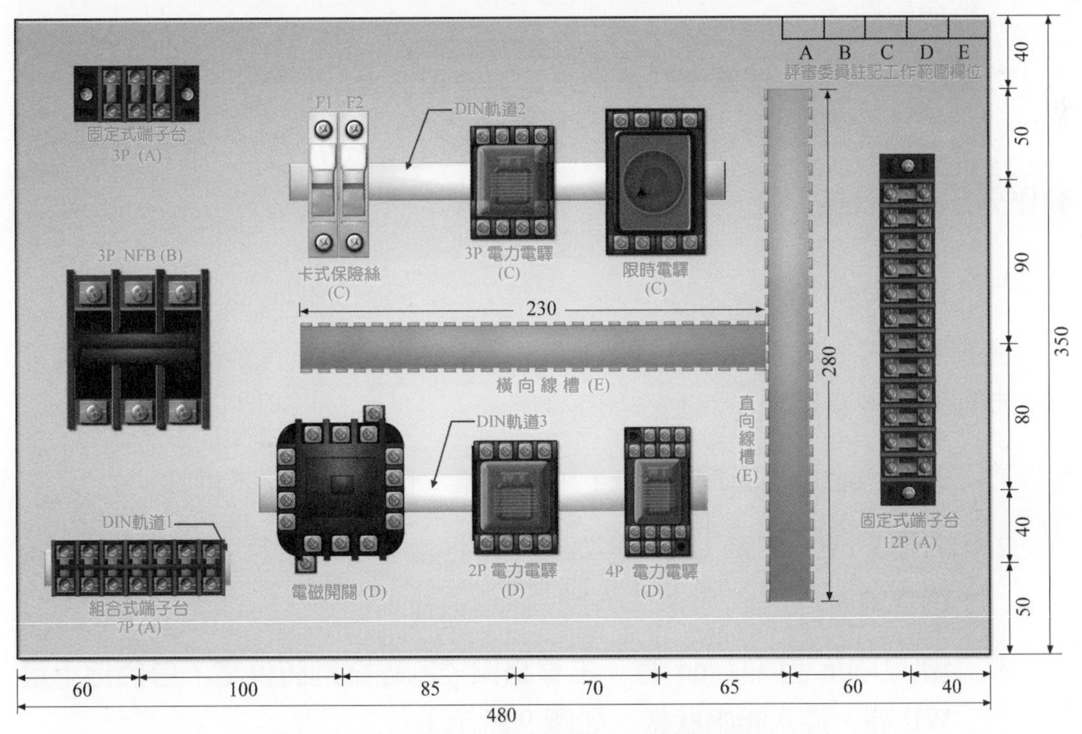

圖8　第 7 題之盤箱配置完成圖(單位為 mm)

7-2 電路解析

第 7 題「三相感應電動機正反轉控制」之動作說明如下：

1. Q1 、 Q2 各為獨立之開關，在一次側並接，當欲作運轉操作時，Q1 未 ON， 控制電源不得供電。
2. Q1 ON 主電源供電，Q2 ON 控制電源供電，電源燈 WL 亮。
3. 按 PB2，KM1 動作，電動機正轉，RL 亮； 按 PB1， KM1 斷電，電動機正轉停止，RL 熄。
4. 按 PB4， KM2 動作，電動機逆轉，GL 亮； 按 PB3， KM2 斷電，電動機逆轉停止，GL 熄。
5. 電動機過載、欠相或短路時，Q1 跳脫斷電，故障燈 YL 亮，KM1 及 KM2 均跳脫， RL、GL 熄。
6. Q1 重新送電並同時自動復歸， 故障燈 YL 熄，WL 亮， KM1、KM2 待命啟動。
7. KM1 及 KM2 間應裝有機械及電氣連鎖裝置與設計。

依據上述動作說明，進行電路解析，如圖 1 所示(7-2 頁)，第 7 題電路之動作分為四個狀態，如下：

起始狀態

主線路與控制線路為獨立電源，其中 Q1 為主線路電源斷路器，Q2 為控制線路電源斷路器，其動作如下：

1. 若 Q1 on、Q2 off 時，只主線路供電，而控制線路不供電。
2. 若 Q1 off，不管 Q2 狀態為何，不提供主線路電源，但提供控制線路電源。
3. 當 Q1 on 且 Q2 on 時，主線路與控制線路同時供電，白色指示燈 WL 亮，進入起始狀態，如圖 9 所示：

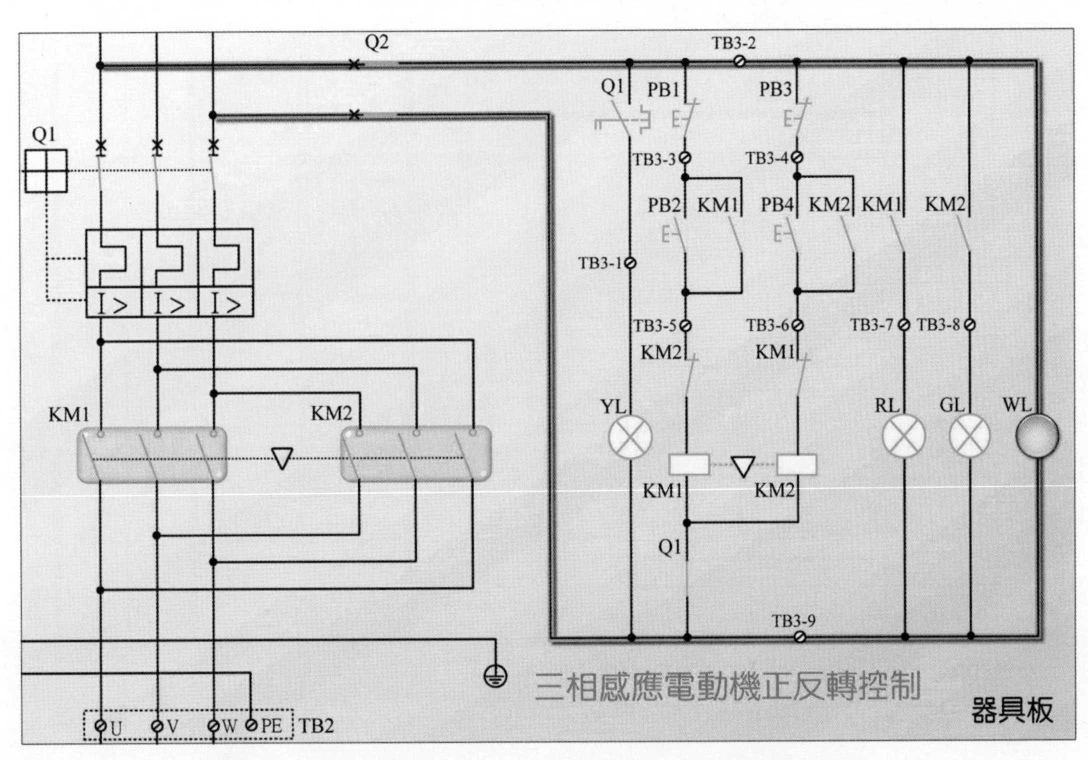

圖9　**起始狀態**(隨書光碟中的投影片附動畫動作展示)

正轉狀態

當主電路與控制電路正常供電後，動作如下：

1. 若目前不是在反轉狀態，則按 PB2 鍵，KM1 激磁(並自保持)、紅色指示燈 RL 亮，電動機進入正轉狀態，如圖 10 所示。

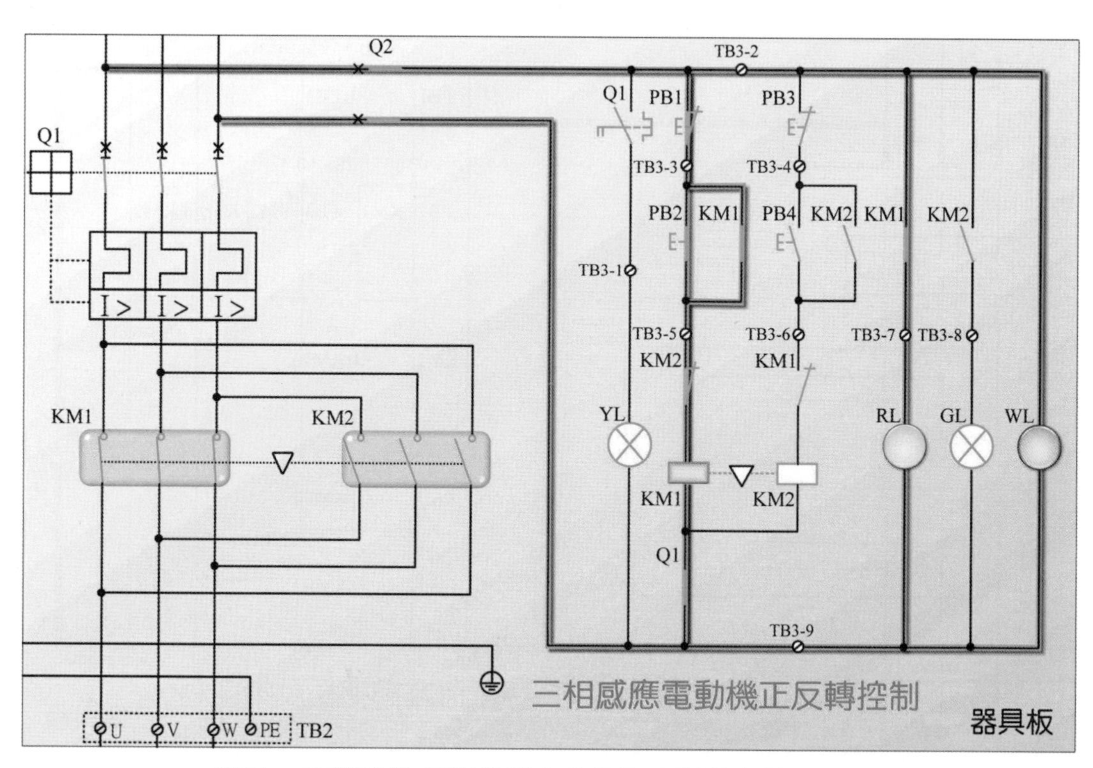

圖10　正轉狀態(隨書光碟中的投影片附動畫動作展示)

2. 進入正轉狀態後，若按 PB3 或 PB4 鍵並無作用。而按 PB1 鍵將使 KM1 電磁接觸器斷磁，電動機停止、RL 熄，回復到起始狀態。

反轉狀態

當主電路與控制電路正常供電後，動作如下：

1. 若目前不是在正轉狀態，則按 PB4 鍵，KM2 激磁(並自保持)、綠色指示燈 GL 亮，電動機進入正轉狀態，如圖 11 所示。
2. 進入反轉狀態後，若按 PB1 或 PB2 鍵並無作用。而按 PB3 鍵將使 KM3 電磁接觸器斷磁，電動機停止、GL 熄，回復到起始狀態。

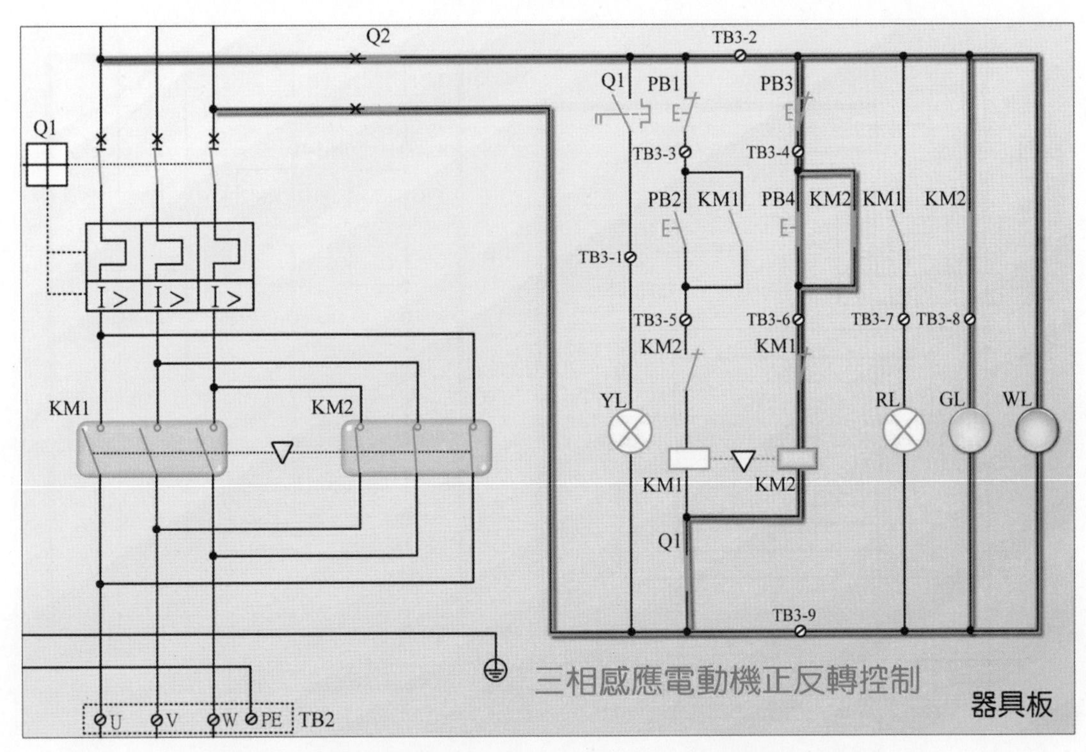

圖11　反轉狀態(隨書光碟中的投影片附動畫動作展示)

過載或短路狀態

在過載或短路狀態下，動作如下：

1. 按 Q1 跳脫斷電，黃色指示燈 YL 亮，而 KM1 與 KM2 將斷磁，其主接點也將斷開，電動機將停止供電，RL 與 GL 將熄滅，如圖 12 所示。
2. 當 Q1 重新送電，並自動復歸後，YL 將熄滅，回復起始狀態。

由於 KM1 與 KM2 具有機械式互鎖，主線路短路的機會不大。

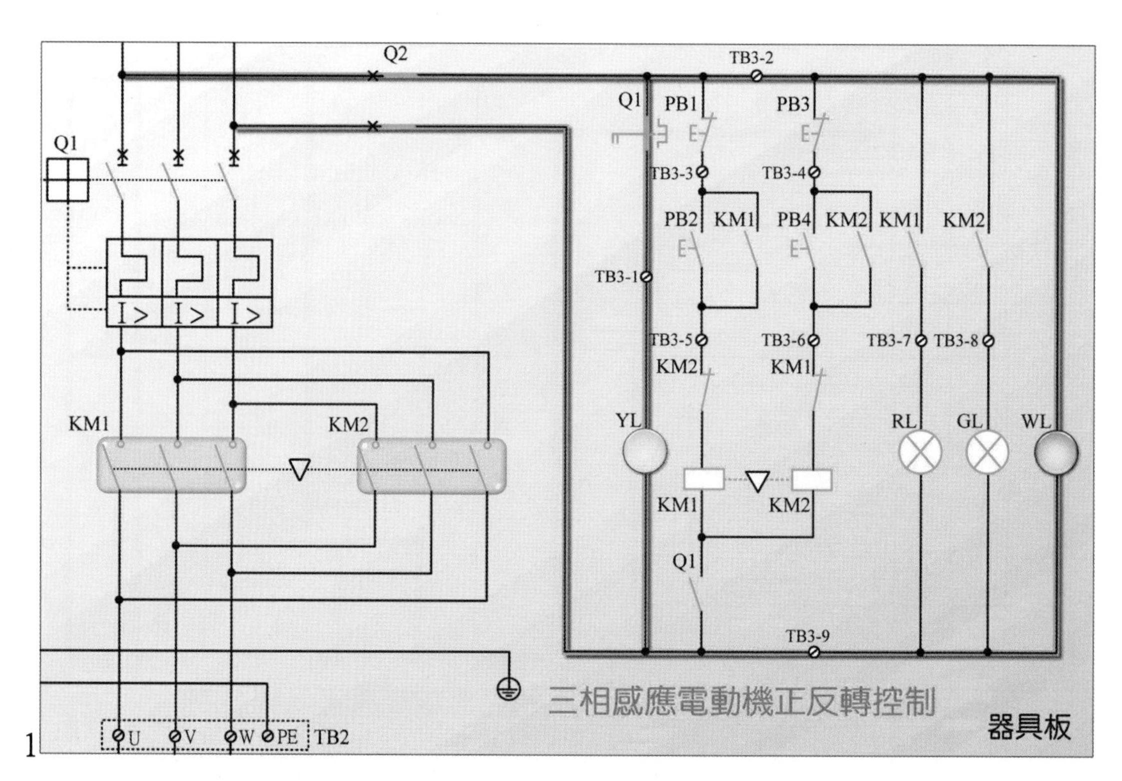

圖12 過載或短路狀態(隨書光碟中的投影片附動畫動作展示)

7-3 操作步驟

當我們了解線路的動作原理後，即可進一步探究如何讓配線更有效率！當然在開始配線檢測時，考生應先確認電源及工作電壓，還有器具是否缺損或規格不符。待檢測開始後，現場服務人員依考生註記之損壞器具，進行修護及更換，接下來的配線就事半功倍。在本題中必須施作器具裝置，按單元0-3節之基本操作技巧，參考盤箱裝置板配置圖(圖7，7-8頁)完成攻牙、鑽孔及固定器具。本題配線包括控制線、接地線與主線路等三部分，從控制線開始配線，然後接地線，最後才進行主線路的配線。操作時，請注意下列事項：

1. 配線選用之線徑：控制線(1.25mm^{2}黃色導線)、接地線(3.5mm^{2}綠色導線)，主線路(3.5mm^{2}黑色導線)。
2. 配線時將短導線置於下方，長導線置於上方，可避免相互交叉，便於束線固定。
3. 控制線於TB端子台及主線路須使用I型(針型)絕緣壓接端子；接地線須

使用 **O** 型絕緣壓接端子。

控制線之配線

首先根據器具配置圖，準備一張空白的配線圖，如圖 13 所示：

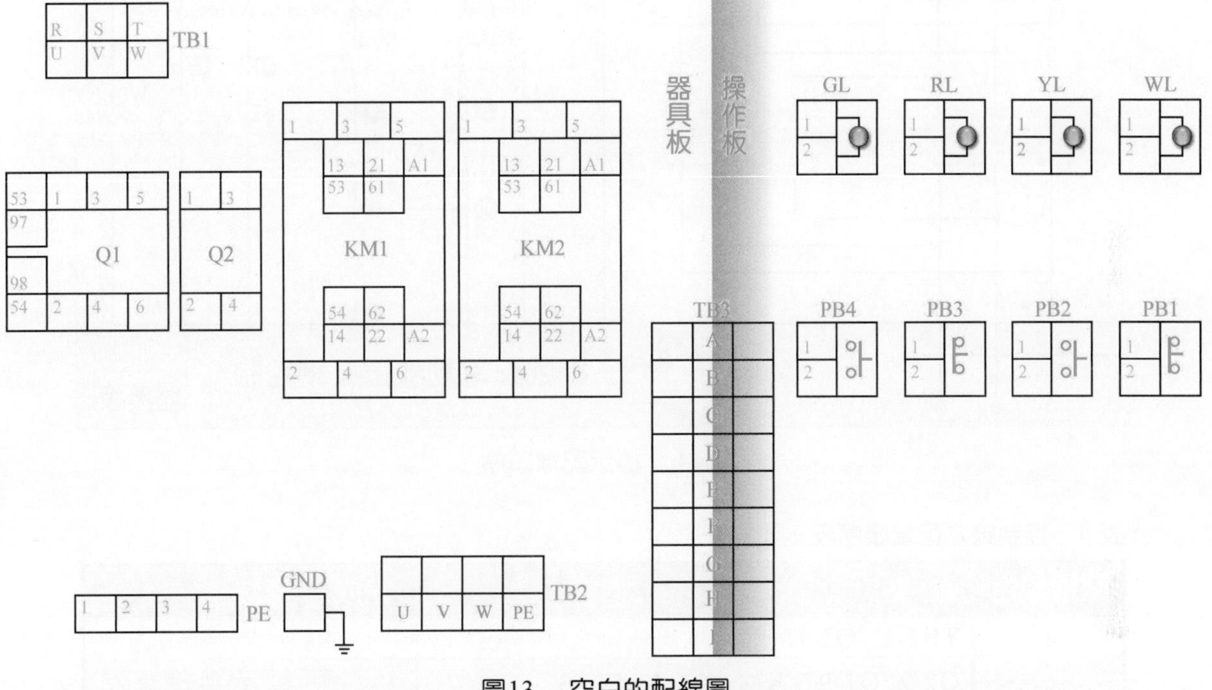

圖13　空白的配線圖

在線路圖中(圖 1，7-2 頁)，已指定 TB3-1 至 TB3-9 端子台編號，對應圖 13 所示之空白配線圖 TB3-A 至 TB3-I 端子台編號，我們將依試場指定配線順序標示數字，如圖 14 所示。而其配線順序列表，如表 4 所示，完成配線就在完成欄位打勾：

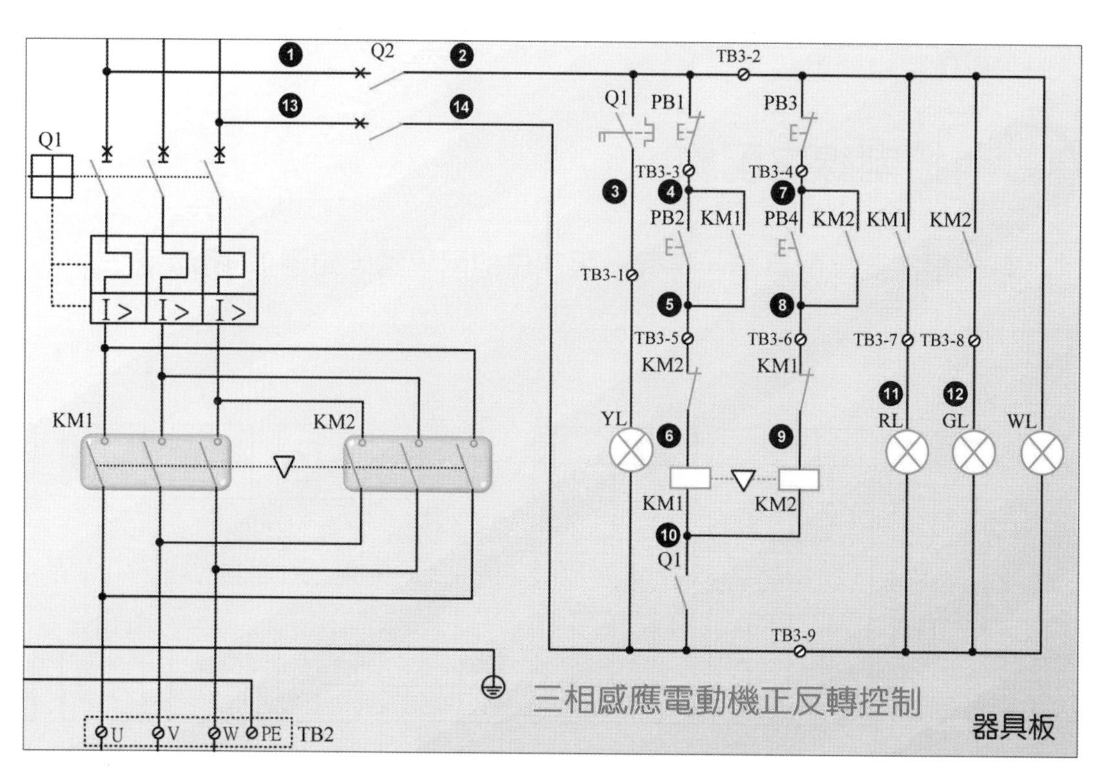

圖14　標示配線順序

表 4　控制線之配線順序表

配線順序	端點	完成	備註
1	TB1-U, Q2-1		
2	Q2-2, Q1-97, KM1-53, KM2-53, **TB3-B(TB3-2)**, WL-1, PB1-1b, PB3-1b		標示粗體為過門接線端子台
3	Q1-98, **TB3-A(TB3-1)**, YL-1		
4	KM1-13, **TB3-C(TB3-3)**, PB1-2b, PB2-1a		
5	KM1-14, KM2-21, **TB3-E(TB3-5)**, PB2-2a		
6	KM2-22, KM1-A1		
7	KM2-13, **TB3-D(TB3-4)**, PB3-2b, PB4-1a		
8	KM2-14, KM1-21, **TB3-F(TB3-6)**, PB4-2a		
9	KM1-22, KM2-A1		
10	KM1-A2, KM2-A2, Q1-53		
11	KM1-54, **TB3-G(TB3-7)**, RL-1		
12	KM2-54, **TB3-H(TB3-8)**, GL-1		
13	TB1-W, Q2-3		
14	Q2-4, Q1-54, **TB3-I(TB3-9)**, WL-2, YL-2, RL-2, GL-2		

緊接著根據配線順序編號，在此空白的配線圖上，相對位置標示順序編

號，如圖 15 所示。

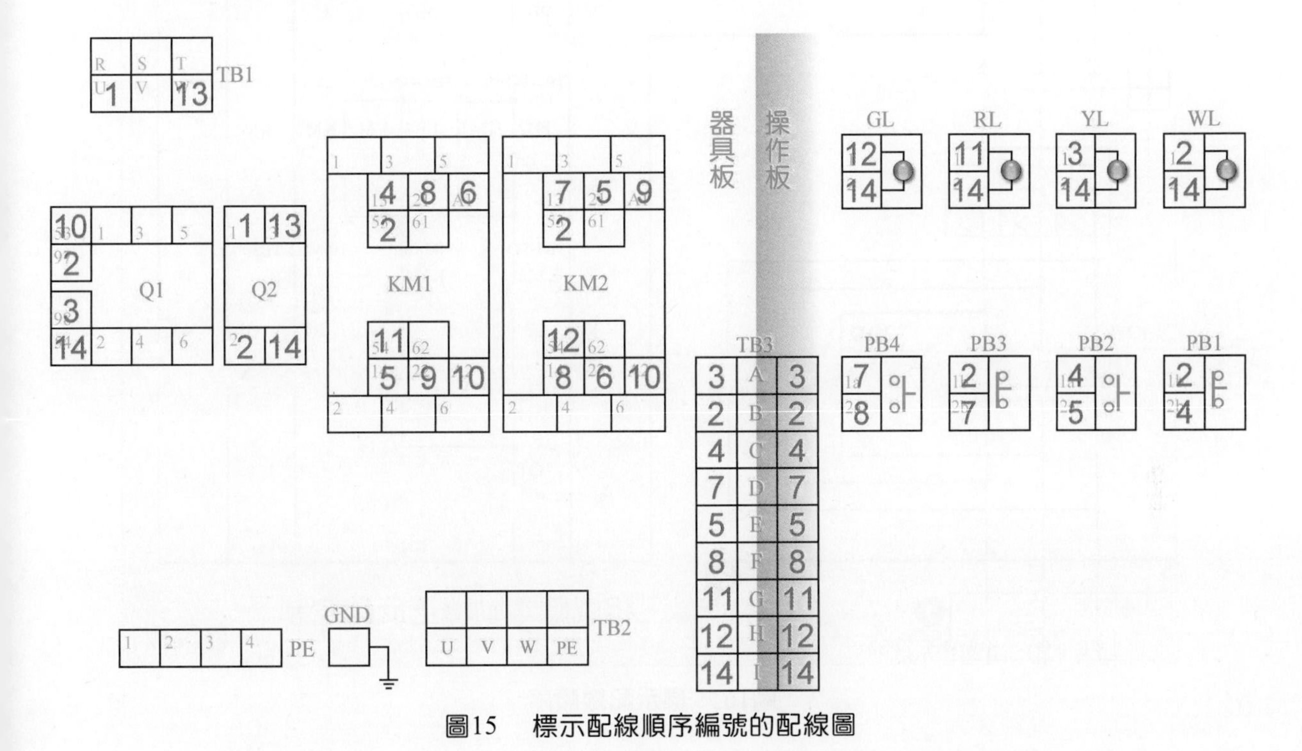

圖15　標示配線順序編號的配線圖

完成上述準備工作後，即可按圖 15，進行控制線的配線練習。

接地線之配線

在線路圖中(圖 1，7-2 頁)，我們將依配線順序標示數字，如圖 16 所示。而其配線順序列表，如表 5 所示，完成配線就在完成欄位打勾：

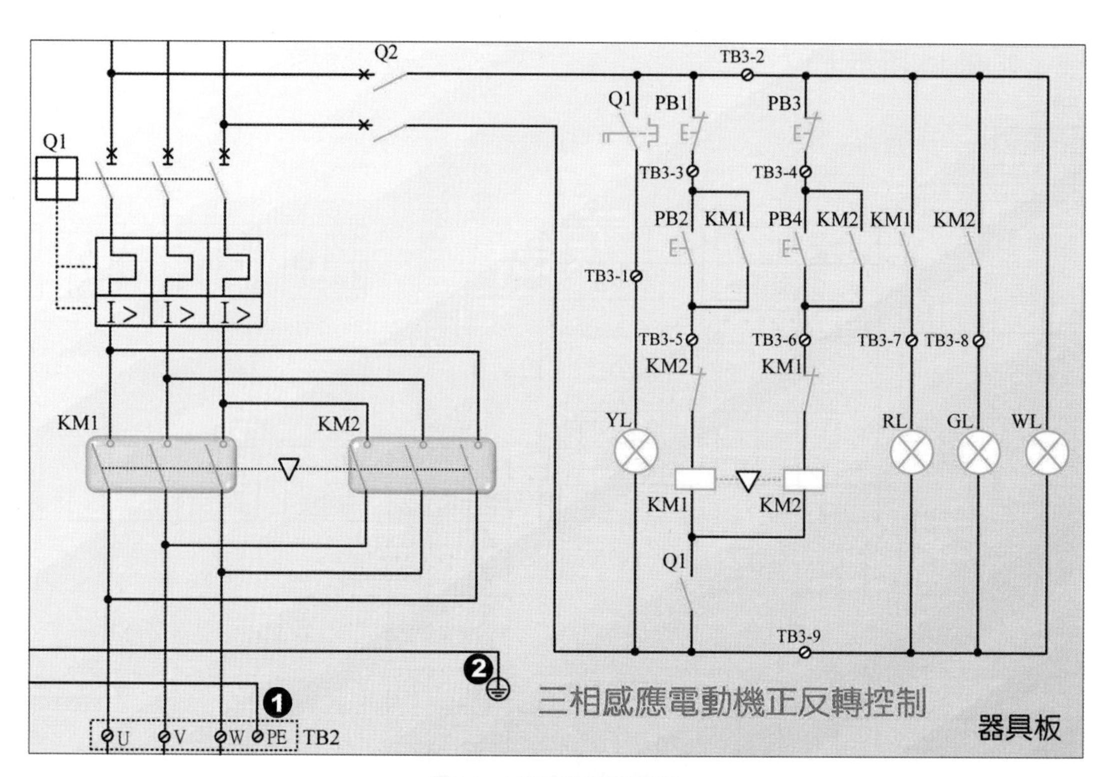

圖16　標示配線順序

表 5　接地線之配線順序表

配線順序	端 點	完成	備註
1	TB2-PE, PE-1		
2	GND, PE-2		

緊接著，根據配線順序編號，在此空白的配線圖上，相對位置標示順序編號，如圖 17 所示。

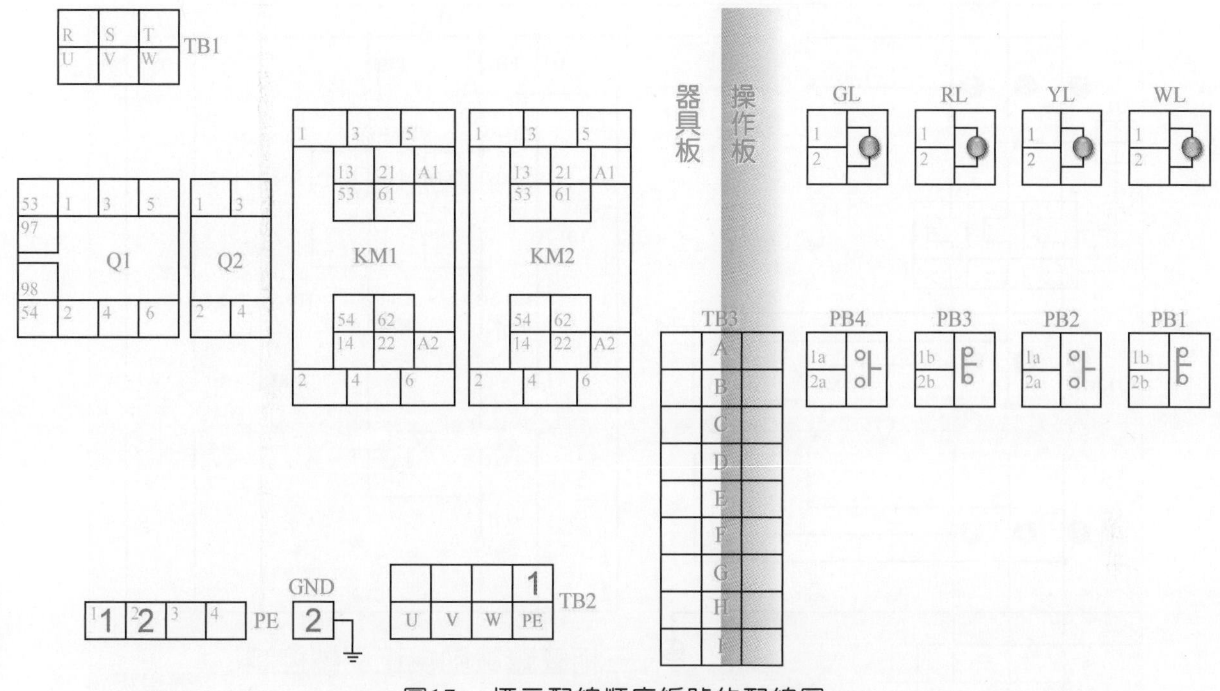

圖17 標示配線順序編號的配線圖

完成上述準備工作後，即可按圖 17，進行接地線的配線練習，如圖 18 所示為實體接地圖。

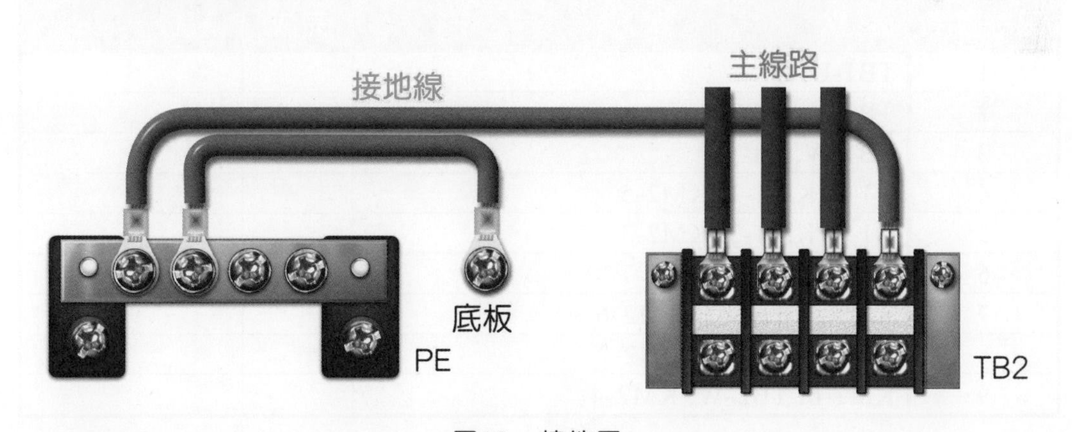

圖18 接地圖

主線路之配線

在線路圖中(圖 1，7-2 頁)，我們將依配線順序標示數字，如圖 19 所示。而其配線順序列表，如表 6 所示，完成配線就在完成欄位打勾：

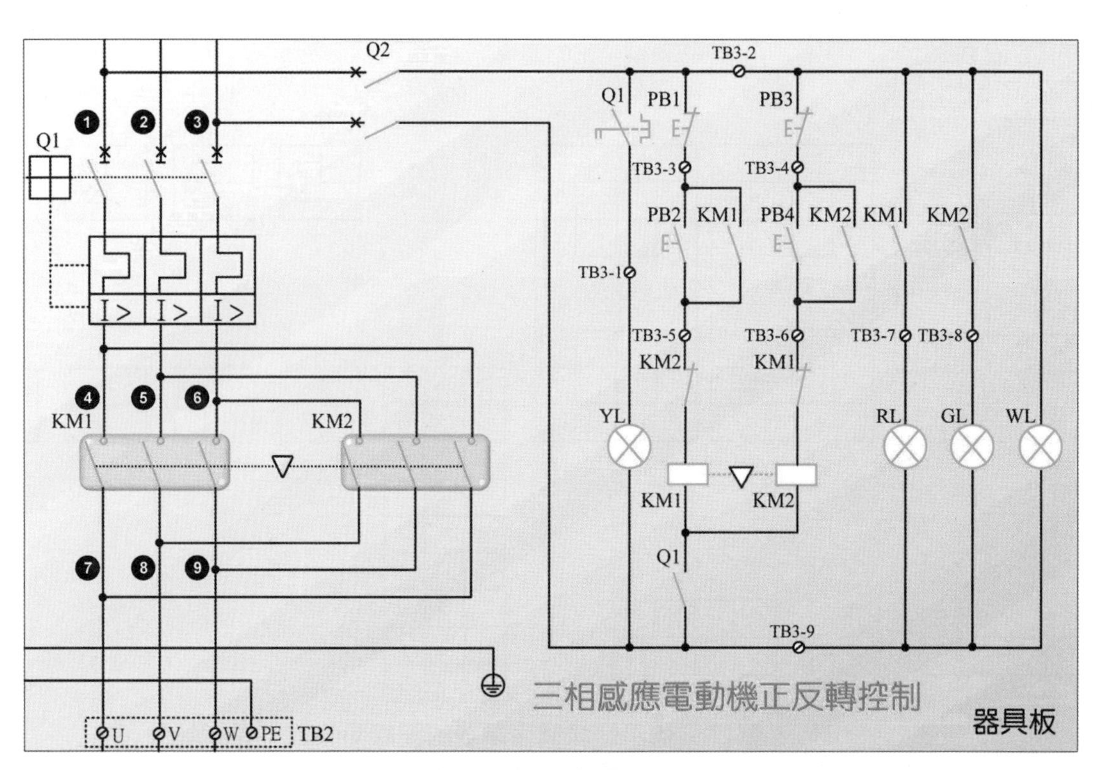

圖19　標示配線順序

表 6　主線路之配線順序表

配線順序	端　點	完成	備註
1	TB1-U, Q1-1		
2	TB1-V, Q1-3		
3	TB1-W, Q1-5		
4	Q1-2, KM1-1, KM2-5		
5	Q1-4, KM1-3, KM2-3		
6	Q1-6, KM1-5, KM2-1		
7	KM1-2, TB2-U, KM2-6		
8	KM1-4, TB2-V, KM2-2		
9	KM1-6, TB2-W, KM2-4		

緊接著，根據配線順序編號，在此空白的配線圖上，相對位置標示順序編號，如圖 20 所示。

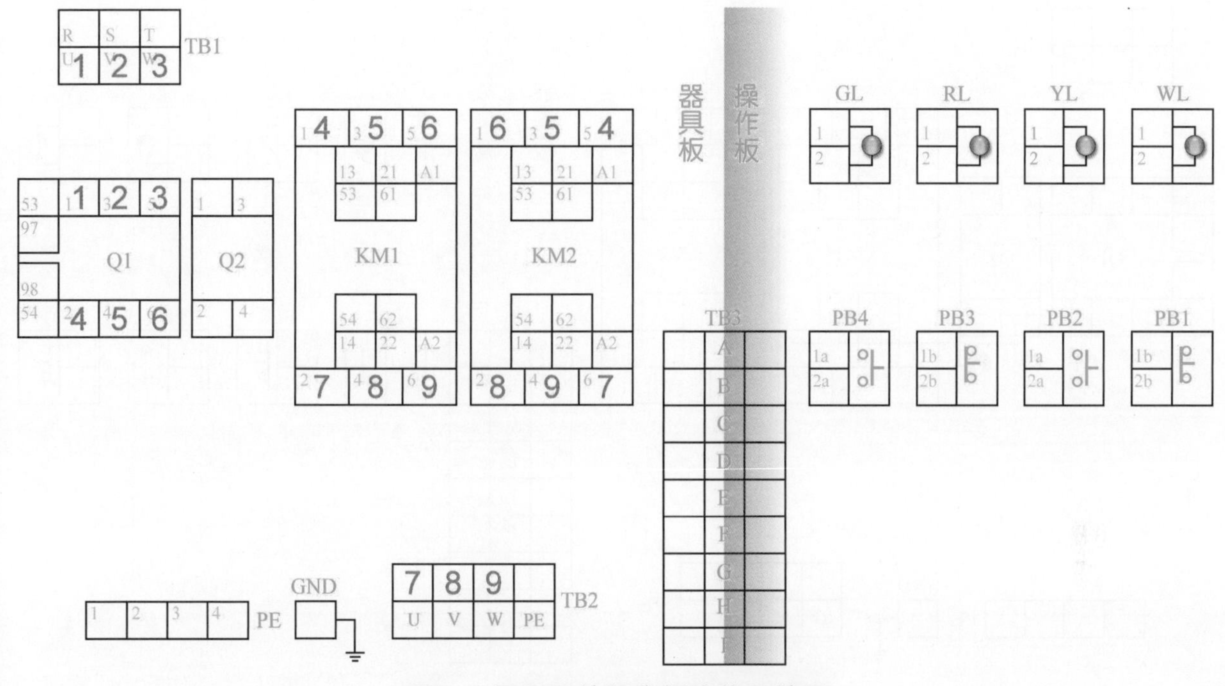

圖20　標示配線順序編號的配線圖

完成上述準備工作後，即可按圖 20，進行主線路的配線練習。

紙上配線練習

如圖 21 所示為紙上配線練習器具板，請按前述之配線順序，直接在圖中以畫線方式代替實際配線，如此將可熟悉配線路徑與建立整體概念。

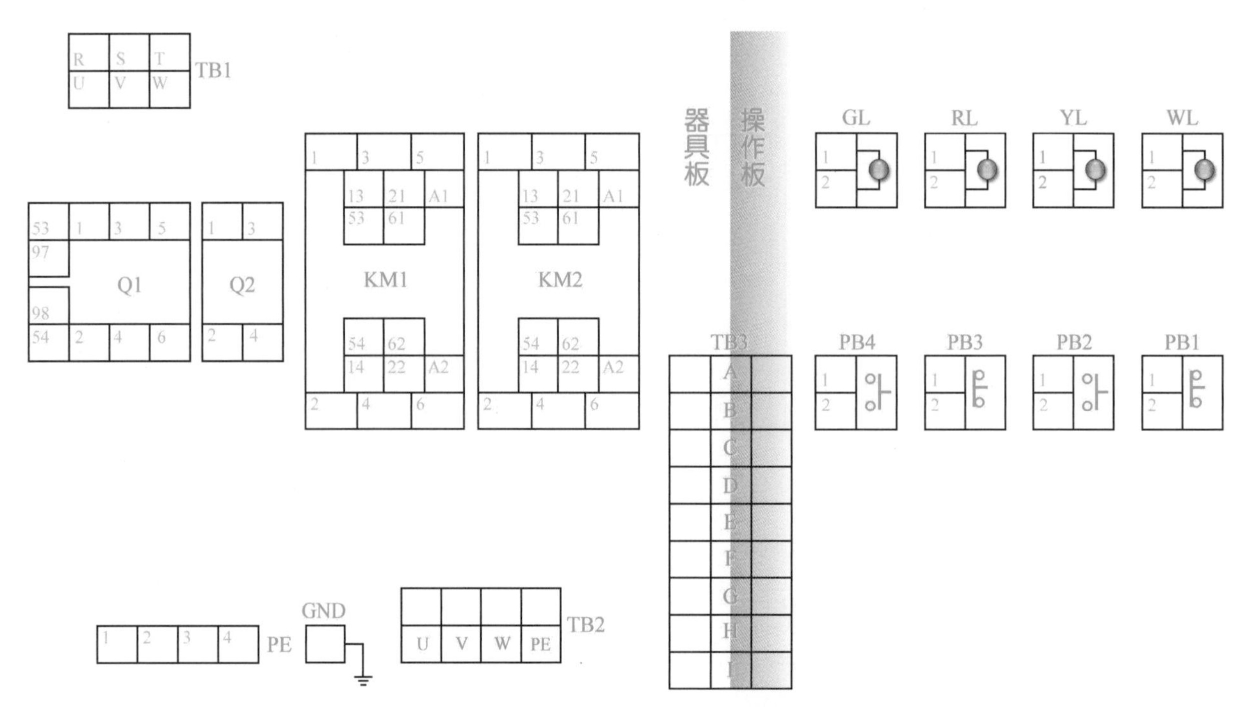

圖21　紙上配線練習之器具板

經多次練習後，若可在 10 分鐘之內，完成紙上配線(含控制線、接地線與主線路)，即可進入真實配線練習，如此將可使真實配線練習的速度與正確性大為提升。

7-4 自主檢查

當我們完成配線後(如圖 22)，必須經過自主檢查，包括靜態測試與動態測試等，如下說明：

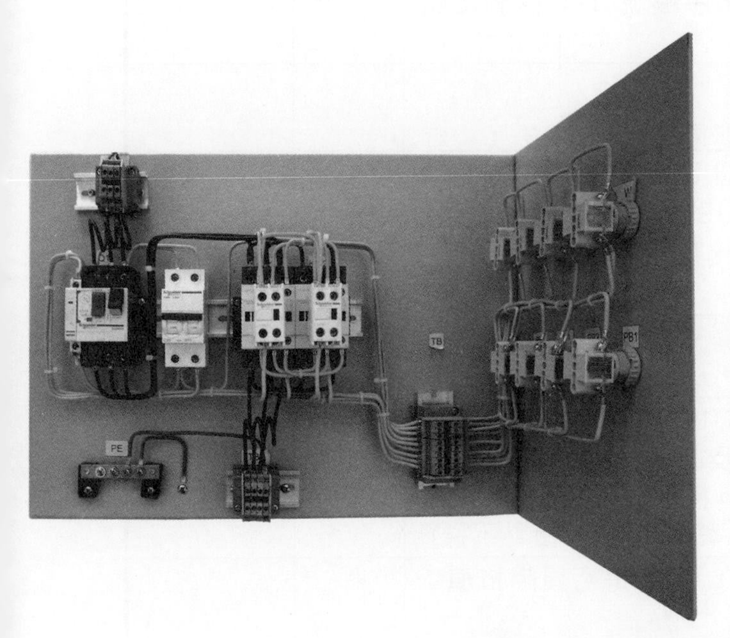

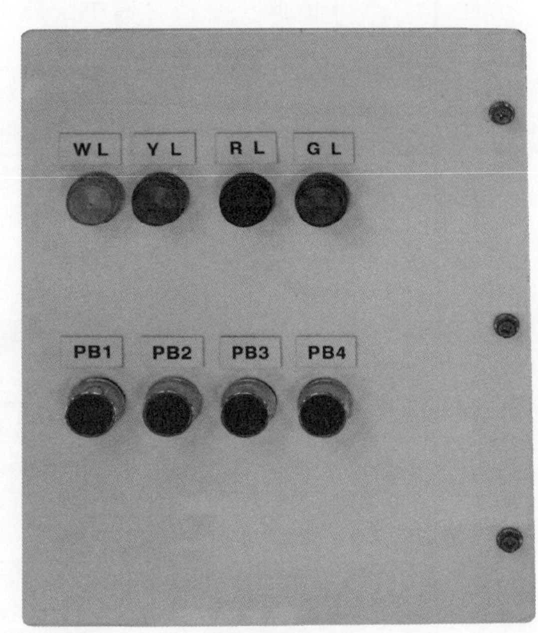

圖22　完成照片(含操作板)

靜態測試

靜態測試為未送電前，以三用電表歐姆檔位檢測器具及線路接點是否短路及斷路，並按下列表 7 所示之工作項目完成：

表 7　靜態測試檢測項目

編號	檢測項目	完成	備註
1	依據控制線之標示配線順序編號 1-14 檢測接點是否完全連接。		
2	依據接地線之標示配線順序編號 1-2 檢測接點是否完全連接。		
3	依據主線路之標示配線順序編號 1-9 檢測接點是否完全連接。		
4	檢測斷路器 Q2 是否良好。 (Q2 ON，電源側、負載側短路)		
5	利用按壓電磁接觸器按鈕 KM1、KM2，檢測常閉(b 接點)及常開(a 接點)接點，是否正常動作。(未動作：a 接點斷路，b 接點短路。動作：a 接點短路，b 接點斷路)		
6	檢測按鈕開關 PB1、PB2、PB3、PB4，常閉及常開接點是否正常動作。		
7	檢測電動機保護斷路器 Q1 在開啟、關閉及故障測試時，瞬時常開接點及故障常開接點是否正常動作。(Q1 ON，瞬時 a 接點 53-54 導通；故障測試，故障 a 接點 97-98 導通，瞬時 a 接點不通)		
8	檢測指示燈 WL、YL、RL、GL 是否具阻抗值。 (指示燈故障一：接點短路，阻抗值為零；故障二：接點斷路，無法測得阻抗值)		
9	檢測電動機保護斷路器 Q1，負載側是否短路；並操作按鈕開關 PB1、PB2、PB3、PB4，測試負載側是否同樣有短路現象。(若短路請勿進行以下動態測試，重新靜態測試檢測)		

動態測試

動態測試為自行通電檢測，考生切記，確實完成靜態測試後，經由監評老師認可，才能進行通電，如發生短路兩次(含)，將評為重大缺點並以不合格論。此階段動態測試之檢測，依據 7-2 電路解析流程，按下列表 8 所示之工作項目完成，以三用電表電壓檔位檢測各項器具是否供電正常動作，未供電請重新檢測靜態測試項目，若器具有供電未動作，請檢測器具是否故障。

表 8　動態測試檢測項目

編號	檢測項目	完成	備註
1	檢測電動機保護斷路器 Q1 電源側是否正常供電。		
2	斷路器 Q1、Q2 各為獨立之開關，在一次側並接，當欲作運轉操作時，Q1 未 ON，控制電源不得供電。		
3	開啟斷路器 Q1 主電源供電後，再開啟 Q2 控制電源供電，WL 亮。		WL 亮
4	按 PB2，KM1 動作，電動機正轉，RL 亮。		WL 亮 RL 亮
5	按 PB1，KM1 斷電，電動機正轉停止，RL 熄。		WL 亮
6	按 PB4，KM2 動作，電動機逆轉，GL 亮。		WL 亮 GL 亮
7	按 PB3，KM2 斷電，電動機逆轉停止，GL 熄。		WL 亮
8	電動機過載或短路時，Q1 跳脫斷電，故障燈 YL 亮，KM1、KM2 均跳脫，RL、GL 熄。 (過載及短路測試，可操作斷路器 Q1 的測試 Test 鍵)		WL 亮 YL 亮
9	Q1 重新送電並同時自動復歸，故障燈 YL 熄，KM1、KM2 待命啟動。		WL 亮
10	KM1 及 KM2 間應裝有機械及電氣連鎖裝置與設計。		

動態測試符合待檢測項目後，利用束線整理導線，完工後舉手，請監評老師到場評分 OK 後，要有禮貌向監評老師說聲謝謝、辛苦了。檢定評審表上簽名後，開始輕聲整理場地(切記廢棄物自行帶走)及收拾自己的工具物品等，完成後，向監評老師及場地服務人員點頭示意輕聲離開檢定場，恭喜您已邁向工業配線丙級證照的一大步了，一切的努力總算沒有白費了。

Yiher
Industrial Wiring
Skills Certification Express

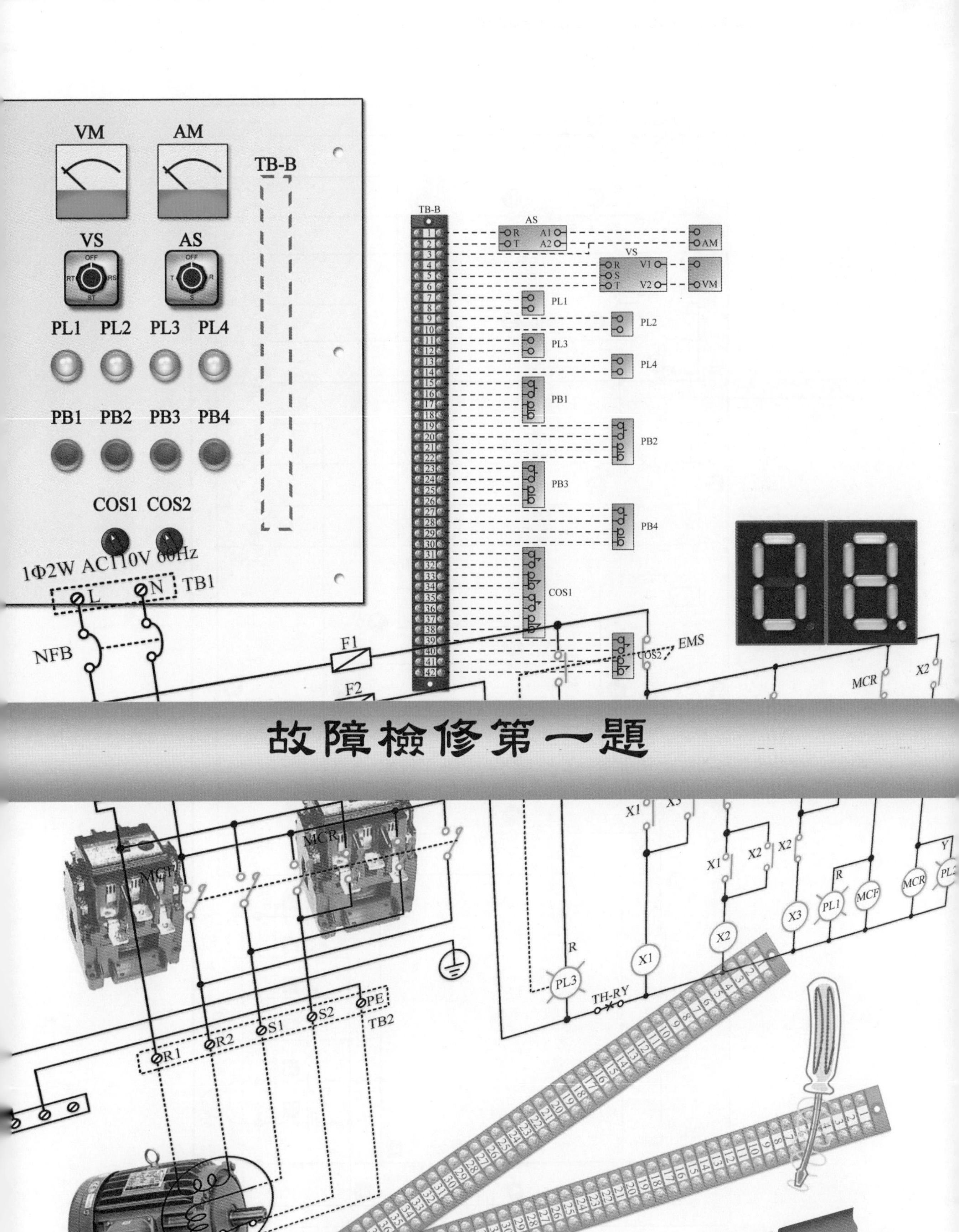
VM
AM
VS
AS
PL1 PL2 PL3 PL4
PB1 PB2 PB3 PB4
COS1 COS2
TB-B
1Φ2W AC110V 60Hz
TB1
NFB
F1
F2
EMS
MCR
MCF
X1
X2
X3
PL3
TH-RY
R1 R2 S1 S2 PE
TB2

故障檢修第一題

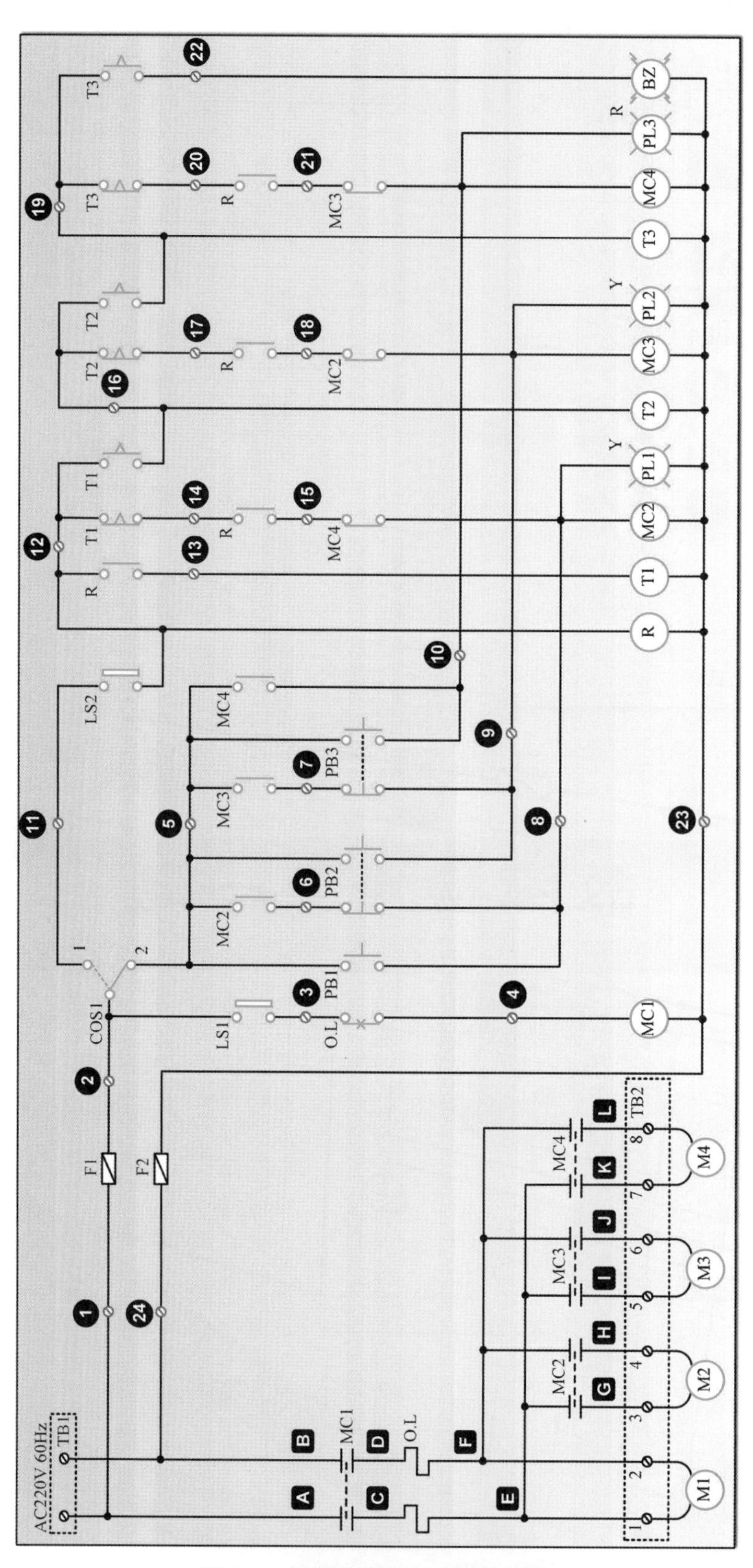

圖1　故障檢修第 1 題線路圖

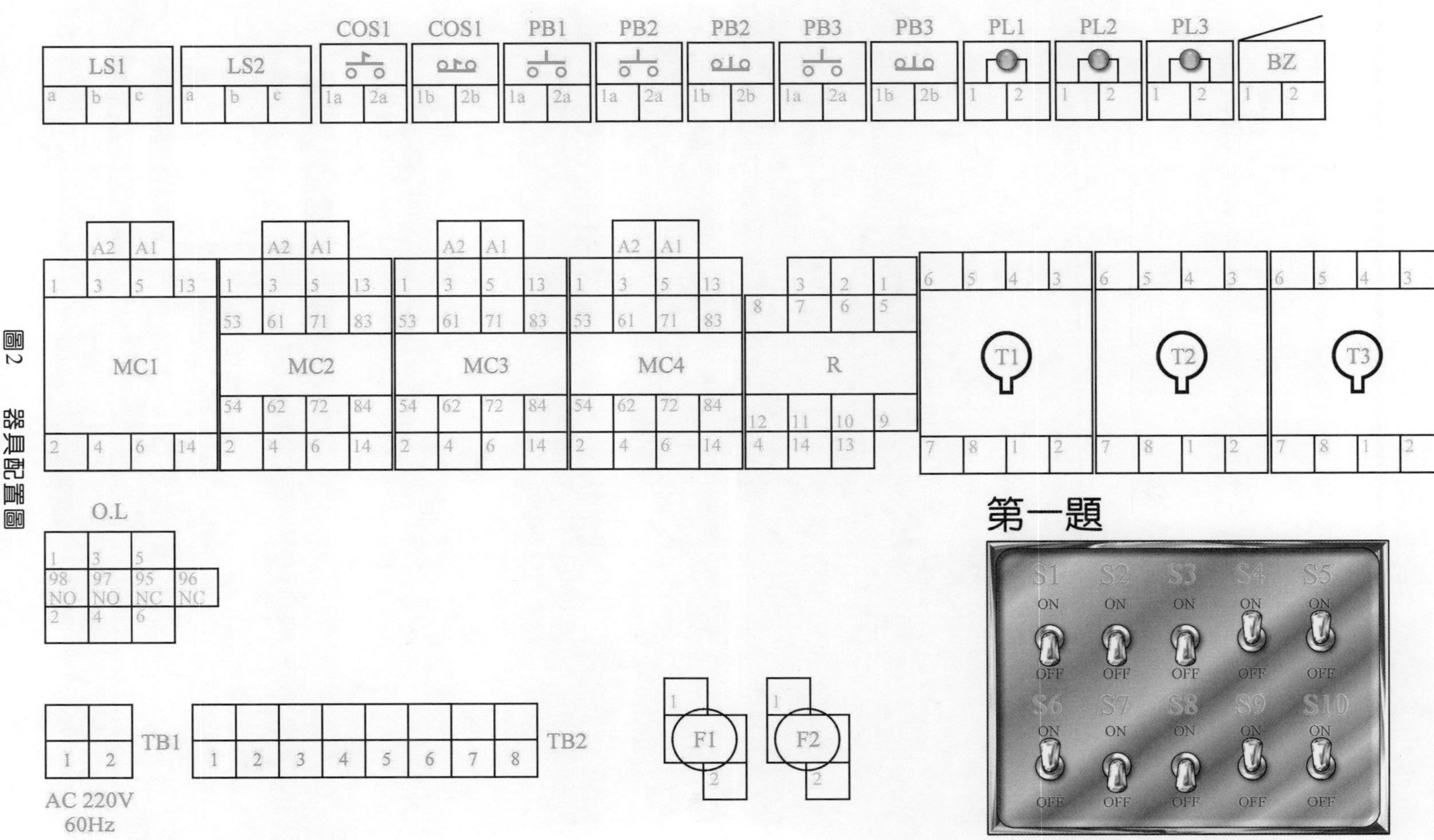
COS1
COS1
PB1
PB2
PB2
PB3
PB3
PL1
PL2
PL3
LS1
LS2
BZ
MC1
MC2
MC3
MC4
R
T1
T2
T3
O.L
第一題
S1
S2
S3
S4
S5
S6
S7
S8
S9
S10
ON
OFF
TB1
TB2
F1
F2
AC 220V
60Hz

圖2　器具配置圖

8-1 認識題目

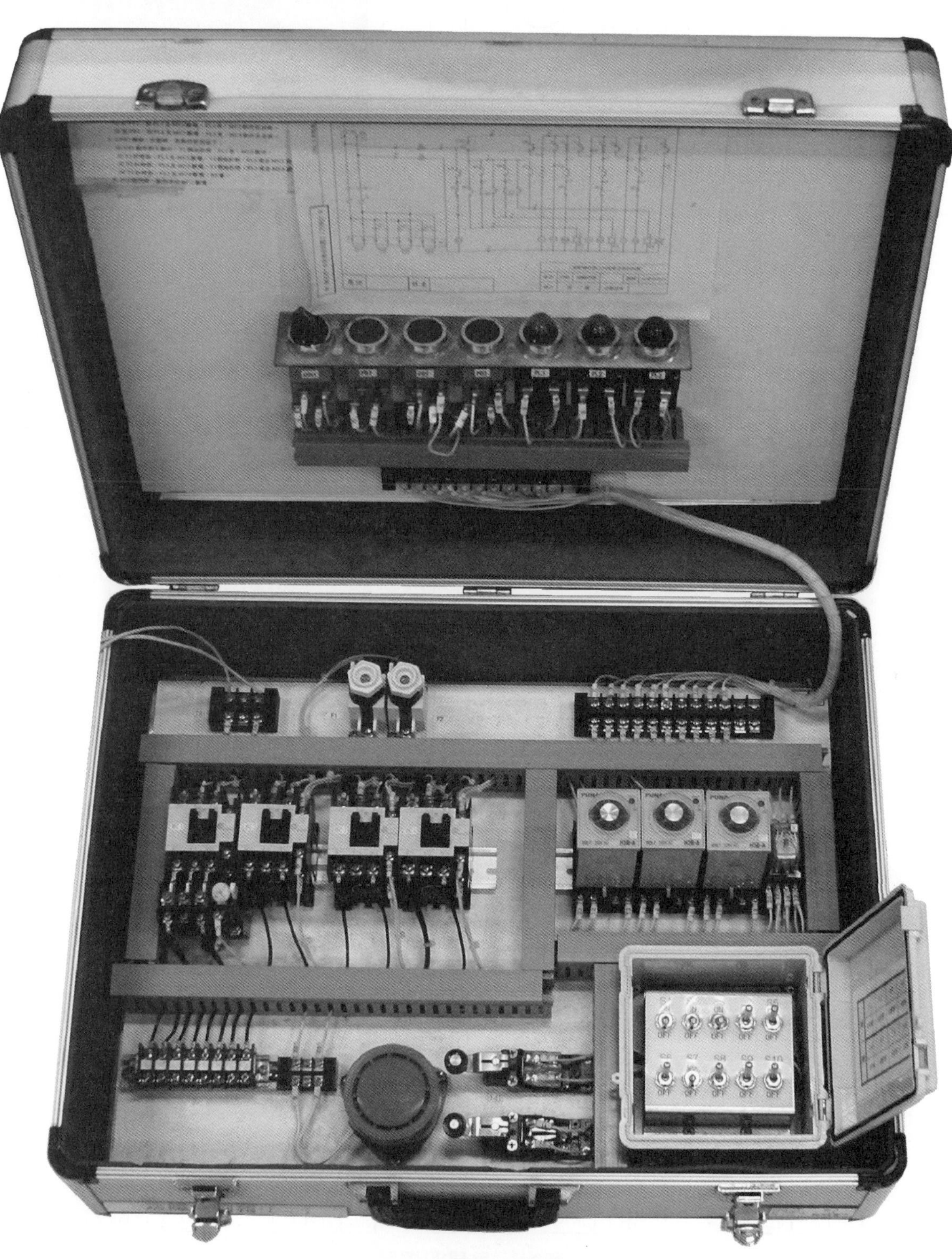

圖3　故障檢修題相片

如圖 1 所示為工業配線丙級術科故障檢修第 1 題之線路圖，而圖 2、3 分別為器具配置圖與相片(各檢定場地不會完全一樣)，其中標示 1 到 24 與 A 到 L 為檢測點。本題目分為器具板與操作板兩部份，每部份之材料，如表 1 與表 2 所示：

表 1　故障檢修第 1 題的器具板之材料表

項目	名　稱	規　格	單位	數量	備註
1	器具板		片	1	如做成箱型可免除
2	電磁接觸器	AC220V/20A	只	4	輔助接點 MC1 不需要 MC2-MC4 1a1b
3	積熱型過載保護電驛	TH-18	只	1	
4	栓型保險絲	3A 附座	只	2	
5	輔助電驛	220 VAC 4c 接點	只	1	
6	限時電驛	220 VAC 通電延時型	只	3	延時 1c
7	限制開關	輪動式 1a 接點	只	2	LS1-LS2
8	蜂鳴器	220 VAC	只	1	
9	端子台	3P 20A	只	1	TB-1
10	端子台	8P 20A	只	1	TB-2
11	過門端子台	20P 20A	只	1	TB-A 箱型裝設可省略

表 2　故障檢修第 1 題的操作板之材料表

項目	名　稱	規　格	單位	數量	備註
1	操作板		片	1	
2	指示燈	220VAC 30 mm ϕ	只	3	PL1-PL3
2	按鈕開關	220VAC 30 mm ϕ	只	3	PB1 1a PB2-PB3 1a1b
3	切換開關	30 mm ϕ 1a1b	只	1	COS1 二段式
4	過門端子台	20P 20A	只	1	TB-B 箱型裝設可省略

8-2 電路解析

如圖 1 所示，當電路正常動作，如下說明：

1. 在 OL 正常狀況下，LS1 動作時，MC1 將動作。
2. 當 COS1 轉到 2 位置時為手動模式，其動作狀況如下：
   (1) 按 PB1，則 PL1 亮、MC2 動作且自保持。
   (2) 按 PB2，則 PL1 及 MC2 斷電，PL2 亮、MC3 動作且自保持。
   (3) 按 PB3，則 PL2 及 MC3 斷電，PL3 亮、MC4 動作且自保持。
3. 當 COS1 轉到 1 位置時為自動模式，其動作狀況如下：
   (1) LS2 動作則 R 動作，T1 開始計時，PL1 亮、MC2 動作。
   (2) T1 計時到達設定時間時，PL1 及 MC2 斷電，T2 開始計時，PL2 亮且 MC3 動作。
   (3) T2 計時到達設定時間時，PL2 及 MC3 斷電，T3 開始計時，PL3 亮且 MC4 動作。
   (4) T3 計時到達設定時間時，PL3 及 MC4 斷電，BZ 響起。
4. 當 OL 動作時，原本動作中的 MC1 將斷電。

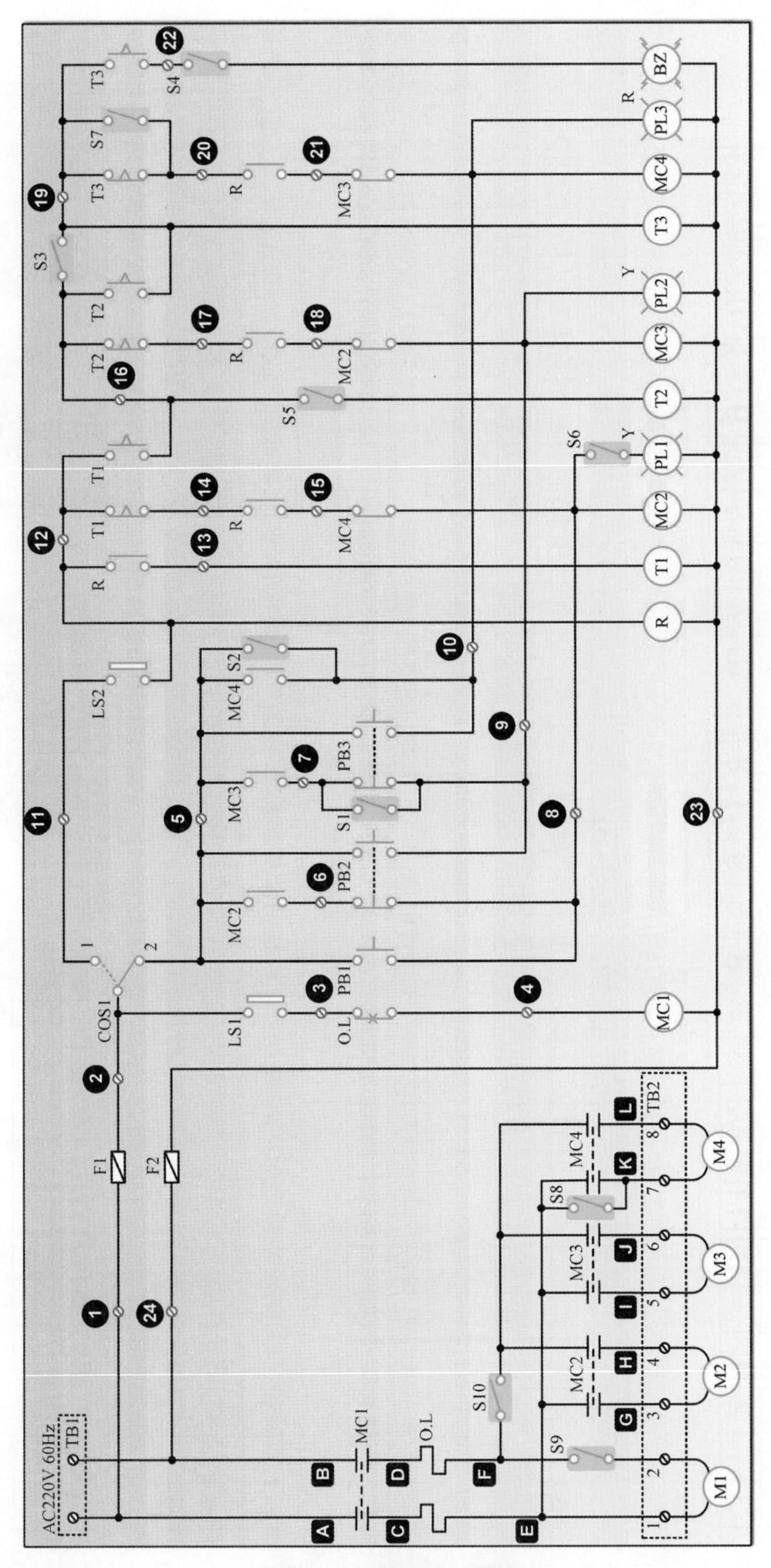

圖4　故障點之設置

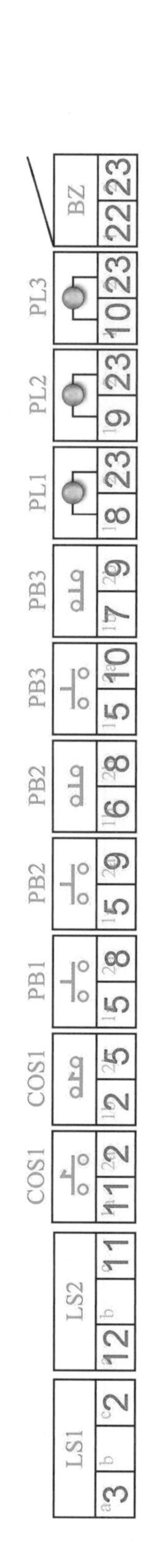

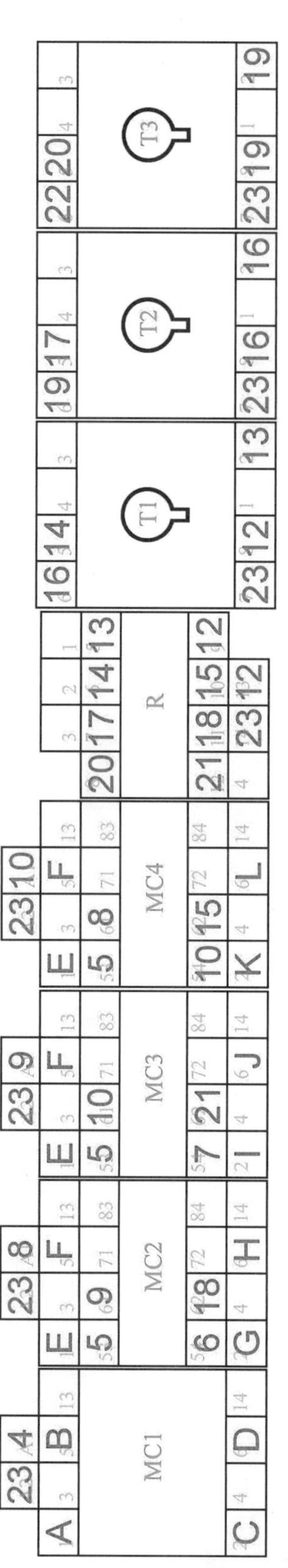

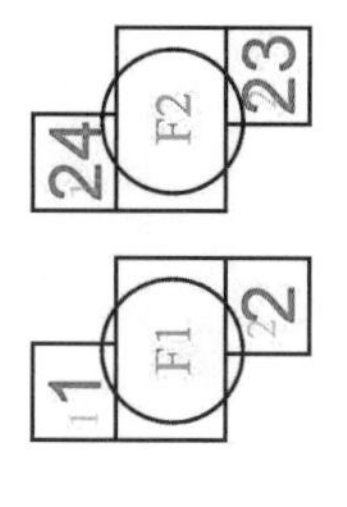

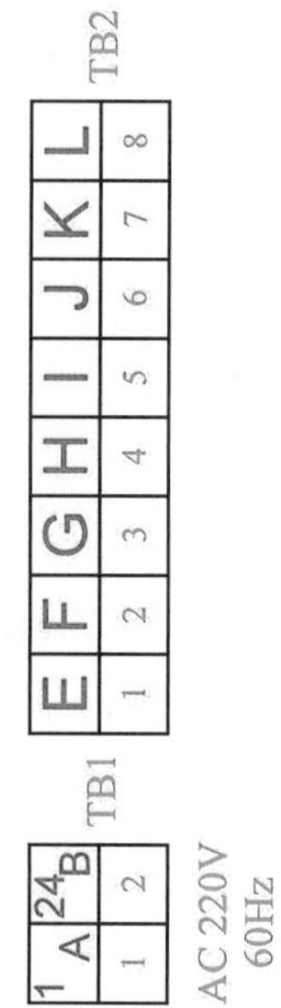

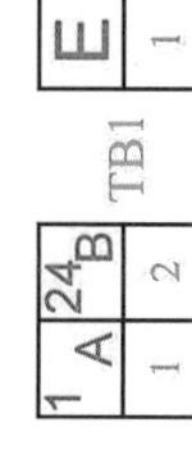

第一題

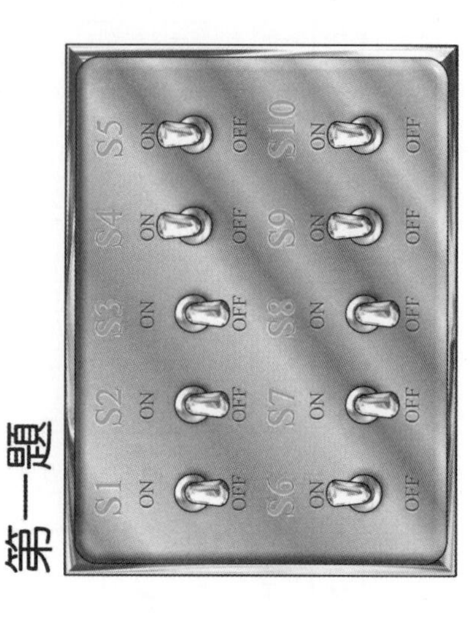

圖5　檢測端點編號

8-3 檢修技巧與方法

本題目設置 10 個故障點，分別由 S1~S10 所構成，如圖 4 所示。基本上，故障點的設置，可分為開關串聯式與開關並聯式兩種，如下說明：

開關串聯式故障點

「開關串聯式故障點」是將開關與線路串聯，稱為 **B** 型故障點**(Type B)**。正常時，線路導通；故障時，線路斷路，造成其所連接的裝置無法動作，即電驛不能激磁或指示燈不亮等狀況。如圖 6 所示，從圖 4 中擷取一個串聯式故障點：

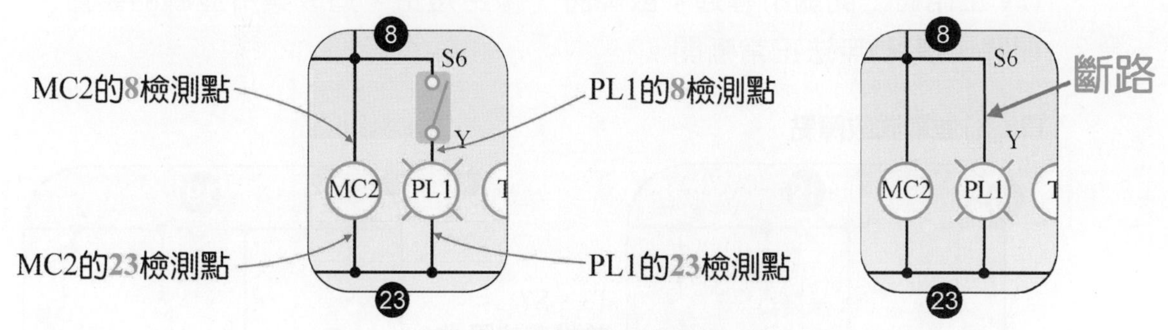

圖6　串聯式故障點範例及故障點標示方式

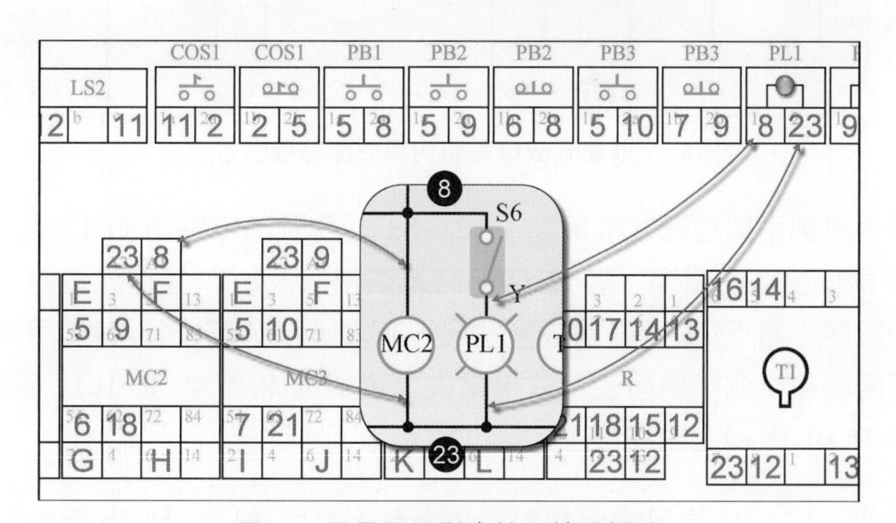

圖7　器具配置對應檢測端點編號

其中包括 **8** 與 **23** 兩個檢測點，而在 **8** 檢測點上設置一個串聯式故障點 **S6**，當 **S6** ON 時為正常狀況，MC2 與 PL1 同步動作。當 **S6** OFF 時為

故障狀況，MC2 可正常動作，但 PL1 不會亮。若要採用靜態檢測，則可使用三用電表之歐姆檔(R×1 或 R×10)，量測 MC2 的 8 檢測點與 PL1 的 8 檢測點，如圖 7 所示。

若三用電表導通，表示 S6 ON，屬正常；若三用電表不導通，表示 S6 OFF，則可能是 PL1 上方開路，或 MC2 上方開路。若再量測 PL1 的 8 檢測點與其他器具上的 8 檢測點，若三用電表導通，表示 MC2 上方開路；若三用電表不導通，表示 PL1 上方開路。

開關並聯式故障點

「**開關並聯式故障點**」是將開關與裝置並聯，稱為 A 型故障點(Type A)。正常時，開關不導通；故障時，線路短路，造成其所並聯的裝置(開關、接點)無法正常斷開。

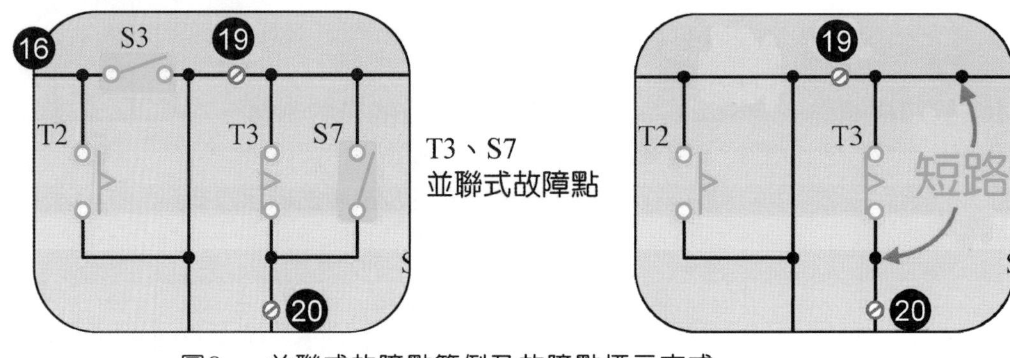

圖8　並聯式故障點範例及故障點標示方式

其中包括兩組並聯式故障點，T2、S3 並聯式故障點可從 T2 的 16 與 19 兩個檢測點量測，當 S3 OFF 時為正常狀況，T2 延時 a 接點具有預期功能。當 S3 ON 時為故障狀況，T2 延時 a 接點將沒有作用。若要採用靜態檢測，則可使用三用電表之歐姆檔(R×1 或 R×10)，量測 T2 的 16 與 19 檢測點即可，如圖 9 所示。

另外，T3、S7 是另一組並聯式故障點，其中 T3 為延時 b 接點，使用三用電表歐姆檔量測之前，必須先將 T3 計時器取下，否則無法量出 S3 的狀態。

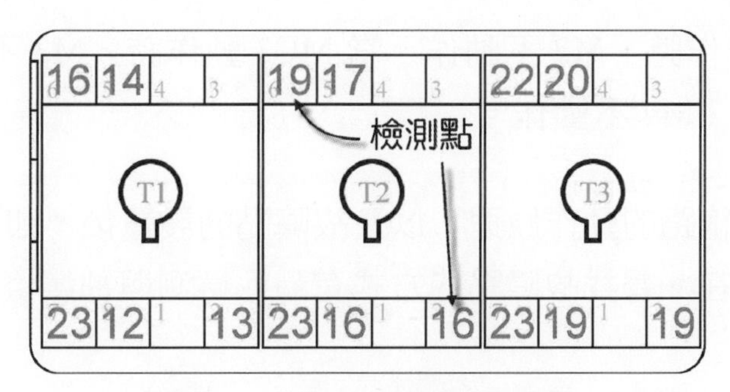

圖9 並聯式故障點之檢測

在此線路的 10 個故障點之中，如圖 4 與圖 5 所示，其型式與影響如下說明：

- S1 為 **Type A** 型故障點，與 PB3 按鈕開關並聯。其影響是當按 PB3 按鈕時，不能使 MC3 斷電、PL2(黃色指示燈)滅。
- S2 為 **Type A** 型故障點，與 MC4 之輔助 A 接點並聯。其影響是當不按 PB3 按鈕時，MC4 仍能動作、PL3(黃色指示燈)保持亮。
- S3 為 **Type A** 型故障點，與 T2 延時 a 接點並聯。其影響是當 T1 延時 a 接點動作時，T3 計時器即動作。
- S4 為 **Type B** 型故障點，與 BZ 蜂鳴器串聯。其影響是當 T3 延時 a 接點動作時，BZ 不會響。
- S5 為 **Type B** 型故障點，與 T2 計時器串聯。其影響是當 T1 延時 a 接點動作時，T2 計時器不動作。
- S6 為 **Type B** 型故障點，與 PL1(黃色指示燈)串聯。其影響是當 MC2 動作時，PL1 不亮。
- S7 為 **Type A** 型故障點，與 T3 延時 b 接點並聯。其影響是當 T3 延時 b 接點動作後，MC4 仍能動作、PL3(紅色指示燈)保持亮。
- S8 為 **Type A** 型故障點，與 MC4 之 a 接點並聯，並不會其影響電路動作。
- S9 為 **Type B** 型故障點，與 M1 串聯。其影響是當供電(Power ON)時，MC1 不動作。
- S10 為 **Type B** 型故障點，提供 M2、M3、M4 電源。其影響是當

MC2 動作時，M2 不動作、當 MC3 動作時，M3 不動作、當 MC4 動作時，M4 不動作。

當我們了解線路的動作原理，以及故障點的設置後，即可思考如何判斷並找出故障之所在。尋找故障點的方式有靜態檢測與動態檢測兩種，如下說明：

靜態檢測

靜態檢測是使用三用電表，切換到歐姆檔(R×1 或 R×10)，量測測試端點間的電阻值，若電阻值很小，表示兩測試點之間導通；若電阻值近無限大，表示兩測試點之間斷路。若使用具有嗶聲功能的數字式三用電表，則在量測時，則只要聽到嗶聲代表導通，而不必再盯著三用電表，可能會省力一點！而各故障點的判斷，在不送電的狀況下，三用電表切換到歐姆檔後，根據圖 4 與圖 5，即可按下列方法判斷之：

- S1 之判斷方式：量測 PB3 的 7 與 9 檢測點，應該是導通的；但按住 PB3 按鈕，再量測 7 與 9 檢測點，若仍然導通，則表示 S1 ON，即可在線路圖上紀錄故障點為 PB3 的 b 接點短路。
- S2 之判斷方式：不要按 PB3 的情況下，量測 MC4 的 5 與 10 檢測點，應該是不導通的；若導通，則表示 S2 ON，即可在線路圖上紀錄故障點為 MC4 的輔助 a 接點短路。
- S3 之判斷方式：量測計時器 T2 的 16 與 19 檢測點，應該是不導通的；若導通，則表示 S3 ON，即可在線路圖上紀錄故障點為 T2 的延時 a 接點短路。
- S4 之判斷方式：量測蜂鳴器 BZ 的 22 檢測點與計時器 T3 的 22 檢測點，應該是導通；若不導通，則表示 S4 OFF，即可在線路圖上紀錄故障點為 T3 的延時 a 接點開路或 T3 的延時 a 接點開路與 BZ 之間開路。
- S5 之判斷方式：量測計時器 T1 的 16 檢測點與計時器 T2 的 16 檢測點，應該是導通；若不導通，則表示 S5 OFF，即可在線路圖上紀錄故障點為 T2 上方開路。

- S6 之判斷方式：量測 PL1 黃色指示燈的 8 檢測點與 PB1 的 8 檢測點，應該是導通；若不導通，則表示 S6 OFF，即可在線路圖上紀錄故障點為 PL1 上方開路。
- S7 之判斷方式：先將 T3 計時器取出，再量測 T3 的 19 與 20 檢測點，應該是不導通；若導通，則表示 S7 ON，即可在線路圖上紀錄故障點為 T3 的延時 b 接點短路。*記得再把 T3 計時器插回去。*
- S8 之判斷方式：S8 屬於主線路部份，量測 **MC4** 的 E 檢測點(即 R 相)與 K 檢測點，應該是不導通；若導通，則表示 S8 ON，即可在線路圖上紀錄故障點為 MC4 的 R 相主接點短路。
- S9 之判斷方式：S9 屬於主線路部份，量測 **TB2** 的 F 檢測點(即 T 相)與 OL 的 F 檢測點，應該是導通；若不導通，則表示 S9 OFF，即可在線路圖上紀錄故障點為 MC1 的主接點開路。
- S10 之判斷方式：S10 屬於主線路部份，量測 OL 的 F 檢測點(即 T 相)與 **MC2** 的 F 檢測點，應該是導通；若不導通，可能是 S10 OFF。再量測 OL 的 F 檢測點(即 T 相)與 **MC3** 的 F 檢測點，應該是導通；若不導通，確定是 S10 OFF，即可在線路圖上紀錄故障點為 OL 的 T 相與 MC2 的主接點之間開路。

動態檢測

動態檢測是直接將所要檢修的電路送電，然後觀察電路動作，並使用三用電表，切換到交流電壓檔(AC250V)，實際量測測試端點間的電壓，以判斷故障點。

- 供電後，將 COS1 切換至 2 位置，若 PL3 紅色指示燈亮，表示 S2 ON，即可在線路圖上紀錄故障點為 MC4 的輔助 a 接點短路。
- 若在前一個判斷裡，PL3 紅色指示燈不亮，則按 PB1 按鈕，MC2 將動作，且 PL1 黃色指示燈應該會亮。若 PL1 黃色指示燈不亮，表示 S6 OFF，即可在線路圖上紀錄故障點為 PL1 開路。
- 若在前一個判斷裡，S6 故障點仍正常，則按 PB2，MC2 斷電、PL1 滅，同時，MC3 動作、PL2 亮。緊接著，再按 PB3，MC3 應該會斷電、PL2 應該要熄滅；若 MC3 仍動作、PL2 仍然亮，表示 S1 ON，

即可在線路圖上紀錄故障點為 **PB3** 的 **b** 接點短路。

- 若在前述判斷裡，都沒有找到故障點，則將 COS1 切換到 **1** 點(自動模式)，再壓住 LS2 限制開關(不要放開)，則 T1 計時器動作。

  - 當 T1 計時器到達設定的時間後，其延時 a 接點 ON，T2 計時器動作、T3 計時器不動作、MC3 動作、PL2 黃色指示燈亮、MC4 不動作、PL3 紅色指示燈不亮。若 T2 計時器不動作，表示 **S5** OFF，即可在線路圖上紀錄故障點為 **T2** 上開路。

  - 若前述判斷正常，T2 計時器動作，但尚未達到 T2 計時器設定的時間，而 T3 計時器動作了，表示 **S3** ON，即可在線路圖上紀錄故障點為 **T2** 延時 **a** 接點上短路。

  - 若前述判斷正常，而 T2 計時器達到設定的時間時，而 T3 計時器將動作。當 T3 計時器達到設定的時間後，MC4 將斷電、PL3 紅色指示燈將熄滅，蜂鳴器將響起。若 PL3 紅色指示燈沒有熄滅，表示 **S7** ON，即可在線路圖上，紀錄故障點為 **T3** 延時 **b** 接點上短路。

  - 此時若蜂鳴器不響，表示 **S4** OFF，即可在線路圖上，紀錄故障點為 **T3** 延時 **a** 接點開路。

- 對於主接點的判斷，由於可能沒有接負載(馬達)，無法從馬達動不動來判斷。只好使用三用電表的 AC250V 交流電壓檔來量測，首先將三用電表切換到 AC250V 交流電壓檔，再量測 TB2 的 **E** 檢測點與 **F** 檢測點，當按住 LS1 限制開關不放，電表將指示 AC220V；若沒有，可能是 **S9** OFF，則改量測 OL 的 **E** 檢測點與 TB2 的 **F** 檢測點，當按住 LS1 限制開關不放，電表將指示 AC220V；若沒有，確定是 **S9** OFF，即可在線路圖紀錄故障點為 **OL** 的 **T** 相與 **TB2** 的 **T** 相之線路開路。

- 若上述判斷沒出現故障點，LS1 限制開關繼續按住不放，並將 COS1 切換到 **2** 點。三用電表切換到 AC250V 交流電壓檔，量測 TB2 的 **G** 檢測點與 **H** 檢測點，按一下 PB1 鈕後，電表將指示 AC220V；若沒有，則可能 MC2 主接點附近線路可能開路。再按一下 PB2 鈕，並量測 TB2 的 **I** 檢測點與 **J** 檢測點，若沒有指示

AC220V，則表示 S10 OFF，即可在線路圖上紀錄故障點為 OL 的 T 相與 MC2 的主接點之間開路。

- 若上述判斷沒出現故障點，LS1 限制開關繼續按住不放，則量測 TB2 的 K 檢測點與 F 檢測點，電表應指示 0V；若電表將指示 AC220V，表示 S8 ON，即可在線路圖上紀錄故障點為 MC3 的 R 相主接點短路。

建議檢測程序

當抽到第 1 題時，則先將三用電表切到歐姆檔，按現場所附之線路圖，在不送電情況下，由左而右，進行下列靜態檢測：

1. S9 屬於主線路部份，量測 **TB2** 的 F 檢測點(即 T 相)與 OL 的 F 檢測點，應該是導通；若不導通，則表示 S9 OFF，即可在線路圖上紀錄故障點為 MC1 的主接點開路。

2. S10 屬於主線路部份，量測 OL 的 F 檢測點(即 T 相)與 **MC2** 的 F 檢測點，應該是導通；若不導通，可能是 S10 OFF。再量測 OL 的 F 檢測點(即 T 相)與 **MC3** 的 F 檢測點，應該是導通；若不導通，確定是 S10 OFF，即可在線路圖上紀錄故障點為 OL 的 T 相與 MC2 的主接點之間開路。

3. S8 屬於主線路部份，量測 **MC4** 的 E 檢測點(即 R 相)與 K 檢測點，應該是不導通；若導通，則表示 S8 ON，即可在線路圖上紀錄故障點為 MC4 的 R 相主接點短路。

4. 量測 PB3 的 7 與 9 檢測點，應該是導通的；但按住 PB3 按鈕，再量測 7 與 9 檢測點，若仍然導通，則表示 S1 ON，即可在線路圖上紀錄故障點為 PB3 的 b 接點短路。

5. 不要按 PB3 的情況下，量測 MC4 的 5 與 10 檢測點，應該是不導通的；若導通，則表示 S2 ON，即可在線路圖上紀錄故障點為 MC4 的輔助 a 接點短路。

6. 量測 PL1 黃色指示燈的 8 檢測點與 PB1 的 8 檢測點，應該是導通；若不導通，則表示 S6 OFF，即可在線路圖上紀錄故障點為 PL1 上方開路。

7. 量測計時器 T1 的 16 檢測點與計時器 T2 的 16 檢測點，應該是導通；若不導通，則表示 S5 OFF，即可在線路圖上紀錄故障點為 T2 上方開路。

8. 量測計時器 T2 的 16 與 19 檢測點，應該是不導通的；若導通，則表示 S3 ON，即可在線路圖上紀錄故障點為 T2 的延時 a 接點短路。

9. 先將 T3 計時器取出，再量測 T3 的 19 與 20 檢測點，應該是不導通；若導通，則表示 S7 ON，即可在線路圖上紀錄故障點為 T3 的延時 b 接點短路。*記得再把 T3 計時器插回去。*

10. 量測蜂鳴器 BZ 的 22 檢測點與計時器 T3 的 22 檢測點，應該是導通；若不導通，則表示 S4 OFF，即可在線路圖上紀錄故障點為 T3 的延時 a 接點開路或 T3 的延時 a 接點開路與 BZ 之間開路。

找出故障點，並標示在線路圖上，即可舉手要求監評老師評分。

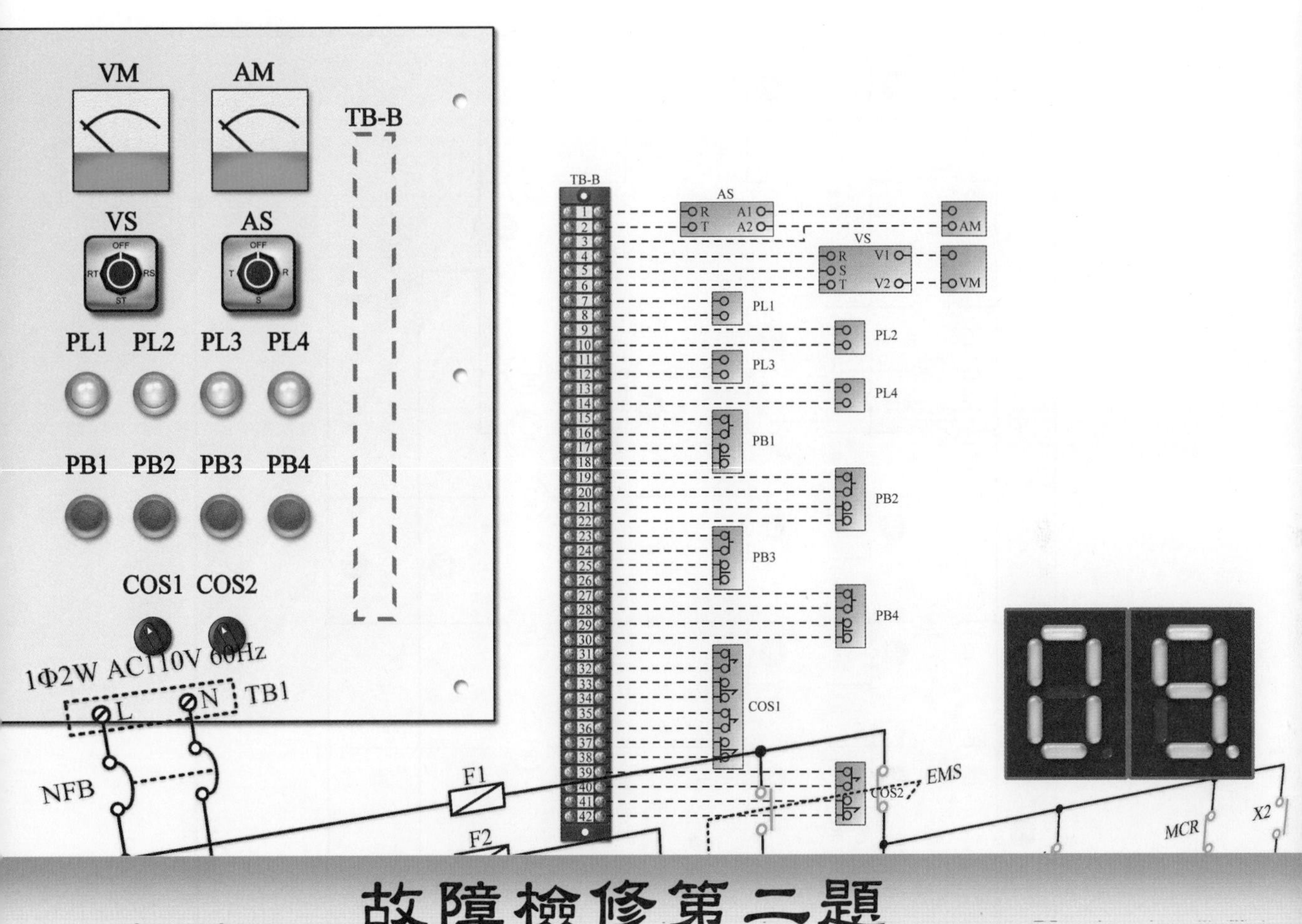
VM
AM
TB-B
VS
AS
PL1
PL2
PL3
PL4
PB1
PB2
PB3
PB4
COS1
COS2
1Φ2W AC110V 60Hz
L
N
TB1
NFB
F1
F2
EMS
MCR
X2

故障檢修第二題

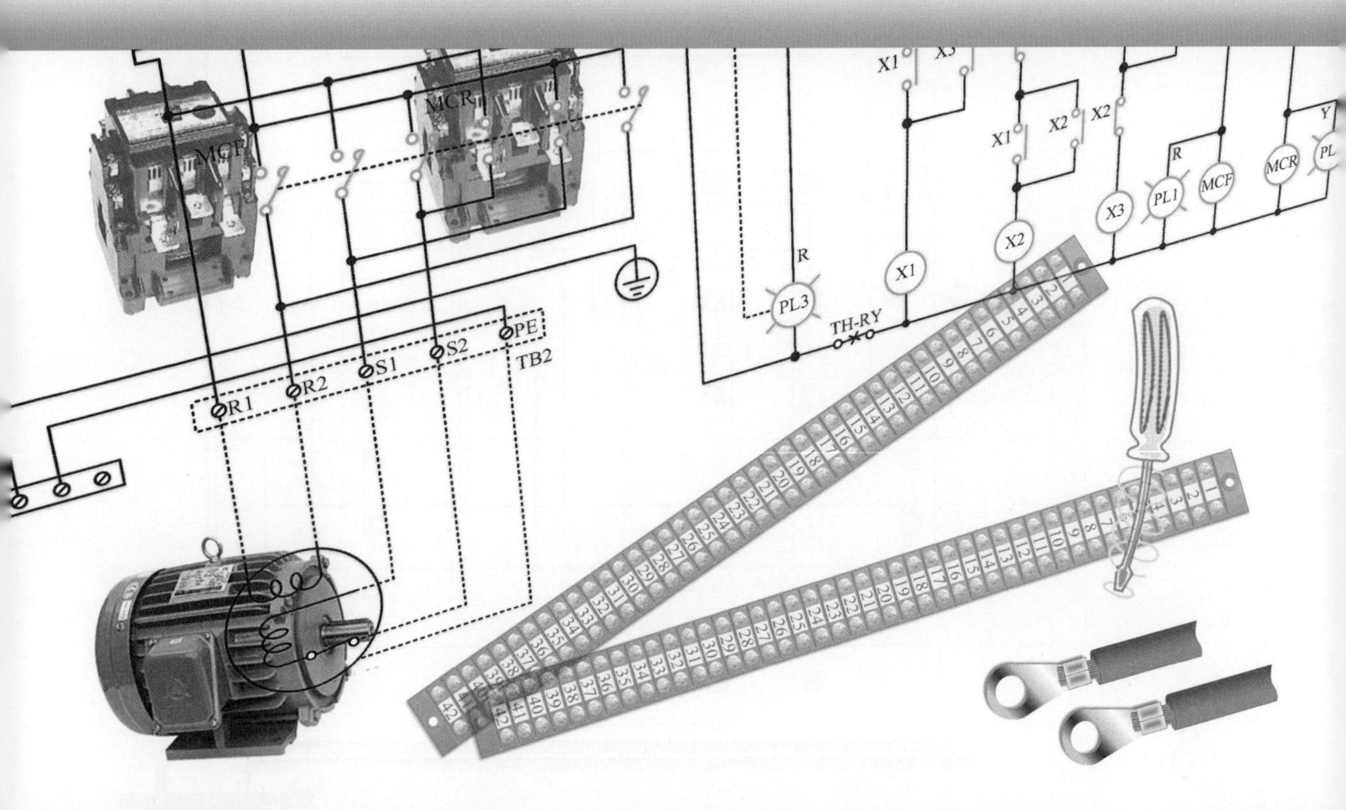
MCF
MCR
X1
X2
X3
PL1
PL3
TH-RY
R1
R2
S1
S2
PE
TB2

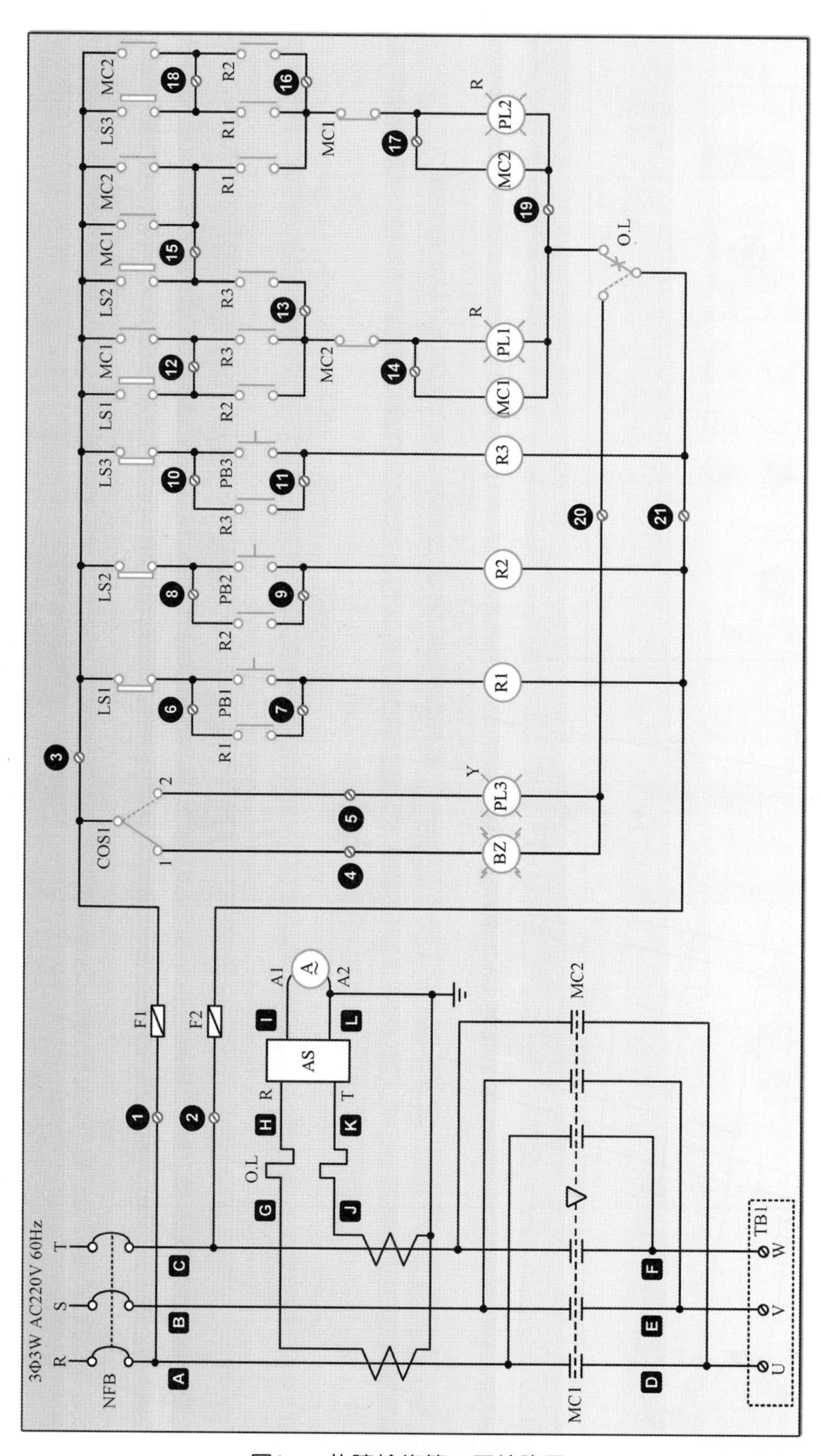

圖1　　故障檢修第 2 題線路圖

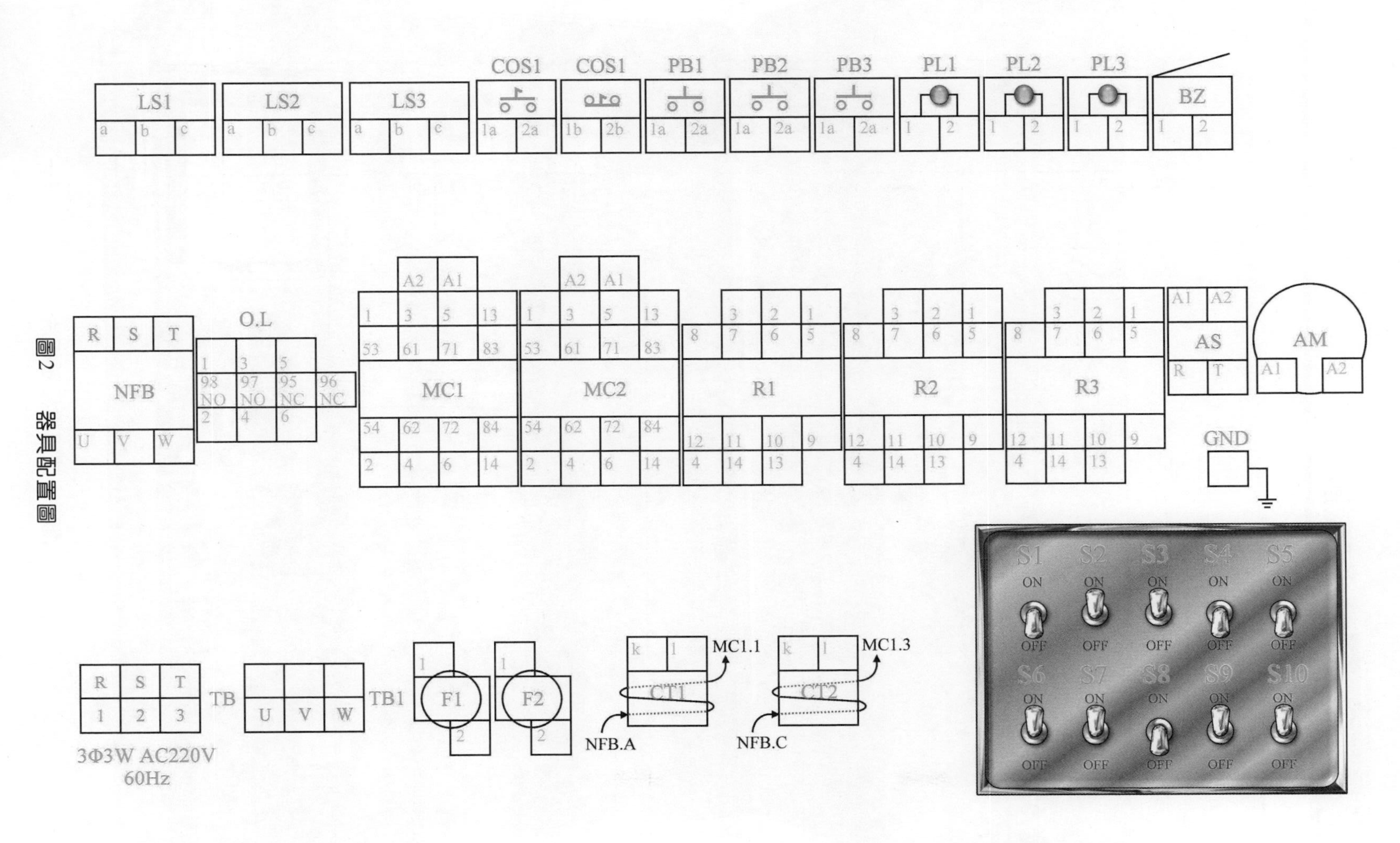
LS1
LS2
LS3
COS1
COS1
PB1
PB2
PB3
PL1
PL2
PL3
BZ
AM
AS
GND
MC1
MC2
R1
R2
R3
O.L
NFB
TB
TB1
F1
F2
CT1
CT2
NFB.A
NFB.C
MC1.1
MC1.3
3Φ3W AC220V
60Hz
S1 S2 S3 S4 S5
S6 S7 S8 S9 S10
ON
OFF

圖2　器具配置圖

9-1 認識題目

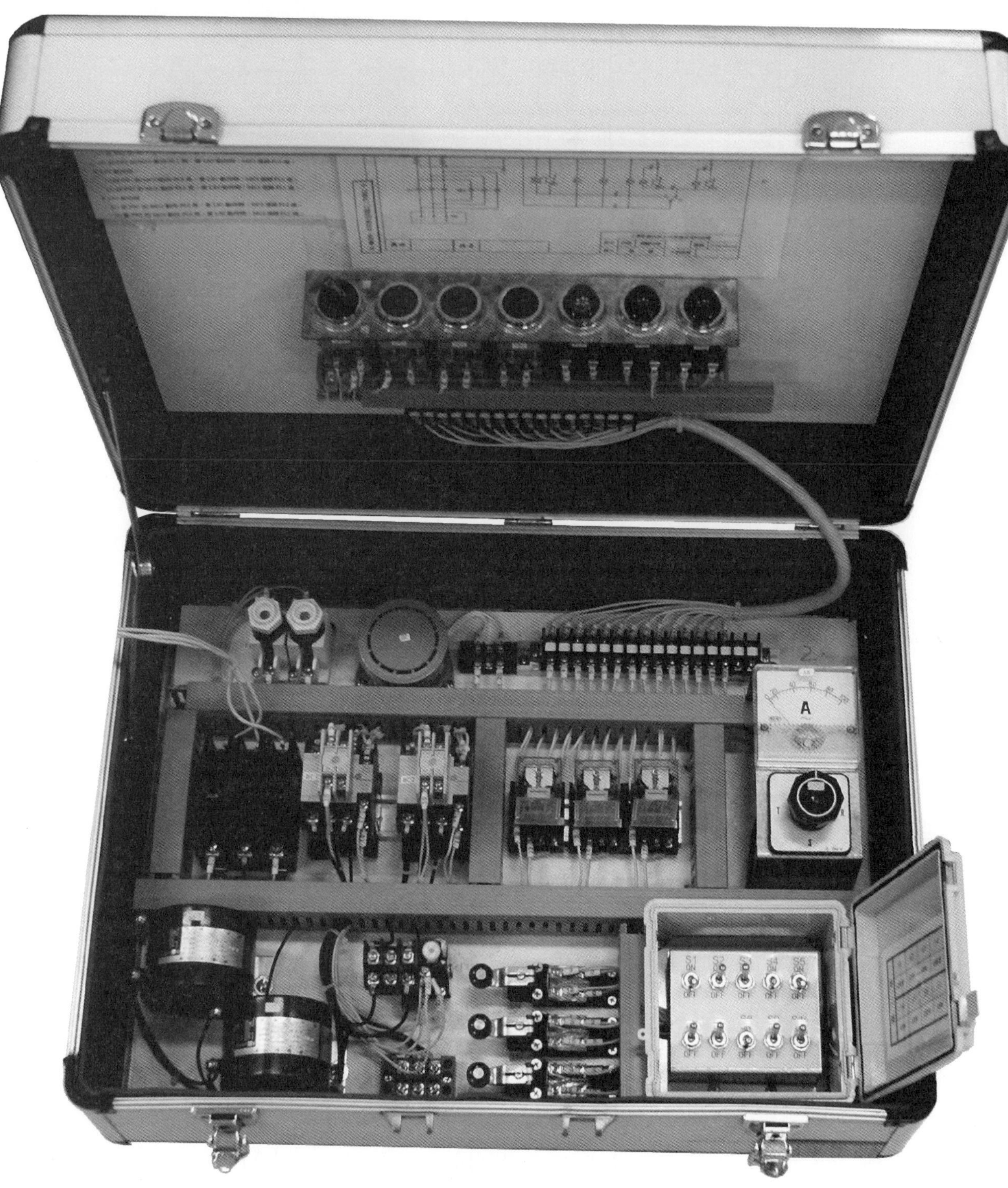

圖3 故障檢修題相片

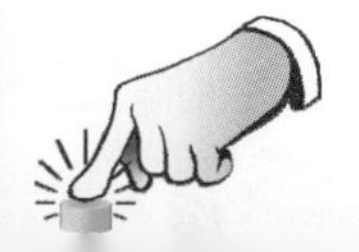

如圖 1 所示為工業配線丙級術科故障檢修第 2 題之線路圖，而圖 2、3 分別為器具配置圖與相片(各檢定場地不會完全一樣)，其中標示 1 到 21 與 A 到 L 為檢測點。本題目分為器具板與操作板兩部份，每部份之材料，如表 1 與表 2 所示：

表 1　故障檢修第 2 題的器具板之材料表

項目	名　稱	規　格	單位	數量	備註
1	器具板		片	1	如做成箱型可免除
2	無熔線斷路器	3P 220VAC 10KA 50AF 20AT	只	1	
3	電磁接觸器	220VAC 20A 具機械互鎖裝置	只	2	輔助接點 2a1b
4	積熱型過載保護電驛	TH-18	只	1	
5	栓型保險絲	3A 附座	只	2	
6	輔助電驛	220 VAC 3a 接點	只	3	
7	限制開關	輪動式 1c 接點	只	3	
8	蜂鳴器	220 VAC	只	1	
9	比流器	100/5A	只	2	
10	端子台	3P 20A	只	1	
11	過門端子台	16P 20A	只	1	TB-A 箱型裝設可省略

表 2　故障檢修第 2 題的操作板之材料表

項目	名　稱	規　格	單位	數量	備註
1	操作板		片	1	
2	指示燈	220VAC 30 mm ϕ	只	3	PL1-PL3
3	按鈕開關	220VAC 30 mm ϕ	只	3	PB1-PB3 1a
4	切換開關	30 mm ϕ 1a1b	只	1	COS1 二段式
5	過門端子台	16P 20A	只	1	TB-B 箱型裝設可省略
6	交流電流表	AC 0-100/5A	只	1	AM
7	電流切換開關	3P 3W 2CT 用	只	1	AS

9-2 電路解析

如圖 1 所示，當電路正常動作，如下說明：

1. 當 OL 動作時，若 COS1 轉到 1 位置，則蜂鳴器 BZ 響；若 COS1 轉到 2 位置，則指示燈 PL3 亮。
2. 切換 AS，則電流表應可分別隨之指示各相電流。
3. 當 LS1 動作時，其動作狀況如下：
   (1) 按 PB2，則 MC1 動作、PL1 亮；當 LS2 動作時，MC1 斷電、PL1 熄滅。
   (2) 按 PB3，則 MC1 動作、PL1 亮；當 LS3 動作時，MC1 斷電、PL1 熄滅。
4. 當 LS2 動作時，其動作狀況如下：
   (1) 按 PB1，則 MC2 動作、PL2 亮；當 LS1 動作時，MC2 斷電、PL2 熄滅。
   (2) 按 PB3，則 MC1 動作、PL1 亮；當 LS3 動作時，MC1 斷電、PL1 熄滅。
5. 當 LS3 動作時，其動作狀況如下：
   (1) 按 PB1，則 MC2 動作、PL2 亮；當 LS1 動作時，MC2 斷電、PL2 熄滅。
   (2) 按 PB2，則 MC2 動作、PL2 亮；當 LS2 動作時，MC2 斷電、PL2 熄滅。

在此線路的 10 個故障點之中，如圖 4 與圖 5 所示，其影響如下說明：

- S1 與 COS1 切換開關的 1 與共同點並聯，其影響是當 COS1 切換到 2 時，而 OL 動作仍可使蜂鳴器 BZ 響。
- S2 與 PL3 指示燈上方接線串聯，其影響是當 COS1 切換到 2 時，PL3(黃色指示燈)不亮。
- S3 與 R2 輔助電驛線圈上方接線串聯，其影響是當 LS2 限制開關

不動作時，按 PL2 鈕，R2 不動作。

- S4 與 R3 輔助電驛的 a 接點並聯，其影響是當 R3 不動作時，按 LS2 限制開關，MC1 動作、PL1 紅色指示燈亮。
- S5 與 LS3 限制開關的 b 接點並聯，其影響是當 R3 輔助電驛動作時，按 LS3 不能使 R3 斷電。
- S6 與 PL2(紅色指示燈)串聯，其影響是當 MC2 動作時，PL2 不亮。
- S7 與 LS3 限制開關的 a 接點串聯，其影響是當 R1 或 R2 動作，而 MC1 與 MC2 不動時，按 LS3，MC2 不動作。
- S8 與 OL 之 a 接點並聯，其影響是當 COS1 切換在 1 位置，而 OL 沒有動作時，蜂鳴器 BZ 仍會響。
- S9 與 MC2 的 R 相主接點串聯，其影響是當 MC2 動作時 TB1 的 W 並沒有電壓。
- S10 與主電源的 T 相串聯，其影響是無法提供主電源的 T 相電壓。

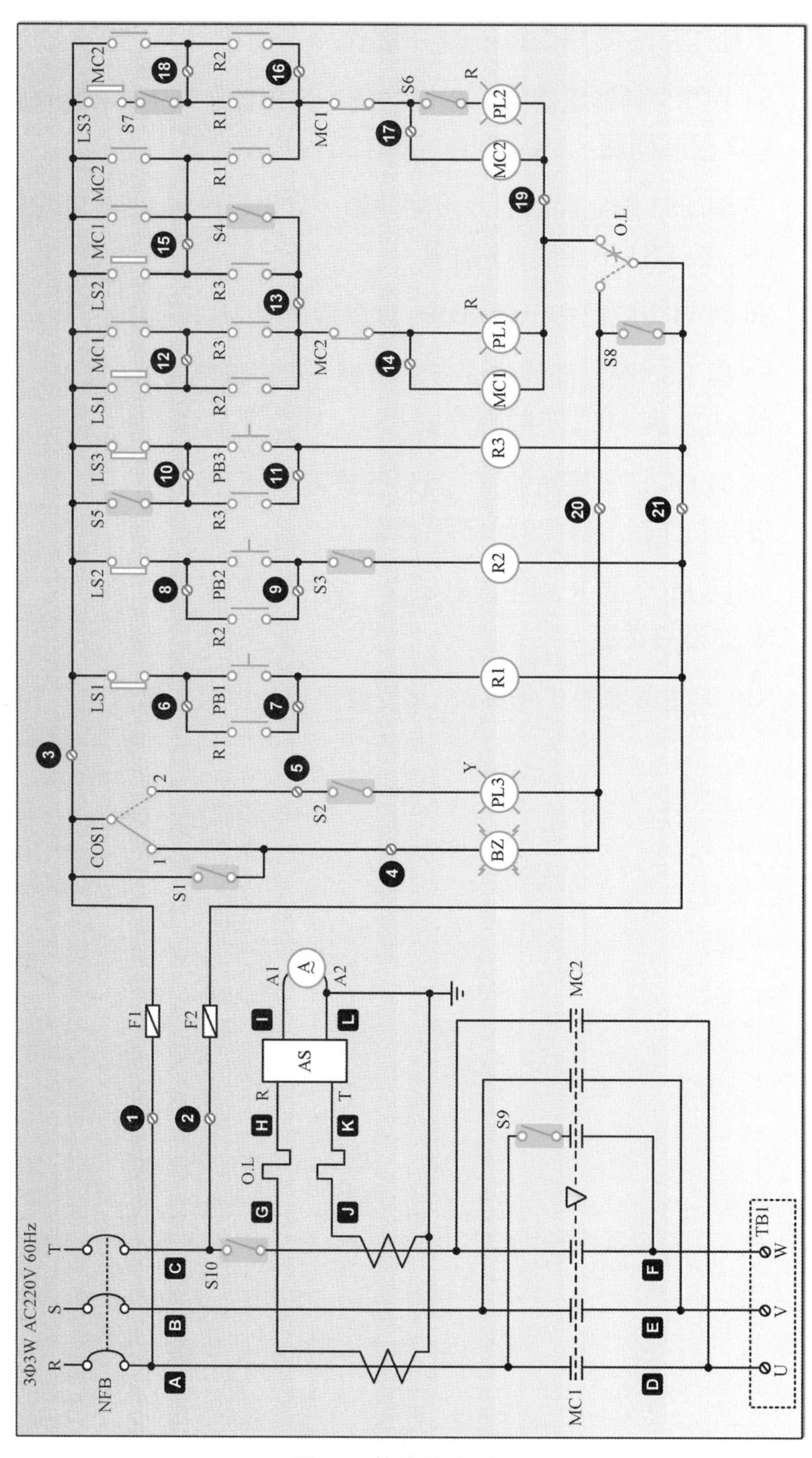
3Φ3W AC220V 60Hz
NFB
R
S
T
F1
F2
S10
O.L
AS
A1
A2
S9
MC1
MC2
TB1
U
V
W
COS1
S1
S2
S3
S4
S5
S6
S7
S8
BZ
PL1
PL2
PL3
R1
R2
R3
PB1
PB2
PB3
LS1
LS2
LS3

圖4　　故障點之設置

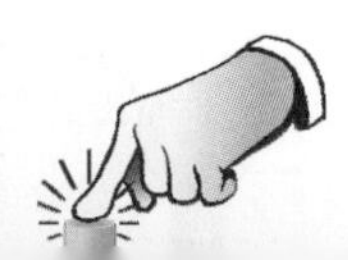

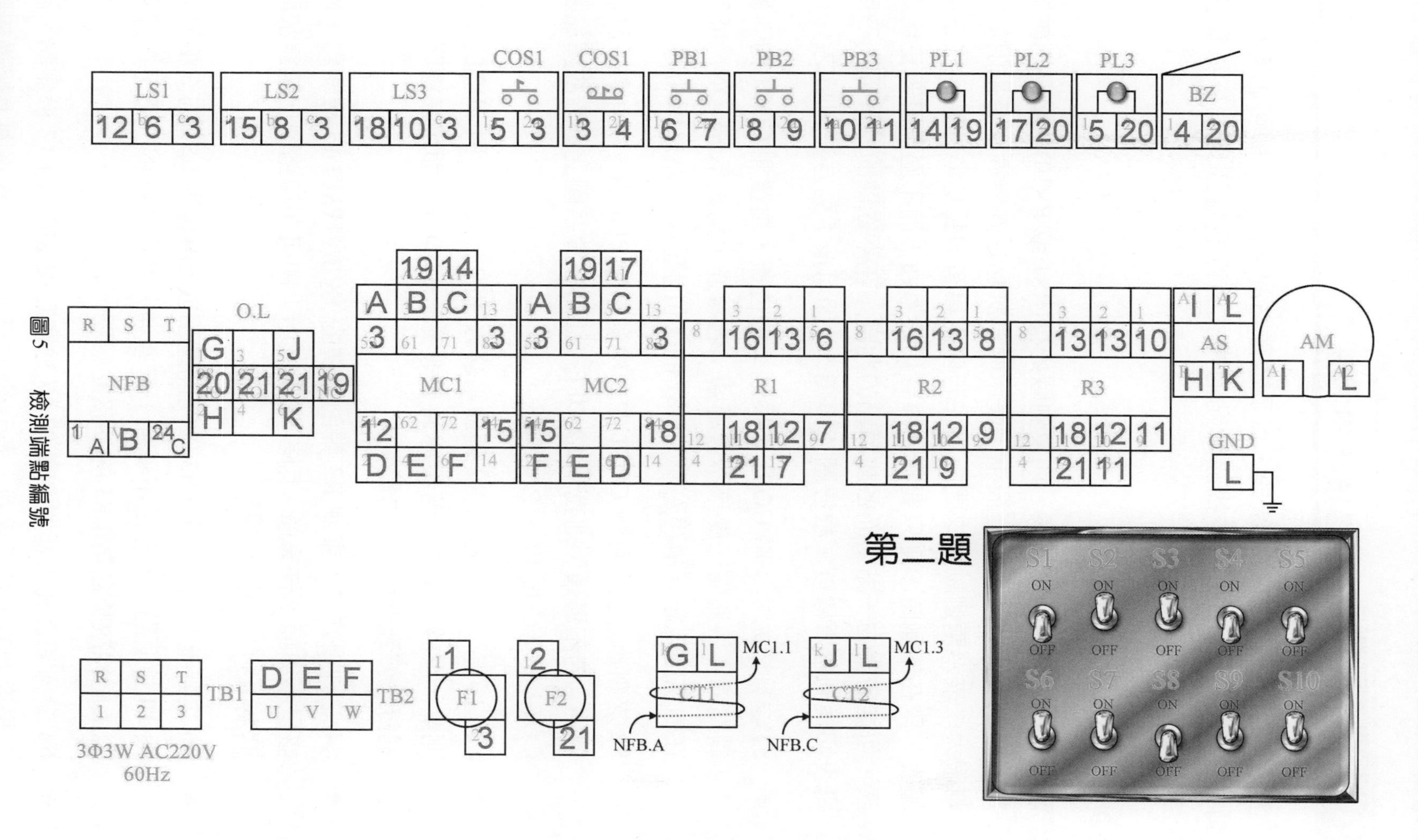
LS1
LS2
LS3
COS1
COS1
PB1
PB2
PB3
PL1
PL2
PL3
BZ
12 6 3
15 8 3
18 10 3
5 3
3 4
6 7
8 9
10 11
14 19
17 20
5 20
4 20
NFB
O.L
MC1
MC2
R1
R2
R3
AS
AM
GND
第二題
S1
S2
S3
S4
S5
S6
S7
S8
S9
S10
ON
OFF
TB1
TB2
F1
F2
CT1
CT2
MC1.1
MC1.3
NFB.A
NFB.C
3Φ3W AC220V
60Hz

圖5 檢測端點編號

9-3 檢修技巧與方法

當我們了解線路的動作原理，以及故障點的設置後，即可思考如何判斷並找出故障之所在。尋找故障點的方式有靜態檢測與動態檢測兩種，如下說明：

靜態檢測

靜態檢測是使用三用電表，切換到歐姆檔(R×1 或 R×10)，量測測試端點間的電阻值，若電阻值很小，表示兩測試點之間導通；若電阻值近無限大，表示兩測試點之間斷路。若使用具有嗶聲功能的數字式三用電表，則在量測時，則只要聽到嗶聲代表導通，而不必再盯著三用電表，可能會省力一點！而各故障點的判斷，在不送電的狀況下，三用電表切換到歐姆檔後，根據圖 4 與圖 5，即可按下列方法判斷之：

- S1 之判斷方式：將 COS1 切換到 **2** 的位置，再量測 COS1 的 **3** 檢測點與 **4** 檢測點，應該不會導通；若導通，則表示 **S1** ON，即可在線路圖上紀錄故障點為 **COS1** 的 **1** 位置到 **c** 接點之間短路。
- S2 之判斷方式：量測 COS1 的 **3** 檢測點與 PL3 的 **5** 檢測點，應該導通；若不導通，則表示 **S2** OFF，即可在線路圖上紀錄故障點為 **COS1** 的 **2** 位置 **PL3** 之間開路。
- S3 之判斷方式：量測 R2 輔助電驛線圈的 **9** 檢測點與 PB2 的 **9** 檢測點，應該是導通；若不導通，則表示 **S3** OFF，即可在線路圖上紀錄故障點為 **R2** 上方開路。
- S4 之判斷方式：量測 R3 輔助電驛的 **13** 檢測點與 **15** 檢測點，應該是不導通；若導通，則表示 **S4** ON，即可在線路圖上紀錄故障點為 **R3** 的 **a** 接點短路。
- S5 之判斷方式：按住 LS3 限制開關不放，再量測 LS3 的 **3** 檢測點與 **10** 檢測點，應該是不導通；若導通，表示 **S5** ON，即可在線路圖上紀錄故障點為 **LS3** 的 **b** 接點短路。
- S6 之判斷方式：量測 PL2 的 **17** 檢測點與 MC2 的 **17** 檢測點，應該是導通的，若不導通，表示 **S6** OFF，即可在線路圖上紀錄故障

點為 PL2 上方開路。

- S7 之判斷方式：量測 LS3 的 18 檢測點與 R1 的 18 檢測點，應該是導通的，若不導通，表示表示 S7 OFF，即可在線路圖上紀錄故障點為 LS3 的 a 接點開路。
- S8 之判斷方式：當 OL 不動作時，量測 OL 的 20 檢測點與 21 檢測點，應該是不導通；若導通，則表示 S8 ON，即可在線路圖上紀錄故障點為 OL 的 a 接點短路。
- S9 之判斷方式：NFB 的 A 檢測點(R 相)、MC1 的 A 檢測點與 MC2 的 A 檢測點應該相通，若其中有一點與其他兩點不導通，表示該點開路。量測 NFB 的 A 檢測點與 MC1 的 A 檢測點，應該是導通；若不導通，則再量測 MC1 的 A 檢測點與 MC2 的 A 檢測點應該相通，若不導通，表示 S9 OFF，即可在線路圖上紀錄故障點為 MC2 的 R 相主接點開路。
- S10 之判斷方式：NFB 的 C 檢測點(T 相)、MC1 的 C 檢測點與 MC2 的 C 檢測點應該相通，若其中有一點與其他兩點不導通，表示該點開路。量測 NFB 的 C 檢測點與 MC1 的 A 檢測點，應該是導通；若不導通，則再量測 MC1 的 C 檢測點與 MC2 的 C 檢測點應該相通，若導通，表示 S10 OFF，即可在線路圖上紀錄故障點為 NFB 的 T 相下方開路。

動態檢測

動態檢測是直接將所要檢修的電路送電，然後觀察電路動作，並使用三用電表，切換到交流電壓檔(AC250V)，實際量測測試端點間的電壓，以判斷故障點。

- 供電後，將 COS1 切換至 2 位置，且 OL 動作，若蜂鳴器響，表示 S1 ON，即可在線路圖上紀錄故障點為 COS1 的 1 位置到 c 接點之間短路。
- 若在前一個判斷裡，PL3 黃色指示燈不亮，則表示 S2 OFF，即可在線路圖上紀錄故障點為 COS1 的 2 位置 PL3 之間開路。
- 若在前一個判斷裡，若 S1、S2 故障點都正常，將 OL 復歸，將

COS1 切換至 2 位置，PL3 黃色指示燈應該不亮；若 PL3 亮，表示 S8 ON，即可在線路圖上紀錄故障點為 OL 的 a 接點短路。

- 若在前述判斷裡，都沒有找到故障點時，則將 COS1 切換到 2 位置、OL 復歸，再按下列判斷：
  - 按 PB2 鈕，R2 輔助電驛應該會動作。若 R2 不動作，表示 S3 OFF，即可在線路圖上紀錄故障點為 R2 上方開路。
  - 按 PB3 鈕，R3 輔助電驛應該會動作，且自保持。再按 LS3，應可使 R3 斷電，若 R3 沒有斷電，表示 S5 ON，即可在線路圖上紀錄故障點為 LS3 短路。
  - 在 R3、MC1 與 MC2 都沒有動作的情況下，則按一下 LS2 限制開關，MC1 應不動作；若 MC1 動作且自保持，PL1 紅色指示燈亮，表示 S4 ON，即可在線路圖上紀錄故障點為 13 與 15 檢點之間短路。
  - 若上一個步驟檢查沒有問題，則先按一下 LS3 限制開關，使 R3 與 MC1 斷電、PL1 熄滅。緊接著，按 PB2 按鈕開關，使 R2 動作。再按一下 LS3，應可使 MC2 動作、PL2 亮。若 MC2 不動作，表示 S7 OFF，即可在線路圖上紀錄故障點為 LS3 線路開路。
  - 接續上一個判斷，若 MC2 動作，但 PL2 不亮，表示 S6 OFF，即可在線路圖上，紀錄故障點為 PL2 上方開路。
- 對於主接點的判斷，由於可能沒有接負載(馬達)，無法從馬達動不動來判斷。只好使用三用電表的 AC250V 交流電壓檔來量測，首先將三用電表切換到 AC250V 交流電壓檔，再按下列步驟判斷：
  - 分別量測 MC1 的 R 與 S 相(即 A 檢測點與 B 檢測點)、R 與 T 相(即 A 檢測點與 C 檢測點)、S 與 T 相(即 B 檢測點與 C 檢測點)，電表應指示 AC220V；若量測 R 與 T 相、S 與 T 相時，電表不動，表示 S10 OFF，即可在線路圖上紀錄故障點為 NFB 的 T 相下方開路。
  - 若上述量測結果正常，則繼續量測 NFB 的 S 相(即 B 檢測點)

與 MC1 的 R 相主接點(即 A 檢測點)，電表應指示 AC220V。再量測 NFB 的 S 相與 MC2 的 R 相主接點(即 A 檢測點)，電表應指示 AC220V；若電表不動，表示 S9 OFF，即可在線路圖上紀錄故障點為 MC2 的 R 相主接點開路。

建議檢測程序

當抽到第 2 題時，還是建議採靜態檢測(不送電)，先將三用電表切換到歐姆檔，再按進行下列步驟檢測：

1. 量測 NFB 的 C 檢測點與 MC1 的 C 檢測點，應該是導通；若不導通，則再量測 MC1 的 C 檢測點與 MC2 的 C 檢測點應該相通，若導通，表示 S10 OFF，即可在線路圖上紀錄故障點為 NFB 的 T 相下方開路。
2. 量測 NFB 的 A 檢測點與 MC1 的 A 檢測點，應該是導通；若不導通，則再量測 MC1 的 A 檢測點與 MC2 的 A 檢測點應該相通，若不導通，表示 S9 OFF，即可在線路圖上紀錄故障點為 MC2 的 R 相主接點開路。
3. 將 COS1 切換到 2 的位置，再量測 COS1 的 3 檢測點與 4 檢測點，應該不會導通；若導通，則表示 S1 ON，即可在線路圖上紀錄故障點為 COS1 的 1 位置到 c 接點之間短路。
4. 量測 COS1 的 3 檢測點與 PL3 的 5 檢測點，應該導通；若不導通，則表示 S2 OFF，即可在線路圖上紀錄故障點為 COS1 的 2 位置 PL3 之間開路。
5. 量測 R2 輔助電驛線圈的 9 檢測點與 PB2 的 9 檢測點，應該是導通；若不導通，則表示 S3 OFF，即可在線路圖上紀錄故障點為 R2 上方開路。
6. 按住 LS3 限制開關不放，再量測 LS3 的 3 檢測點與 10 檢測點，應該是不導通；若導通，表示 S5 ON，即可在線路圖上紀錄故障點為 LS3 的 b 接點短路。
7. 當 OL 不動作時，量測 OL 的 20 檢測點與 21 檢測點，應該是不導通；若導通，則表示 S8 ON，即可在線路圖上紀錄故障點為 OL

的 a 接點短路。

8. 量測 R3 輔助電驛的 13 檢測點與 15 檢測點，應該是不導通；若導通，則表示 S4 ON，即可在線路圖上紀錄故障點為 R3 的 a 接點短路。

9. 量測 LS3 的 18 檢測點與 R1 的 18 檢測點，應該是導通的，若不導通，表示表示 S7 OFF，即可在線路圖上紀錄故障點為 LS3 的 a 接點開路。

10. 量測 PL2 的 17 檢測點與 MC2 的 17 檢測點，應該是導通的，若不導通，表示 S6 OFF，即可在線路圖上紀錄故障點為 PL2 上方開路。

找出故障點，並標示在線路圖上，即可舉手要求監評老師評分。

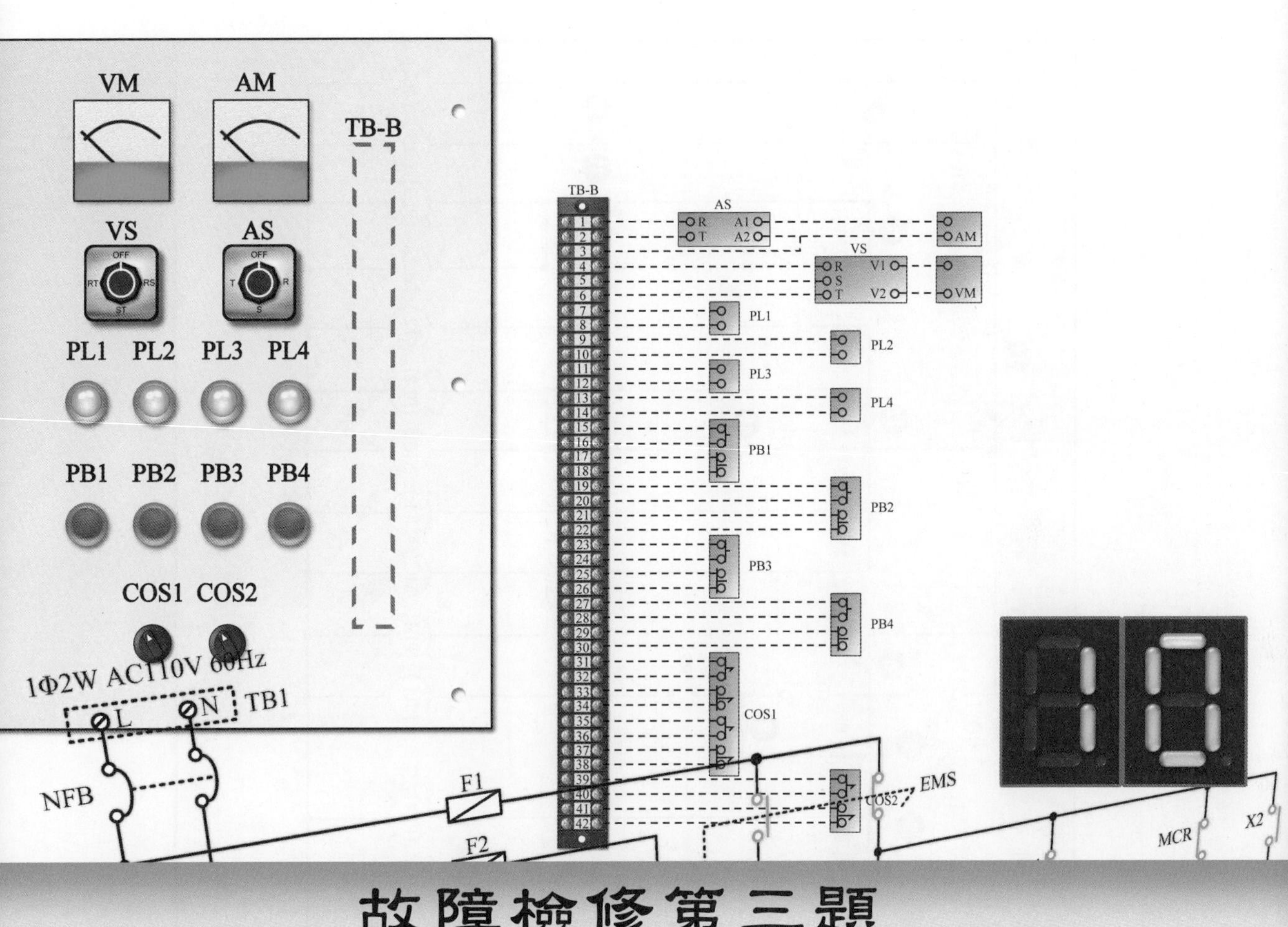
VM
AM
TB-B
VS
AS
PL1 PL2 PL3 PL4
PB1 PB2 PB3 PB4
COS1 COS2
1Φ2W AC110V 60Hz
L
N
TB1
NFB
F1
F2
EMS
MCR
X2

故障檢修第三題

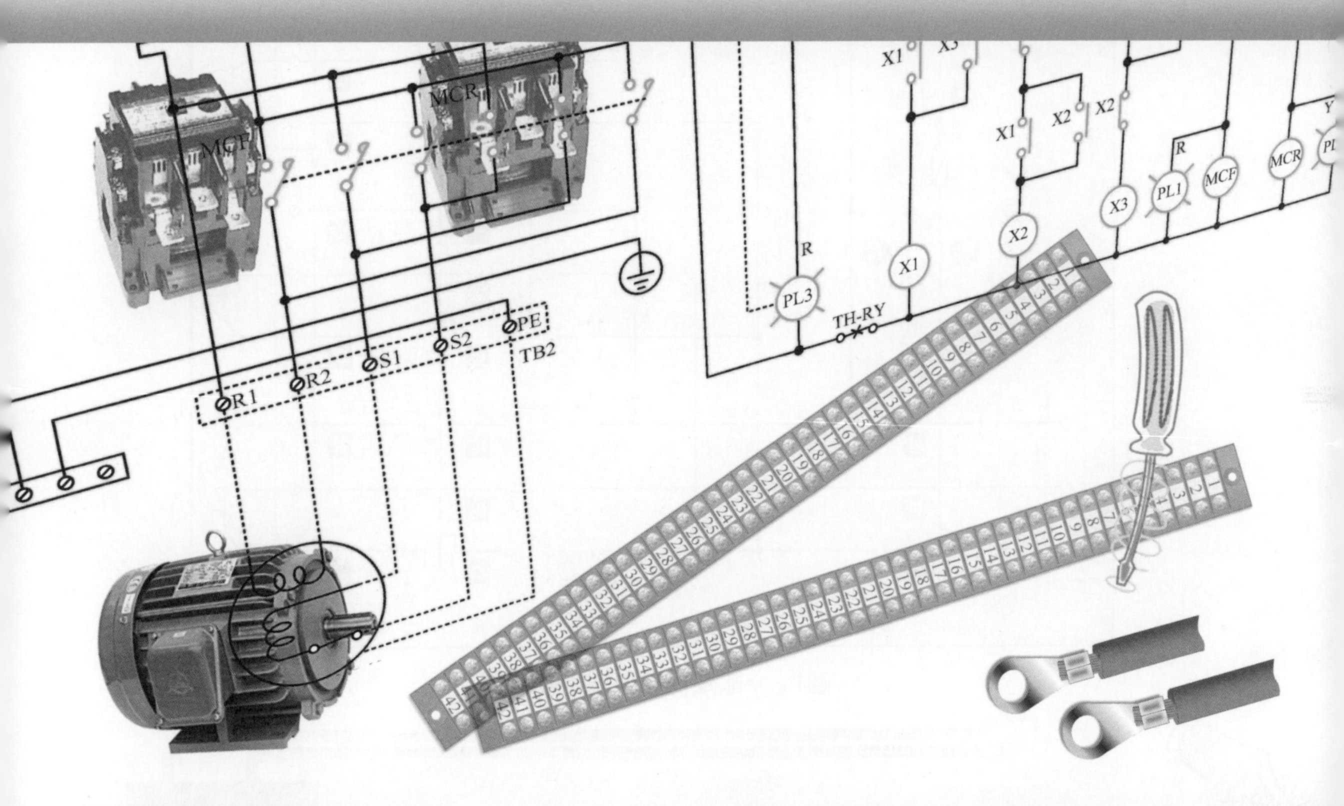
MCR
MCF
X1
X2
X3
PL1
PL3
TH-RY
R1
R2
S1
S2
PE
TB2

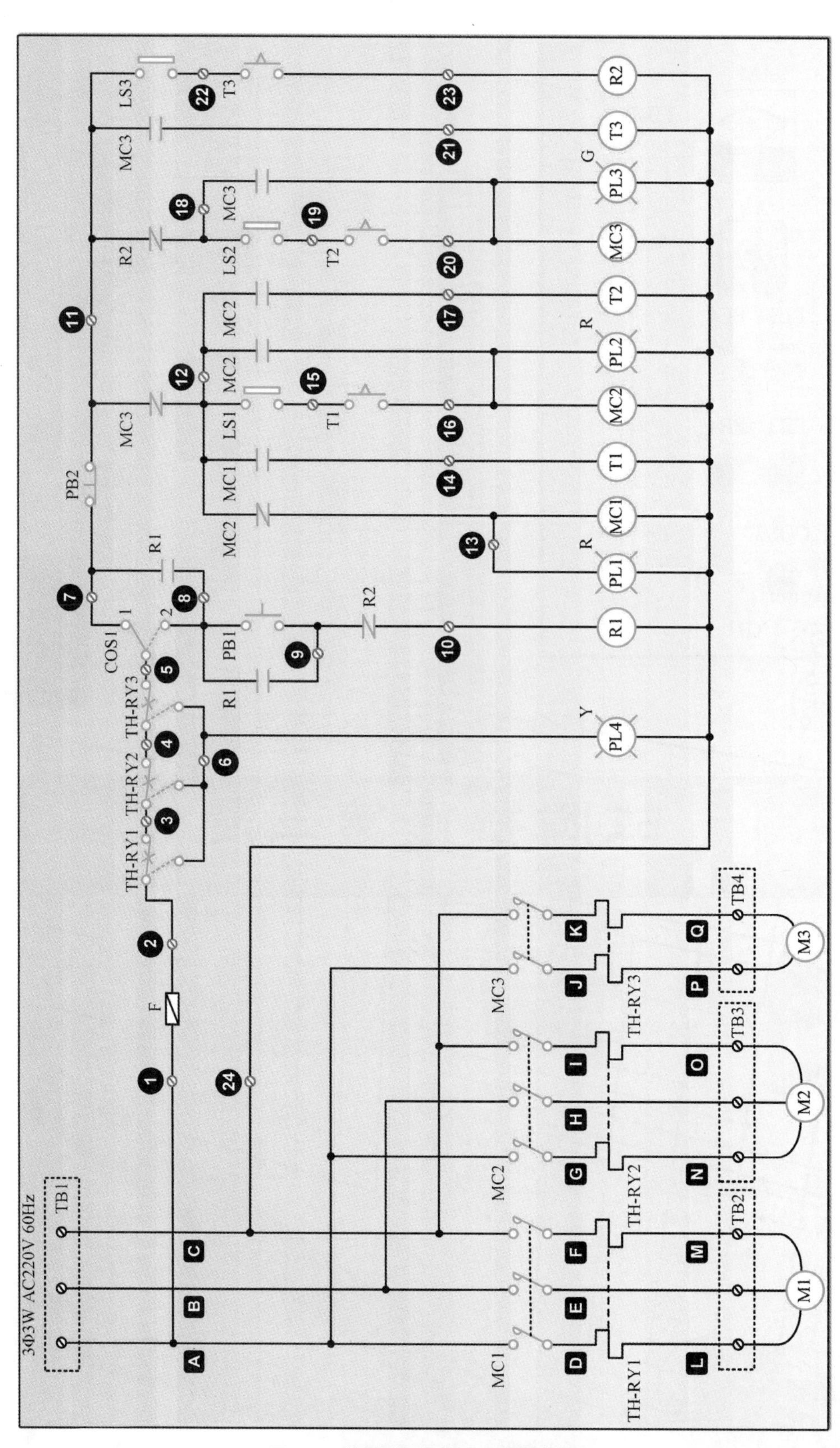

圖1　故障檢修第 3 題線路圖

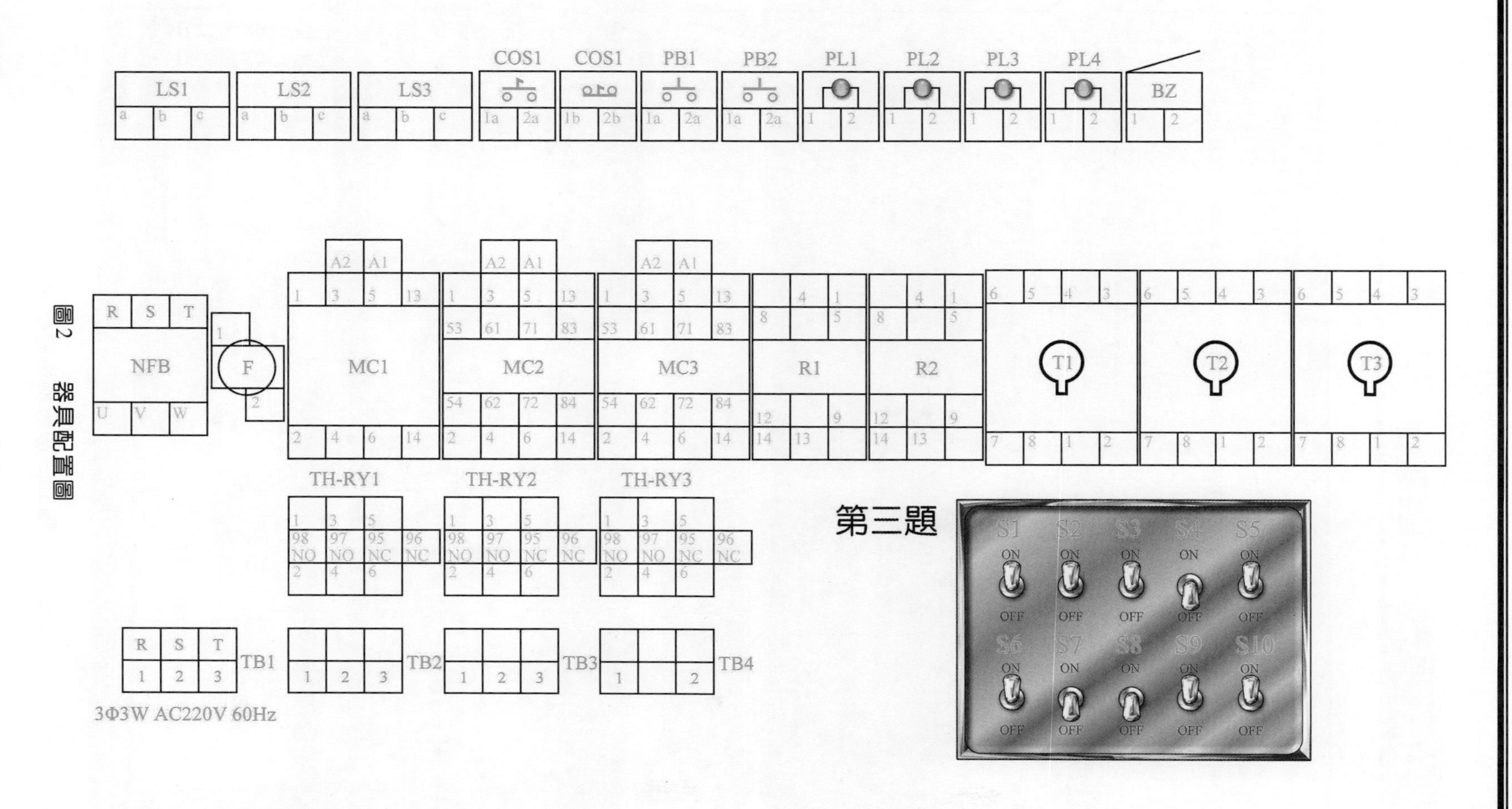
LS1
LS2
LS3
COS1
COS1
PB1
PB2
PL1
PL2
PL3
PL4
BZ
NFB
F
MC1
MC2
MC3
R1
R2
T1
T2
T3
TH-RY1
TH-RY2
TH-RY3
TB1
TB2
TB3
TB4
3Φ3W AC220V 60Hz
第三題
S1
S2
S3
S4
S5
S6
S7
S8
S9
S10
ON
OFF

圖2　器具配置圖

10-1 認識題目

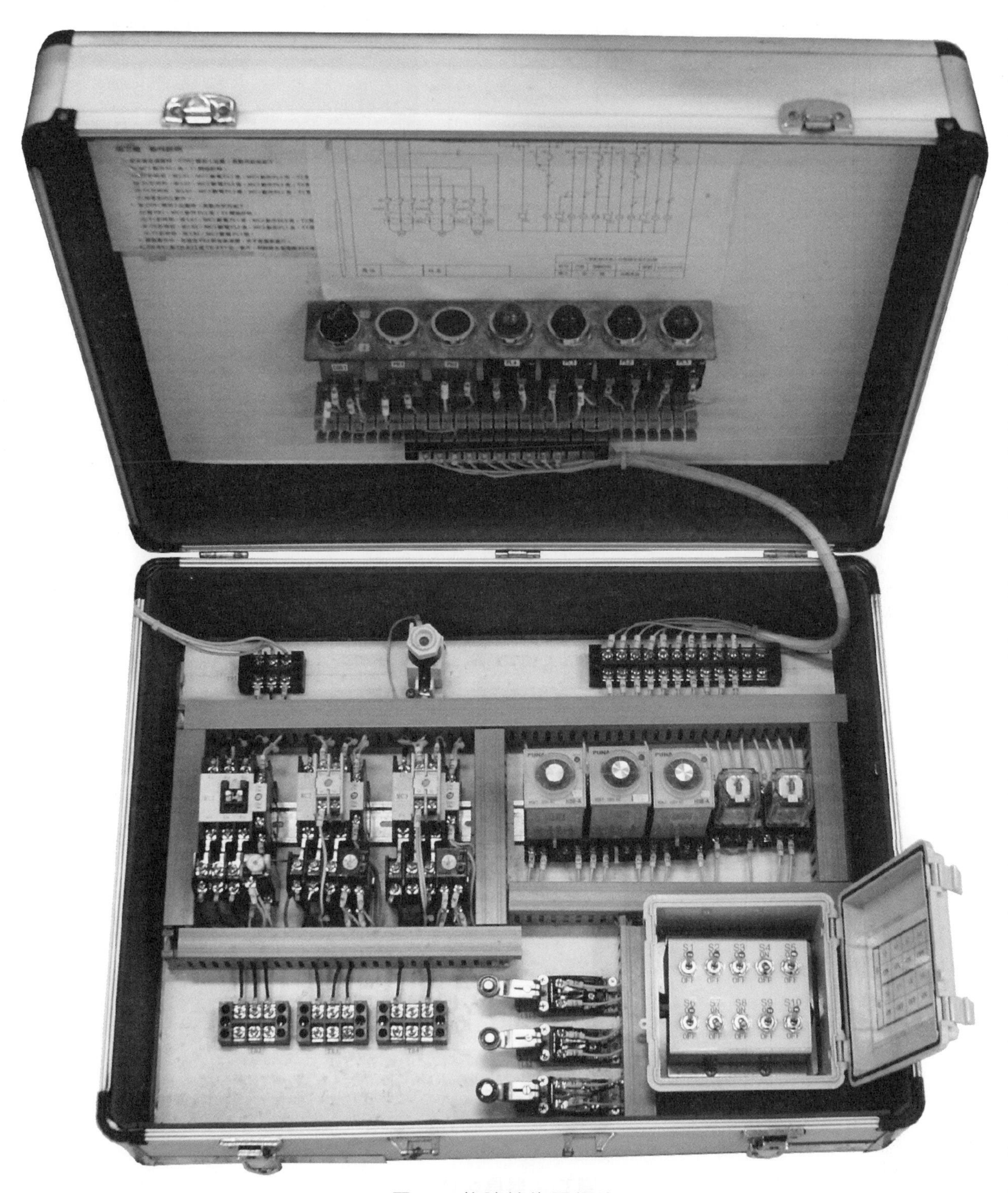

圖3　故障檢修題相片

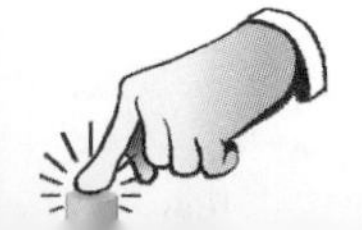

如圖 1 所示為工業配線丙級術科故障檢修第 3 題之線路圖，而圖 2、3 分別為器具配置圖與相片(各檢定場地不會完全一樣)，其中標示 1 到 24 與 A 到 Q 為檢測點。本題目分為器具板與操作板兩部份，每部份之材料，如表 1 與表 2 所示：

表 1　故障檢修第 3 題的器具板之材料表

項目	名　稱	規　格	單位	數量	備註
1	器具板		片	1	如做成箱型可免除
2	電磁接觸器	220VAC 20A	只	3	輔助接點 MC1 1a MC2-MC3 2a1b
3	積熱型過載保護電驛	TH-18	只	3	
4	栓型保險絲	3A 附座	只	1	
5	輔助電驛	220VAC	只	2	接點 R1 2a、R2 2b
6	限時電驛	通電延時型	只	3	延時 1a
7	限制開關	輪動式 1a 接點	只	3	
8	端子台	3P 20A	只	4	TB1-TB4
9	過門端子台	16P 20A	只	1	TB-A 箱型裝設可省略

表 2　故障檢修第 3 題的操作板之材料表

項目	名　稱	規　格	單位	數量	備註
1	操作板		片	1	
2	指示燈	220VAC 30 mm ϕ	只	4	PL1-PL4
3	按鈕開關	220VAC 30 mm ϕ	只	2	PB1 1a、PB2 1b
4	切換開關	30 mm ϕ 1a1b	只	1	COS1 二段式
5	過門端子台	16P 20A	只	1	TB-B 箱型裝設可省略

10-2 電路解析

如圖 1 所示，當電路正常動作，如下說明：

1. 在正常狀況下(未發生過載時)，COS1 轉到 1 位置時，其動作狀況如下：
   (1) MC1 動作、PL1 亮，T1 開始計時。
   (2) 當 T1 到達設定的時間後，按 LS1，MC1 斷電、PL1 熄滅，MC2 動作、PL2 亮，T2 開始計時。
   (3) 當 T2 到達設定的時間後，按 LS2，MC2 斷電、PL2 熄滅，MC3 動作、PL3 亮，T3 開始計時。
   (4) 當 T3 到達設定的時間後，按 LS3，MC3 斷電、PL3 熄滅，MC1 動作、PL1 亮，T1 開始計時。
   (5) 回復到(2)之動作。
2. 當 COS1 轉到 2 位置時，其動作狀況如下：
   (1) 按 PB1，MC1 動作、PL1 亮，T1 開始計時。
   (2) 當 T1 到達設定的時間後，按 LS1，MC1 斷電、PL1 熄滅，MC2 動作、PL2 亮，T2 開始計時。
   (3) 當 T2 到達設定的時間後，按 LS2，MC2 斷電、PL2 熄滅，MC3 動作、PL3 亮，T3 開始計時。
   (4) 當 T3 到達設定的時間後，按 LS3，MC3 斷電、PL3 熄滅。
3. 當線路動作中，若按住 PB2，則全部復歸；放開後，將重新進行。
4. 當過載時(TH-RY1 或 TH-RY2 或 TH-RY3 任一個動作)，則線路全部復歸，PL4 亮。

在此線路的 10 個故障點之中，如圖 4 與圖 5 所示，其影響如下說明：

- S1 與 PL4 黃色指示燈串聯，其影響是當 TH-RY1、TH-RY2 或 TH-RY3 之任一個積熱電驛動作時，不能使 PL4 亮。
- S2 與 R1 之輔助 a 接點串聯，其影響是當 R1 動作後，MC1 不會動作、PL1 紅色指示燈不亮，且無法提供其他電驛或裝置電源。

- **S3** 與 PL2 紅色指示燈串聯，其影響是當 MC2 動作時，PL2 不亮。
- **S4** 與 T2 延時 a 接點並聯，其影響是當 LS2 動作時，MC3 立即動作、PL3 立即亮，而 T2 無作用。
- **S5** 與 MC3 電磁接觸器線圈串聯，其影響是當 PL3 亮時，MC3 不動作。
- **S6** 與 T3 計時器線圈串聯，其影響是當 MC3 動作時，T3 不動作。
- **S7** 與 T3 延時 a 接點並聯，其影響是當 LS3 動作時，R2 立即動作，而不受 T3 延時 a 接點控制。
- **S8** 與 MC1 之 R 相主接點並聯，其影響是當 MC1 沒有動作時，TB2 的 R 相仍有電源。
- **S9** 與 MC2、MC3 的 T 相主接點串聯，其影響是當供電(Power ON)後，MC2、MC3 的 T 相主接點都沒電源。
- **S10** 與 TH-RY3 的 R 相串聯，其影響是當 MC3 動作時，TB4 的 R 相沒有電源。

10-3 檢修技巧與方法

當我們了解線路的動作原理，以及故障點的設置後，即可思考如何判斷並找出故障之所在。尋找故障點的方式有靜態檢測與動態檢測兩種，如下說明：

靜態檢測

靜態檢測是使用三用電表，切換到歐姆檔(R×1 或 R×10)，量測測試端點間的電阻值，若電阻值很小，表示兩測試點之間導通；若電阻值近無限大，表示兩測試點之間斷路。若使用具有嗶聲功能的數字式三用電表，則在量測時，則只要聽到嗶聲代表導通，而不必再盯著三用電表，可能會省力一點！而各故障點的判斷，在不送電的狀況下，三用電表切換到歐姆檔後，根據圖 4 與圖 5，即可按下列方法判斷之：

- **S1** 之判斷方式：量測 PL4 的 **6** 檢測點與 TH-RY1(或 TH-RY2 或 TH-RY3)的 **6** 檢測點，若正常應該導通；若不導通，則表示 **S1** OFF，即可在線路圖上紀錄故障點為 **PL4** 上方開路。
- **S2** 之判斷方式：量測 R1 的 **7** 檢測點與 PB2 的 **7** 檢測點，若正常應該導通；若不導通，表示 **S2** OFF，即可在線路圖上紀錄故障點為 **R1** 的輔助 **a** 接點開路。

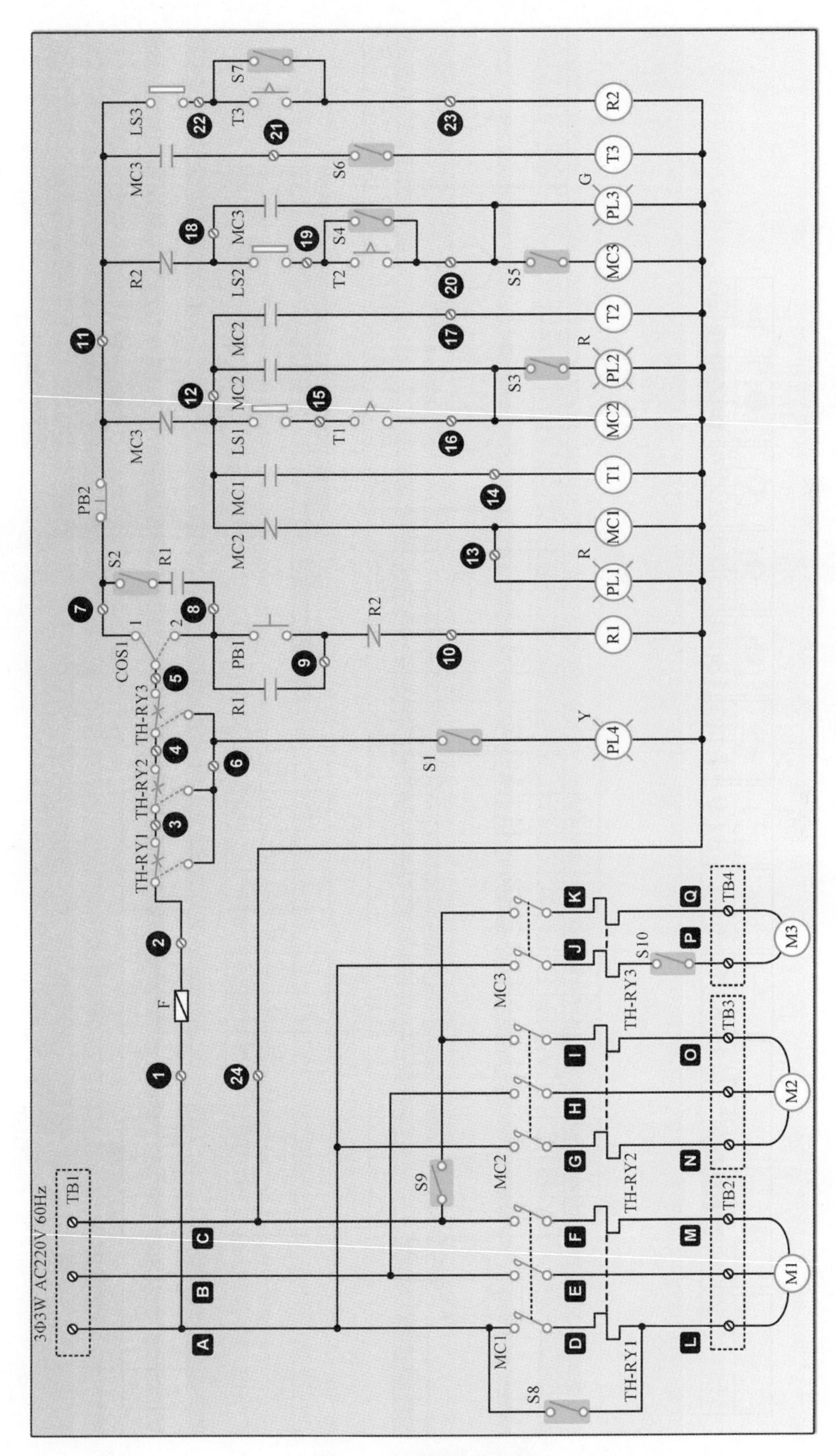
3Φ3W AC220V 60Hz
TB1
TB2
TB3
TB4
F
COS1
TH-RY1
TH-RY2
TH-RY3
PB1
PB2
R1
R2
MC1
MC2
MC3
LS1
LS2
LS3
T1
T2
T3
PL1
PL2
PL3
PL4
S1
S2
S3
S4
S5
S6
S7
S8
S9
S10
M1
M2
M3
R
G
Y

圖4　故障點之設置

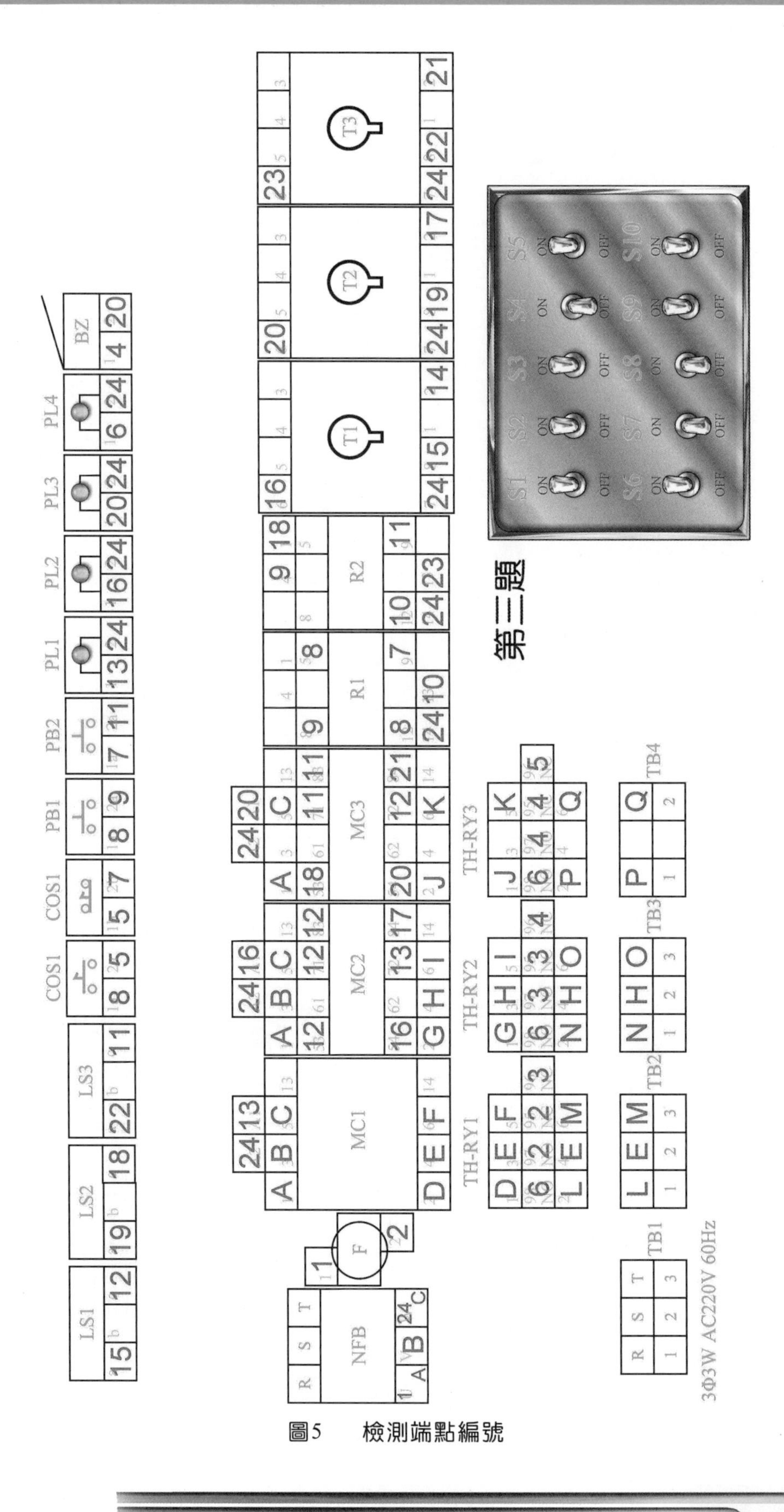
第三題
LS1
LS2
LS3
COS1
COS1
PB1
PB2
PL1
PL2
PL3
PL4
BZ
NFB
F
MC1
MC2
MC3
R1
R2
T1
T2
T3
TH-RY1
TH-RY2
TH-RY3
TB1
TB2
TB3
TB4
S1
S2
S3
S4
S5
S6
S7
S8
S9
S10
3Φ3W AC220V 60Hz

圖5　檢測端點編號

- S3 之判斷方式：量測 PL2 紅色指示燈的 16 檢測點與 T1 的 16 檢測點，應該要導通；若不導通，表示 S3 OFF，即可在線路圖上紀錄故障點為 PL2 上的線路開路。
- S4 之判斷方式：量測 T2 的 19 與 20 檢測點，應該不導通；若導通，則表示 S4 ON，即可在線路圖上紀錄故障點為 T2 的延時 a 接點短路。
- S5 之判斷方式：量測 MC3 的 20 檢測點與 T2 的 20 檢測點，應該要導通；若不導通，表示 S5 OFF，即可在線路圖上紀錄故障點為 MC3 上的線路開路。
- S6 之判斷方式：量測 MC3 的 21 檢測點與 T3 線圈的 21 檢測點，應該要導通；若不導通，表示 S6 OFF，即可在線路圖上紀錄故障點為 MC3 上的線路開路。
- S7 之判斷方式：量測 T3 的 22 檢測點與 23 檢測點，應該不導通；若導通，表示 S7 ON，即可在線路圖上紀錄故障點為 T3 的延時 a 接點短路。
- S8 之判斷方式(主線路)：量測 MC1 的 A 點(即 R 相點)與 TH-RY1 的 L 點(即 R 相點)，應該是不導通；若導通，則表示 S8 ON，即可在線路圖上紀錄故障點為 MC1 主接點短路。
- S9 之判斷方式：量測 MC1 的 C 點(即 T 相點)與 MC2(或 MC3)的 C 點(即 T 相點)，應該是導通；若不導通，則表示 S9 OFF，即可在線路圖上紀錄故障點為 MC2 及 MC3 上的線路開路。
- S10 之判斷方式：量測 TH-RY3 的 P 點(即 R 相點)與 TB4 的 P 點，應該是導通；若不導通，則表示 S10 OFF，所以在線路圖上紀錄故障點為 TH-RY3 的線路開路。

動態檢測

動態檢測是直接將所要檢修的電路送電，然後觀察電路動作，並使用三用電表，切換到交流電壓檔(AC250V)，實際量測測試端點間的電壓，以判斷故障點。

- 供電後，將 TH-RY1、TH-RY2 或 TH-RY3，切換為過載狀態，PL4 黃色指示燈應該會亮；若沒有亮，表示 **S1** OFF，即可在線路圖上紀錄故障點為 **PL4** 上方開路。
- 將 TH-RY1、TH-RY2 或 TH-RY3 都恢復為正常狀態，再將 COS1 切換至 **2** 位置，然後按 PB1 按鈕，則 R1、MC1 動作，PL1 紅色指示燈亮；若 MC1 不動作，PL1 不亮，表示 **S2** OFF，即可在線路圖上紀錄故障點為 **R1** 的輔助 **a** 接點開路。
- 若在前一個判斷裡，若 MC1 動作、PL1 亮，則 T1 開始計時。當到達 T1 設定的時間後，按一下 LS1 限制開關，則 MC2、T2 動作。這時候，若 PL2 紅色指示燈沒有隨 MC2 動作而亮，表示 **S3** OFF，即可在線路圖上紀錄故障點為 **PL2** 上開路。
- 若在前一個判斷裡，PL2 正常點亮，則在 T2 尚未到達設定的時間，即按一下 LS2。若 PL3 綠色指示燈亮，表示 **S4** ON，即可在線路圖上紀錄故障點為 **T2** 的 **a** 接點短路。
- 若在前述判斷裡，PL3 不亮，則等待 T2 到達設定的時間，再按一下 LS2，則 PL3 綠色指示燈亮，同時，MC3 動作；若 MC3 不動作，則表示 **S5** OFF，即可在線路圖上紀錄故障點為 **MC3** 上的線路開路。
- 若在前述判斷裡，MC3 動作，則 T3 將動作；若 T3 不動作，則表示 **S6** OFF，即可在線路圖上紀錄故障點為 **T3** 上的線路開路。
- 若在前述判斷裡，MC3 動作，T3 也動作，而尚未達到 T3 的設定時間之前，按一下 LS3 限制開關，R2 應該不會動作；若 R2 動作，則表示 **S7** ON，即可在線路圖上紀錄故障點為 **T3** 的延時 **a** 接點短路。
- 按 PB2 切斷 MC1、MC2 與 MC3，然後使用三用電表的 AC250V 檔，量測 **MC1** 的 **B** 點(即 S 相點)與 TH-RY1 的 **L** 點(即 R 相點)，應該是沒有電壓；若電壓為 220V，則表示 **S8** ON，所以在線路圖上紀錄故障點為 **MC1** 主接點短路。
- 接續前一個判斷，若 **S8** 故障點沒問題，則量測 **MC1** 的 **B** 點(即 S 相點)與 MC2(或 MC3)的 **C** 點(即 T 相點)，應該可量得 AC220V；

若量得 0V，則表示 **S9** OFF，即可在線路圖上紀錄故障點為 **MC2** 及 **MC3** 上的線路開路。

- 接續前一個判斷，若 **S9** 故障點沒問題，則先將 COS1 切換到 **1** 位置，再按住 LS1 與 LS2，MC1、MC2 與 MC3 將依序動作(由 T1 與 T2 控制)。當 MC3 動作，PL3 亮時，量測 TB4 的 P、Q 端，應可測得 AC220V；若測得 0V，則表示 **S10** OFF，所以在線路圖上紀錄故障點為 **TH-RY3** 的線路開路。

建議檢測程序

當抽到第 3 題時，則先將三用電表切到歐姆檔，按現場所附之線路圖，在不送電情況下，由左而右，進行下列靜態檢測：

1. 量測 **MC1** 的 **A** 點(即 R 相點)與 TH-RY1 的 **L** 點(即 R 相點)，應該是不導通；若導通，則表示 **S8** ON，即可在線路圖上紀錄故障點為 **MC1** 主接點短路。
2. 量測 **MC1** 的 **C** 點(即 T 相點)與 MC2(或 MC3)的 **C** 點(即 T 相點)，應該是導通；若不導通，則表示 **S9** OFF，即可在線路圖上紀錄故障點為 **MC2** 及 **MC3** 上的線路開路。
3. 量測 TH-RY3 的 **P** 點(即 R 相點)與 TB4 的 **P** 點，應該是導通；若不導通，則表示 **S10** OFF，所以在線路圖上紀錄故障點為 **TH-RY3** 的線路開路。
4. 量測 PL4 的 **6** 檢測點與 TH-RY1(或 TH-RY2 或 TH-RY3)的 **6** 檢測點，若正常應該導通；若不導通，則表示 **S1** OFF，即可在線路圖上紀錄故障點為 **PL4** 上方開路。
5. 量測 R1 的 **7** 檢測點與 PB2 的 **7** 檢測點，若正常應該導通；若不導通，表示 **S2** OFF，即可在線路圖上紀錄故障點為 **R1** 的輔助 **a** 接點開路。
6. 量測 PL2 紅色指示燈的 **16** 檢測點與 T1 的 **16** 檢測點，應該要導通；若不導通，表示 **S3** OFF，即可在線路圖上紀錄故障點為 **PL2** 上的線路開路。

7. 量測 T2 的 **19** 與 **20** 檢測點，應該不導通；若導通，則表示 **S4** ON，即可在線路圖上紀錄故障點為 **T2** 的延時 **a** 接點短路。

8. 量測 MC3 的 **20** 檢測點與 T2 的 **20** 檢測點，應該要導通；若不導通，表示 **S5** OFF，即可在線路圖上紀錄故障點為 **MC3** 上的線路開路。

9. 量測 MC3 的 **21** 檢測點與 T3 線圈的 **21** 檢測點，應該要導通；若不導通，表示 **S6** OFF，即可在線路圖上紀錄故障點為 **MC3** 上的線路開路。

10. 量測 T3 的 **22** 檢測點與 **23** 檢測點，應該不導通；若導通，表示 **S7** ON，即可在線路圖上紀錄故障點為 **T3** 的延時 **a** 接點短路。

找出故障點，並標示在線路圖上，即可舉手要求監評老師評分。

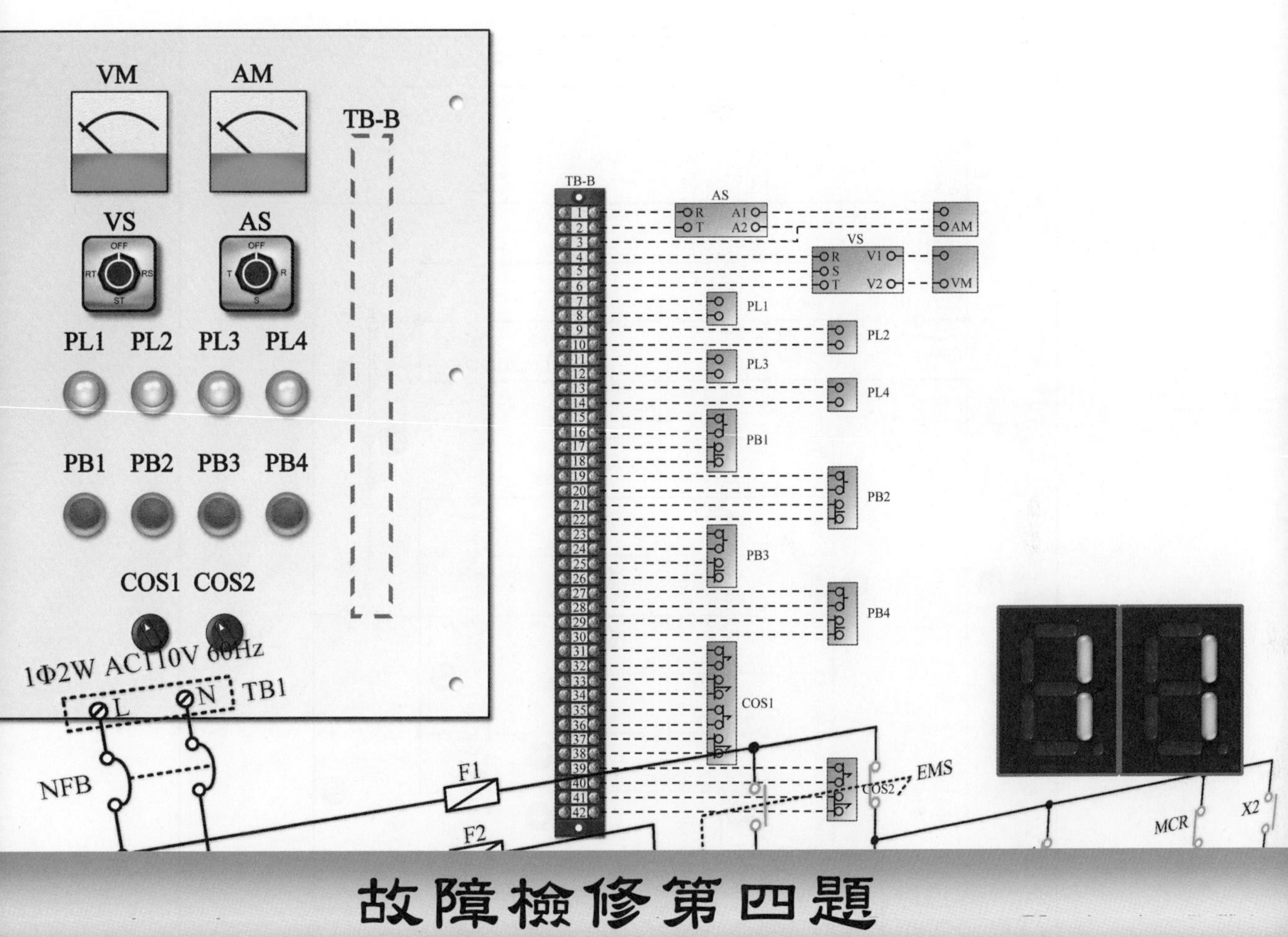
VM
AM
TB-B
VS
AS
OFF
PL1 PL2 PL3 PL4
PB1 PB2 PB3 PB4
COS1 COS2
1Φ2W AC110V 60Hz
L
N
TB1
NFB
F1
F2
EMS
COS2
MCR
X2
R
T
A1
A2
S
V1
V2

故障檢修第四題

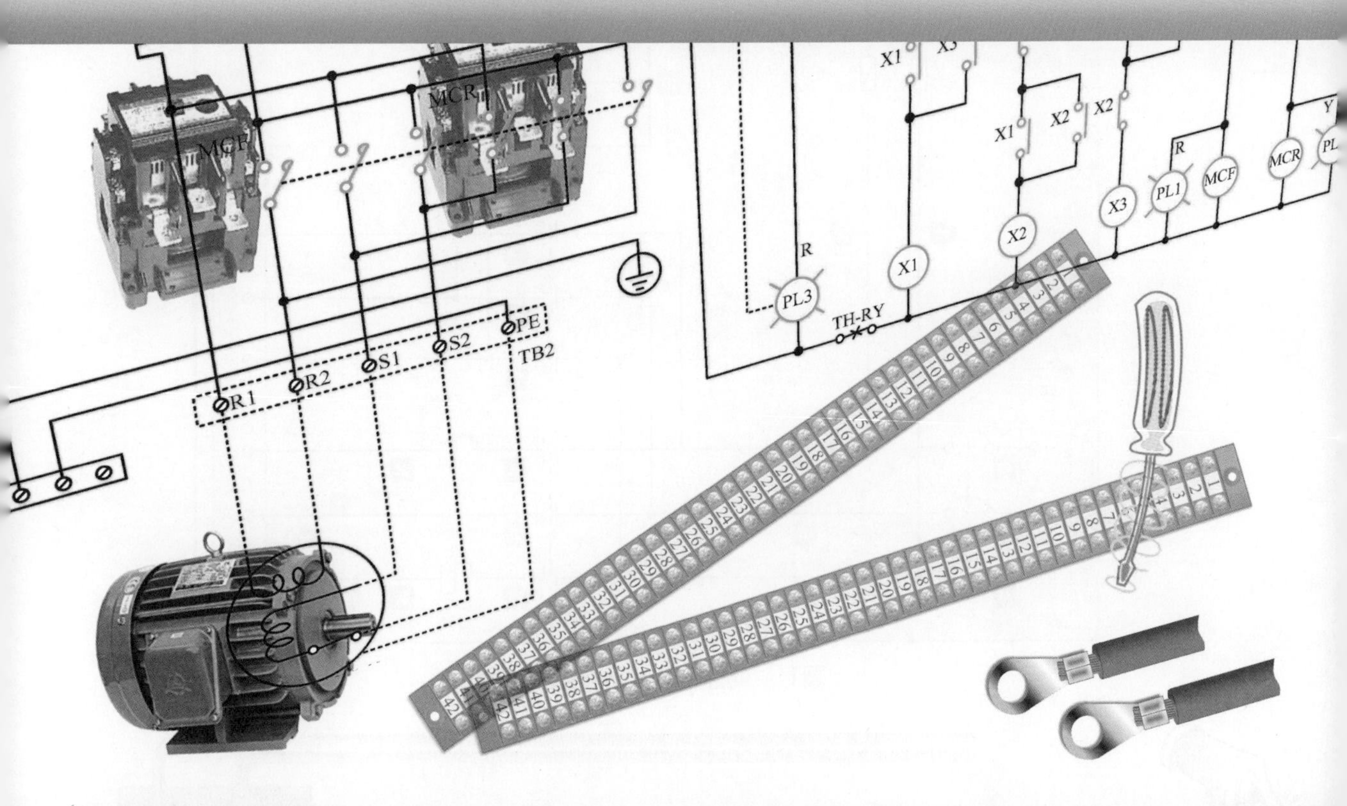
MCF
MCR
X1
X3
X2
R
PL3
TH-RY
PL1
Y
PE
S2
S1
R2
R1
TB2

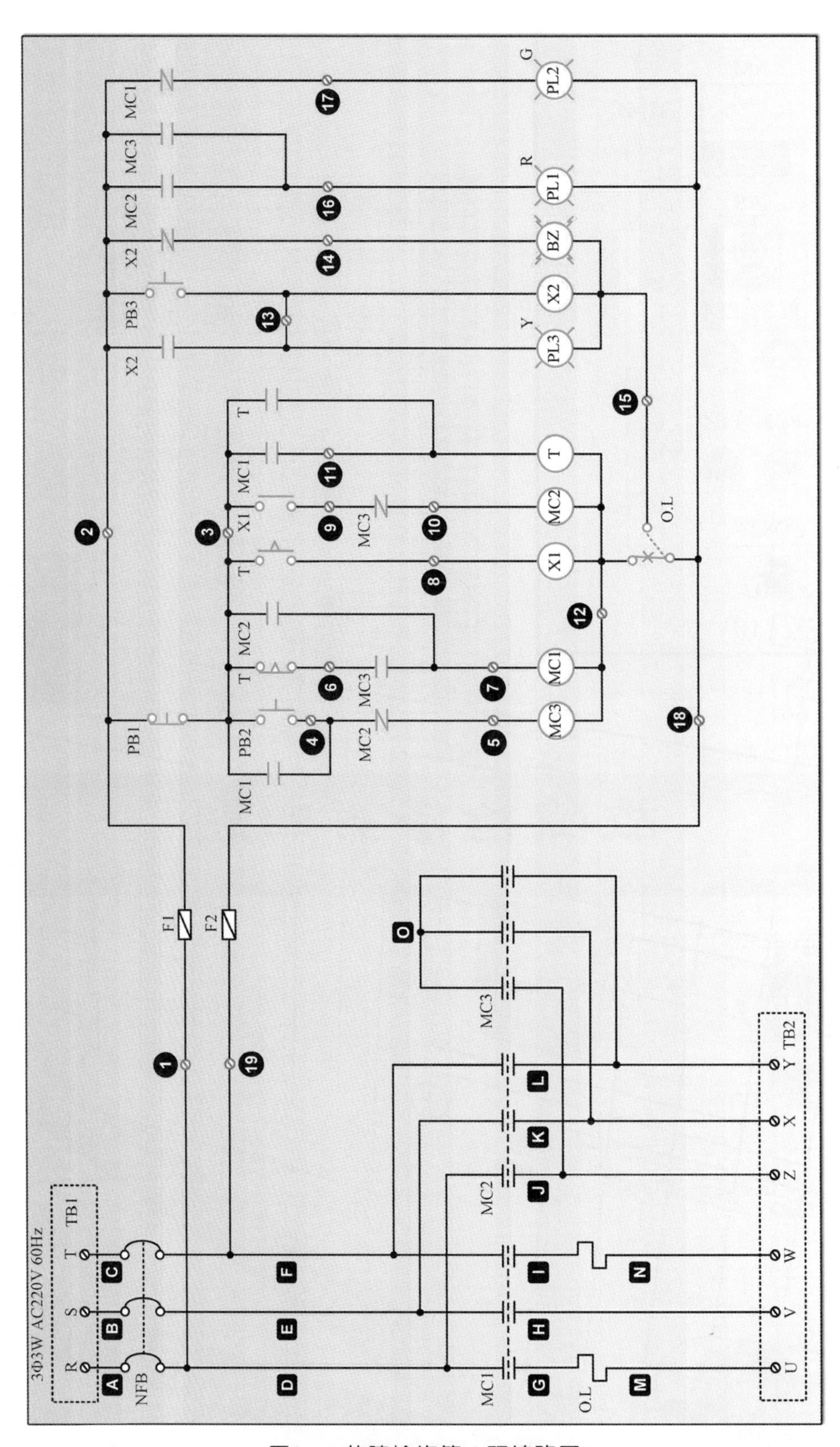

圖1　　故障檢修第 4 題線路圖

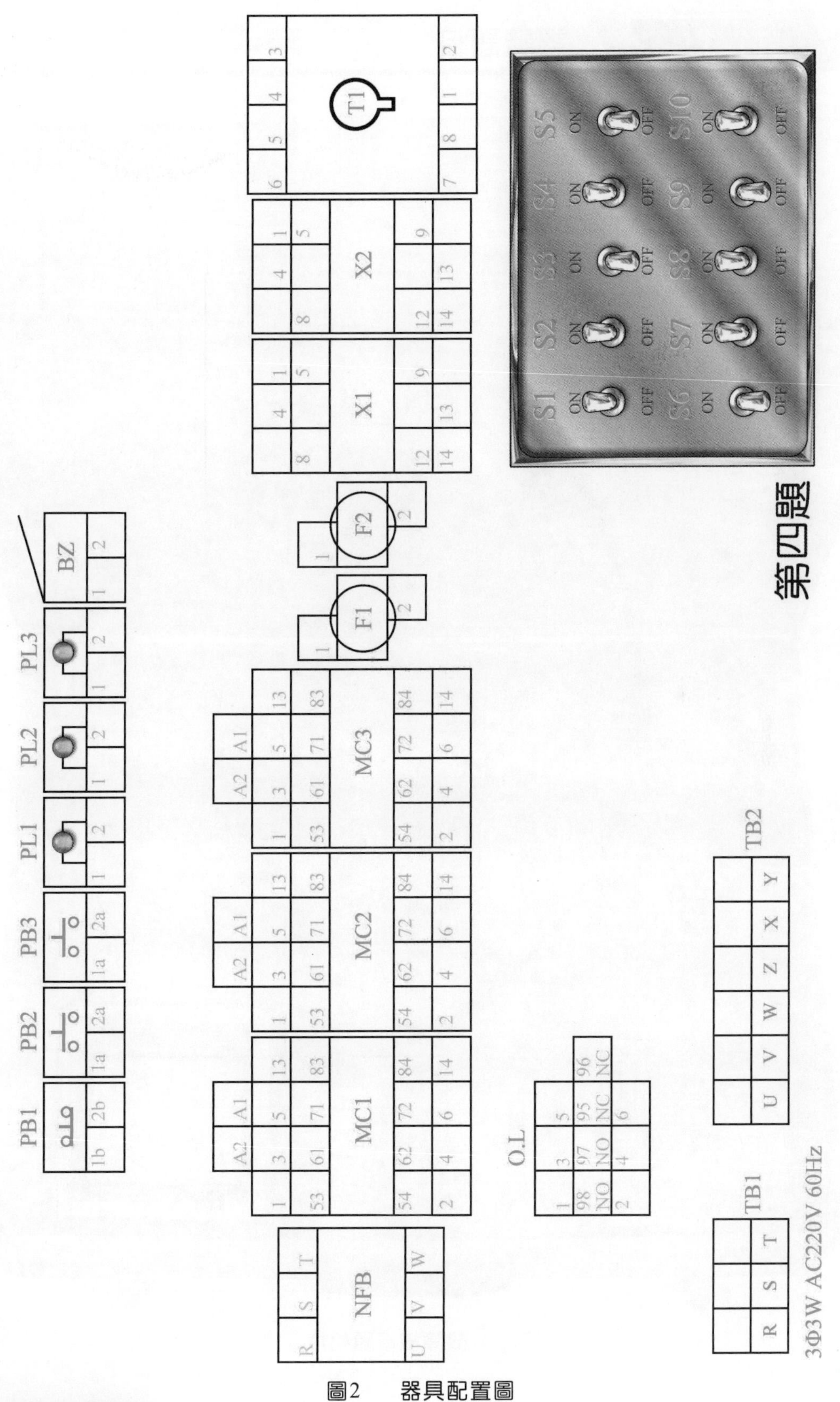

第四題
PB1
PB2
PB3
PL1
PL2
PL3
BZ
T1
X1
X2
F1
F2
MC1
MC2
MC3
NFB
O.L
TB1
TB2
S1
S2
S3
S4
S5
S6
S7
S8
S9
S10
ON
OFF
3Φ3W AC220V 60Hz

圖2　器具配置圖

11-1 認識題目

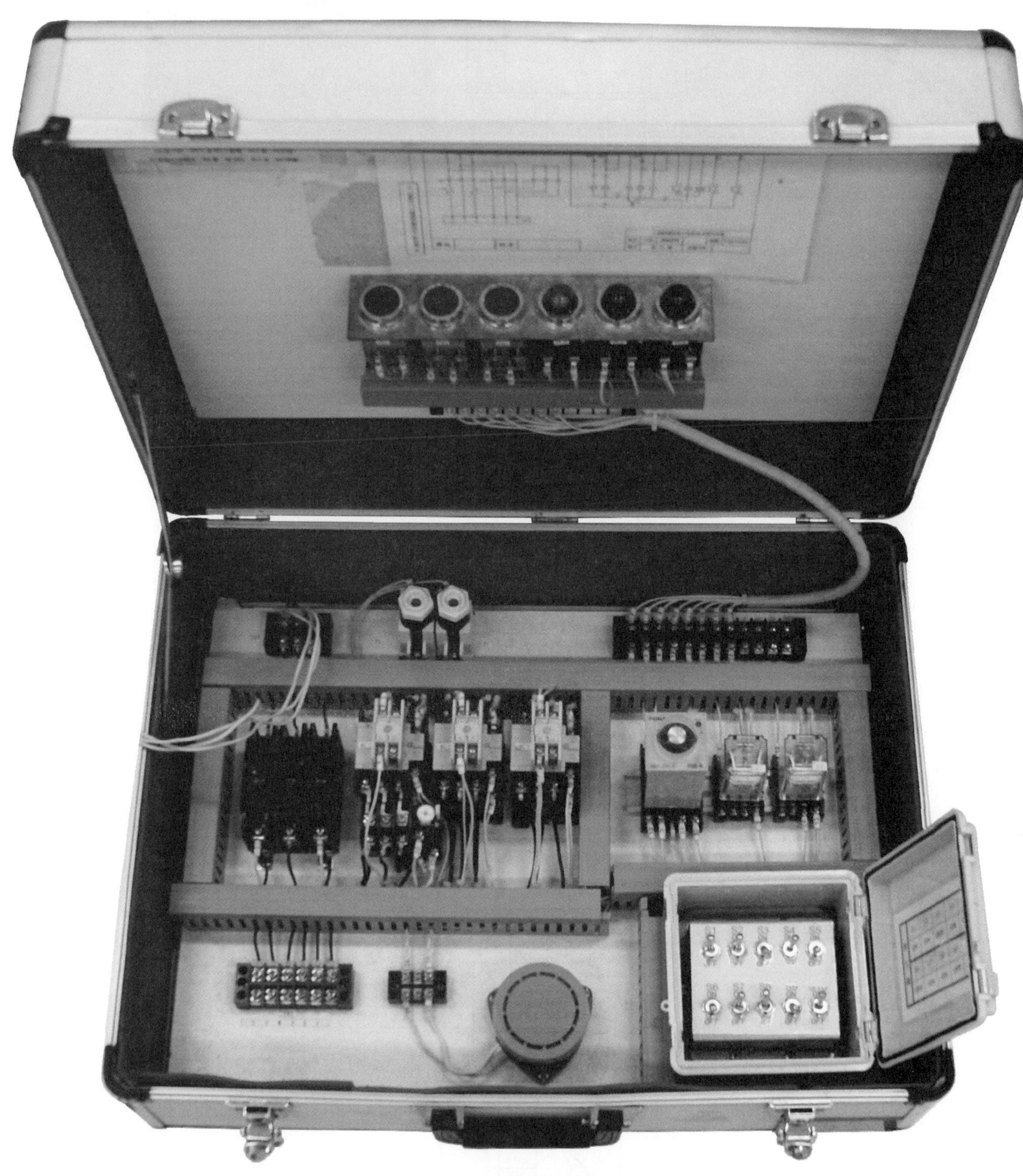

圖3　故障檢修題相片

如圖 1 所示為工業配線丙級術科故障檢修第 4 題之線路圖，而圖 2、3 分別為器具配置圖與相片(各檢定場地不會完全一樣)，其中標示 1 到 19 與 A 到 O 為檢測點。本題目分為器具板與操作板兩部份，每部份之材料，如表 1 與表 2 所示：

表 1　故障檢修第 4 題的器具板之材料表

項目	名　稱	規　格	單位	數量	備註
1	器具板		片	1	如做成箱型可免除
2	無熔線斷路器	3P 220VAC 10KA 50AF 20AT	只	1	
3	電磁接觸器	220VAC 20A	只	3	輔助接點 2a1b
4	積熱型過載保護電驛	TH-18	只	1	
5	栓型保險絲	3A 附座	只	2	
6	輔助電驛	220VAC	只	2	接點 X1 1a、X2 1c
7	限時電驛	通電延時型	只	1	瞬時 1a 延時 1c
8	蜂鳴器	220VAC	只	1	
9	端子台	3P 20A	只	1	TB-1
10	端子台	6P 20A	只	1	TB-2
11	過門端子台	12P 20A	只	1	TB-A 箱型裝設可省略

表 2　故障檢修第 4 題的操作板之材料表

項目	名　稱	規　格	單位	數量	備註
1	操作板		片	1	
2	指示燈	220VAC 30 mm ϕ	只	3	PL1-PL3
3	按鈕開關	220VAC 30 mm ϕ	只	3	PB1 1b PB2-PB3 1a
4	過門端子台	12P 20A	只	1	TB-B 箱型裝設可省略

11-2 電路解析

如圖 1 所示，當電路正常動作，如下說明：

1. 通電後，PL2 亮。
2. 在未發生過載下，其動作狀況如下：
   (1) 按 **PB2**，則 MC3 及 MC1 動作，PL1 亮、PL2 熄滅，T 開始計時。
   (2) 當 T 到達設定的時間時，X1 動作，MC3 斷電，MC1 及 MC2 動作。
   (3) 按 **PB1**，MC1 及 MC2 斷電，PL1 熄滅、PL2 亮。
3. 當發生過載時，蜂鳴器 BZ 響；按 PB3，PL3 亮、BZ 停響。

在此線路的 10 個故障點之中，如圖 4 與圖 5 所示，其影響如下說明：

- **S1** 與 X2 線圈串聯，其影響是當按 PB3 按鈕時，不能使 X2 動作。
- **S2** 與 MC3 線圈串聯，其影響是當按 PB2 按鈕時，不能使 MC3 動作。
- **S3** 與 X2 的輔助 a 接點並聯，其影響是不按 PB3 按鈕， X2 也能動作，且 PL3 黃色指示燈保持亮。
- **S4** 與 PL1 紅色指示燈串聯，其影響是當 MC2 或 MC3 動作時，PL1 不亮。
- **S5** 與 MC1 之輔助 b 接點並聯，其影響是讓 PL2 綠色指示燈無法熄滅。
- **S6** 與 MC2 之輔助 a 接點並聯，其影響是讓 T 計時器無法關閉 MC1。
- **S7** 與 T 計時器線圈串聯，其影響是無法讓 T 計時器動作。
- **S8** 與 MC1 之 OL 的 T 相串聯，其影響是 TB2 的 **N** 端點無法提供 T 相電源。
- **S9** 與 MC1、OL 之 R 相並聯，其影響是 TB2 之 **M** 端點直接連接 R 相電源。
- **S10** 與 MC2 之 T 相主接點串聯，其影響是無法產生 Δ 型連接。

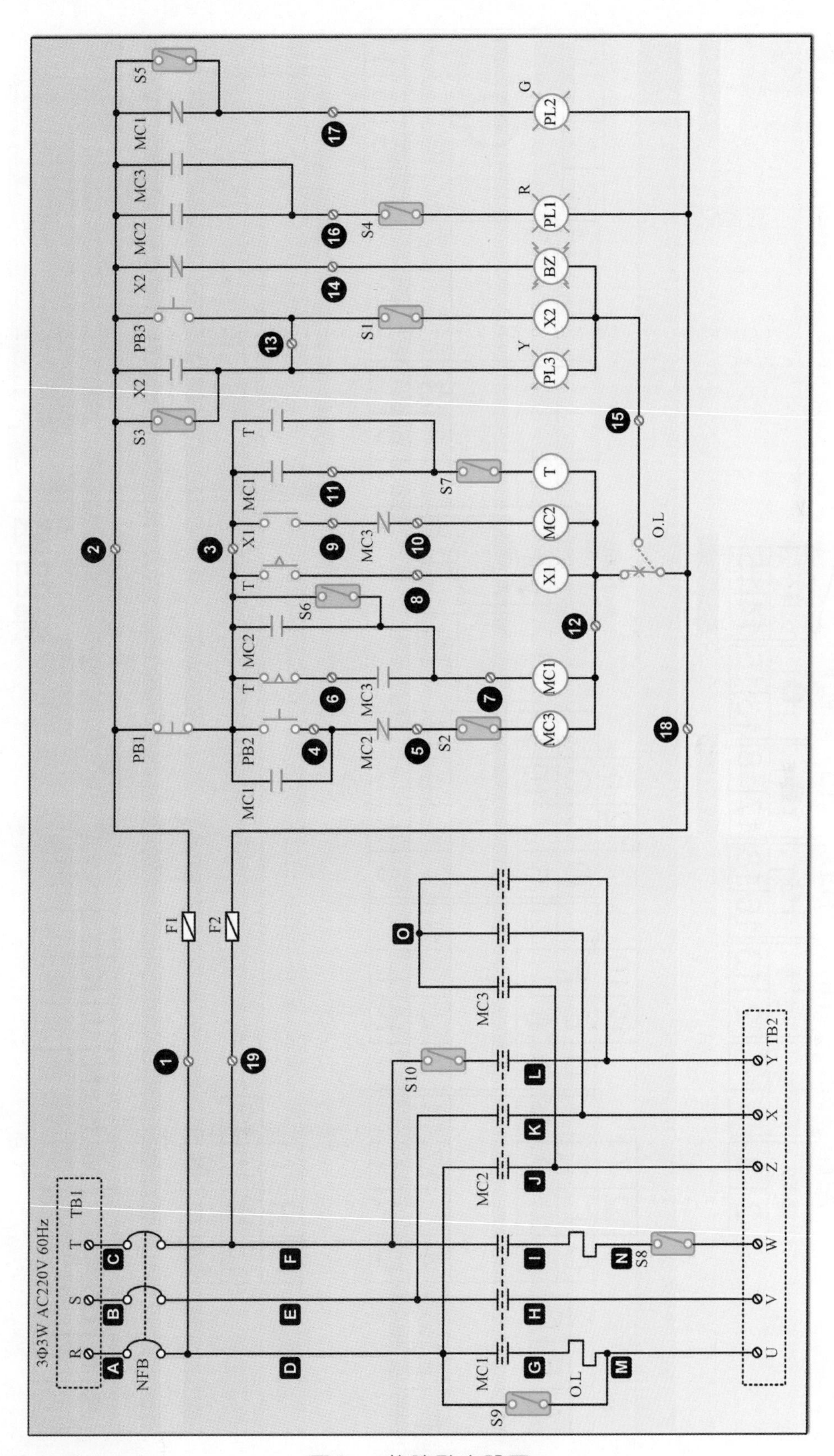

圖4　故障點之設置

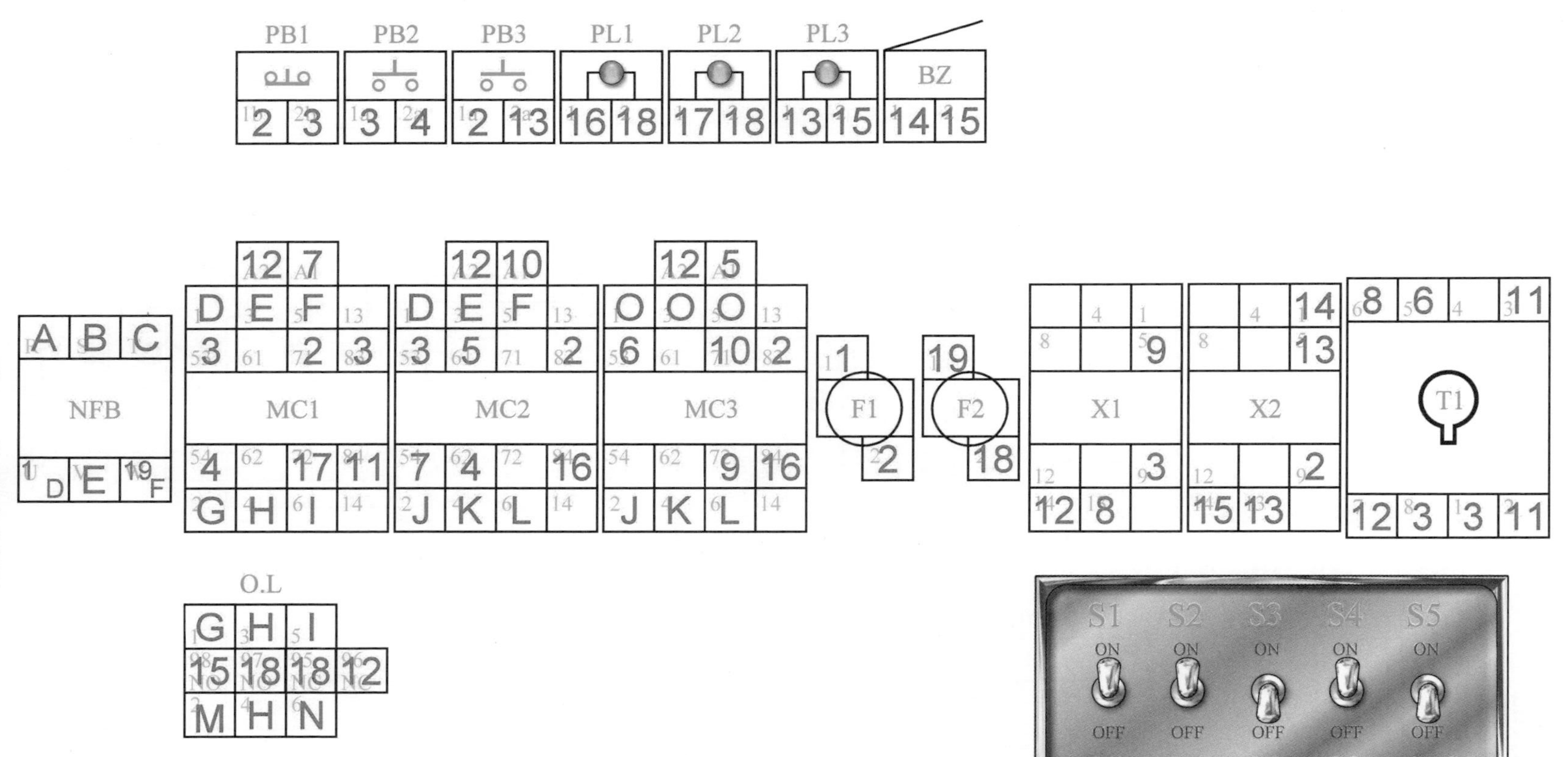

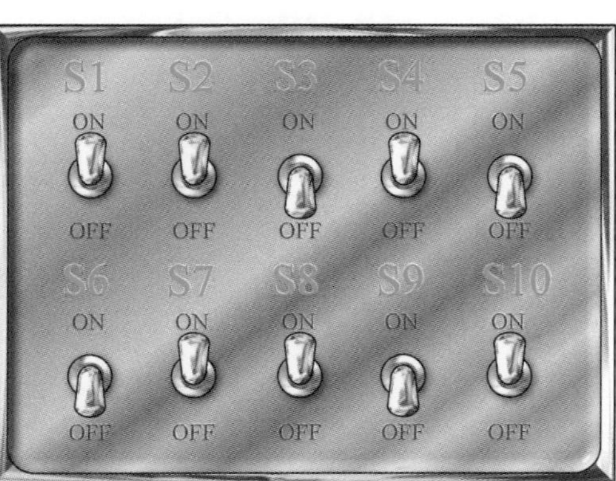

第四題

圖5 檢測端點編號

11-3 檢修技巧與方法

當我們了解線路的動作原理，以及故障點的設置後，即可思考如何判斷並找出故障之所在。尋找故障點的方式有靜態檢測與動態檢測兩種，如下說明：

靜態檢測

靜態檢測是使用三用電表，切換到歐姆檔(R×1 或 R×10)，量測測試端點間的電阻值，若電阻值很小，表示兩測試點之間導通；若電阻值近無限大，表示兩測試點之間斷路。若使用具有嗶聲功能的數字式三用電表，則在量測時，則只要聽到嗶聲代表導通，而不必再盯著三用電表，可能會省力一點！而各故障點的判斷，在不送電的狀況下，三用電表切換到歐姆檔後，根據圖 4 與圖 5，即可按下列方法判斷之：

- S1 之判斷方式：量測 X2 線圈的 13 檢測點與 PB3 的 13 檢測點，應該是導通的；若不導通，則表示 S1 OFF，即可在線路圖上紀錄故障點為 X2 上方開路。
- S2 之判斷方式：量測 MC3 線圈的 5 檢測點與 MC2 的 5 檢測點，應該是導通的；若不導通，則表示 S2 OFF，即可在線路圖上紀錄故障點為 MC3 上方開路。
- S3 之判斷方式：量測 X2 的 2 檢測點與 PL3 的 2 檢測點，應該是不導通的；若導通，則表示 S3 ON，即可在線路圖上紀錄故障點為 X2 的 a 接點短路。
- S4 之判斷方式：量測 PL1 的 16 檢測點與 MC2 的 16 檢測點，應該是導通；若不導通，則表示 S4 OFF，即可在線路圖上紀錄故障點為 PL1 上方開路。
- S5 之判斷方式：量測 MC1 的 2 檢測點與 17 檢測點，應該是導通。按住 MC1 電磁接觸器上方中間的方塊，量測 MC1 的 2 檢測點與 17 檢測點，則不導通；若仍導通，表示 S5 ON，即可在線路圖上紀錄故障點為 MC1 的 a 接點短路。
- S6 之判斷方式：量測 MC2 的 3 檢測點與 7 檢測點，應該是不導通；若導通，表示 S6 ON，即可在線路圖上紀錄故障點為 MC2

的 a 接點短路。

- S7 之判斷方式：量測 T 線圈的 11 檢測點與 MC1 的 11 檢測點，應該是導通；若不導通，表示 S7 OFF，即可在線路圖上紀錄故障點為 T 上方開路。
- S8 之判斷方式：量測 **TB2** 的 N 端點與 OL 的 N 端點，應該是導通；若不導通，則表示 S8 OFF，即可在線路圖上紀錄故障點為 OL 的 T 相開路。
- S9 之判斷方式：量測 MC1 的 D 端點與 OL 的 M 端點，應該是不導通；若導通，則表示 S9 ON，所以在線路圖上紀錄故障點為 MC1 的 R 相主接點短路。
- S10 之判斷方式：量測 NFB 的 F 點與 MC2 的 F 點，應該是導通；若不導通，則表示 S10 OFF，即可在線路圖上紀錄故障點為 MC2 的 T 相主接點開路。

動態檢測

動態檢測是直接將所要檢修的電路送電，然後觀察電路動作，並使用三用電表，切換到交流電壓檔(AC250V)，實際量測測試端點間的電壓，以判斷故障點。

- OL 保持為正常狀態，則供電後，若 MC1 動作，表示 S6 ON，即可在線路圖上紀錄故障點為 MC2 的輔助 a 接點短路。
- 接續上述判斷，若 MC1 沒有動作，則按 PB2 鈕，MC3 應動作；若 MC3 沒有動作，表示 S2 ON，即可在線路圖上紀錄故障點為 MC3 上方開路。
- 接續上述判斷，若 MC3 動作，則 MC1 動作，然後按下列步驟判斷之：
  - 若 T 沒有動作，表示 S7 OFF，即可在線路圖上紀錄故障點為 T 上方開路。
  - 若 PL1 紅色指示燈不亮，表示 S4 OFF，即可在線路圖上紀錄故障點為 PL1 上方開路。
  - 若 PL2 綠色指示燈仍保持亮，表示 S5 ON，即可在線路圖上

紀錄故障點為 MC1 之 b 接點短路。

- 將 OL 切換到過載狀態，則蜂鳴器 BZ 響起，PL3 黃色指示燈不亮、X2 不動作。若 PL3 黃色指示燈亮、X2 動作，表示 S3 ON，即可在線路圖上紀錄故障點為 X2 之 a 接點短路。
- 接續上述判斷，若 PL3 黃色指示燈不亮、X2 不動作，則按一下 PB3 鈕，則 PL3 將會亮、X2 將會動作，蜂鳴器 BZ 停響；若 PL3 亮，但 X2 不動作、蜂鳴器 BZ 續響，表示 S1 OFF，即可在線路圖上紀錄故障點為 X2 上方開路。
- 將 OL 切換到正常狀態，繼續進行主電路的判斷。由於可能沒有接負載(馬達)，無法從馬達動不動來判斷，只好使用三用電表的 AC250V 交流電壓檔來量測，首先將三用電表切換到 AC250V 交流電壓檔，量測 OL 的 M 端點與 MC1 的 E 端點。若電表指示 AC220V，表示 S9 短路，即可在線路圖上紀錄故障點為 MC1 的 R 相主接點短路。
- 若上述判斷沒出現故障點，則繼續量測 TB2 的 H 端點與 N 端點。若電表指示 0V，表示 S8 開路，即可在線路圖上紀錄故障點為 MC1 的 T 相主接點開路。
- 若上述判斷沒出現故障點，量測 MC2 的 E 端點與 F 端點，正常狀態下，電表將指示 AC220V；若電表指示為 0V，表示 S10 開路，即可在線路圖上紀錄故障點為 MC2 的 T 相主接點開路。

建議檢測程序

當抽到第 4 題時，則先將三用電表切到歐姆檔，按現場所附之線路圖，在不送電情況下，由左而右，進行下列靜態檢測：

1. 量測 MC1 的 D 端點與 OL 的 M 端點，應該是不導通；若導通，則表示 S9 ON，所以在線路圖上紀錄故障點為 MC1 的 R 相主接點短路。
2. 量測 TB2 的 N 端點與 OL 的 N 端點，應該是導通；若不導通，則表示 S8 OFF，即可在線路圖上紀錄故障點為 OL 的 T 相開路。

3. 量測 NFB 的 F 點與 MC2 的 F 點，應該是導通；若不導通，則表示 S10 OFF，即可在線路圖上紀錄故障點為 MC2 的 T 相主接點開路。

4. 量測 MC3 線圈的 5 檢測點與 MC2 的 5 檢測點，應該是導通的；若不導通，則表示 S2 OFF，即可在線路圖上紀錄故障點為 MC3 上方開路。

5. 量測 MC2 的 3 檢測點與 7 檢測點，應該是不導通；若導通，表示 S6 ON，即可在線路圖上紀錄故障點為 MC2 的 a 接點短路。

6. 量測 T 線圈的 11 檢測點與 MC1 的 11 檢測點，應該是導通；若不導通，表示 S7 OFF，即可在線路圖上紀錄故障點為 T 上方開路。

7. 量測 X2 的 2 檢測點與 PL3 的 2 檢測點，應該是不導通的；若導通，則表示 S3 ON，即可在線路圖上紀錄故障點為 X2 的 a 接點短路。

8. 量測 X2 線圈的 13 檢測點與 PB3 的 13 檢測點，應該是導通的；若不導通，則表示 S1 OFF，即可在線路圖上紀錄故障點為 X2 上方開路。

9. 量測 PL1 的 16 檢測點與 MC2 的 16 檢測點，應該是導通；若不導通，則表示 S4 OFF，即可在線路圖上紀錄故障點為 PL1 上方開路。

10. 量測 MC1 的 2 檢測點與 17 檢測點，應該是導通。按住 MC1 電磁接觸器上方中間的方塊，量測 MC1 的 2 檢測點與 17 檢測點，則不導通；若仍導通，表示 S5 ON，即可在線路圖上紀錄故障點為 MC1 的 a 接點短路。

找出故障點，並標示在線路圖上，即可舉手要求監評老師評分。

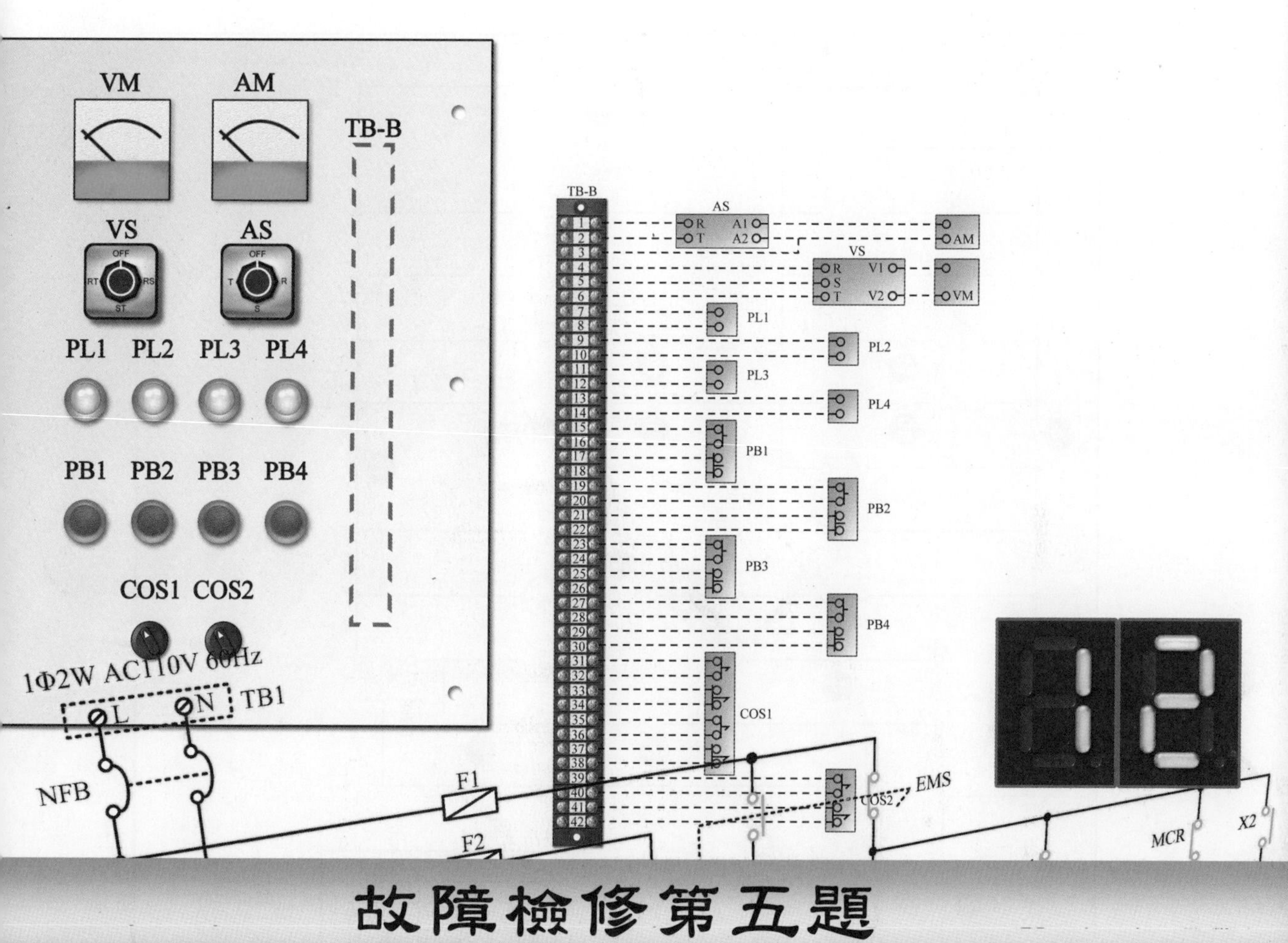
VM
AM
TB-B
VS
AS
PL1 PL2 PL3 PL4
PB1 PB2 PB3 PB4
COS1 COS2
1Φ2W AC110V 60Hz
TB1
NFB
F1
F2
EMS
MCR
X2

故障檢修第五題

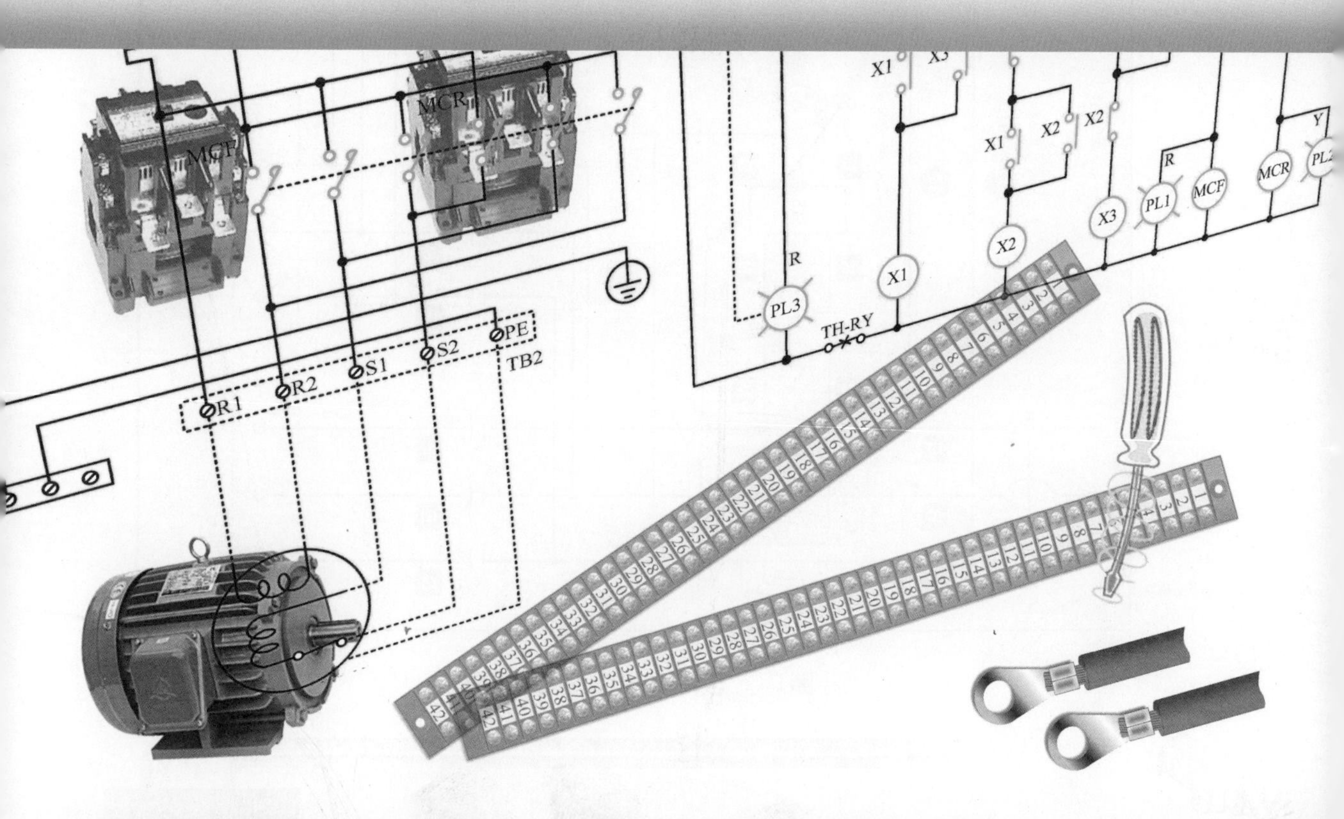
MCR
MCF
X1
X2
X3
PL1
PL2
PL3
TH-RY
R1
R2
S1
S2
PE
TB2

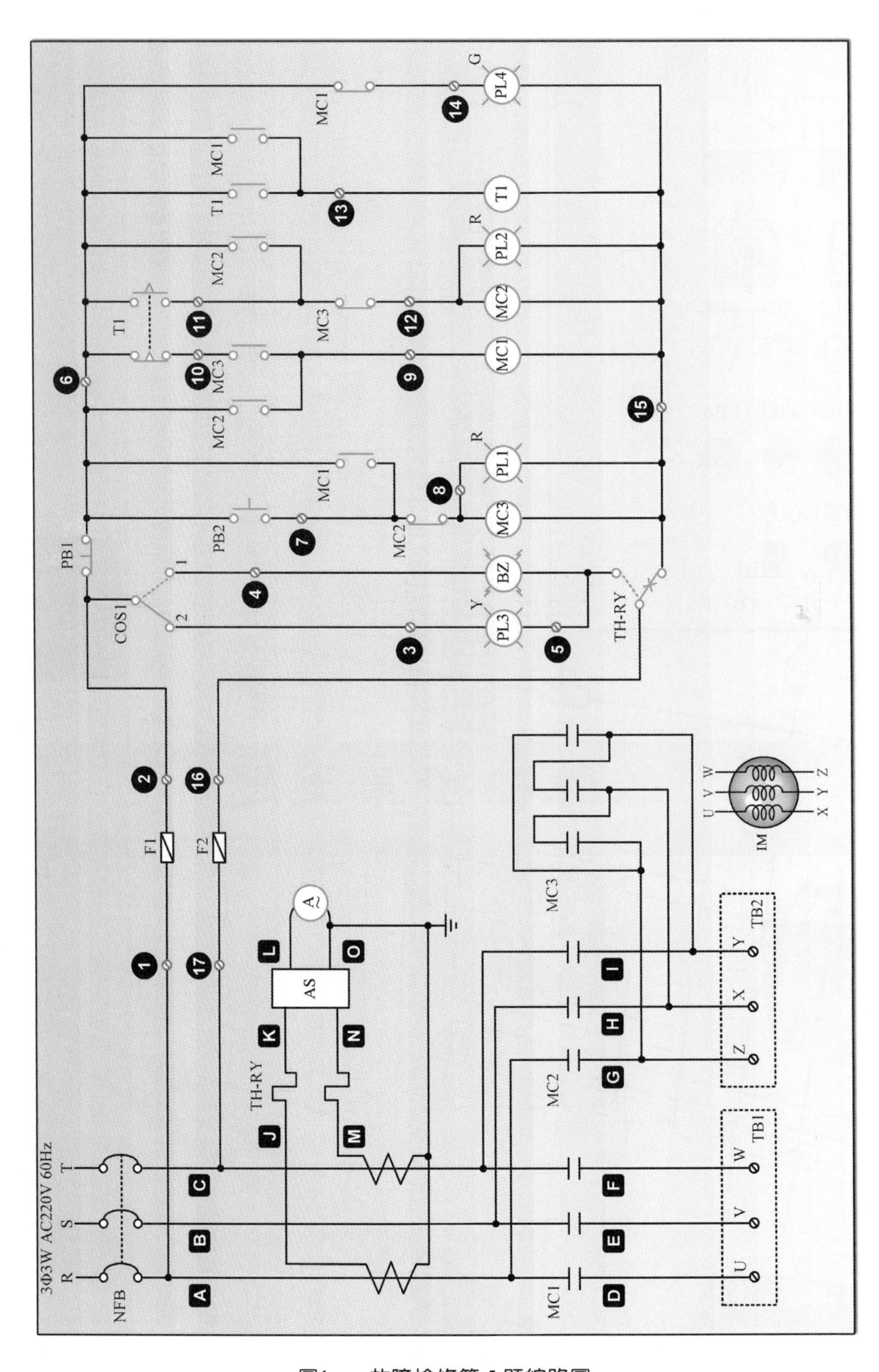

圖1　　故障檢修第 5 題線路圖

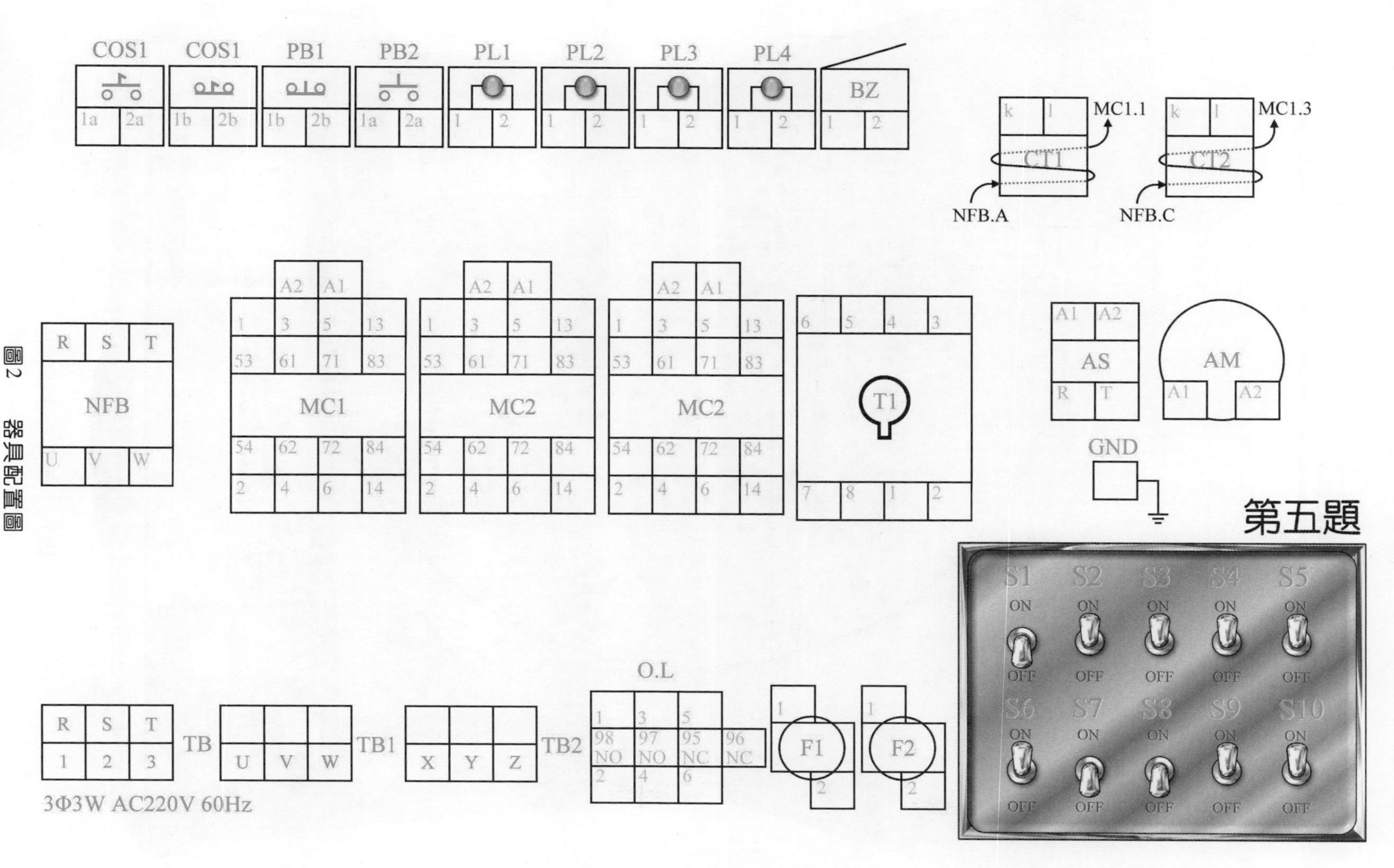
COS1
COS1
PB1
PB2
PL1
PL2
PL3
PL4
BZ
1a 2a
1b 2b
1b 2b
1a 2a
MC1.1
MC1.3
CT1
CT2
NFB.A
NFB.C
NFB
R S T
U V W
MC1
MC2
MC2
A2 A1
1 3 5 13
53 61 71 83
54 62 72 84
2 4 6 14
T1
AS
AM
GND
第五題
S1
S2
S3
S4
S5
S6
S7
S8
S9
S10
ON
OFF
TB
TB1
TB2
O.L
98 NO
97 NO
95 NC
96 NC
F1
F2
3Φ3W AC220V 60Hz

圖2　　器具配置圖

12-1 認識題目

使命必達

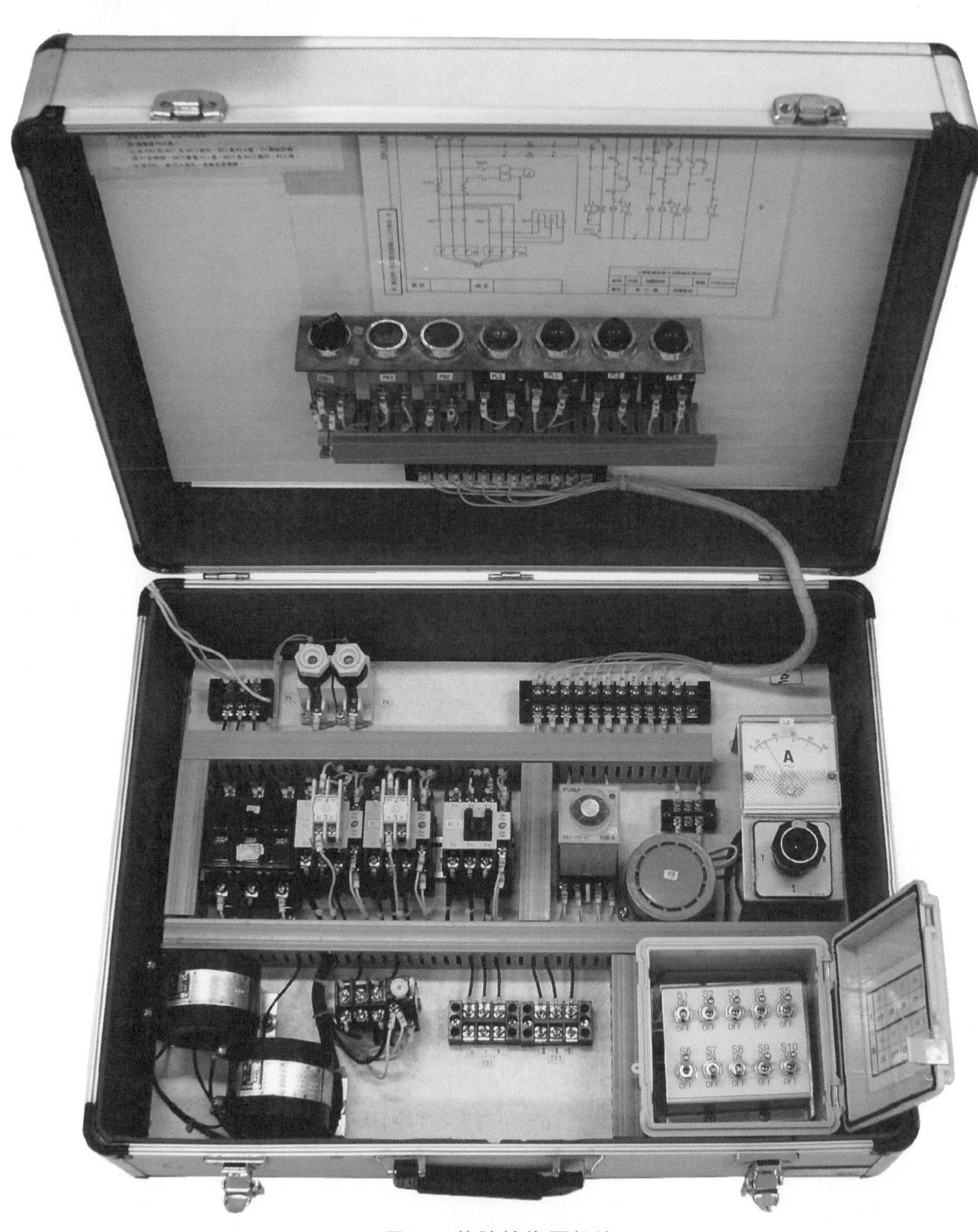

圖3　故障檢修題相片

如圖 1 所示為工業配線丙級術科故障檢修第 5 題之線路圖，而圖 2、3 分別為器具配置圖與相片(各檢定場地不會完全一樣)，其中標示 1 到 17 與 A 到 O 為檢測點。本題目分為器具板與操作板兩部分，每部分之材料，如表 1 與表 2 所示：

表 1　故障檢修第 5 題的器具板之材料表

項目	名　稱	規　格	單位	數量	備註
1	器具板		片	1	如做成箱型可免除
2	無熔線斷路器	3P 220VAC 10KA 50AF 20A	只	1	
3	電磁接觸器	220VAC 20A	只	3	輔助接點 MC1-MC2 2a1b MC3 1a1b
4	積熱型過載保護電驛	TH-18	只	1	
5	栓型保險絲	3A 附座	只	2	
6	限時電驛	220VAC 通電延時型	只	1	瞬時 1a 延時 1c
7	蜂鳴器	220VAC	只	1	
8	比流器	100/5A	只	2	
9	端子台	3P 20A	只	2	TB-1~TB-2
10	過門端子台	16P 20A	只	1	TB-A 箱型裝設可省略

表 2　故障檢修第 5 題的操作板之材料表

項目	名　稱	規　格	單位	數量	備註
1	操作板		片	1	
2	交流電流表	AC 0-100/5A	只	1	AM
3	電流切換開關	3ϕ3W 2CT 用	只	1	AS
4	指示燈	220VAC 30 mm ϕ	只	4	PL1-PL4
5	按鈕開關	220VAC 30 mm ϕ	只	2	PB1-PB2
6	切換開關	30 mm ϕ 1a1b	只	1	COS1 二段式
7	過門端子台	16P 20A	只	1	TB-B 箱型裝設可省略

12-2 電路解析

如圖 1 所示，當電路正常動作，如下說明：

1. 切換 **AS**，電流表應分別指示各相電流。
2. 當 **TH-RY** 動作時，若 **COS1** 轉到 **1** 位置，則蜂鳴器 BZ 響；若 **COS1** 轉到 **2** 位置，則 PL3 亮。
3. 在未發生過載時，其動作狀況如下：
   (1) 通電後，PL4 亮。
   (2) 按 **PB2**，則 MC1 及 MC3 動作，PL1 亮、PL4 熄滅，T1 開始計時。
   (3) 當 T1 計時到達設定時間時， MC3 斷電、PL1 熄滅，MC1 及 MC2 動作，PL2 亮。
   (4) 按 **PB1**，除 PL4 亮外，其餘全部復歸。

在此線路的 10 個故障點之中，如圖 4 與圖 5 所示，其影響如下說明：

- **S1** 與 COS1 切換開關的 **2** 位置及 **c** 接點並聯，其影響是當過載時，不管蜂鳴器 BZ 是否響起，PL3(黃色指示燈)必定會亮。
- **S2** 與蜂鳴器 BZ 串聯，其影響是當過載時，可能導致蜂鳴器 BZ 該響而不響。
- **S3** 與 MC2 之輔助 a 接點串聯，其影響是可能導致 MC1 不動作。
- **S4** 與 PL2 紅色指示燈串聯，其影響是當 MC2 動作時，PL2 不亮。
- **S5** 與 T1 之瞬時 a 接點串聯，其影響是當 T1 動作時，無法自保持。
- **S6** 與 T1 計時器線圈串聯，其影響是可能導致 T1 不動作。
- **S7** 與 MC1 之輔助 b 接點並聯，其影響是當 MC1 動作時，PL4 綠色指示燈仍保持亮。
- **S8** 與 MC1 之 R 相主接點並聯，其影響是當 MC1 不動作時，TB1 仍能提供 R 相電源。

- S9 與 MC1 之 T 相主接點串聯，其影響是當 MC1 動作時，TB1 並不能提供 T 相電源。
- S10 與 MC2 之 R 相主接點串聯，其影響是當 MC2 動作時，TB1 並不能提供 R 相電源。

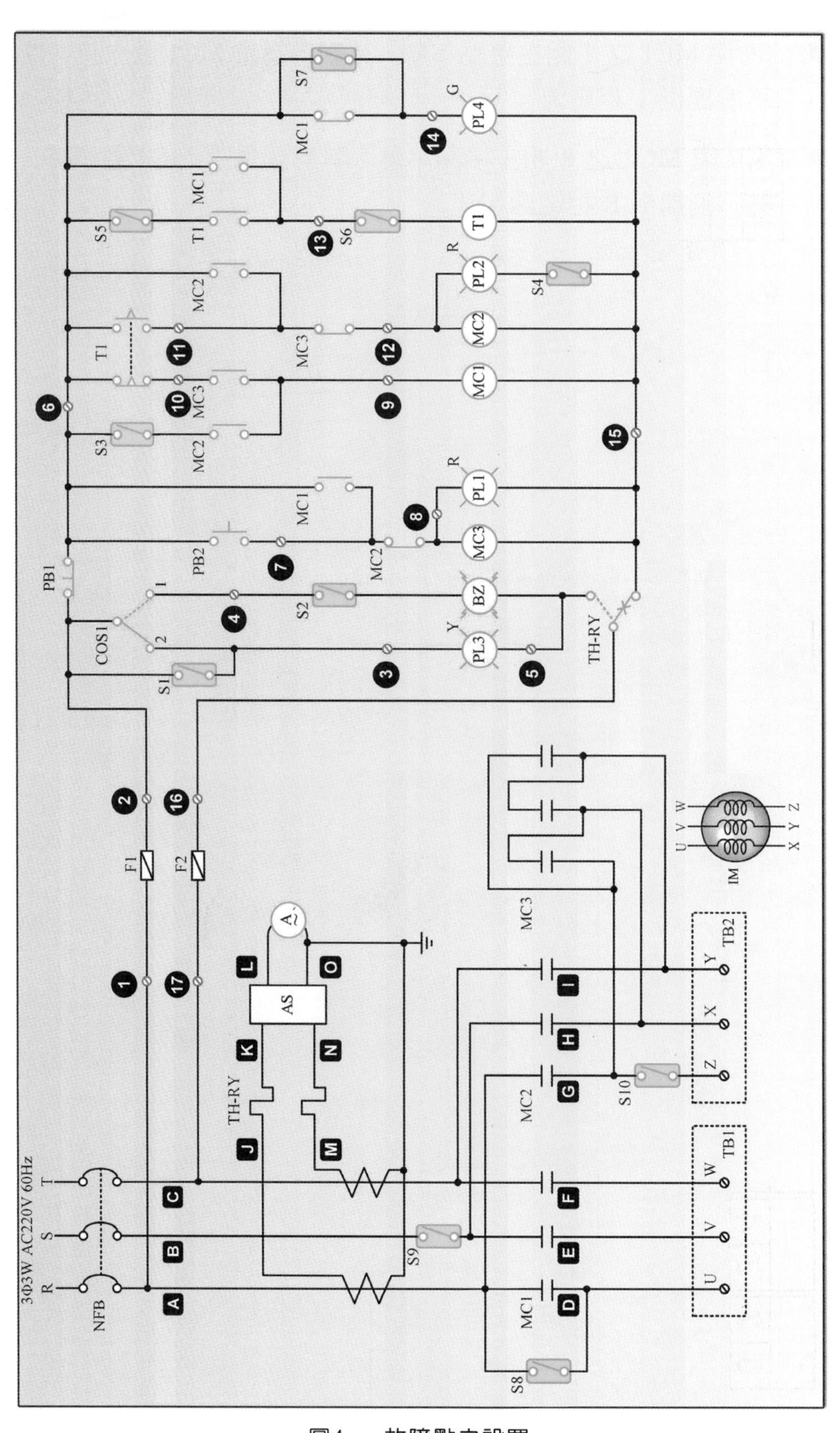
3Φ3W AC220V 60Hz
R S T
NFB
F1
F2
PB1
PB2
COS1
TH-RY
AS
MC1
MC2
MC3
PL1
PL2
PL3
PL4
BZ
T1
IM
TB1
TB2
U V W
X Y Z
S1
S2
S3
S4
S5
S6
S7
S8
S9
S10

圖4　故障點之設置

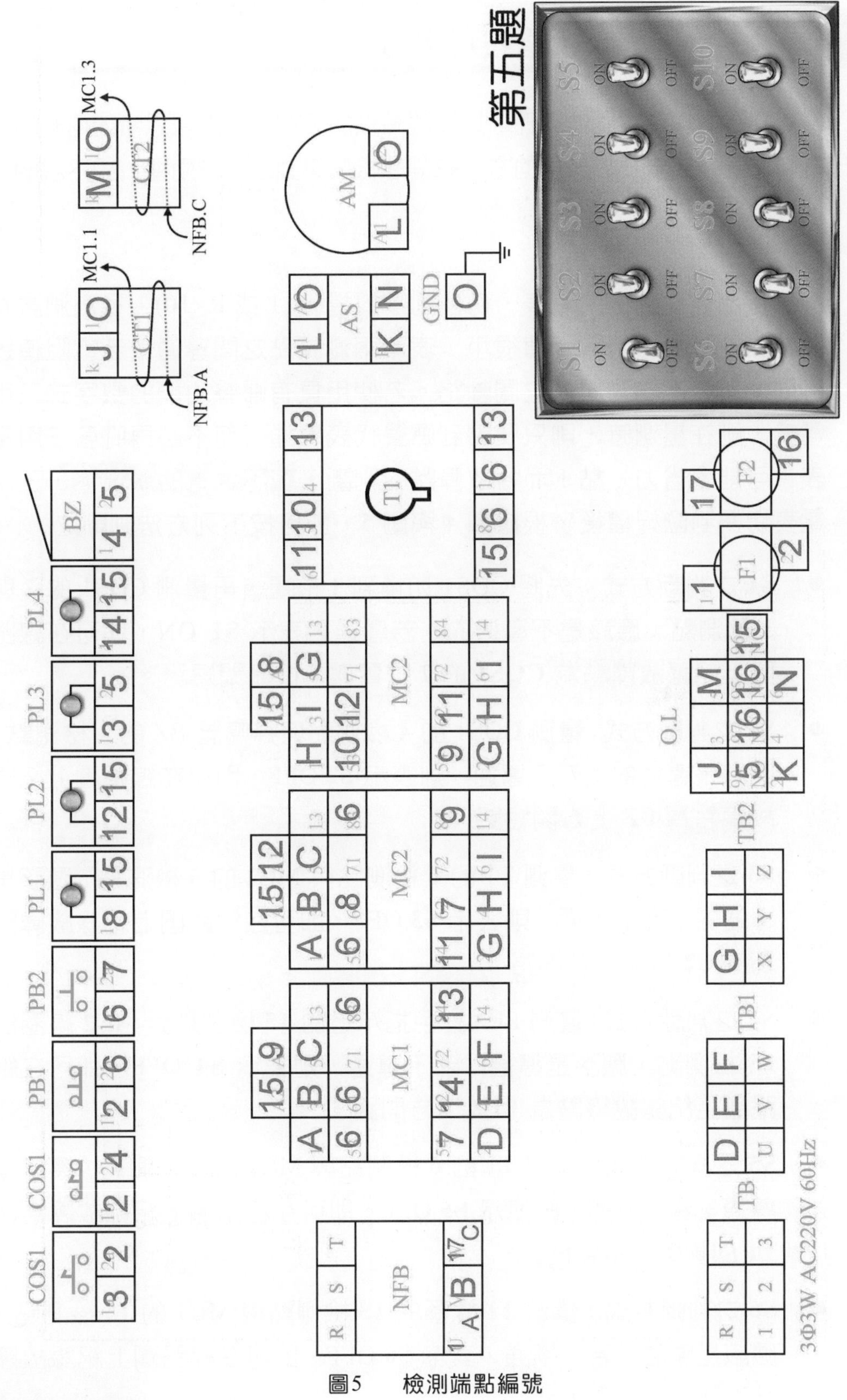
第五題
COS1
PB1
PB2
PL1
PL2
PL3
PL4
BZ
NFB
MC1
MC2
T1
AS
AM
GND
CT1
CT2
NFB.A
NFB.C
MC1.1
MC1.3
F1
F2
O.L
TB
TB1
TB2
3Φ3W AC220V 60Hz

圖5　　檢測端點編號

12-3 檢修技巧與方法

當我們了解線路的動作原理，以及故障點的設置後，即可思考如何判斷並找出故障之所在。尋找故障點的方式有靜態檢測與動態檢測兩種，如下說明：

靜態檢測

靜態檢測是使用三用電表，切換到歐姆檔(R×1 或 R×10)，量測測試端點間的電阻值，若電阻值很小，表示兩測試點之間導通；若電阻值近無限大，表示兩測試點之間斷路。若使用具有嗶聲功能的數字式三用電表，則在量測時，則只要聽到嗶聲代表導通，而不必再盯著三用電表，可能會省力一點！而各故障點的判斷，在不送電的狀況下，三用電表切換到歐姆檔後，根據圖 4 與圖 5，即可按下列方法判斷之：

- S1 之判斷方式：先將 COS1 切換到 1 位置，再量測 COS1 的 2 與 3 檢測點，應該是不導通的；若導通，表示 S1 ON，即可在線路圖上紀錄故障點為 COS1 的 2 位置與 c 接點間短路。
- S2 之判斷方式：量測 COS1 的 4 檢測點與蜂鳴器 BZ 的 4 檢測點，應該是導通的；若不導通，則表示 S2 OFF，即可在線路圖上紀錄故障點為 BZ 上方開短路。
- S3 之判斷方式：量測 T1 的 6 檢測點與 MC2 的 6 檢測點，應該是導通的；若不導通，則表示 S3 OFF，即可在線路圖上紀錄故障點為 MC2 的 a 接點開路。
- S4 之判斷方式：量測 PL2 紅色指示燈的 15 檢測點與 MC2 線圈的 15 檢測點，應該是導通；若不導通，則表示 S4 OFF，即可在線路圖上紀錄故障點為 PL2 下方開路。
- S5 之判斷方式：量測 T1 的 6 檢測點與 MC1 的 6 檢測點，應該是導通；若不導通，則表示 S5 OFF，即可在線路圖上紀錄故障點為 T1 的瞬時 a 接點開路。
- S6 之判斷方式：量測 T1 線圈的 13 檢測點與 MC1 的 13 檢測點，應該是導通；若不導通，表示 S6 OFF，即可在線路圖上紀錄故障點為 T1 上方開路。

- S7 之判斷方式：量測 MC1 的 6 與 14 檢測點，應該是不導通；若導通，則表示 S7 ON，即可在線路圖上紀錄故障點為 MC1 的 b 接點短路。
- S8 之判斷方式：量測 MC1 的 A 點與 D 點，應該是不導通，若導通，則表示 S8 OFF，所以在線路圖上紀錄故障點為 MC1 的 R 相主接點短路。
- S9 之判斷方式：量測 MC1 的 B 點與 NFB 的 B 點，應該是導通；若不導通，則表示 S9 OFF，即可在線路圖上紀錄故障點為 MC1 的 S 相主接點開路。
- S10 之判斷方式：量測 MC2 的 G 點與 TB2 的 G 點，應該是導通；若不導通，則表示 S10 OFF。即可在線路圖上紀錄故障點為 MC2 的 R 相主接點開路。

動態檢測

動態檢測是直接將所要檢修的電路送電，然後觀察電路動作，並使用三用電表，切換到交流電壓檔(AC250V)，實際量測測試端點間的電壓，以判斷故障點。

- 供電後，將 COS1 切換至 1 位置，TH-RY 切換到過載狀態，則 PL3 黃色指示燈應該不亮、蜂鳴器 BZ 應該會響；若 PL3 亮，表示 S1 ON，即可在線路圖上紀錄故障點為 COS1 的 2 位置與 c 接點間短路。若蜂鳴器 BZ 不響表示 S2 OFF，即可在線路圖上紀錄故障點為 BZ 上方開短路。
- 將 TH-RY 切換到正常狀態，按一下 PB2 鈕，MC3、MC1 將動作，而 T1 也會動作且自保持，PL4 綠色指示燈將熄滅。若 T1 不動作，表示 S6 OFF，即可在線路圖上紀錄故障點為 T1 上方開路。若 T1 能動作，但不會自保持，表示 S5 OFF，即可在線路圖上紀錄故障點為 T1 之瞬時 a 接點開路。若 PL4 沒有熄滅，表示 S7 ON，即可在線路圖上紀錄故障點為 MC1 之 b 接點短路。
- 若在前一個判斷裡，沒有找出故障點，線路將隨 T1 所設定的時間到達時，MC3 斷電，MC1 與 MC2 動作、PL2 紅色指示燈亮；若

PL2 不亮，表示 S4 OFF，即可在線路圖上紀錄故障點為 PL2 下方開路；若 MC1 不動作，表示 S3 OFF，即可在線路圖上紀錄故障點為 MC2 之 a 接點開路。

- 對於主接點的判斷，由於可能沒有接負載(馬達)，無法從馬達動不動來判斷。只好使用三用電表的 AC250V 交流電壓檔來量測，首先將三用電表切換到 AC250V 交流電壓檔，再按下列步驟量測：
  - 按一下 PB1 鈕，讓 MC1、MC2 與 MC3 都不動作。量測 MC1 的 C 端點與 D 端點，正常狀態下，電表將指示 0V；若電表將指示 AC220V，表示 S8 ON，即可在線路圖紀錄故障點為 MC1 的 R 相主接點短路。
  - 量測 MC1 的 B 端點與 C 端點，正常狀態下，電表將指示 AC220V；若電表指示 0V，表示 S9 OFF，即可在線路圖紀錄故障點為 MC1 的 S 相主接點開路。
  - 按一下 PB2 按鈕，則循序 MC3、MC1、T1 動作，待 T1 所設定的時間到了，則 MC3 斷電，MC1、MC2 動作。這時候，再量測 TB2 的 G 端點與 H 端點，正常狀態下，電表將指示 AC220V；若電表指示 0V，表示 S10 OFF，即可在線路圖紀錄故障點為 MC2 的 S 相主接點開路。

建議檢測程序

當抽到第 5 題時，使用動態檢測法比較快，但容易遺漏；使用靜態檢測比較慢，但比較穩當。在此建議使用靜態檢測，先將三用電表切到歐姆檔，按現場所附之線路圖，在不送電情況下，由左而右，進行下列靜態檢測：

1. 量測 **MC1** 的 A 點與 D 點，應該是不導通，若導通，則表示 S8 OFF，所以在線路圖上紀錄故障點為 MC1 的 R 相主接點短路。
2. 量測 **MC1** 的 B 點與 NFB 的 B 點，應該是導通；若不導通，則表示 S9 OFF，即可在線路圖上紀錄故障點為 MC1 的 S 相主接點開路。
3. 量測 **MC2** 的 G 點與 TB2 的 G 點，應該是導通；若不導通，則表示 S10 OFF。即可在線路圖上紀錄故障點為 MC2 的 R 相主接點

開路。

4. 先將 COS1 切換到 **1** 位置，再量測 COS1 的 **2** 與 **3** 檢測點，應該是不導通的；若導通，表示 **S1** ON，即可在線路圖上紀錄故障點為 **COS1** 的 **2** 位置與 **c** 接點間短路。

5. 量測 COS1 的 **4** 檢測點與蜂鳴器 BZ 的 **4** 檢測點，應該是導通的；若不導通，則表示 **S2** OFF，即可在線路圖上紀錄故障點為 **BZ** 上方開短路。

6. 量測 T1 的 **6** 檢測點與 MC2 的 **6** 檢測點，應該是導通的；若不導通，則表示 **S3** OFF，即可在線路圖上紀錄故障點為 **MC2** 的 **a** 接點開路。

7. 量測 PL2 紅色指示燈的 **15** 檢測點與 MC2 線圈的 **15** 檢測點，應該是導通；若不導通，則表示 **S4** OFF，即可在線路圖上紀錄故障點為 **PL2** 下方開路。

8. 量測 T1 的 **6** 檢測點與 MC1 的 **6** 檢測點，應該是導通；若不導通，則表示 **S5** OFF，即可在線路圖上紀錄故障點為 **T1** 的瞬時 **a** 接點開路。

9. 量測 T1 線圈的 **13** 檢測點與 MC1 的 **13** 檢測點，應該是導通；若不導通，表示 **S6** OFF，即可在線路圖上紀錄故障點為 **T1** 上方開路。

10. 量測 MC1 的 **6** 與 **14** 檢測點，應該是不導通；若導通，則表示 **S7** ON，即可在線路圖上紀錄故障點為 **MC1** 的 **b** 接點短路。

找出故障點，並標示在線路圖上，即可舉手要求監評老師評分。

Industrial Wiring
Skills Certification Express

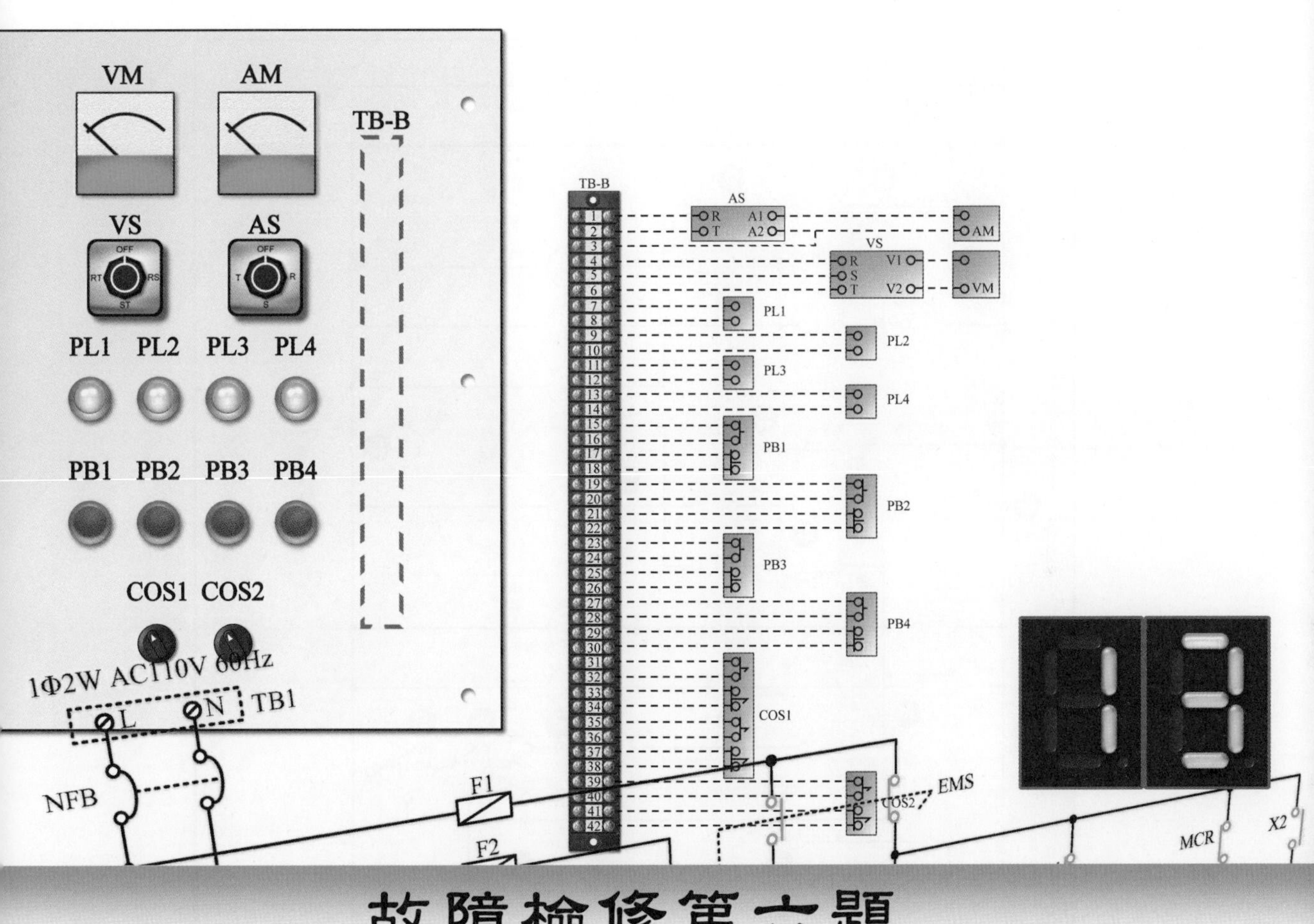
VM
AM
TB-B
VS
AS
PL1
PL2
PL3
PL4
PB1
PB2
PB3
PB4
COS1
COS2
1Φ2W AC110V 60Hz
L
N
TB1
NFB
F1
F2
EMS
MCR
X2
VM
AM
COS1

故障檢修第六題

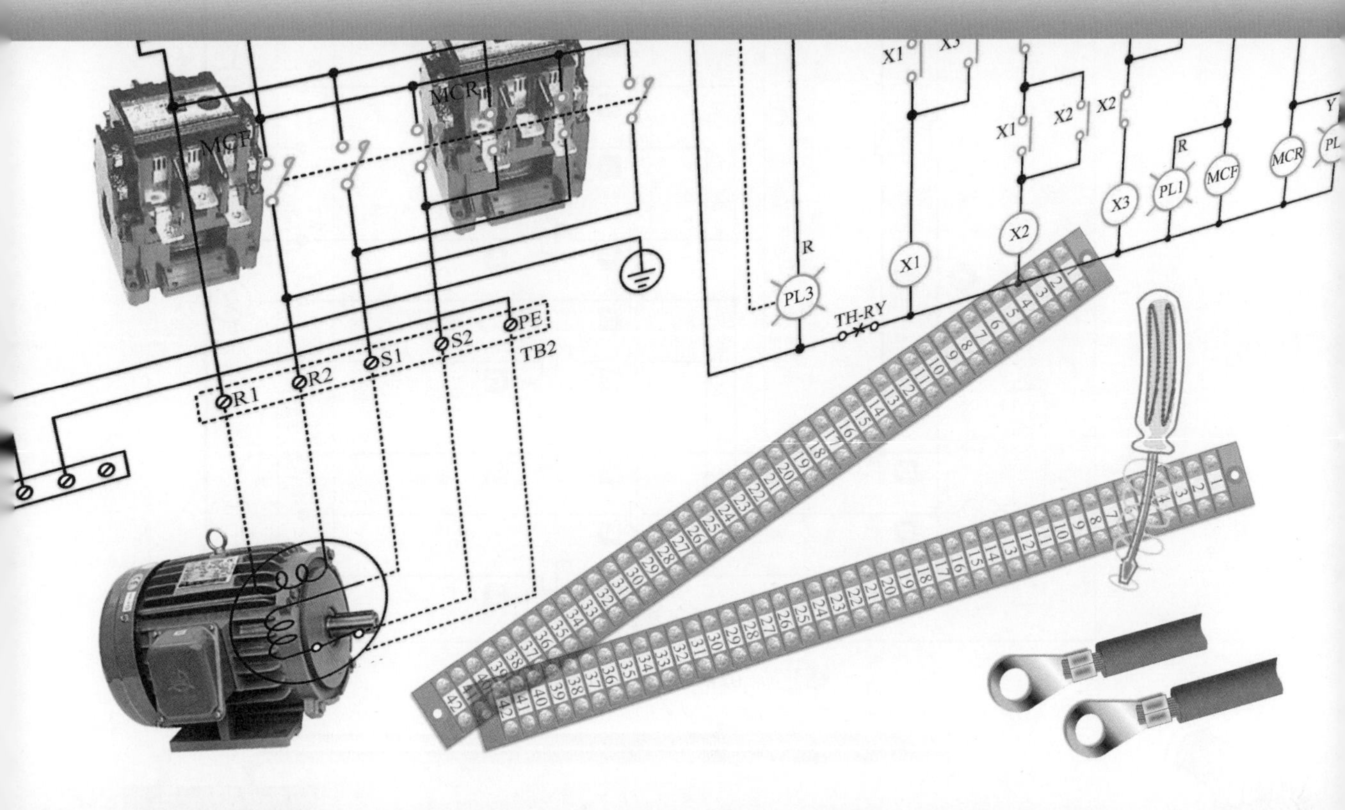
MCR
MCF
X1
X2
X3
PL1
MCF
MCR
PL3
R
TH-RY
R1
R2
S1
S2
PE
TB2

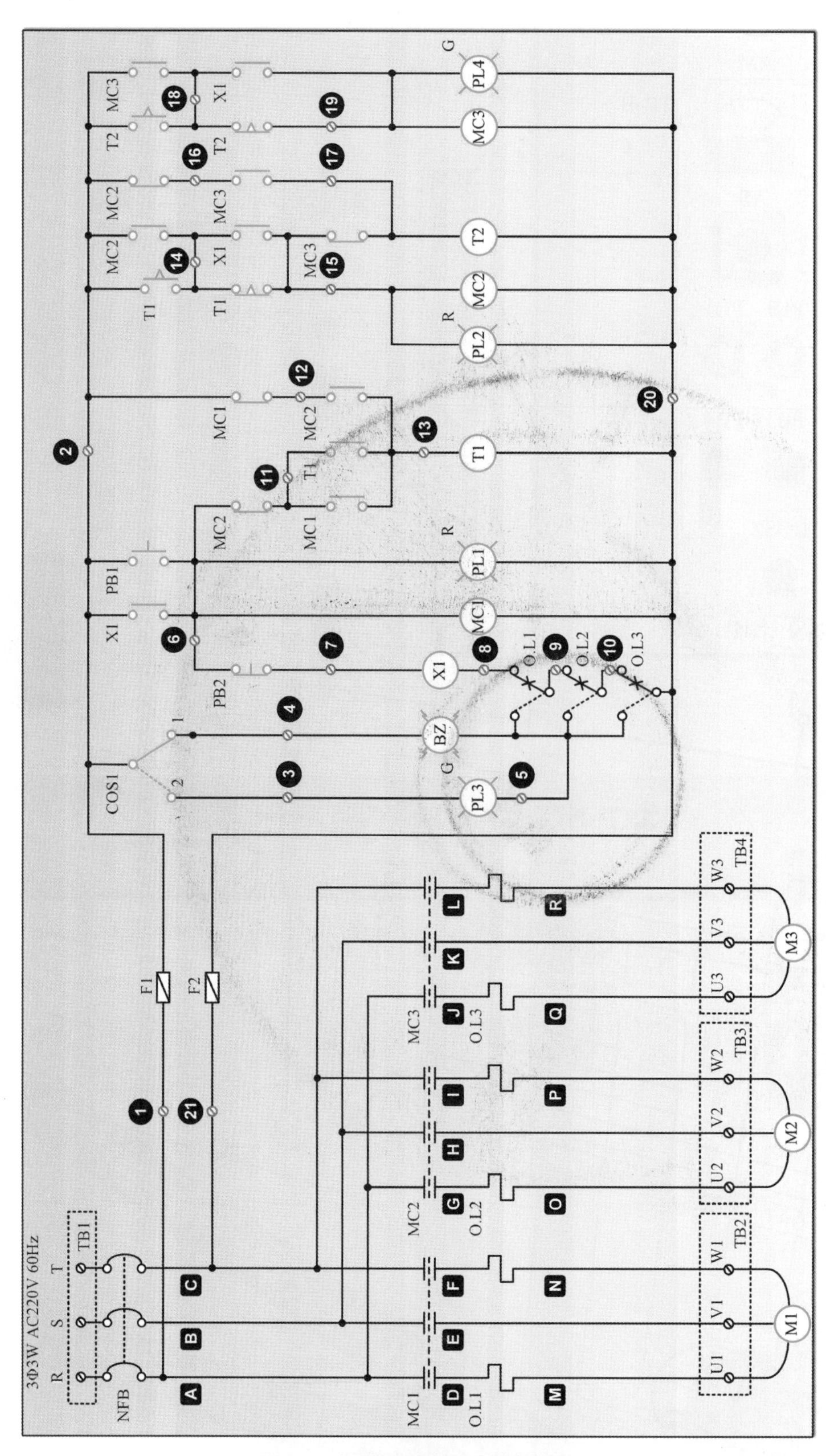

圖1　故障檢修第 6 題線路圖

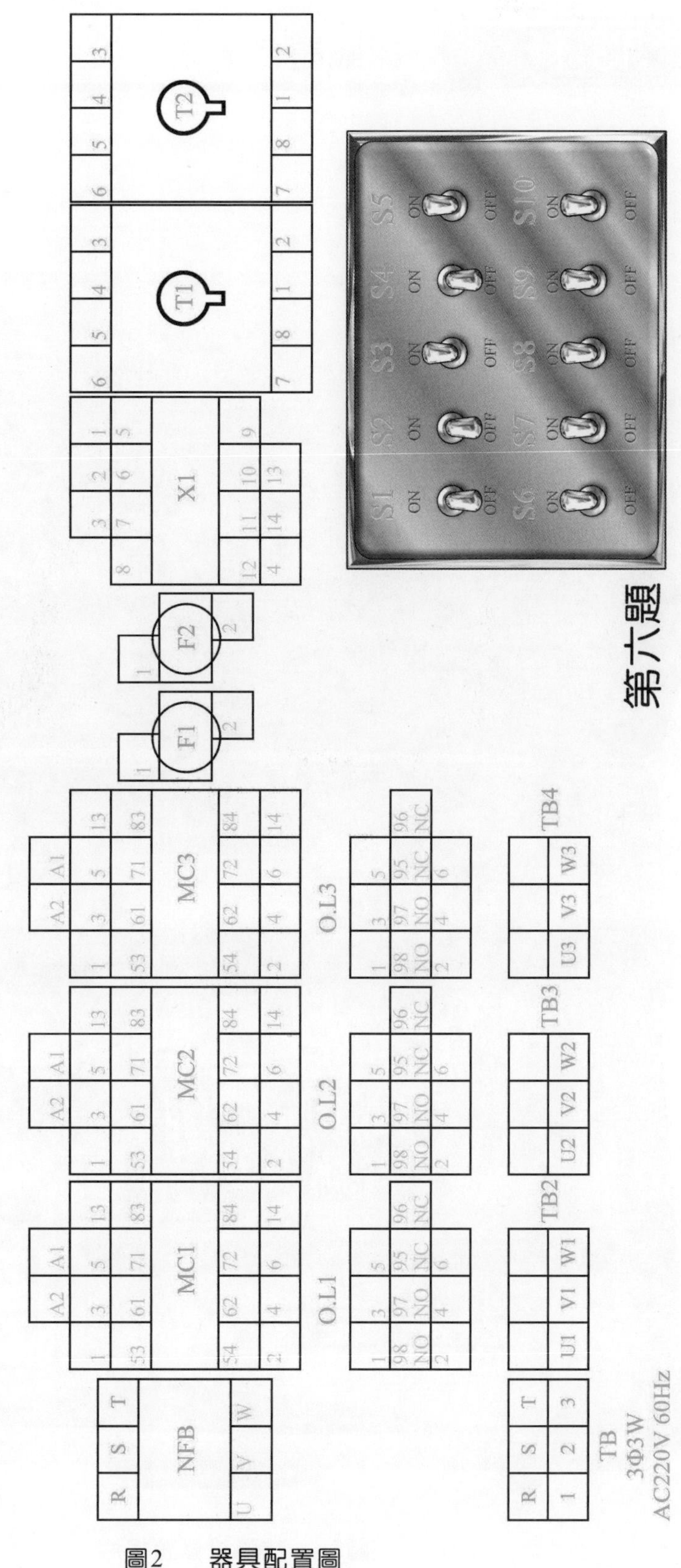
COS1
COS1
PB1
PB2
PL1
PL2
PL3
PL4
BZ
NFB
MC1
MC2
MC3
O.L1
O.L2
O.L3
F1
F2
X1
T1
T2
TB
3Φ3W
AC220V 60Hz
TB2
TB3
TB4
S1
S2
S3
S4
S5
S6
S7
S8
S9
S10
ON
OFF
第六題

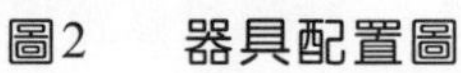
圖2　器具配置圖

13-1 認識題目

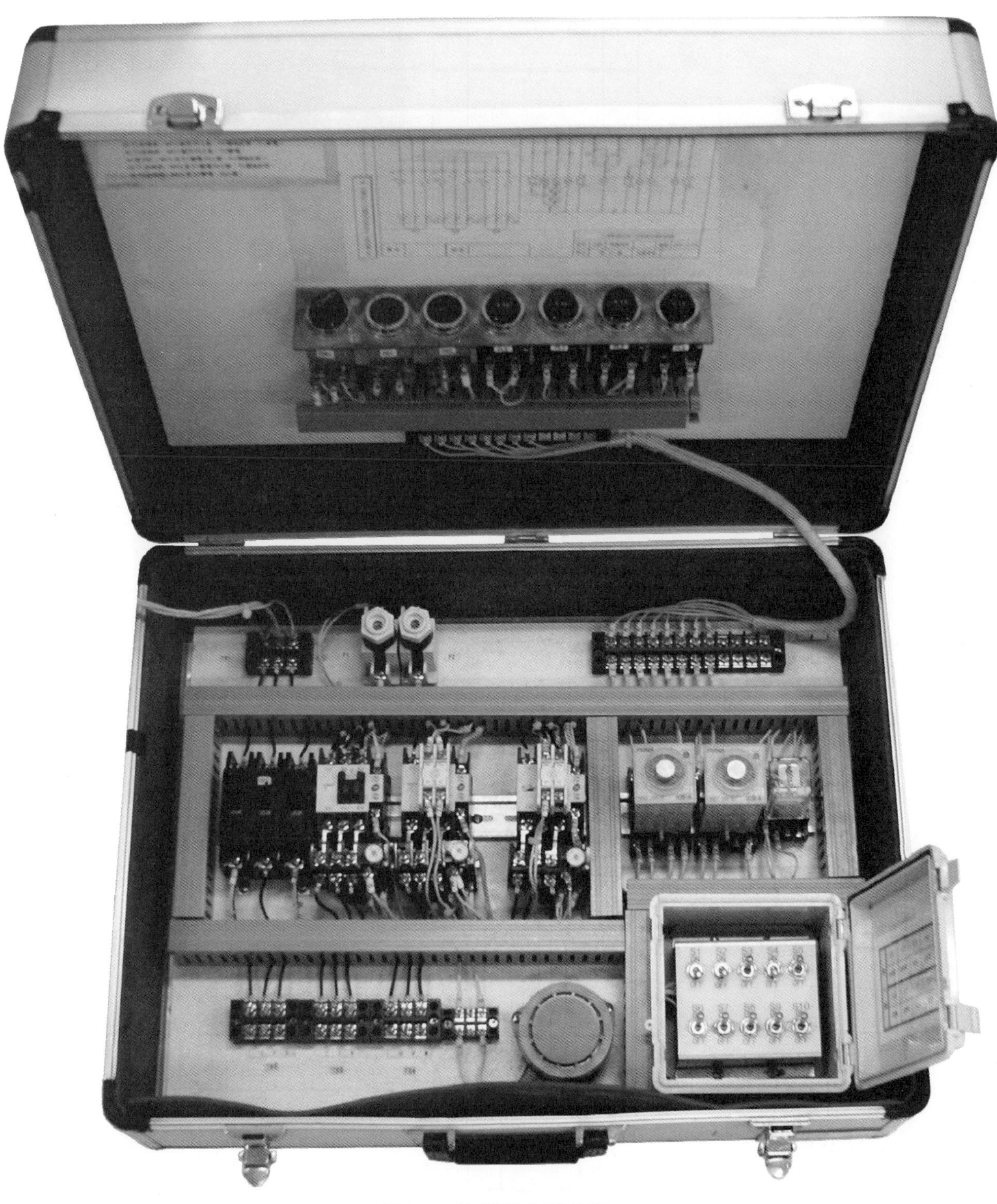

圖3　故障檢修題相片

如圖 1 所示為工業配線丙級術科故障檢修第 6 題之線路圖，而圖 2、3 分別為器具配置圖與相片(各檢定場地不會完全一樣)，其中標示 1 到 21 與 A 到 R 為檢測點。本題目分為器具板與操作板兩部份，每部份之材料，如表 1 與表 2 所示：

表 1　故障檢修第 6 題的器具板之材料表

項目	名　稱	規　格	單位	數量	備註
1	器具板		片	1	如做成箱型可免除
2	無熔線斷路器	3P 220VAC 10KA 50AF 20AT	只	1	
3	電磁接觸器	220VAC 20A	只	3	輔助接點 MC1 1a1b MC2 2a2b MC3 2a1b
4	積熱型過載保護電驛	TH-18	只	3	
5	栓型保險絲	3A 附座	只	2	
6	輔助電驛	220VAC 3a 接點	只	1	
7	限時電驛	220VAC 通電延時型	只	2	瞬時 1a 延時 1c
8	蜂鳴器	220VAC	只	1	
9	端子台	3P 20A	只	4	TB1~TB4
10	過門端子台	16P 20A	只	1	TB-A 箱型裝設可省略

表 2　故障檢修第 6 題的操作板之材料表

項目	名　稱	規　格	單位	數量	備註
1	操作板		片	1	
2	指示燈	220VAC 30 mm ϕ	只	4	PL1-PL4
3	按鈕開關	220VAC 30 mm ϕ	只	2	PB1 1a、PB2 1b
4	切換開關	30 mm ϕ 1a1b	只	1	COS1 二段式
5	過門端子台	16P 20A	只	1	TB-B 箱型裝設可省略

13-2 電路解析

如圖 1 所示，當電路正常動作，如下說明：

1. 在 **OL1**、**OL2**、**OL3** 任一動作時(過載)，若 **COS1** 轉到 **1** 位置，則蜂鳴器 BZ 響；若 **COS1** 轉到 **2** 位置，則 PL3 亮。
2. 當未發生過載時，其動作狀況如下：
   (1) 按 **PB1**，則 MC1 及 X1 動作，PL1 亮，T1 開始計時。
   (2) 當 T1 到達設定的時間時，MC2 動作、PL2 亮，T2 開始計時，T1 斷電。
   (3) 當 T2 到達設定的時間時，MC3 動作、PL4 亮，T2 斷電。
   (4) 按 **PB2**，則 MC1 及 X1 斷電、PL1 熄滅，T1 開始計時。
   (5) 當 T1 到達設定的時間時，MC2 與 T1 斷電、PL2 熄滅，T2 開始計時。
   (6) 當 T2 到達設定的時間時，MC3 動作與 T2 斷電，PL4 熄滅。

在此線路的 10 個故障點之中，如圖 4 與圖 5 所示，其影響如下說明：

- **S1** 與 COS1 切換開關的 **1** 位置及 **c** 接點並聯，其影響是當過載時，切換 COS1 無法關閉蜂鳴器 BZ。
- **S2** 與 PB1 按鈕並聯，其影響供電後，MC1、X1 即動作，且 PL1(紅色指示燈)保持亮。
- **S3** 與 MC1 之輔助 b 接點串聯，其影響是當 MC2 動作時，T1 不能動作。
- **S4** 與 MC3 之輔助 b 接點並聯，其影響是當 MC2、MC3 動作時，無法使 T1 斷電。
- **S5** 與 PL2 紅色指示燈串聯，其影響是當 MC2 動作時，PL2 不亮。
- **S6** 與 X1 之輔助 a 接點串聯，其影響是當 X1 動作時，無法使 MC3 動作。

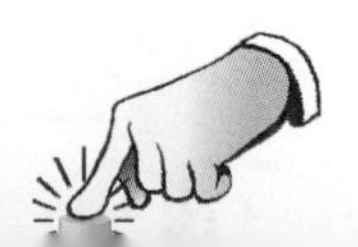

- **S7** 與 T1 之延時 a 接點串聯，其影響是可能使 T1 之延時 a 接點失效。
- **S8** 與 PL3 綠色指示燈串並聯，其影響是可能使 PL3 不亮。
- **S9** 與 MC1 之 R 相主接點串聯，其影響是可能使 MC1 動作時，不能提供 R 相電源。
- **S10** 與 MC2 之 S 相主接點串聯，其影響是當 MC2 動作時，不能提供 S 相電源。

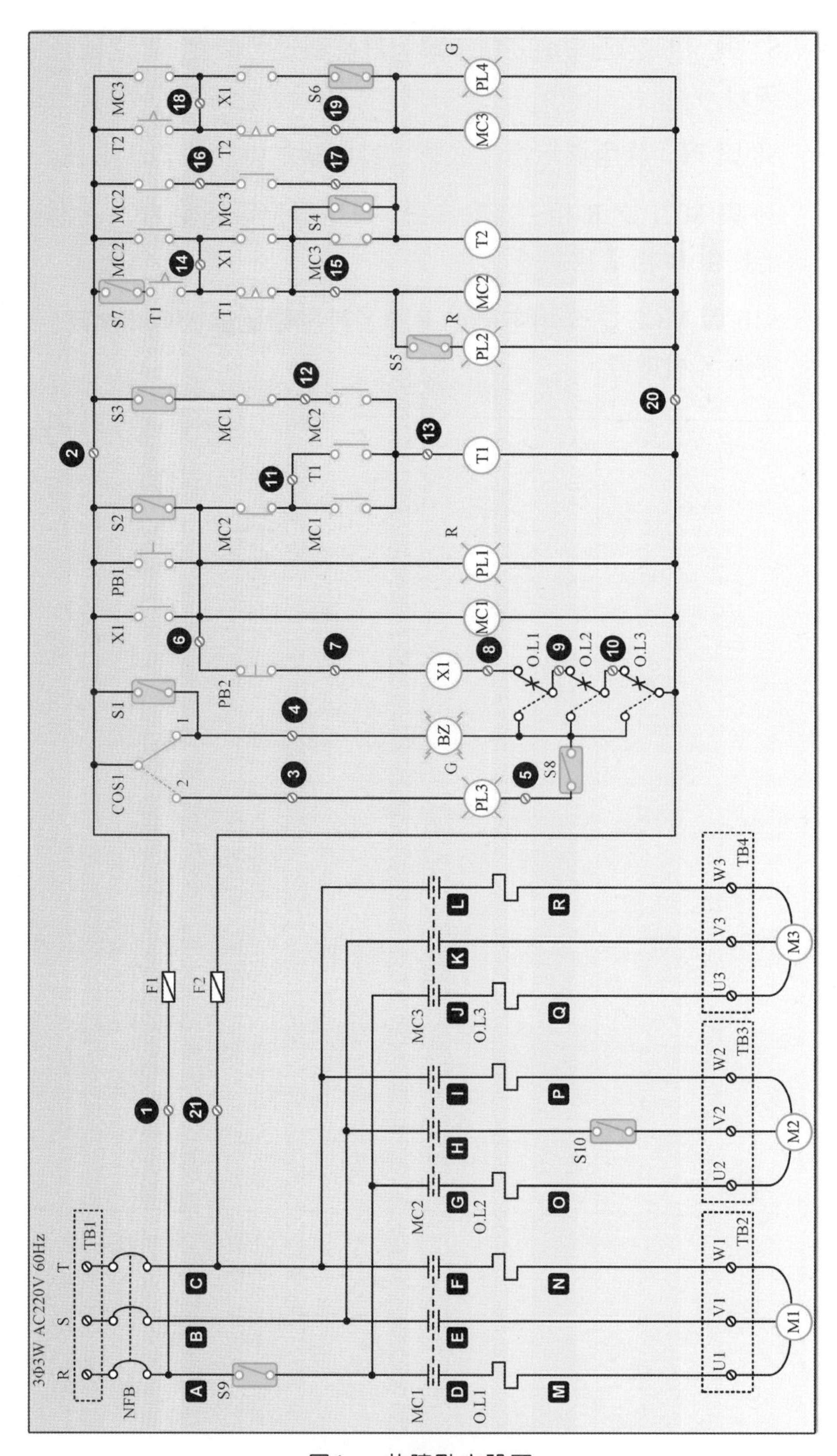
3Φ3W AC220V 60Hz
R S T
TB1
NFB
S9
A B C
F1 F2
MC1 MC2 MC3
D E F G H I J K L
O.L1 O.L2 O.L3
M N O P Q R
S10
U1 V1 W1 TB2 M1
U2 V2 W2 TB3 M2
U3 V3 W3 TB4 M3
COS1
S1 S2 S3 S4 S5 S6 S7 S8
PB1 PB2
X1 T1 T2
PL1 PL2 PL3 PL4
BZ
R G
1 2 3 4 5 6 7 8 9 10 11 12 13 14 15 16 17 18 19 20 21

圖4　故障點之設置

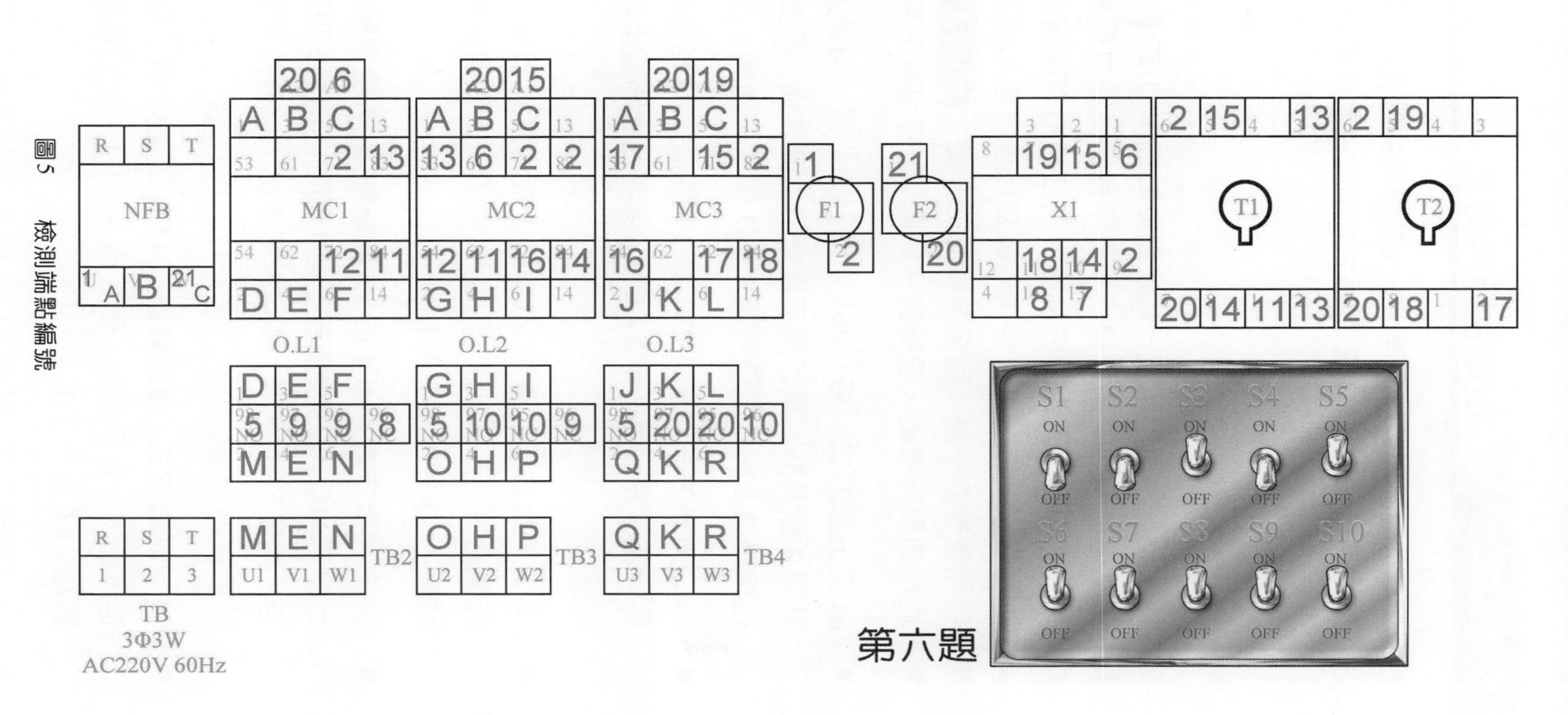
COS1
COS1
PB1
PB2
PL1
PL2
PL3
PL4
BZ
NFB
MC1
MC2
MC3
F1
F2
X1
T1
T2
O.L1
O.L2
O.L3
TB
3Φ3W
AC220V 60Hz
TB2
TB3
TB4
S1
S2
S3
S4
S5
S6
S7
S8
S9
S10
第六題

圖5　檢測端點編號

13-3 檢修技巧與方法

當我們了解線路的動作原理，以及故障點的設置後，即可思考如何判斷並找出故障之所在。尋找故障點的方式有靜態檢測與動態檢測兩種，如下說明：

靜態檢測

靜態檢測是使用三用電表，切換到歐姆檔(R×1 或 R×10)，量測測試端點間的電阻值，若電阻值很小，表示兩測試點之間導通；若電阻值近無限大，表示兩測試點之間斷路。若使用具有嗶聲功能的數字式三用電表，則在量測時，則只要聽到嗶聲代表導通，而不必再盯著三用電表，可能會省力一點！而各故障點的判斷，在不送電的狀況下，三用電表切換到歐姆檔後，根據圖 4 與圖 5，即可按下列方法判斷之：

- S1 之判斷方式：將 COS1 切換到 **2** 位置，再量測 COS1 的 **2** 檢測點與 **4** 檢測點，應該是不導通的；若導通，則表示 S1 ON，即可在線路圖上紀錄故障點為 COS1 的 1 位置與 c 接點短路。
- S2 之判斷方式：量測 PB1 的 **2** 檢測點與 **6** 檢測點，應該是不導通的；若導通，則表示 S2 ON，即可在線路圖上紀錄故障點為 PB1 短路。
- S3 之判斷方式：量測 MC1 的 **2** 檢測點與 PB1 的 **2** 檢測點，應該是導通的；若不導通，則表示 S3 OFF，即可在線路圖上紀錄故障點為 MC1 的 b 接點開路。
- S4 之判斷方式：MC3 的 **15** 檢測點與 **17** 檢測點，應該是導通的，而按下 MC3 電磁接觸器上面中間的凸出物，則不導通；此時若導通，則表示 S4 ON，即可在線路圖上紀錄故障點為 MC3 的 b 接點短路。
- S5 之判斷方式：量測線圈的 **15** 檢測點與 PL2 的 **15** 檢測點，應該是導通的；若不導通，則表示 S5 OFF，即可在線路圖上紀錄故障點為 PL2 上方開路。
- S6 之判斷方式：量測 X1 的 **19** 檢測點與 MC3 的 **19** 檢測點，應該

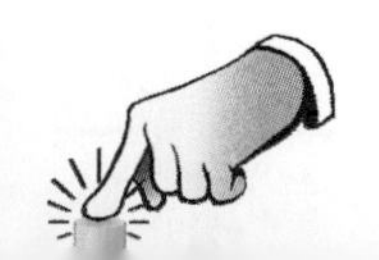

是導通的；若不導通，則表示 S6 OFF，即可在線路圖上紀錄故障點為 X1 之 a 接點開路。

- S7 之判斷方式：量測 MC2 的 2 檢測點與 T1 的 2 檢測點，應該是導通的；若不導通，則表示 S7 OFF，即可在線路圖上紀錄故障點為 T1 之延時 a 接點開路。
- S8 之判斷方式：量測 PL3 的 5 檢測點與 BZ 的 5 檢測點，應該是導通的；若不導通，則表示 S8 OFF，即可在線路圖上紀錄故障點為 PL3 下方開路。
- S9 之判斷方式：量測 **NFB** 的 A 檢測點與 MC1 的 A 檢測點，應該是導通的；若不導通，則表示 S9 OFF，即可在線路圖上紀錄故障點為 MC1 的 R 相主接點開路。
- S10 之判斷方式：量測 **MC2** 的 H 檢測點與 TB3 的 H 檢測點，應該是導通的；若不導通，則表示 S10 OFF，即可在線路圖上紀錄故障點為 MC2 的 S 相主接點開路。

動態檢測

動態檢測是直接將所要檢修的電路送電，然後觀察電路動作，並使用三用電表，切換到交流電壓檔(AC250V)，實際量測測試端點間的電壓，以判斷故障點。

- 供電後，將 COS1 切換至 2 位置，OL1、OL2 或 OL3 任一個切換為過載狀態，則 PL3 綠色指示燈應該會亮、蜂鳴器 BZ 應該不會響，再按下列判斷：
  - 若 PL3 不亮，表示 S8 OFF，即可在線路圖上紀錄故障點為 PL3 下方開路。
  - 若 BZ 響，表示 S1 ON，即可在線路圖上紀錄故障點為 COS1 之 1 位置與 c 接點短路。
- 將所有 OL 恢復正常狀態，則 X1、MC1 都不動作，PL1 紅色指示燈也不亮。若 X1 與 MC1 動作，PL1 紅色指示燈亮，表示 S2 ON，即可在線路圖上紀錄故障點為 PB1 短路。

- 若在前一個判斷裡，並沒有發現故障點，則按 PB1 鈕，X1 與 MC1 動作，PL1 紅色指示燈亮，T1 隨即動作。當 T1 到達設定的時間時，MC2 與 T2 動作、PL2 也將會亮，再按下列判斷：
  - 若 MC2 與 T2 不動作、PL2 不亮，表示 **S7** OFF，即可在線路圖上紀錄故障點為 **T1** 之延時 **a** 接點開路。
  - 若 MC2 與 T2 動作，但 PL2 不亮，表示 **S5** OFF，即可在線路圖上紀錄故障點為 **PL2** 上方開路。
- 若在前述判斷裡，都沒有找到故障點，T2 正常計時，且到達所設定的時間時，則 MC3 將動作且自保持，PL4 綠色指示燈也會亮，同時 T2 斷電，再按下列判斷：
  - 若 MC3 不動作、PL4 不亮，表示 **S6** OFF，即可在線路圖上紀錄故障點為 **X1** 的 **a** 接點開路。
  - 若 MC3 動作、PL4 也亮，但 T2 沒有斷電，表示 **S4** ON，即可在線路圖上紀錄故障點為 **MC3** 的 **b** 接點短路。
- 對於主接點的判斷，由於可能沒有接負載(馬達)，無法從馬達動不動來判斷。只好使用三用電表的 AC250V 交流電壓檔來量測，首先將三用電表切換到 AC250V 交流電壓檔，再量測 NFB 的 **B** 檢測與 MC1 的 **A** 檢測點，電表將指示 AC220V；若沒有，表示 **S9** OFF，則在線路圖紀錄故障點為 **MC1** 的 **R** 相主接點開路。
- 若上述判斷沒出現故障點，則按 PB1 鈕，依序 X1、MC1、T1 動作，而 T1 設定的時間到達後，MC2 動作，則量測 TB3 的 **H** 檢測點與 **O** 檢測點，電表應該指示 AC220V；若沒有，則可能是 MC2 的 S 相主接點開路。再量測 TB3 的 **H** 檢測點與 **P** 檢測點，電表應該指示 AC220V；若沒有，則確定可能是 MC2 的 S 相主接點開路，表示 **S10** OFF，在線路圖上紀錄故障點為 **TB3** 的 **S** 相到 **MC2** 的 **S** 相之線路開路。

建議檢測程序

當抽到第 6 題時，最好使用靜態檢測法，則先將三用電表切到歐姆檔，按現場所附之線路圖，在不送電情況下，由左而右，進行下列檢測：

1. 量測 **NFB** 的 **A** 檢測點與 MC1 的 **A** 檢測點，應該是導通的；若不導通，則表示 **S9** OFF，即可在線路圖上紀錄故障點為 **MC1** 的 **R** 相主接點開路。

2. 量測 **MC2** 的 **H** 檢測點與 TB3 的 **H** 檢測點，應該是導通的；若不導通，則表示 **S10** OFF，即可在線路圖上紀錄故障點為 **MC2** 的 **S** 相主接點開路。

3. 量測 PL3 的 **5** 檢測點與 BZ 的 **5** 檢測點，應該是導通的；若不導通，則表示 **S8** OFF，即可在線路圖上紀錄故障點為 **PL3** 下方開路。

4. 將 COS1 切換到 **2** 位置，再量測 COS1 的 **2** 檢測點與 **4** 檢測點，應該是不導通的；若導通，則表示 **S1** ON，即可在線路圖上紀錄故障點為 **COS1** 的 **1** 位置與 **c** 接點短路。

5. 量測 PB1 的 **2** 檢測點與 **6** 檢測點，應該是不導通的；若導通，則表示 **S2** ON，即可在線路圖上紀錄故障點為 **PB1** 短路。

6. 量測 MC1 的 **2** 檢測點與 PB1 的 **2** 檢測點，應該是導通的；若不導通，則表示 **S3** OFF，即可在線路圖上紀錄故障點為 **MC1** 的 **b** 接點開路。

7. 量測 MC2 線圈的 **15** 檢測點與 PL2 的 **15** 檢測點，應該是導通的；若不導通，則表示 **S5** OFF，即可在線路圖上紀錄故障點為 **PL2** 上方開路。

8. 量測 MC2 的 **2** 檢測點與 T1 的 **2** 檢測點，應該是導通的；若不導通，則表示 S7 OFF，即可在線路圖上紀錄故障點為 **T1** 之延時 **a** 接點開路。

9. MC3 的 **15** 檢測點與 **17** 檢測點，應該是導通的，而按下 MC3 電磁接觸器上面中間的凸出物，則不導通；此時若導通，則表示 **S4** ON，即可在線路圖上紀錄故障點為 **MC3** 的 **b** 接點短路。

10. 量測 X1 的 **19** 檢測點與 MC3 的 **19** 檢測點，應該是導通的；若不導通，則表示 **S6** OFF，即可在線路圖上紀錄故障點為 **X1** 之 **a** 接點開路。

找出故障點，並標示在線路圖上，即可舉手要求監評老師評分。

Industrial Wiring
Skills Certification Express

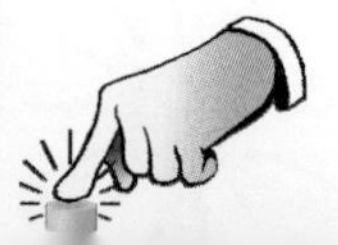

故障檢修第七題

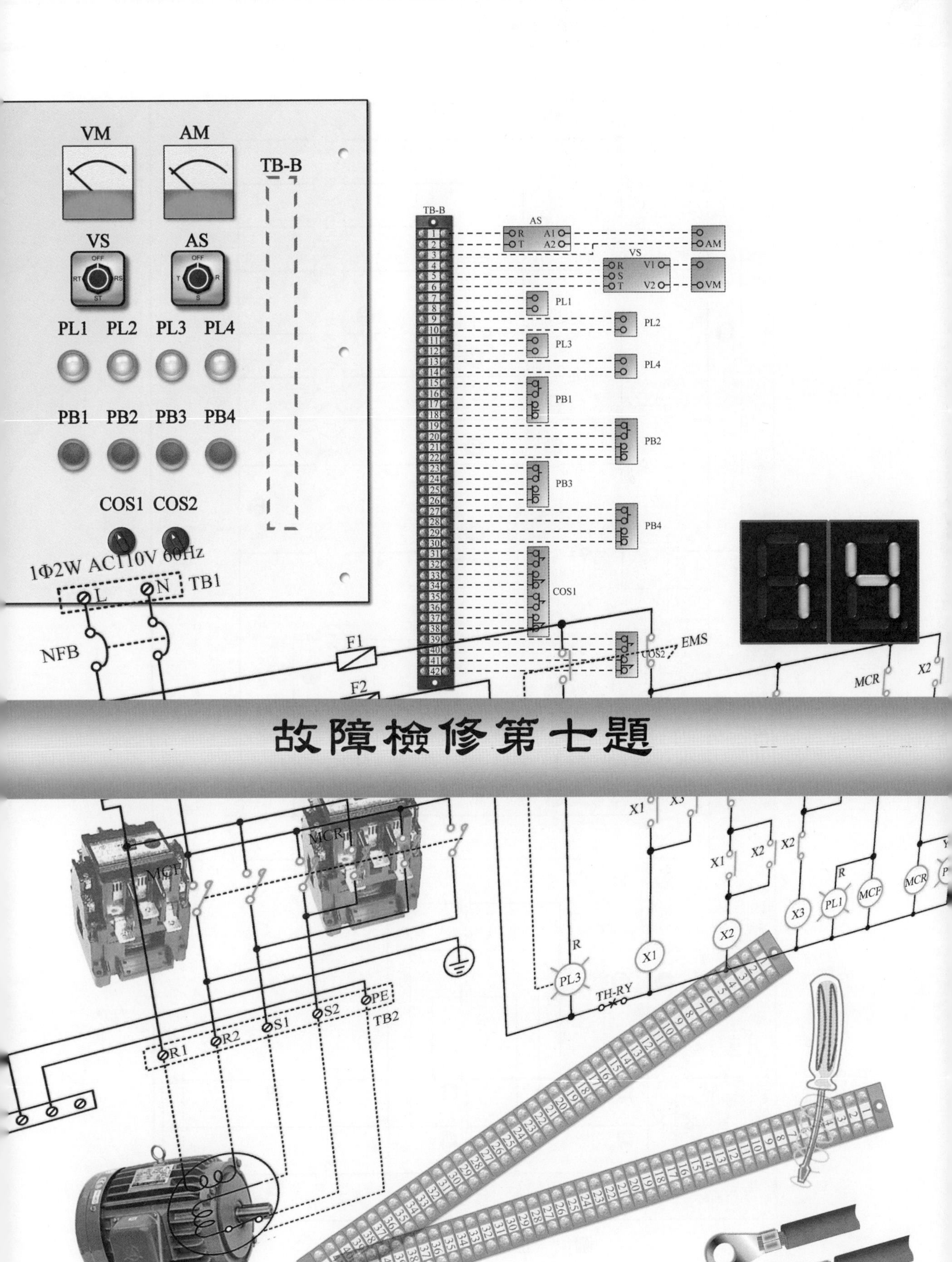

VM
AM
TB-B
VS
AS
PL1 PL2 PL3 PL4
PB1 PB2 PB3 PB4
COS1 COS2
1Φ2W AC110V 60Hz
L N TB1
NFB
F1
F2
EMS
MCR
X2
X1
X3
MCF
R
PL3
TH-RY
R1 R2 S1 S2 PE
TB2

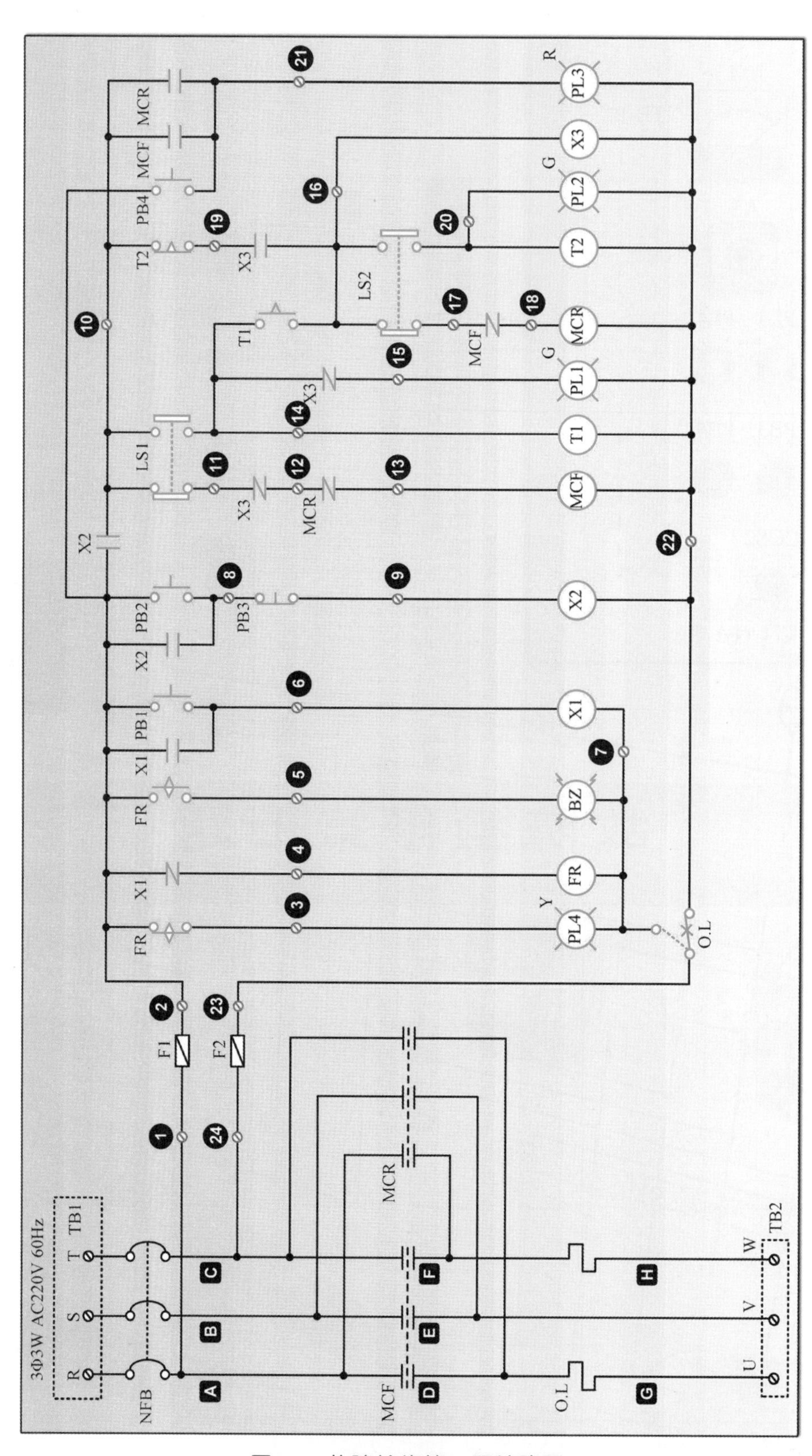

圖1　　故障檢修第 7 題線路圖

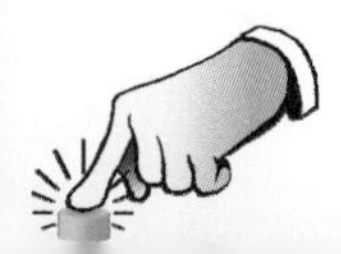

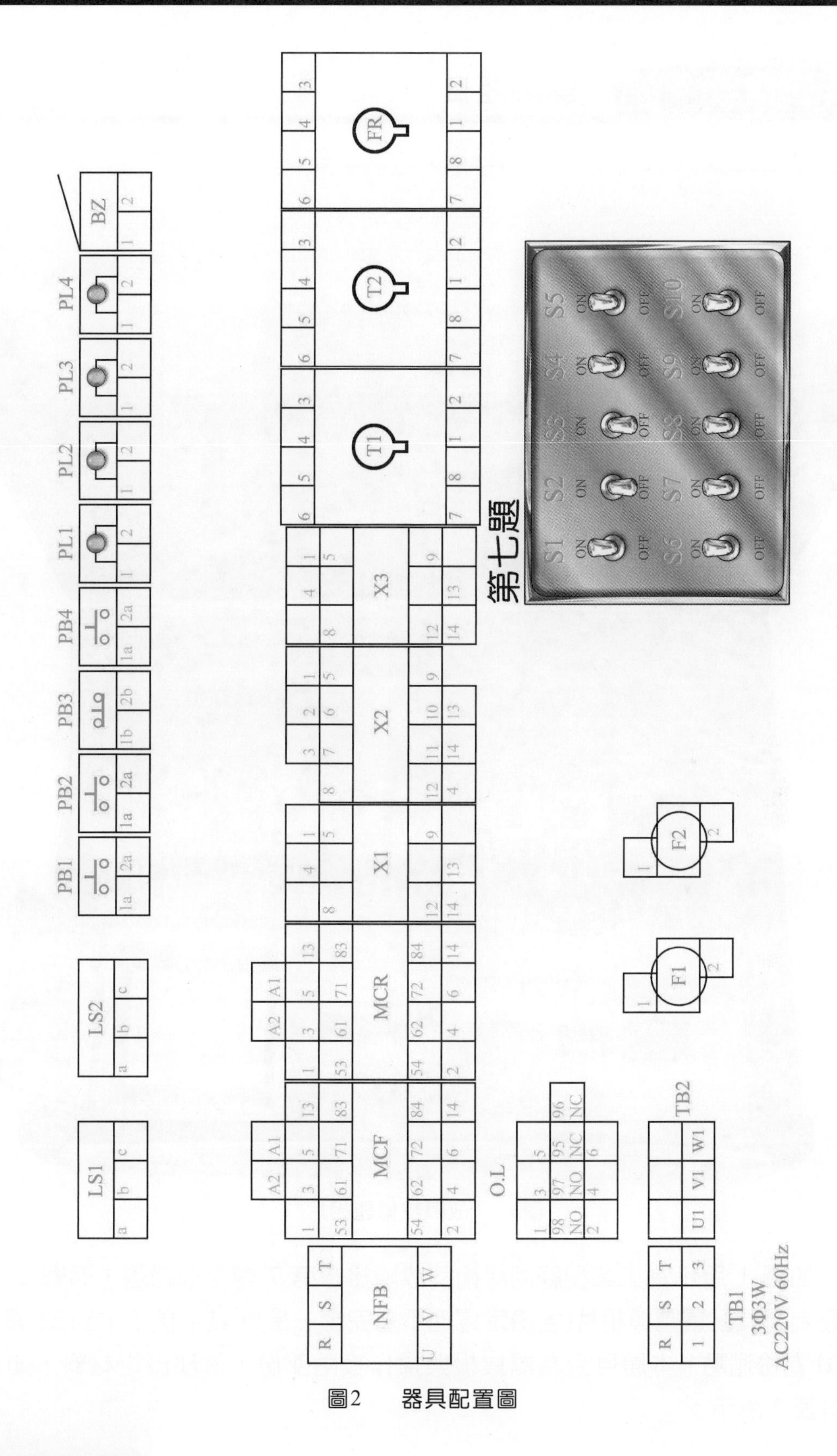
LS1
LS2
PB1
PB2
PB3
PB4
PL1
PL2
PL3
PL4
BZ
NFB
MCF
MCR
X1
X2
X3
T1
T2
FR
O.L
F1
F2
TB1
3Φ3W
AC220V 60Hz
TB2
第七題
S1
S2
S3
S4
S5
S6
S7
S8
S9
S10

圖2　器具配置圖

14-1 認識題目

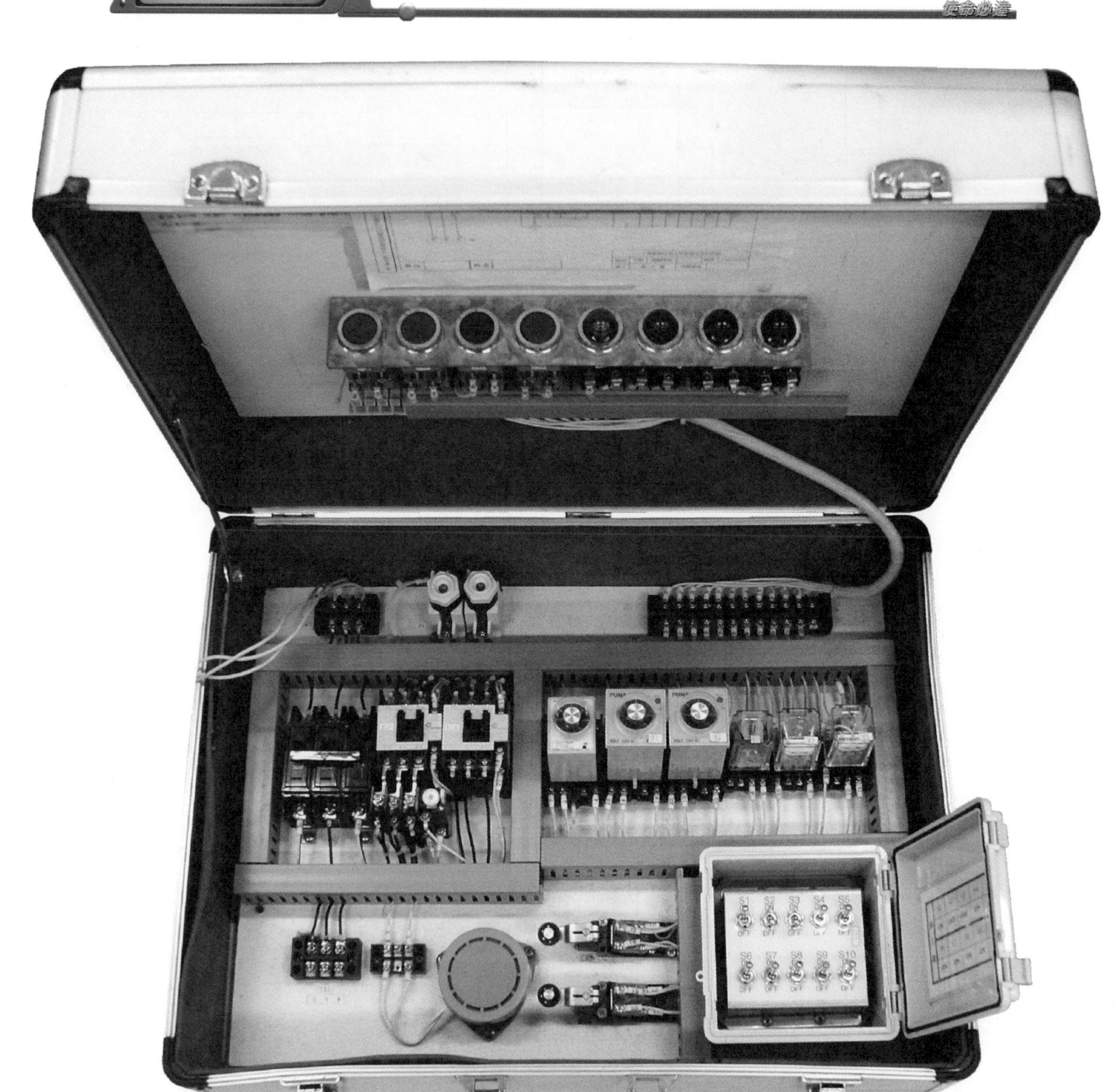

圖3　故障檢修題相片

如圖 1 所示為工業配線丙級術科故障檢修第 7 題之線路圖，而圖 2、3 分別為器具配置圖與相片(各檢定場地不會完全一樣)，其中標示 1 到 24 與 A 到 H 為檢測點。本題目分為器具板與操作板兩部份，每部份之材料，如表 1 與表 2 所示：

表 1　故障檢修第 7 題的器具板之材料表

項目	名　稱	規　格	單位	數量	備註
1	器具板		片	1	如做成箱型可免除
2	無熔線斷路器	3P　220VAC　10KA　50AF 20AT	只	1	
3	電磁接觸器	220VAC 20A	只	2	輔助接點 1a1b
4	積熱型過載保護電驛	TH-18	只	1	
5	栓型保險絲	3A 附座	只	2	
6	輔助電驛	220VAC	只	2	接點 X1 1c、X2 2a
7	輔助電驛	220VAC 1a2b 接點	只	1	X3
8	限時電驛	220VAC 通電延時型	只	2	T1 延時 1a T2 延時 1b
9	限制開關	輪動式 1c 接點	只	2	
10	閃爍電驛	220VAC 1c 接點	只	1	
11	蜂鳴器	220VAC	只	1	
12	端子台	3P 20A	只	2	TB-1~TB-2
13	過門端子台	16P 20A	只	1	TB-A 箱型裝設可省略

表 2　故障檢修第 7 題的操作板之材料表

項目	名　稱	規　格	單位	數量	備註
1	操作板		片	1	
2	指示燈	220VAC 30 mm ϕ	只	4	PL1-PL4
3	按鈕開關	220VAC 30 mm ϕ	只	4	PB1、PB2、PB4 1a PB3 1b
4	過門端子台	16P 20A	只	1	TB-B 箱型裝設可省略

14-2 電路解析

如圖 1 所示，當電路正常動作，如下說明：

1. 按 PB2，X2 動作且自保持，然後按下列動作：
   (1) MCF 動作，則 PL3 亮。
   (2) 按住 LS1，則 MCF 斷電，PL3 熄滅、PL1 亮，T1 開始計時。
   (3) 當 T1 到達設定的時間時，MCR 動作，PL3 亮、PL1 熄滅。
   (4) 放開 LS1，再按住 LS2，則 MCR 斷電，PL3 熄滅、PL2 亮，T2 開始計時。
   (5) 當 T2 到達設定的時間時，MCF 動作，PL3 亮、PL2 熄滅。
   (6) 放開 LS2，再按 PB3，則 MCF 斷電，PL3 熄滅。
2. 按住 PB4，則 PL3 亮，放開則 PL3 熄滅。
3. 當 OL 動作時，FR 動作，蜂鳴器 BZ 發出斷續響聲，PL4 閃亮；按 PB1，則 FR 斷電、BZ 停響、PL4 亮而不閃。

在此線路的 10 個故障點之中，如圖 4 與圖 5 所示，其影響如下說明：

- S1 與 PL4 黃色指示燈串聯，其影響是當過載時，PL4 不隨閃爍電驛 FR 而閃爍。
- S2 與 X1 之輔助 b 接點並聯，其影響是當 X1 動作時，閃爍電驛 FR 仍能動作。
- S3 與 X2 之輔助 a 接點並聯，其影響是讓 PB2、PB3 沒有作用，除 OL 過載外，MCF、MCR 等都能正常工作，而不透過 PB2、PB3 操作。
- S4 與 PB4 串聯，其影響是讓 PB4 不能控制 PL3 紅色指示燈。
- S5 將 LS2 限制開關的 a、b 接點斷開，其影響是當 T1 延時 a 接點動作時，X3 不能隨之動作。
- S6 與 PL2 綠色指示燈串聯，其影響是當 T2 動作時，PL2 不亮。

- S7 與 MCR 之輔助 a 接點串聯，其影響是當 MCR 動作時，PL3 紅色指示燈不亮。
- S8 與 OL 之 R 相線路串聯，其影響是當 MCF 或 MCR 動作時，TB2 的無法提供 R 相電源。
- S9 與 MCF 之 S 相主接點串聯，其影響是當供電(Power ON)時，不能提供 MCF 之 S 相電源。

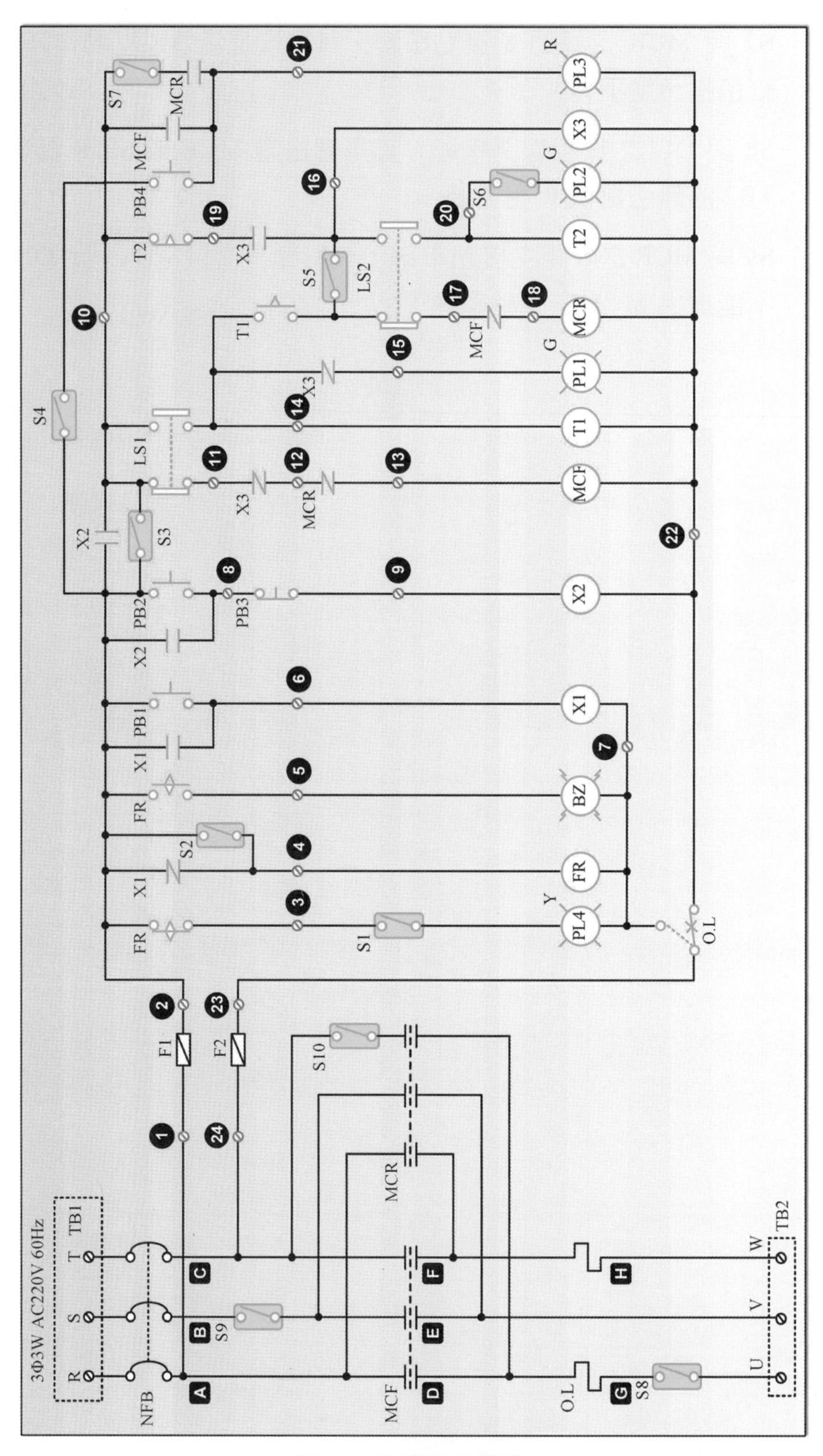
3Φ3W AC220V 60Hz
TB1
R S T
NFB
A B C
S9
F1 F2
MCF MCR
D E F
S10
O.L
G H
S8
U V W
TB2
FR X1 PB1 X2 PB2 PB3 S3 LS1 S4 T2 PB4 MCF MCR S7
X3 T1 S5 LS2 S6
S1 S2
PL4 FR BZ X1 X2 MCF T1 PL1 MCR T2 PL2 X3 PL3
Y G G R
O.L
1 2 3 4 5 6 7 8 9 10 11 12 13 14 15 16 17 18 19 20 21 22 23 24

圖4　故障點之設置

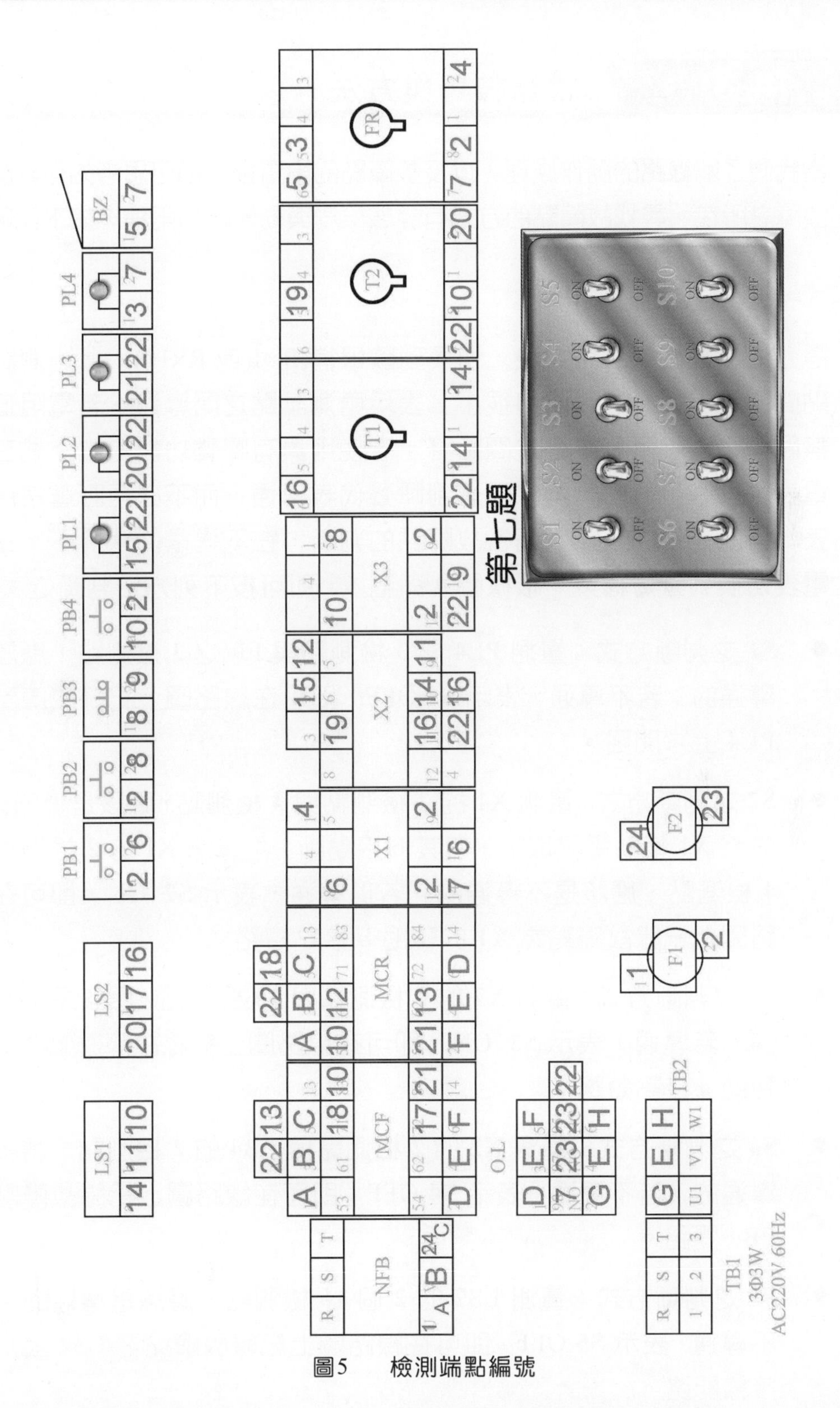

圖5　　檢測端點編號

- **S10** 與 MCR 之 T 相主接點串聯，其影響是當供電時，不能提供 MCR 之 T 相電源。

14-3 檢修技巧與方法

當我們了解線路的動作原理，以及故障點的設置後，即可思考如何判斷並找出故障之所在。尋找故障點的方式有靜態檢測與動態檢測兩種，如下說明：

靜態檢測

靜態檢測是使用三用電表，切換到歐姆檔(R×1 或 R×10)，量測測試端點間的電阻值，若電阻值很小，表示兩測試點之間導通；若電阻值近無限大，表示兩測試點之間斷路。若使用具有嗶聲功能的數字式三用電表，則在量測時，則只要聽到嗶聲代表導通，而不必再盯著三用電表，可能會省力一點！而各故障點的判斷，在不送電的狀況下，三用電表切換到歐姆檔後，根據圖 4 與圖 5，即可按下列方法判斷之：

- **S1** 之判斷方式：量測 PL4 之 **3** 檢測點與 FR 之 **3** 檢測點，應該是導通的；若不導通，表示 **S1** OFF，即可在線路圖上紀錄故障點為 **PL4** 上方開路。
- **S2** 之判斷方式：量測 X1 的 **2** 檢測點與 **4** 檢測點，應該是導通的。先將 X1 輔助電驛取下，使其 b 接點斷，再量測 X1 的 **2** 檢測點與 **4** 檢測點，應該是不導通的。若仍導通，表示 **S2** ON，即可在線路圖上紀錄故障點為 **X1** 的輔助 **b** 接點短路。
- **S3** 之判斷方式：量測 X2 的 **2** 檢測點與 **10** 檢測點，應該是不導通的。若導通，表示 **S3** ON，即可在線路圖上紀錄故障點為 **X2** 的輔助 **a** 接點短路。
- **S4** 之判斷方式：量測 X2 的 **2** 檢測點與 PB4 的 **2** 檢測點，應該是導通的。若不導通，表示 **S4** OFF，即可在線路圖上紀錄故障點為 **PB4** 開路。
- **S5** 之判斷方式：量測 LS2 的 2 個 **16** 檢測點，應該是導通的。若不導通，表示 **S5** OFF，即可在線路圖上紀錄故障點為 **LS2** 上方連接線開路。
- **S6** 之判斷方式：量測 PL2 的 **20** 檢測點與 T2 的 **20** 檢測點，應該是導通的。若不導通，表示 **S6** OFF，即可在線路圖上紀錄故障點

為 PL2 上方開路。

- S7 之判斷方式：量測 MCR 的 10 檢測點與 MCF 的 10 檢測點，應該是導通的。若不導通，表示 S7 OFF，即可在線路圖上紀錄故障點為 MCR 之輔助 a 接點開路。
- S8 之判斷方式：量測 OL 的 G 檢測點與 TB2 的 G 檢測點，應該是導通的。若不導通，表示 S8 OFF，即可在線路圖上紀錄故障點為 TB2 之 R 相與 OL 之 R 相開路。
- S9 之判斷方式：量測 NFB 的 B 檢測點與 MCF 的 B 檢測點，應該是導通的。若不導通，表示 S9 OFF，即可在線路圖上紀錄故障點為 NFB 之 S 相與 MCF 之 R 相主接點開路。
- S10 之判斷方式：量測 NFB 的 C 檢測點與 MCR 的 C 檢測點，應該是導通的。若不導通，表示 S10 OFF，即可在線路圖上紀錄故障點為 NFB 之 T 相與 MCR 之 T 相主接點開路。

動態檢測

動態檢測是直接將所要檢修的電路送電，然後觀察電路動作，並使用三用電表，切換到交流電壓檔(AC250V)，實際量測測試端點間的電壓，以判斷故障點。

- 供電後，將 OL 切換為過載狀態，PL4 黃色指示燈應閃爍，而蜂鳴器 BZ 也會間斷性響起。若 PL4 不亮，表示 S1 OFF，即可在線路圖上紀錄故障點為 PL4 上方開路。
- 若在前一個判斷裡，找不出故障點，則按 PB1 鈕，PL4 將不亮、BZ 也停響。若 PL4 黃色指示燈仍閃爍、BZ 仍間斷性響起，表示 S2 ON，即可在線路圖上紀錄故障點為 X1 的輔助 b 接點短路。
- 將 OL 恢復為正常狀態，若 MCF 動作，表示 S3 ON，即可在線路圖上紀錄故障點為 X2 的輔助 a 接點短路。
- 若在前述判斷裡，都沒有找到故障點，則按 PB4 鈕，若 PL3 紅色指示燈不亮，表示 S4 OFF，即可在線路圖上紀錄故障點為 PB4 開路。
- 若在前述判斷裡，都沒有找到故障點，則按住 LS1 限制開關不放，

T1 動作、PL1 綠色指示燈亮。當到達 T1 設定的時間後，MCR 動作，再按 LS2 限制開關，則 MCR 斷電，X3、T2 動作，PL2 綠色指示燈亮，在按下列步驟判斷：

- 若 X3 與 T2 都不動作，PL2 也不亮，表示 S5 OFF，即可在線路圖上紀錄故障點為 LS2 上方連接線開路。
- 若 X3 與 T2 動作，但 PL2 不亮，表示 S6 OFF，即可在線路圖上紀錄故障點為 PL2 上方開路。

- 若前述判斷正常，則放開 LS2(LS1 仍按住)，MCR 動作 PL3 紅色指示燈亮，若 PL3 不亮，表示 S7 OFF，即可在線路圖上紀錄故障點為 MCR 之輔助 a 接點開路。
- 放開 LS1，再按 PB3 鈕，MCF 與 MCR 都不動作。進行主電路的判斷，由於可能沒有接負載(馬達)，無法從馬達動不動來判斷。只好使用三用電表的 AC250V 交流電壓檔來量測，首先將三用電表切換到 AC250V 交流電壓檔，再量測 MCF 的 A 檢測點與 B 檢測點，電表應指示 AC220V；若是 0V，再量測 MCF 的 C 檢測點與 B 檢測點；若還是 0V，表示 S9 OFF，即可在線路圖上紀錄故障點為 NFB 之 S 相與 MCF 之 R 相主接點開路。
- 若上述判斷沒出現故障點，量測 MCR 的 B 檢測點與 C 檢測點，電表應指示 AC220V；若是 0V，再量測 MCR 的 A 檢測點與 C 檢測點；若還是 0V，表示 S10 OFF，即可在線路圖上紀錄故障點為 NFB 之 T 相與 MCR 之 T 相主接點開路。
- 若上述判斷沒出現故障點，則按 PB2 鈕，X2 與 MCF 動作，再量測 TB2 的 G 檢測點與 E 檢測點，電表應指示 AC220V；若是 0V，再量測 TB2 的 G 檢測點與 H 檢測點；若還是 0V，表示 S8 OFF，即可在線路圖上紀錄故障點為 TB2 之 R 相與 OL 之 R 相開路。

建議檢測程序

當抽到第 7 題時，雖然可採動態檢測法，但使用靜態檢測比較穩當，則先將三用電表切到歐姆檔，按現場所附之線路圖，在不送電情況下，由左而右，進行下列靜態檢測：

1. 量測 OL 的 G 檢測點與 TB2 的 G 檢測點，應該是導通的。若不導通，表示 S8 OFF，即可在線路圖上紀錄故障點為 TB2 之 R 相與 OL 之 R 相開路。
2. 量測 NFB 的 B 檢測點與 MCF 的 B 檢測點，應該是導通的。若不導通，表示 S9 OFF，即可在線路圖上紀錄故障點為 NFB 之 S 相與 MCF 之 R 相主接點開路。
3. 量測 NFB 的 C 檢測點與 MCR 的 C 檢測點，應該是導通的。若不導通，表示 S10 OFF，即可在線路圖上紀錄故障點為 NFB 之 T 相與 MCR 之 T 相主接點開路。
4. 量測 PL4 之 3 檢測點與 FR 之 3 檢測點，應該是導通的；若不導通，表示 S1 OFF，即可在線路圖上紀錄故障點為 PL4 上方開路。
5. 量測 X1 的 2 檢測點與 4 檢測點，應該是導通的。先將 X1 輔助電驛取下，使其 b 接點斷，再量測 X1 的 2 檢測點與 4 檢測點，應該是不導通的。若仍導通，表示 S2 ON，即可在線路圖上紀錄故障點為 X1 的輔助 b 接點短路。
6. 量測 X2 的 2 檢測點與 10 檢測點，應該是不導通的。若導通，表示 S3 ON，即可在線路圖上紀錄故障點為 X2 的輔助 a 接點短路。
7. 量測 X2 的 2 檢測點與 PB4 的 2 檢測點，應該是導通的。若不導通，表示 S4 OFF，即可在線路圖上紀錄故障點為 PB4 開路。
8. 量測 LS2 的 2 個 16 檢測點，應該是導通的。若不導通，表示 S5 OFF，即可在線路圖上紀錄故障點為 LS2 上方連接線開路。
9. 量測 PL2 的 20 檢測點與 T2 的 20 檢測點，應該是導通的。若不導通，表示 S6 OFF，即可在線路圖上紀錄故障點為 PL2 上方開路。
10. 量測 MCR 的 10 檢測點與 MCF 的 10 檢測點，應該是導通的。若不導通，表示 S7 OFF，即可在線路圖上紀錄故障點為 MCR 之輔助 a 接點開路。

找出故障點，並標示在線路圖上，即可舉手要求監評老師評分。

Industrial Wiring
Skills Certification Express

國家圖書館出版品預行編目資料

工業配線丙級術科：使命必達/張益華編著. --五版. --
新北市：新文京開發出版股份有限公司, 2022.04
面；　公分

ISBN　978-986-430-821-7（平裝）

1.CST：電力配送

448.34　　　　111004236

工業配線丙級術科—使命必達

（第五版）　　　　（書號：**C177e5**）

編 著 者　張益華
出 版 者　新文京開發出版股份有限公司
地　　址　新北市中和區中山路二段 362 號 9 樓
電　　話　(02) 2244-8188（代表號）
F A X　(02) 2244-8189
郵　　撥　1958730-2
初　　版　西元 2012 年 08 月 10 日
二　　版　西元 2015 年 01 月 10 日
三　　版　西元 2016 年 03 月 15 日
四　　版　西元 2018 年 06 月 10 日
五　　版　西元 2022 年 04 月 15 日

　　　　建議售價：490 元

法律顧問：蕭雄淋律師
ISBN　978-986-430-821-7

NEW
WCDP

新文京開發出版股份有限公司

新世紀 · 新視野 · 新文京 — 精選教科書 · 考試用書 · 專業參考書

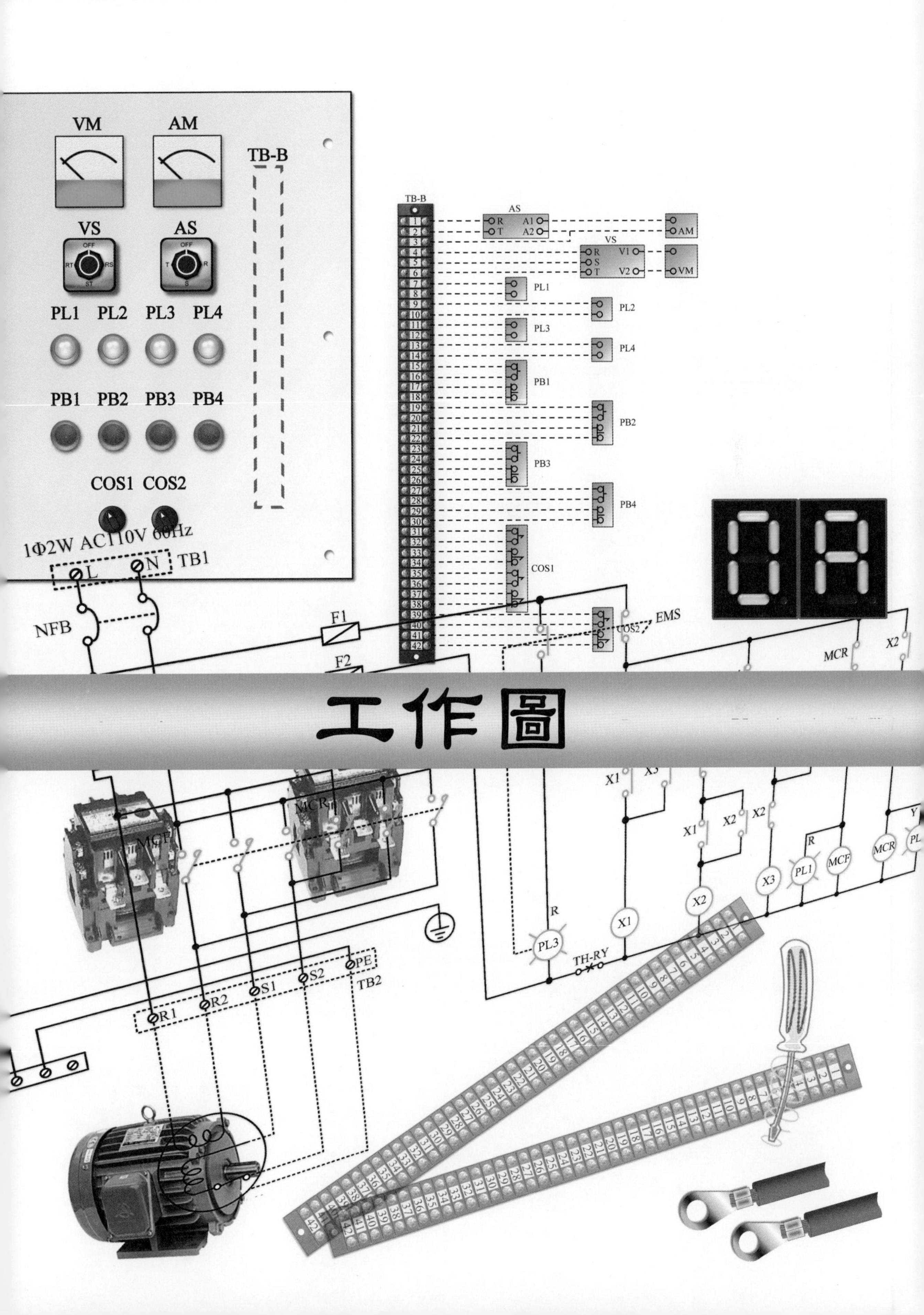

VM
AM
TB-B
VS
AS
PL1 PL2 PL3 PL4
PB1 PB2 PB3 PB4
COS1 COS2
1Φ2W AC110V 60Hz
TB1
NFB
F1
F2
EMS
MCR
X2
X1
X3
MCF
PL3
TH-RY
TB2
R1 R2 S1 S2 PE
工作圖

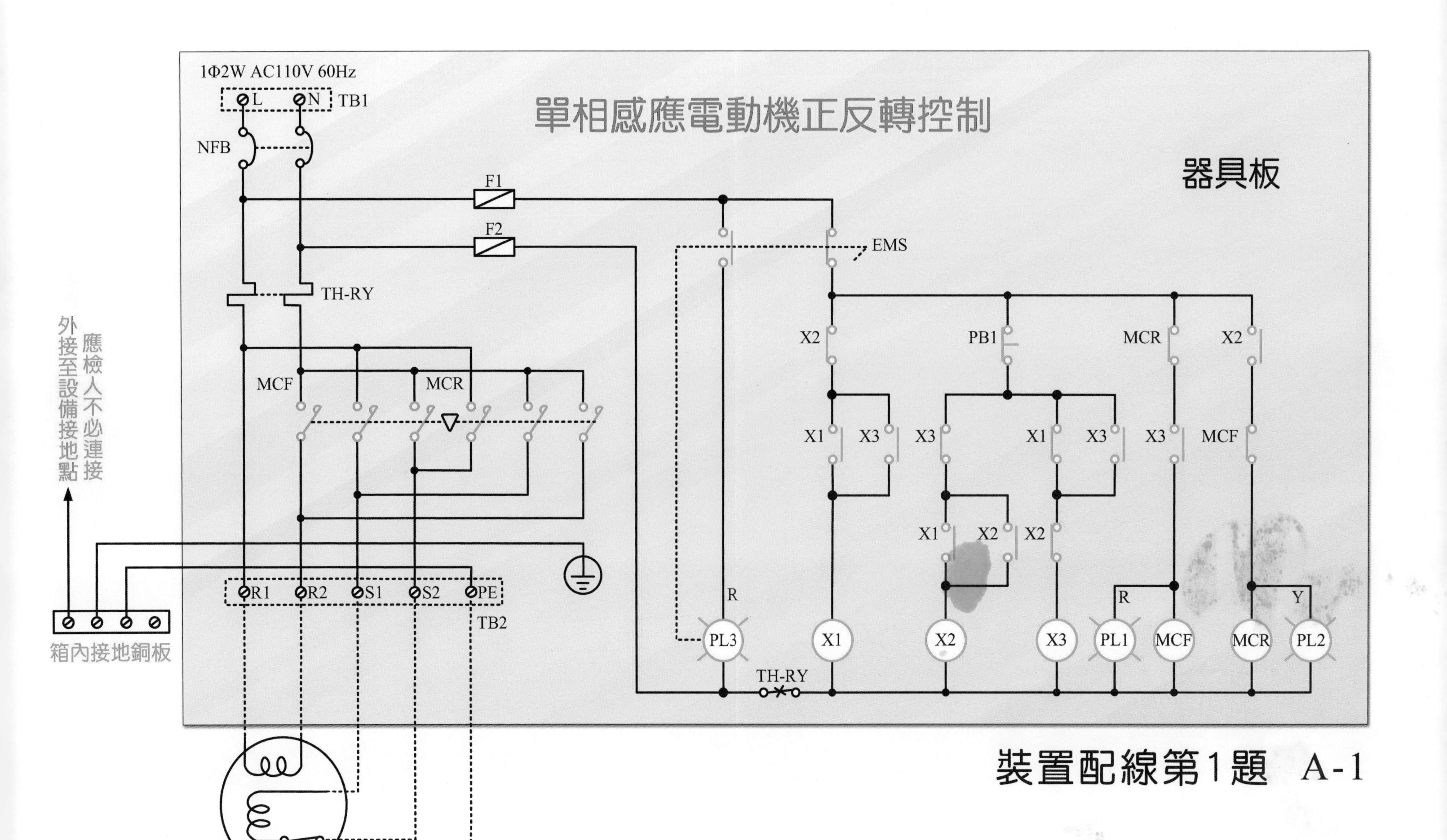

電動機(附機械式剎車)

裝置配線第1題　A-1

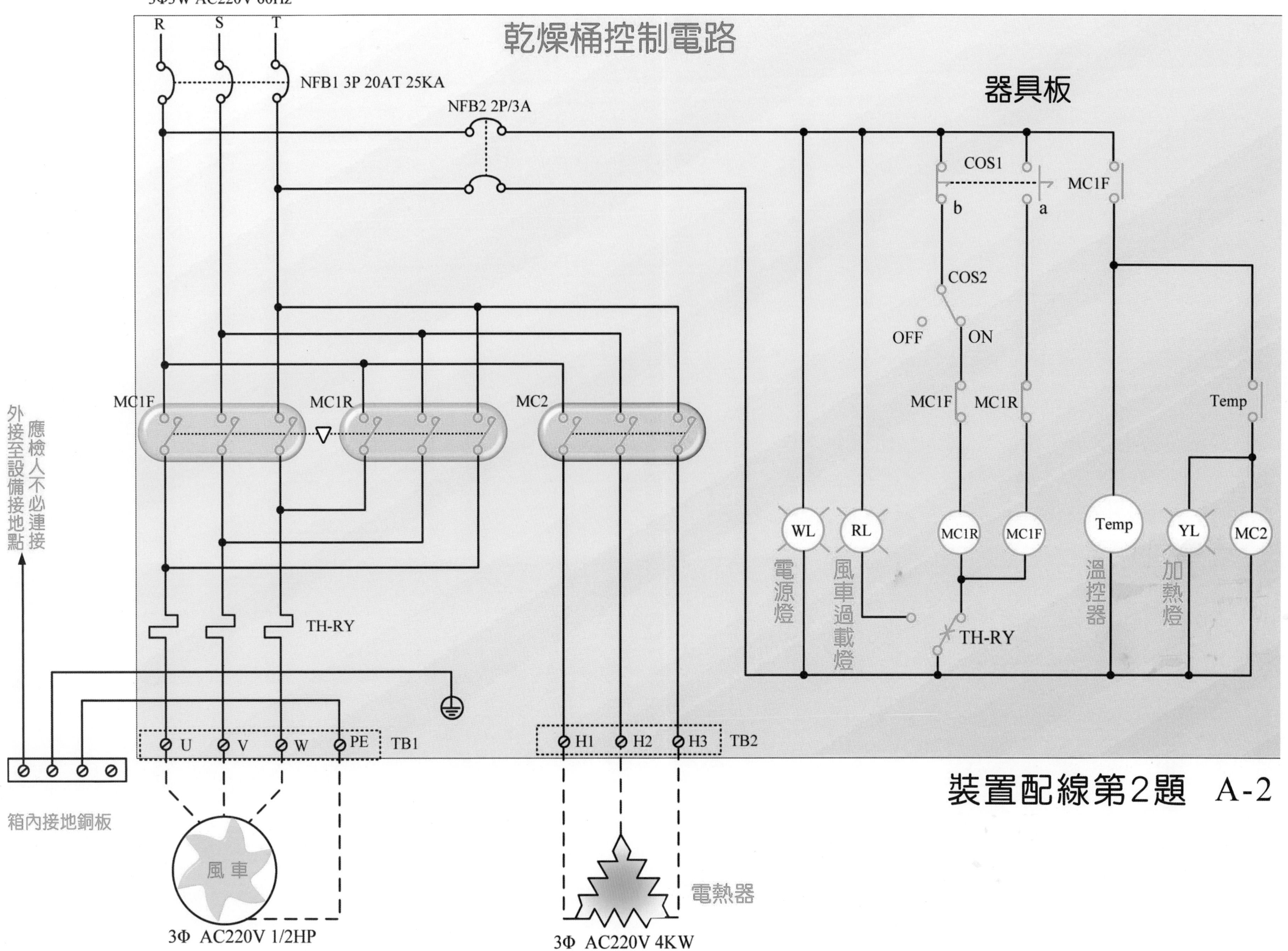

3Φ3W AC220V 60Hz
R
S
T
乾燥桶控制電路
NFB1 3P 20AT 25KA
器具板
NFB2 2P/3A
COS1
b
a
MC1F
COS2
OFF
ON
MC1F
MC1R
Temp
MC1F
MC1R
MC2
應檢人不必連接
外接至設備接地點
WL
RL
MC1R
MC1F
Temp
YL
MC2
電源燈
風車過載燈
溫控器
加熱燈
TH-RY
TH-RY
U
V
W
PE
TB1
H1
H2
H3
TB2
箱內接地銅板
風車
電熱器
3Φ AC220V 1/2HP
3Φ AC220V 4KW

裝置配線第2題 A-2

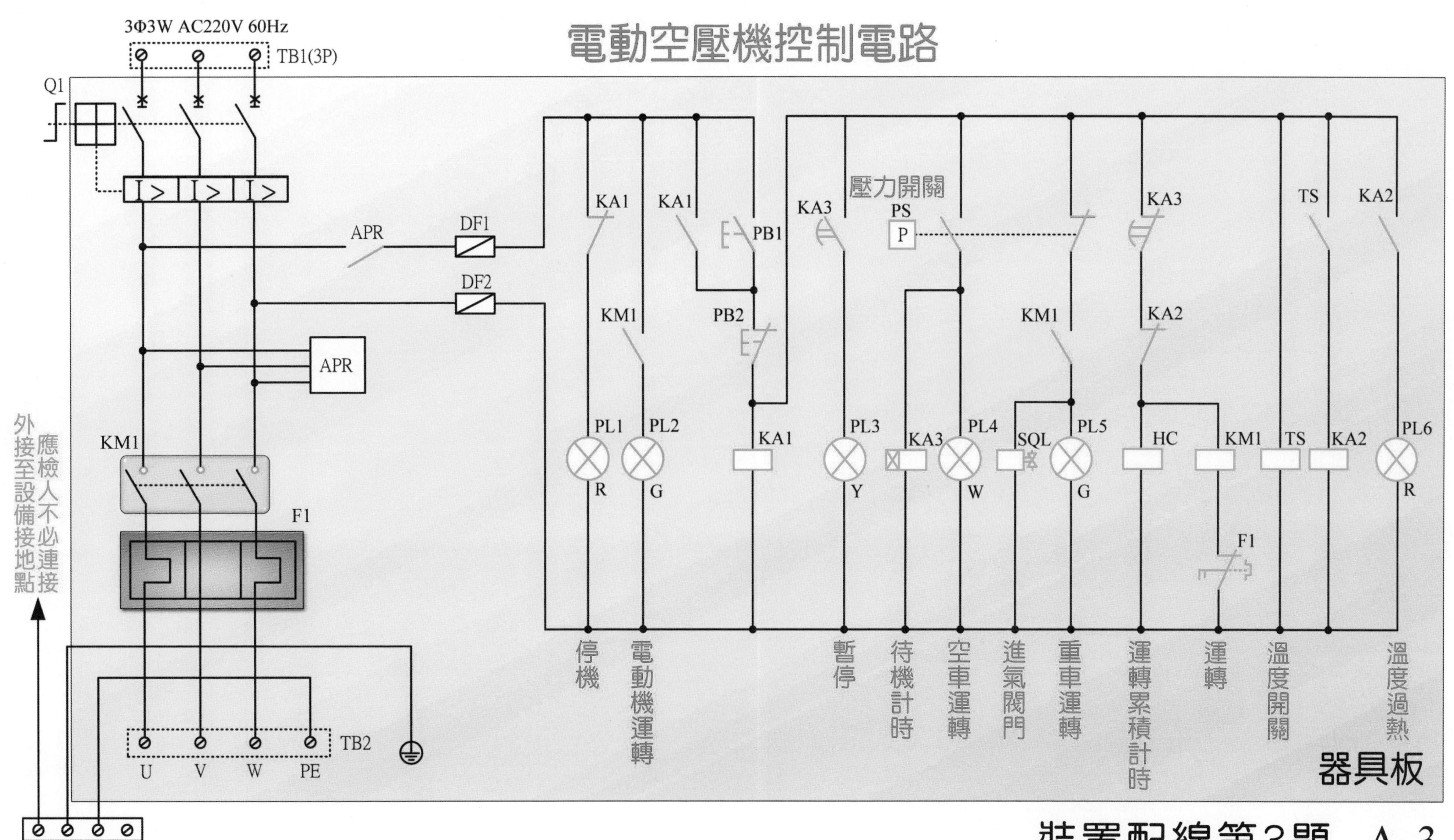
3Φ3W AC220V 60Hz
TB1(3P)
電動空壓機控制電路
Q1
APR
DF1
DF2
APR
KM1
F1
外接至設備接地點
應檢人不必連接
TB2
U
V
W
PE
箱內接地銅板
KA1
KA1
PB1
PB2
KM1
KA3
壓力開關
PS
P
KM1
KA3
KA2
TS
KA2
PL1
R
PL2
G
KA1
PL3
Y
KA3
PL4
W
SQL
PL5
G
HC
KM1
TS
KA2
PL6
R
F1
停機
電動機運轉
暫停
待機計時
空車運轉
進氣閥門
重車運轉
運轉累積計時
運轉
溫度開關
溫度過熱
器具板

裝置配線第3題 A-3

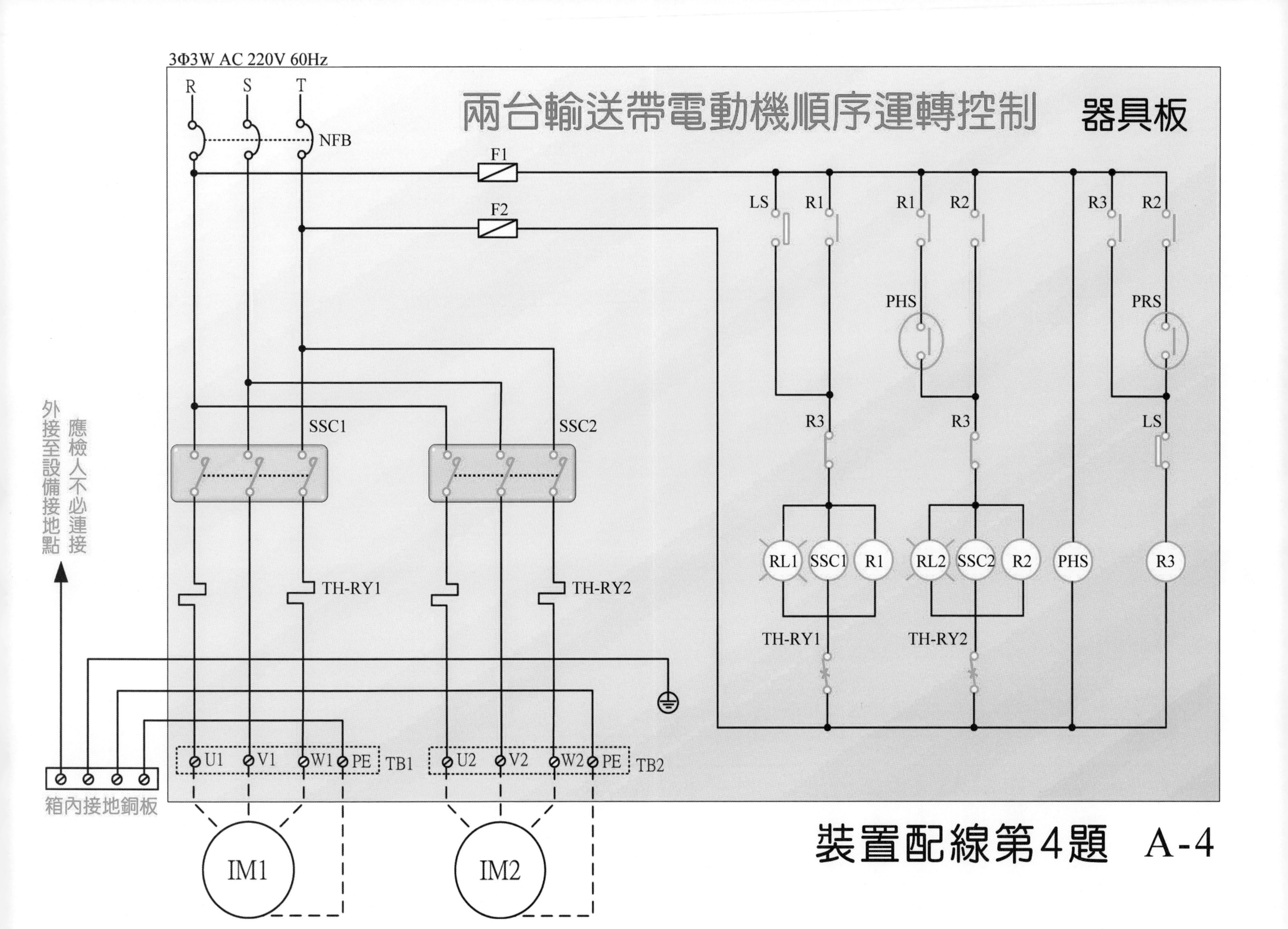

3Φ3W AC 220V 60Hz
R
S
T
兩台輸送帶電動機順序運轉控制
器具板
NFB
F1
F2
LS
R1
R1
R2
R3
R2
PHS
PRS
R3
R3
LS
SSC1
SSC2
外接至設備接地點
應檢人不必連接
RL1
SSC1
R1
RL2
SSC2
R2
PHS
R3
TH-RY1
TH-RY2
TH-RY1
TH-RY2
U1
V1
W1
PE
TB1
U2
V2
W2
PE
TB2
箱內接地銅板
IM1
IM2

裝置配線第4題 A-4

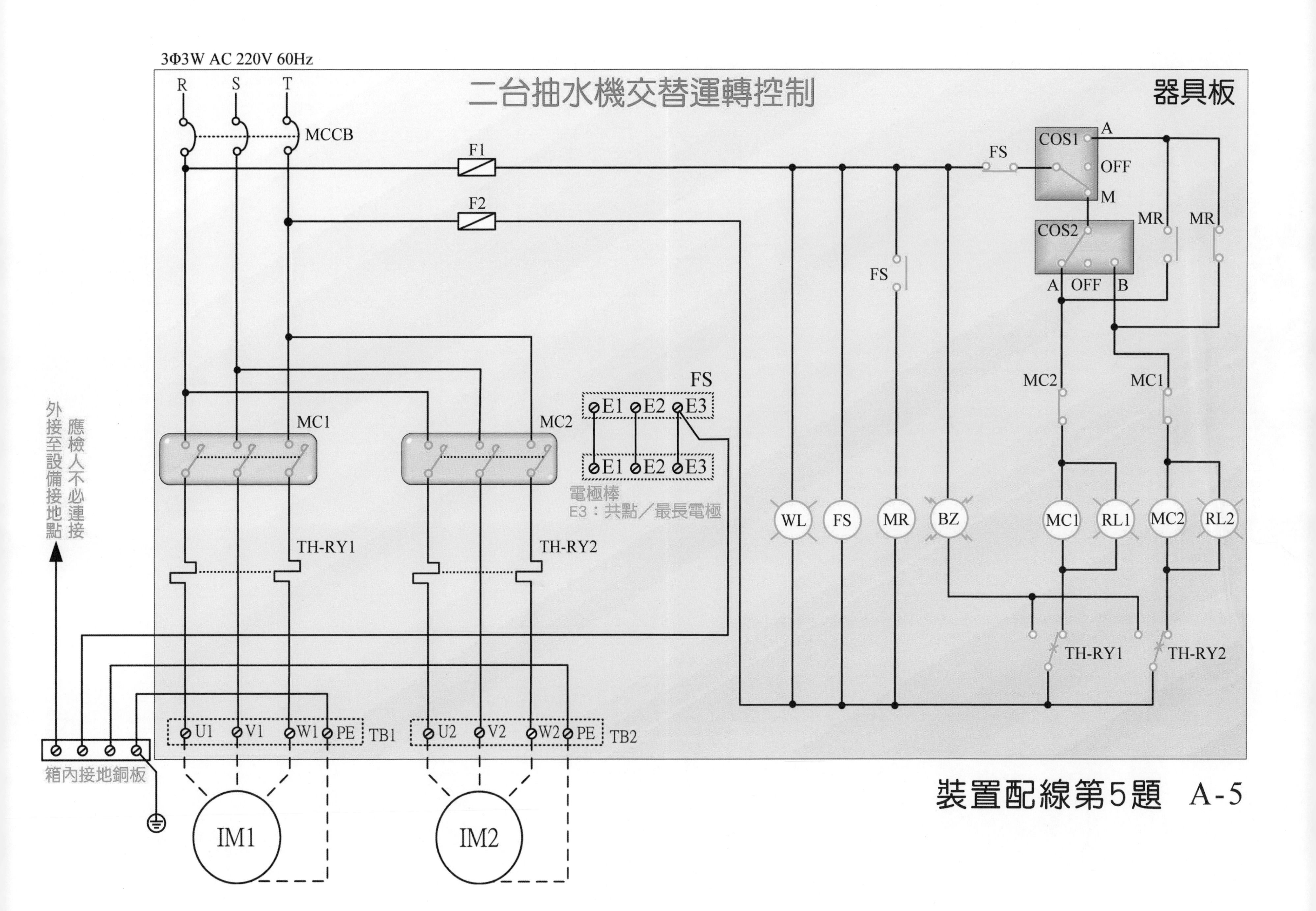
3Φ3W AC 220V 60Hz
二台抽水機交替運轉控制
器具板
R
S
T
MCCB
F1
F2
FS
COS1
A
OFF
M
COS2
A OFF B
MR
MR
FS
MC1
MC2
FS
E1 E2 E3
E1 E2 E3
電極棒
E3：共點／最長電極
TH-RY1
TH-RY2
WL
FS
MR
BZ
MC1
RL1
MC2
RL2
MC2
MC1
TH-RY1
TH-RY2
U1 V1 W1 PE
TB1
U2 V2 W2 PE
TB2
IM1
IM2
外接至設備接地點
應檢人不必連接
箱內接地銅板

裝置配線第5題 A-5

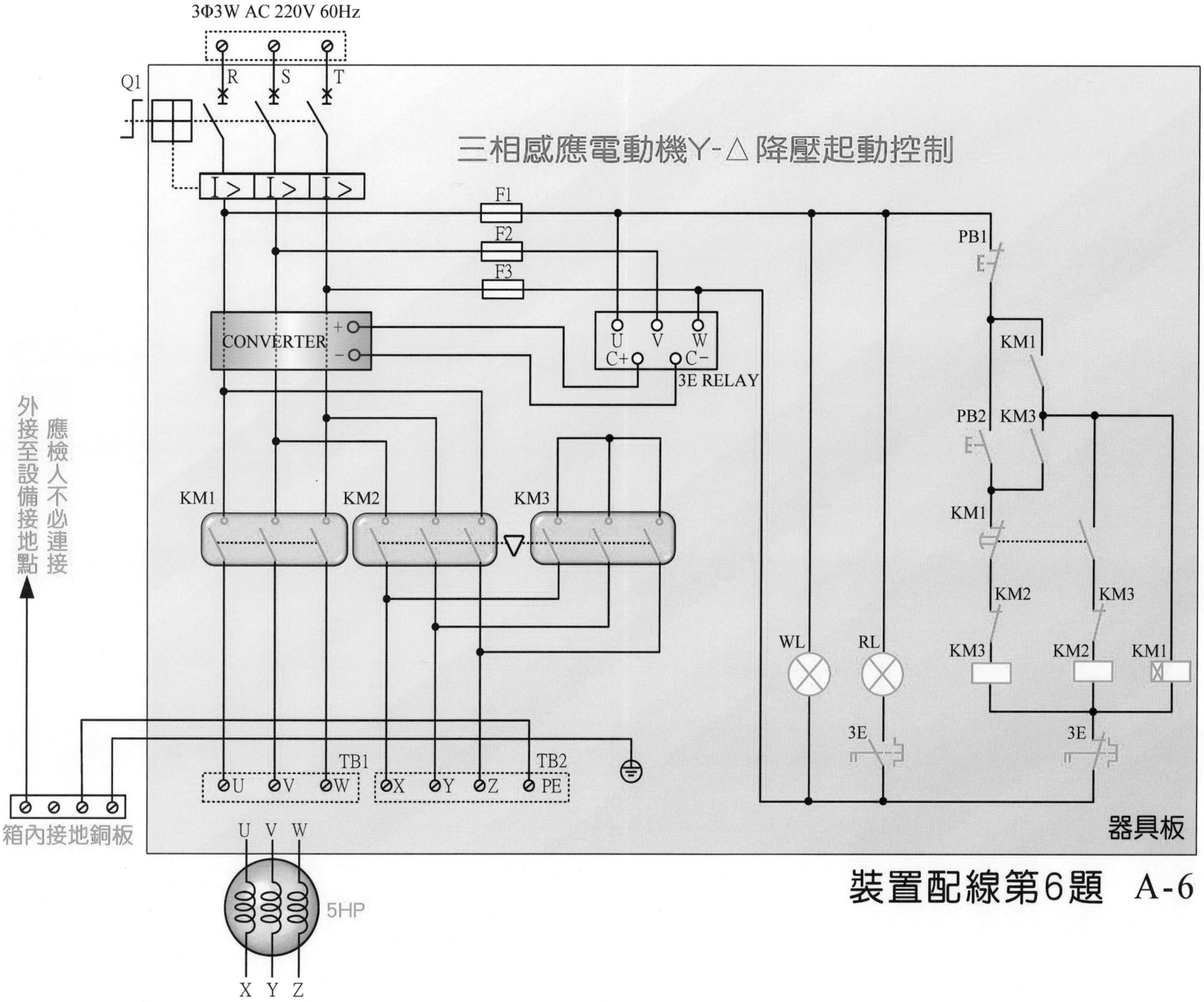

三相感應電動機Y-△降壓起動控制

3Φ3W AC 220V 60Hz

Q1

R S T

F1 F2 F3

PB1

CONVERTER + −

U V W C+ C−

3E RELAY

KM1

PB2 KM3

KM1 KM2 KM3

KM1

KM2 KM3

WL RL

KM3 KM2 KM1

3E 3E

外接至設備接地點

應檢人不必連接

TB1 TB2

U V W X Y Z PE

箱內接地銅板

U V W

5HP

X Y Z

器具板

裝置配線第6題 A-6

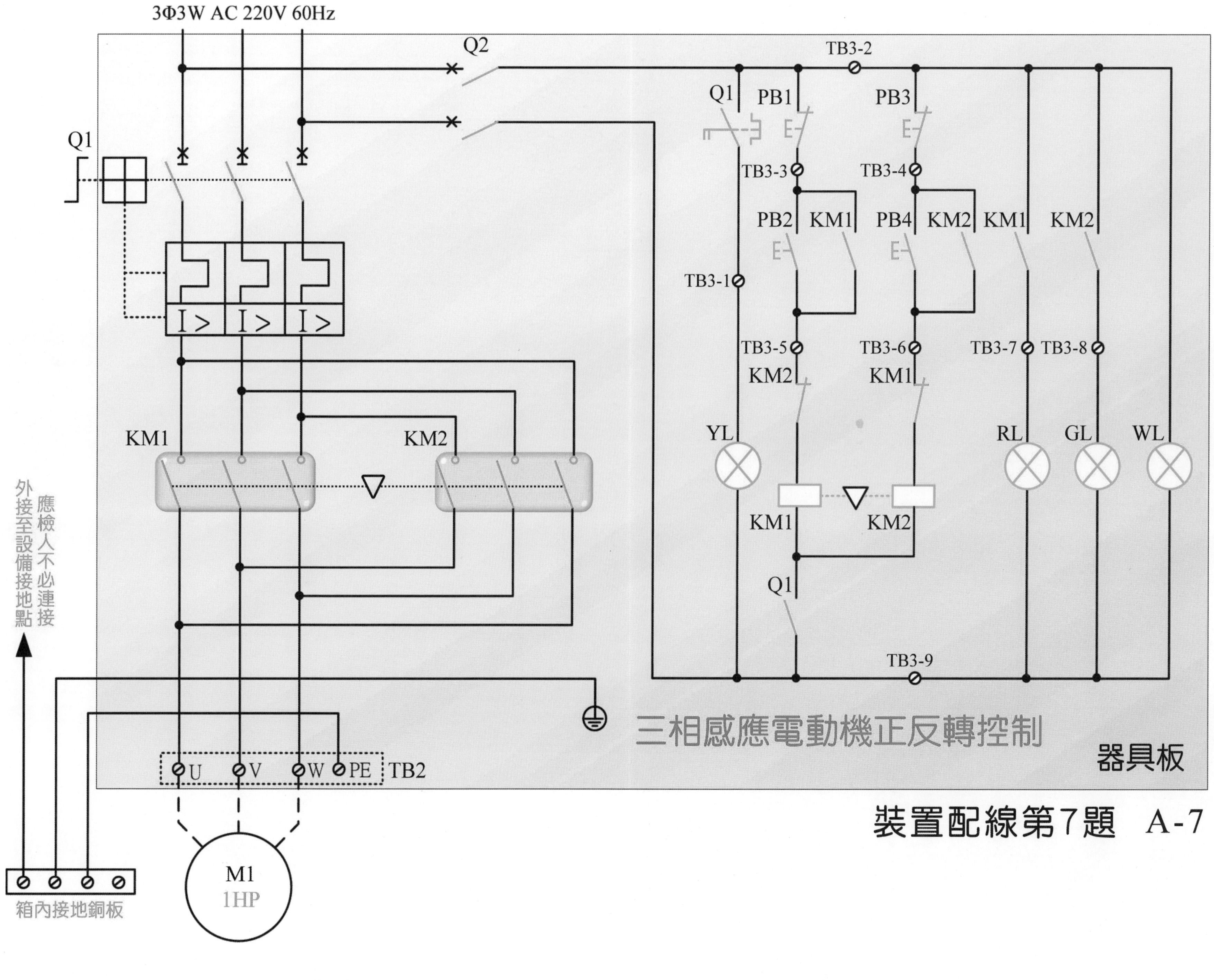

3Φ3W AC 220V 60Hz

Q2 TB3-2 Q1 PB1 PB3

TB3-3 TB3-4

PB2 KM1 PB4 KM2 KM1 KM2

TB3-1

TB3-5 TB3-6 TB3-7 TB3-8

KM2 KM1

KM1 KM2

YL RL GL WL

KM1 KM2

Q1

TB3-9

外接至設備接地點

應檢人不必連接

三相感應電動機正反轉控制

器具板

U V W PE TB2

M1
1HP

箱內接地銅板

裝置配線第7題 A-7

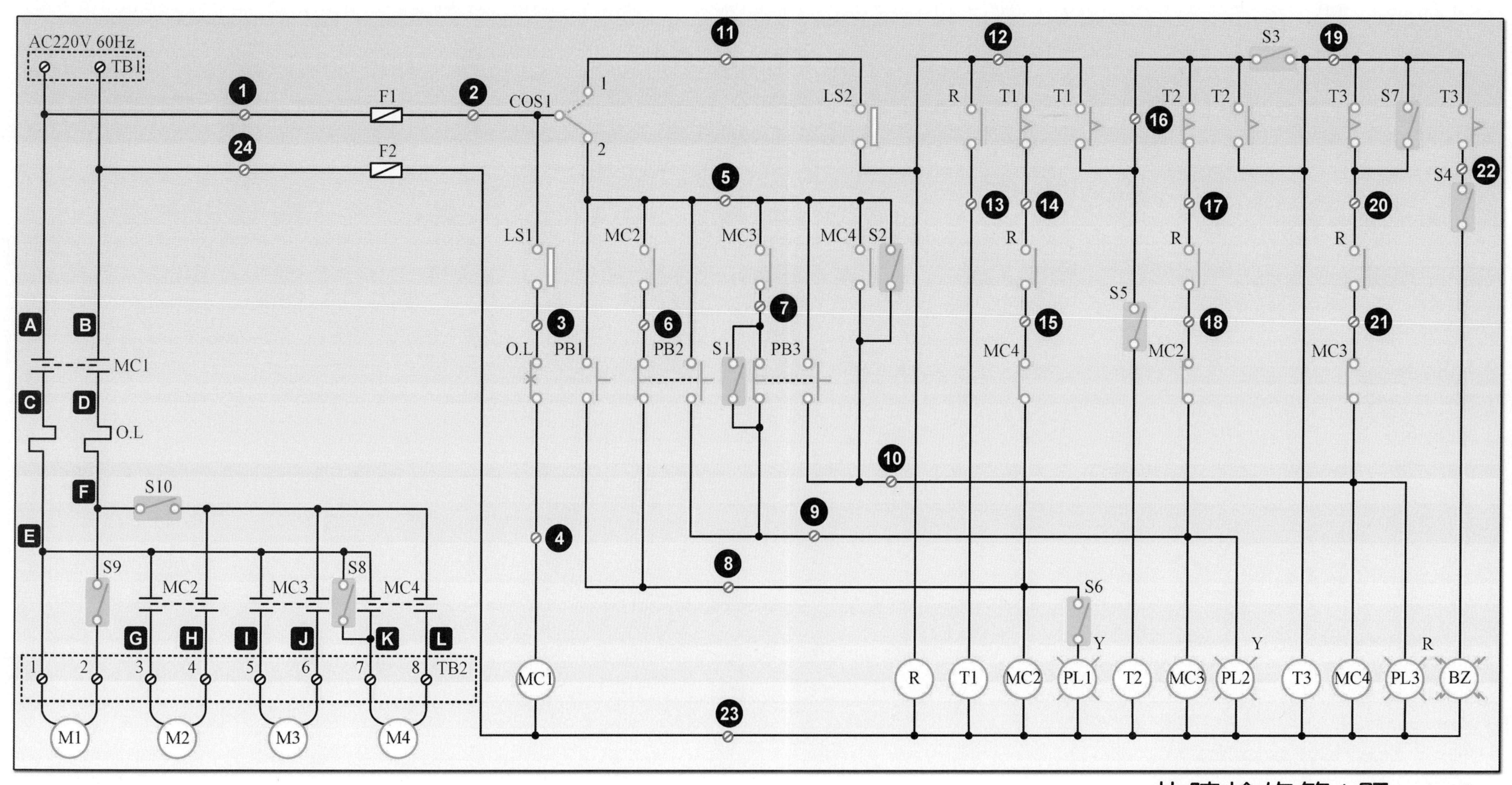
AC220V 60Hz
TB1
F1
F2
COS1
LS1
LS2
MC1
O.L
PB1
PB2
PB3
S1
S2
S3
S4
S5
S6
S7
S8
S9
S10
MC2
MC3
MC4
R
T1
T2
T3
PL1
PL2
PL3
BZ
TB2
M1
M2
M3
M4

故障檢修第1題　A-8

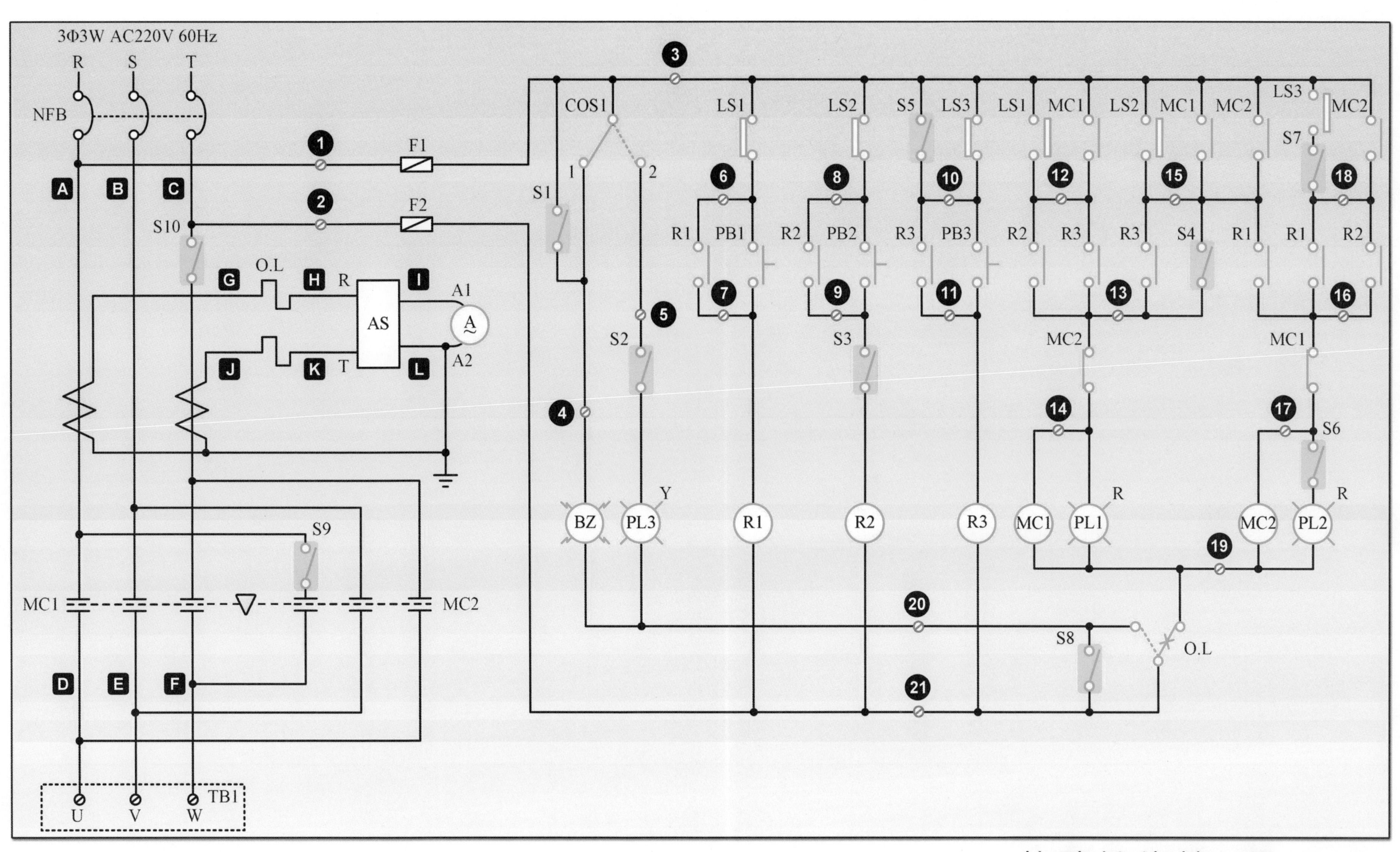
3Φ3W AC220V 60Hz
R
S
T
NFB
F1
F2
S10
O.L
R
AS
A1
A2
T
COS1
S1
S2
LS1
LS2
S5
LS3
MC1
LS2
MC2
PB1
PB2
PB3
R1
R2
R3
S3
S4
S6
S7
S8
S9
BZ
PL3
PL1
PL2
Y
MC1
MC2
TB1
U
V
W
A
B
C
D
E
F
G
H
I
J
K
L

故障檢修第2題　A-9

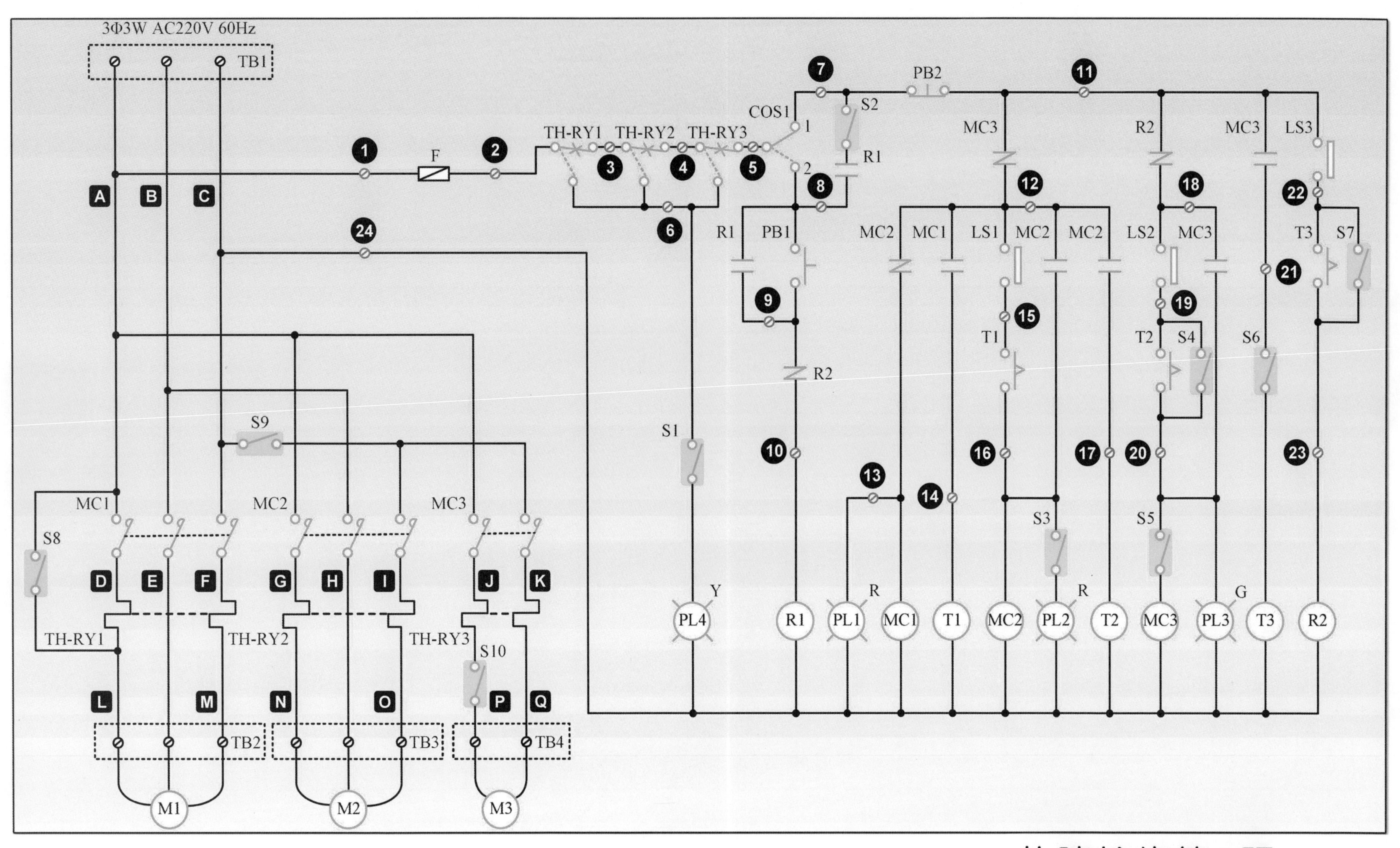

3Φ3W AC220V 60Hz
TB1
A
B
C
1
F
2
TH-RY1
TH-RY2
TH-RY3
3
4
5
6
COS1
1
2
7
S2
R1
8
PB2
11
MC3
R2
MC3
LS3
12
18
22
24
R1
PB1
MC2
MC1
LS1
MC2
MC2
LS2
MC3
T3
S7
9
15
21
19
T1
T2
S4
S6
R2
S9
S1
10
16
17
20
23
13
14
S3
S5
MC1
MC2
MC3
S8
D
E
F
G
H
I
J
K
TH-RY1
TH-RY2
TH-RY3
S10
L
M
N
O
P
Q
TB2
TB3
TB4
M1
M2
M3
Y
R
R
G
PL4
R1
PL1
MC1
T1
MC2
PL2
T2
MC3
PL3
T3
R2

故障檢修第3題　A-10

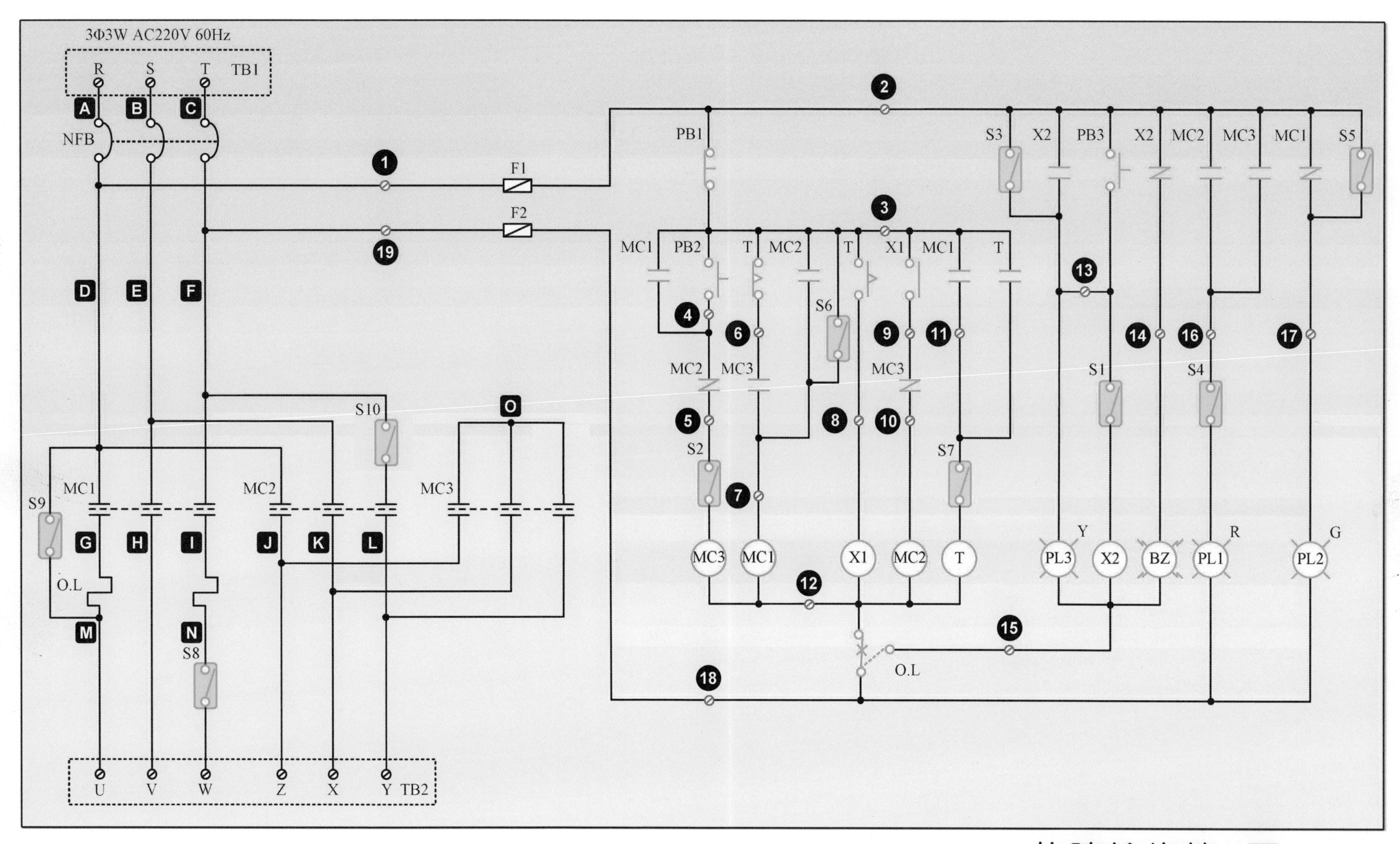
3Φ3W AC220V 60Hz
R S T TB1
A B C
NFB
1
F1
2
F2
19
3
D E F
PB1
S3 X2 PB3 X2 MC2 MC3 MC1 S5
MC1 PB2 T MC2 T X1 MC1 T
13
4
6
S6
9
11
14
16
17
MC2 MC3
MC3
S1
S4
S10
O
5
8
10
S2
S7
MC1
MC2
MC3
S9
7
G H I J K L
MC3 MC1 X1 MC2 T PL3 X2 BZ PL1 PL2
Y R G
O.L
12
15
M N
S8
O.L
18
U V W Z X Y TB2

故障檢修第4題 A-11

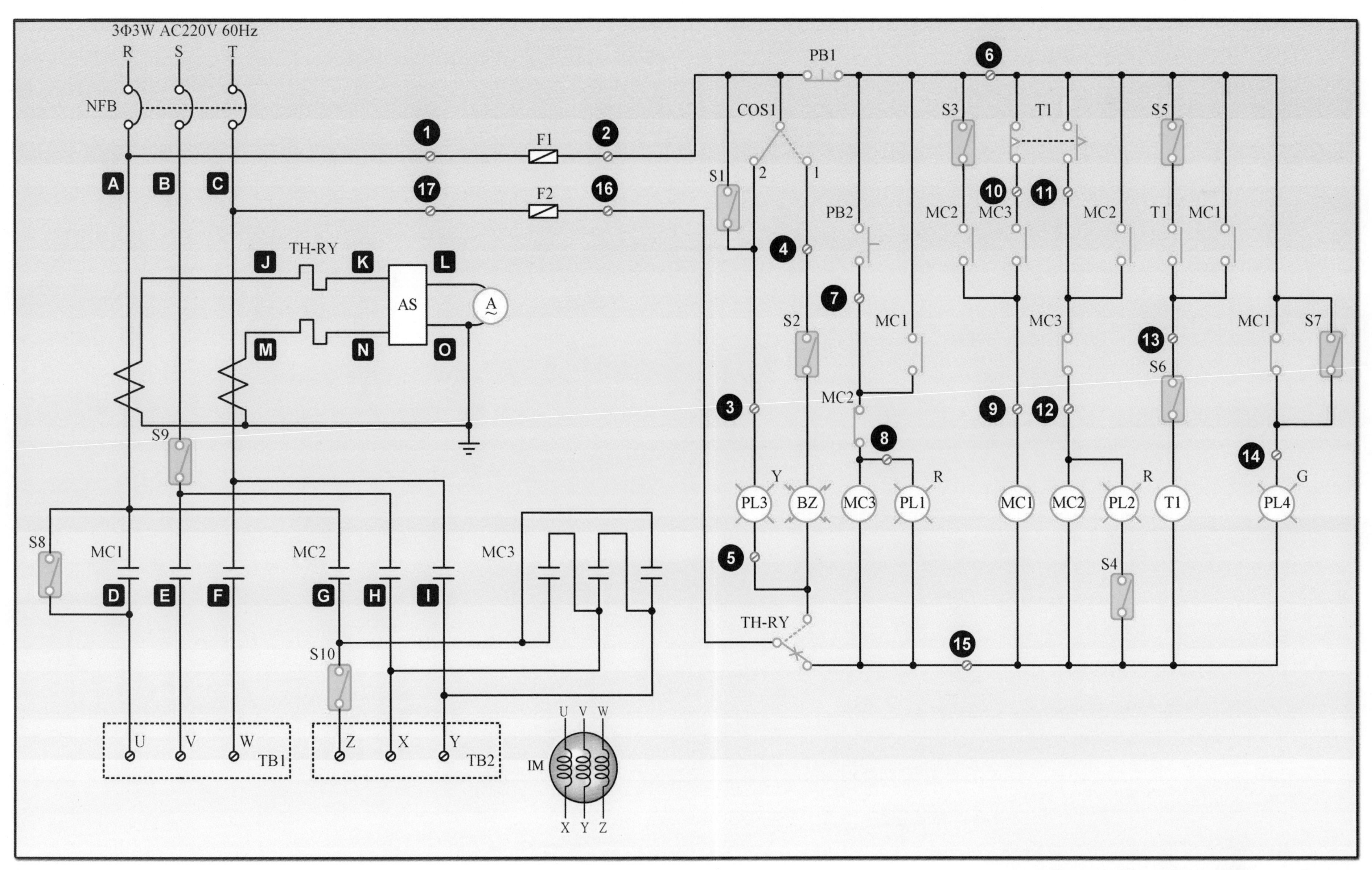
3Φ3W AC220V 60Hz
R S T
NFB
A B C
1 F1 2
17 F2 16
TH-RY
J K L
AS
M N O
S9
S8
MC1
D E F
MC2
G H I
MC3
S10
U V W TB1
Z X Y TB2
U V W
IM
X Y Z
PB1
6
COS1
S3 T1 S5
S1
2 1
10 11
PB2
MC2 MC3 MC2 T1 MC1
4
7
S2
MC1
MC3
13
MC1 S7
S6
MC2
3 9 12
8
14
Y R R G
PL3 BZ MC3 PL1 MC1 MC2 PL2 T1 PL4
5
S4
TH-RY
15

故障檢修第5題　A-12

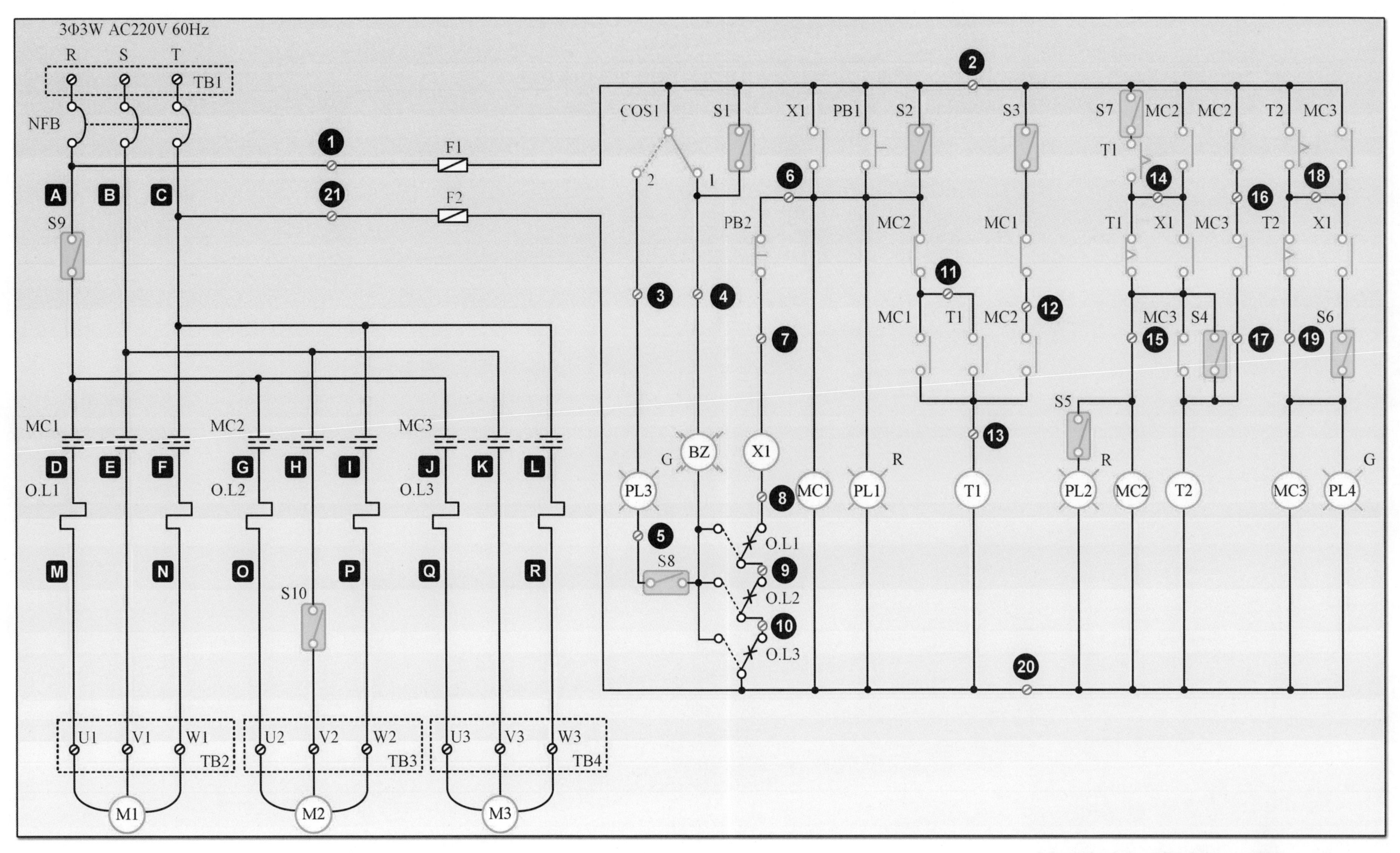
3Φ3W AC220V 60Hz
R S T
TB1
NFB
F1
F2
S9
MC1
MC2
MC3
O.L1
O.L2
O.L3
S10
U1 V1 W1
TB2
U2 V2 W2
TB3
U3 V3 W3
TB4
M1
M2
M3
COS1
S1
X1
PB1
S2
S3
S7
T1
T2
PB2
BZ
PL3
PL1
PL2
PL4
S8
S4
S5
S6

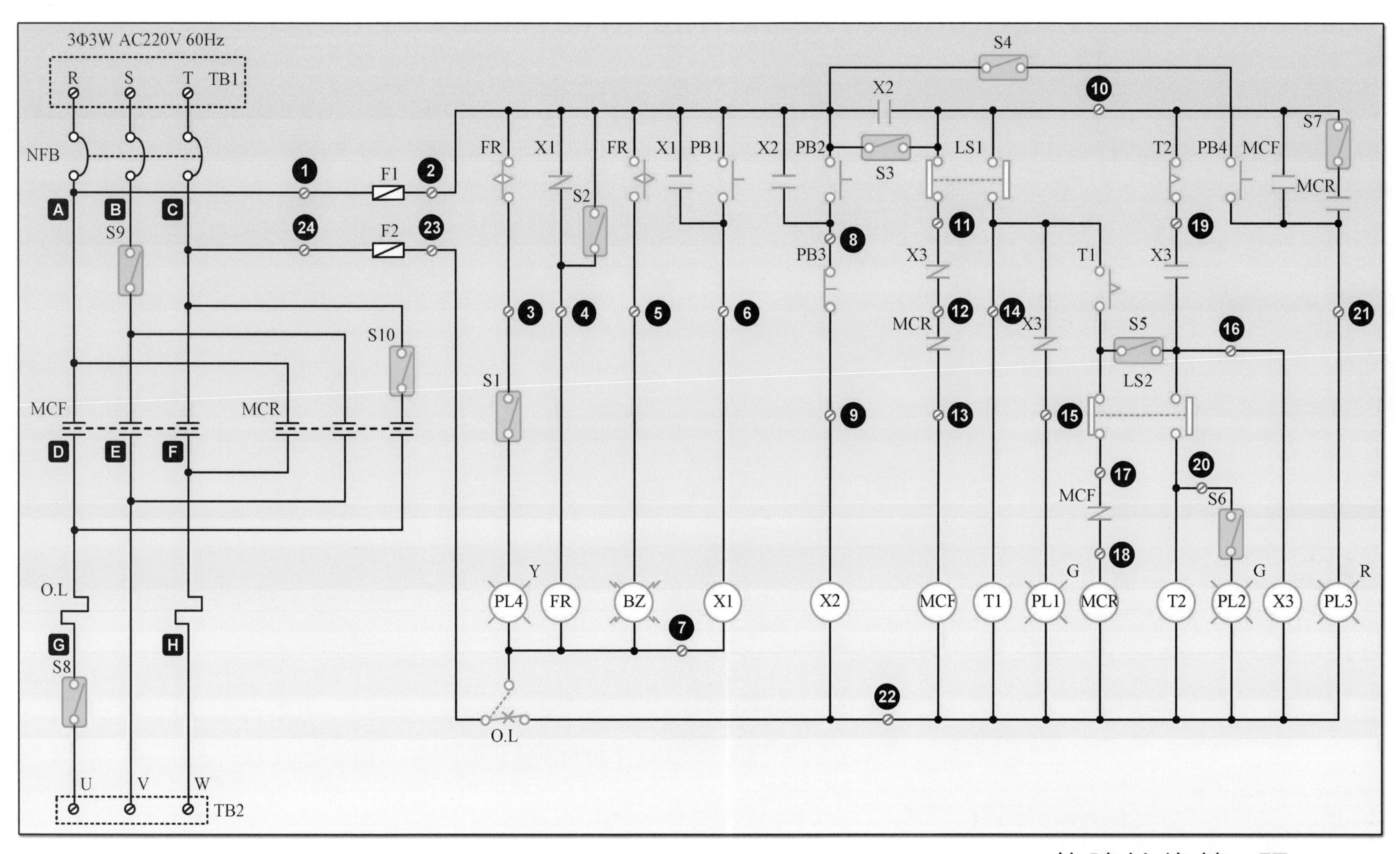
3Φ3W AC220V 60Hz
R S T TB1
NFB
A B C
S9
1 F1 2
24 F2 23
S10
MCF MCR
D E F
O.L
G H
S8
U V W
TB2
FR X1 S2 FR X1 PB1 X2 PB2 S3 LS1 S4 X2 10 T2 PB4 MCF S7 MCR
3 4 5 6 8 PB3 X3 11 12 MCR 14 X3 13 9 15 T1 S5 LS2 16 19 X3 21
S1
17 MCF 18 20 S6
Y G G R
PL4 FR BZ X1 X2 MCF T1 PL1 MCR T2 PL2 X3 PL3
7
22
O.L

故障檢修第7題 A-14